U0070859

ThinkPad 使用大全

Galaxy Lee 著

商用筆電王者完全解析

自序

時間先回朔到2015年，當年許多經典作品都發表了重新拍攝或是新系列的計畫，例如經典RPG鉅作「Final Fantasy 7」在PS4的Remake版，以及著名空戰飛行遊戲「Ace Combat」也在PS4將推出正宗第七代作品，大家熟知的電影STAR WARS以及Jurassic Park都推出了新的續集。對於ThinkPad愛用者而言，最興奮的消息莫過於Retro ThinkPad七列鍵盤機種的開發計畫。

當時為了迎接七列鍵盤的回歸以及Retro ThinkPad誕生，站長想著手寫一本「ThinkPad使用大全」的想法油然而生。過去20餘年全世界都有介紹ThinkPad的專書，但絕大多數都是以傳記形式介紹ThinkPad的歷史，對於主機軟硬體及周邊的特色與使用方法鮮有專書介紹。而且許多新一代的筆電使用者，可能並不清楚這台黑色機身、紅色小圓點的筆電，究竟有何不凡之處，這部份只有資深的ThinkPad使用者較為清楚，而這些「傳奇設計」背後的精采故事如果無人記錄下來，可能就此消失在大家的腦海中。

之後搭載了七列鍵盤的「ThinkPad 25」以25周年紀念機之姿問市，可惜僅在少數國家或地區販售，另一方面則是ThinkPad開始進入「Cleansheet 2018」全新機構設計的階段，全新的機體造型，搭配新一代的Side Docking，同時迎來了USB-C全面普及的年代，站長益發覺得融合了全新世代設計，同時講述ThinkPad重要設計理念的「ThinkPad使用大全」實有推出的必要。雖然站長平時公務繁忙，同時TPUSER網站上也持續提供年度新機的資訊與評測，站長仍在三年的時間內，陸續完成了九大章節的資料收集與內容撰寫。

站長希望讀者藉由本書，除了清楚硬軟體規格面的資訊，更能對Yamato Lab設計ThinkPad時所在意的機構、鍵盤、散熱這三大設計，有更深一步的體會。畢竟ThinkPad不僅是一台黑色商務筆電，而是會伴隨每位使用者在不同人生階段成長、茁壯。無論您是首次接觸ThinkPad，或是多年的愛用者，站長都希望這樣一本承先啟後的書籍能夠幫助大家更加了解ThinkPad、更加善用ThinkPad，並讓ThinkPad成為您生命中的得力助手吧！

Galaxy Lee

TPUSER非官方情報站 站長

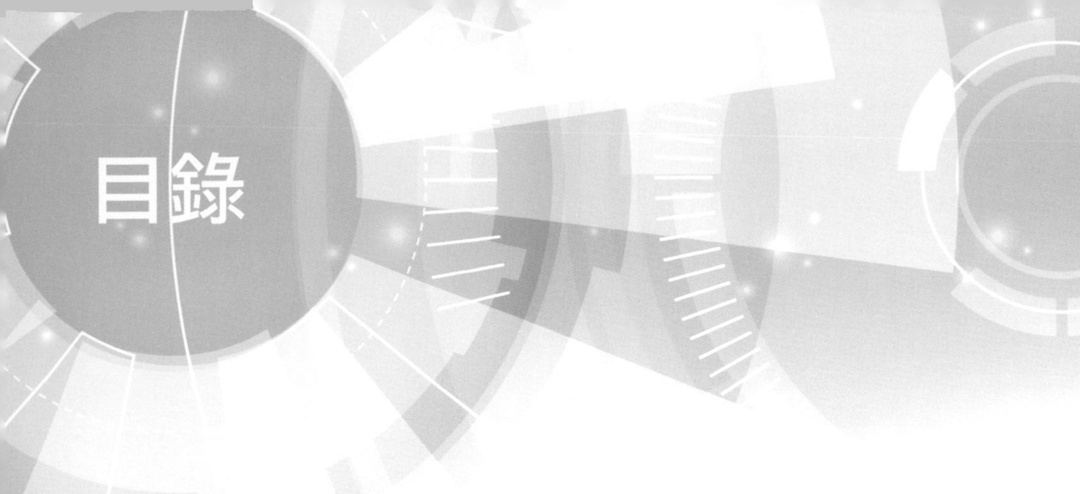

目錄

第二章
ThinkPad硬體規格說明 ...104

第三章
ThinkPad硬體特色介紹 ...145

第五章 ThinkPad擴充周邊介紹 ...229

第一章

認識ThinkPad

IBM（國際商業機器）公司在1992年10月正式推出史上第一台ThinkPad，型號為700C，不僅象徵IBM正式進軍商用筆記型電腦，也從此開啟了筆記型電腦業界的傳奇，一台以黑色外觀著稱的筆電開始嶄露頭角，並開創出諸多世界第一的紀錄，讓世人見識到何謂真正的商用筆電。這中間歷經了27餘年寒暑，以及易主為聯想（Lenovo），但ThinkPad已不僅是一台黑色的筆電，更成為商用筆電的代表。歷代ThinkPad傳承下來的「ThinkPad DNA」凝聚了開發團隊的心血與堅持，也是讓ThinkPad與眾不同之處。

史上第一台ThinkPad：700C

ThinkPad是由IBM當年位於日本神奈川縣大和市的大和研究所（Yamato Laboratory，文後簡稱Yamato Lab）進行設計開發，後來在2011年時，Yamato Lab搬遷到神奈川縣的橫濱市，由於ThinkPad出自「大和（Yamato）」研究所已廣為世人知曉，即使搬到橫濱市，仍沿用大和研究所之名。

後來成為ThinkPad象徵的許多指標性設計，則是奠基於Richard Sapper這位設計大師，當年IBM傾力開發初代ThinkPad（700C）時，特別邀請這位德國工業設計師（設計室位於意大利米蘭）跨刀相助，負責ThinkPad的外觀設計。曾多次拜訪過日本的Richard Sapper，對日本文化有其心得。而當時的電腦業界，幾乎都選用白色作為電腦外殼的顏色，Richard Sapper從日本傳統的「松花堂便當」獲得靈感，黑色方正的松花堂便當看似樸實，但打開漆器蓋子後，豐富的菜色印入眼簾，而這種視覺上的對比震撼，卻又充滿機能性的內涵，正是Richard Sapper想透過ThinkPad傳達給電腦業界的革新。之後細部的造型設計由Yamato Lab的山崎和彥（Kazuhiko Yamazaki）負責；內部電路則由日後被譽為「ThinkPad之父」的內藤在正（Arimasa Naitoh）負責，就此展開了ThinkPad的一代傳奇。

本章節將先為讀者介紹ThinkPad各系列的特點，並透過外觀功能的詳細說明，幫助讀者在購入新機後能快速上手。

1.ThinkPad機型簡介

ThinkPad為滿足不同客群的需求，歷年來陸續推出不少的機型種類，但使用者在選擇ThinkPad時，有時候反而會感到困惑。站長先針對各系列的特色與功能屬性向大家說明，幫助大家逐漸了解各系列的特色，從而找出適合自己的機器。

在介紹ThinkPad各機種之前，先說明一下原廠對於2019年（含）之前主機的命名原則。ThinkPad主機型號通常為四碼或五碼，如：X390、T490s。

T	4	9	0	S
系列代號	螢幕尺寸	發表年份	CPU廠牌	後綴
T	2=12.5"	9=2019	0=Intel	無後綴=標準機型
X	3=13.3"	8=2018	5=AMD	S=更輕薄設計（Slimmer ID）
L	4=14"	7=2017		P=高效能（high performance）
P	5=15.6"	6=2016		Yoga= 2-in-1螢幕翻轉機種
E	7=17.3"	5=2015		
		4=2014		

- 第一碼的英文字用來辨識不同的系列，例如X系列或是T系列。
- 第二碼的數字則代表螢幕尺寸，例如「4」代表14吋螢幕；「3」代表13.3吋。舉例：T590從編號上就知道是一台15.6吋螢幕的T系列機種。
- 第三碼的數字代表該機種發表的年份，例如「9」代表2019年；「8」代表2018年。舉例：T490是2019年推出的機型。
- 第四碼通常使用數字「0」，代表使用Intel（英特爾）公司的CPU，如果是數字「5」代表使用AMD公司的CPU。舉例：T495便是使用AMD的CPU。
- 第五碼使用不同字母區隔出該系列其他機型，例如T490s是一台2019年發表的14吋T系列，第五碼的英文字「s」代表這是一台屬該系列中最輕薄（Slim）的。

此外，ThinkPad還有型號僅三碼甚至兩碼的機種，使用在P系列，例如P73、P53等。此系列型號的第二碼代表螢幕尺寸，舉例：P73是一台17.3吋的機種。P系列還推出了「P1」，這是一款15.6吋的超輕薄型行動工作站，集結了ThinkPad在輕量化以及高效能設計的精髓，而鍛造出的最高技術結晶代表作。

但從2020年起，ThinkPad開始全面採用新命名原則，而且縮短為三碼或四碼，例如X13、T14s，並搭配「Gen+數字」以區隔各世代推出順序。

T	14	S	Gen1
系列代號	螢幕尺寸	後綴	世代（Generation）
T	13=13.3"	無後綴=標準機型	Gen 1=第一世代
X	14=14"	S=更輕薄設計（Slimmer ID）	Gen 2=第二世代
L	15=15.6"	P=高效能（high performance）	Gen 3=第三世代
P	17=17.3"	Yoga= 2-in-1螢幕翻轉機種	
E			

- 第一碼的英文字用來辨識不同的系列，例如X系列或是T系列。
- 第二、三碼的數字則代表螢幕尺寸，例如「14」代表14吋螢幕；「13」代表13.3吋。舉例：T15從編號上就知道是一台15.6吋螢幕的T系列機種。
- 第四碼使用不同字母區隔出該系列其他機型，例如T14s是一台2020年發表的14吋T系列，第四碼的英文字「s」代表這是一台屬該系列中最輕薄（Slim）的。
- 採用新命名原則的ThinkPad，如果是「初代機」則會被加註「Gen 1」，從二代機開始則加註「Gen 2」。假設2021年推出T14第二代機種，此時主機上標示的機型名稱雖然仍是T14，但為了跟初代機區隔，屆時在原廠網站上會標示為「T14 Gen 2」。同樣的命名原則其實已經在X1 Carbon等機種上採用。例如2020年推出的X1 Carbon其實已經是八代機，所以在官網上會標示為X1 Carbon Gen 8

2020新年度裡ThinkPad仍會提供AMD平台機種，而且主機名稱均與Intel平台相同，例如仍稱為T14、X13，象徵AMD終於跟Intel平起平坐了。

接下來站長將針對ThinkPad各系列的定位及特色，向讀者說明。

X1系列

整個ThinkPad產品線的旗艦級產品非「X1系列」莫屬，Lenovo會將最尖端的設計或是零組件優先使用在「X1系列」，而且X1系列共有三個子系列，分別是：

（1）X1 Carbon：採傳統「蚌殼」（Clamshell）設計，意指筆記型電腦螢幕上下開闔的動作。因使用了窄邊框設計，讓X1 Carbon從2017年推出的第五代機種開始，體積比同樣採用14吋液晶面板的其他機種小了一圈，同時使用了最新一代的碳纖維材質，使得X1 Carbon成為ThinkPad所有14吋機種中，重量最輕的代表性機種。2019年推出的是第七世代的X1 Carbon，2020年初則發表了與第七世代相同機身設計的第八世代X1 Carbon。

ThinkPad X1 Carbon Gen8

（2）X1 Yoga：同樣使用14吋液晶面板，但最大的特色是螢幕可360度「翻轉」，由於考量到結構強度，因此重量與體積都比X1 Carbon要厚重一些。2019年推出的第四代X1 Yoga終於也跟X1 Caron一樣可以使用機械式底座（Mechanical Dock），同時全機採用CNC精密加工的鋁製機身，使得第四代X1 Yoga位居ThinkPad Yoga系列機種的頂點之作。2020年初則發表了與第四世代相同機身設計的第五世代X1 Yoga。

ThinkPad X1 Yoga Gen5

（3）X1 Tablet：這台的特色是螢幕（包含主機）可以跟鍵盤「分離、結合」，即所謂的「二合一（2 in 1）」機種，當主機與鍵盤分離時，可當作一台平板電腦來操作。2018年推出的是第三代的X1 Tabet，已改用13吋的液晶面板。

ThinkPad X1 Tablet Gen3

正因為「X1系列」獨樹一格，因此並未套用上述制式的四碼或是五碼命名原則。本書並未介紹X1 Yoga或是X1 Tablet系列，還請讀者見諒！

T系列

如果說X1 Carbon是ThinkPad在14吋螢幕的旗艦機種，那ThinkPad T系列便可稱得上是14吋螢幕的高階機種了，後面會介紹的L系列以及E系列分別屬於中階以及入門機種。

T系列提供了14吋以及15.6吋兩種螢幕尺寸，考量14吋的機種屬於主流尺寸，因此Lenovo在14吋螢幕的T系列又開闢了兩條產品線，分別是輕薄屬性的T490s（2019年）/T14s（2020年），以及擴充性強的T490（2019年）/T14（2020年）。

為了讓T系列能夠與L系列及E系列有所區隔，T系列在零件用料上會更為講究，例如機殼材質、支援2K高解析度或4K超高解析度面板等，同時在Intel平台上也內建了Thunderbolt 3高速傳輸埠。Lenovo在區分機種等級時，「重量」扮演了關鍵的角色，同樣螢幕尺寸下，重量越輕的越高級，通常價格也越貴。T系列的重量與厚度都會比L系列或E系列更輕薄。

ThinkPad T14s

從2019年開始，T系列也開始導入AMD平台，採用Ryzen PRO處理器（已內建繪圖引擎），對應T490s的機種便命名為T495s；對應T490的則是T495。AMD平台的T系列取消了Thunderbolt 3的連接埠，單條記憶體最高僅支援16GB，不像Intel平台可內建Thunderbolt 3連接埠，還可支援單條32GB的記憶體。而且AMD平台的T495s/T495也取消了WQHD（2560x1440）高解析度面板的選項。

2020年T系列啟用新命名原則，T490s與T495s的後繼機種新名稱均為「T14s」；T490與T495的後繼機種則稱為「T14」。T590也有後繼機種，稱為「T15」。不過T14s、T14與T15仍沿用前代的外型設計，主要是改用Intel第十代Core處理器（Comet Lake）或AMD Ryzen PRO 4000系列處理器（Renoir），同時Intel平台開始提供4K（UHD）超高解析度面板，但AMD平台則並未提供。

ThinkPad T15

許多網友經常在網路討論區詢問，T系列有無帶S結尾的差別。除了前述擴充性與輕薄度上的差異之外，還有一點是較為被人忽略的，就是底殼（D Cover）拆卸難易度。Ts系列（例如T14s/T490s）的底殼是一塊鎂合金，只需要解開幾顆螺絲便能輕鬆卸下。但T系列（例如T14/T490）甚至L系列（例如L14/L490），底殼拆卸時除了需鬆開螺絲，還得費一番工夫（最好使用拆機殼工具），慢慢翹開內有多個卡榫的底殼。這點還請讀者留意。

L系列

L系列提供了三種螢幕尺寸，包含了15.6吋、14吋與13.3吋，而15.6吋與14吋都可支援ThinkPad經典的「機械式底座」，所以被視為「核心商用機種」的一份子（13.3吋要等到2020年版的L13機種才開始支援機械式底座）。L系列屬於中階機種，設計的原意是提供給大型企業廣泛部署之用，畢竟L系列的售價比T系列便宜一些，卻又可以使用同樣的周邊設備，並且可支援vPro平台（需搭配特定型號CPU），這對於大型企業的IT管理人員而言，L系列在後勤零件支援與系統管理上可搭配T系列或是X系列，達成簡化管理、降低採購成本等目的。

L系列是如何做到價格比T系列更低的呢？以14吋的L490（2019年）/L14（2020年）為例，首先機身材質使用PC/ABS塑膠，所以比起T490（2019年）/T14（2020年）更厚重了一些，此外主機並未配備Thunderbolt 3高速傳輸埠，僅提供USB 3.1連接埠，另外也限制了面板的解析度，最高只提供Full HD（1920x1080），而無法選購WQHD（2560x1440）面板或4K面板。

ThinkPad L14

L490提供了一個2.5吋HDD/SSD空間，除了支援SATA III規格的SSD或硬碟之外，也可以透過特製的轉接盒安裝2280 M.2規格的NVMe SSD，但此時傳輸規格會被限制為PCIe 3.0×2。

L系列從2018年起新增了13.3吋螢幕規格，型號為「L380」，這款的前身是「ThinkPad 13」系列，現已整併入L系列。2019年推出的「L390」仍不支援ThinkPad著名的機械式底座，但由於重量僅1.46公斤，且提供了兩個記憶體插槽（最大支援32GB）以及2280規格的NVMe M.2 SSD（不再支援2.5吋HDD/SSD），仍可吸引一般消費客群的注意。

ThinkPad L13

L系列在2020年也根據螢幕尺寸，按照新命名原則推出了L13、L14與L15這三款新機種。L13取消記憶體擴充插槽設計，改將記憶體顆粒焊在主機板上，最大容量支援16GB DDR4-2666，另一方面則增加了機械式底座接頭。L13、L14與L15這三款L系列新機都是全新開發，除了搭載Intel第十代Core處理器（Comet Lake）之外，也是L系列第一次導入AMD平台，L14與L15都會有採用AMD Ryzen PRO 4000系列處理器（Renoir）的版本。此外，L14與L15均保留強大的擴充能力，例如提供兩個記憶體擴充槽（最大支援至64GB），以及雙儲存媒體設定（M.2 SSD＋2.5吋HDD），並且終於開始支援PCIe 3.0×4的2280 M.2 NVMe SSD！

E系列

E系列同樣提供14吋與15.6吋兩種螢幕規格。E系列並不支援vPro以及機械式底座等偏企業應用的功能或硬體規格，所以不會歸類於核心商用系列。2019年推出的E490提供強大的擴充性，例如主機內建兩個記憶體插槽（最大支援32GB）以及雙儲存媒體（M.2 SSD+HDD可共存）的設計。另一方面，原廠也推出的「E490s」系列，從結尾的「s」字母便知道這是一款更輕薄的14吋E系列機種。

ThinkPad只有T系列與X1 Extreme才能配備NVIDIA的GeForce獨立顯示晶片（文後簡稱獨顯），反而 L 系列與 E 系列都僅能使用AMD的Radeon系列獨顯。 E 系列除了可搭配AMD獨顯之外，也有另外導入AMD的APU處理器，型號為E495，採用Ryzen 3000系列處理器（已內建繪圖核心）。

2020年推出的E14與E15雖然仍保留了雙儲存媒體（M.2 SSD+ 2.5吋HDD可共存）設計，但主機板上的記憶體插槽降為一個，而且最大只能支援到16GB的DDR4 SO-DIMM。

ThinkPad E14

X系列

在2019年以前的X200系列，多採用12.5吋螢幕，並且定位在便於攜帶的商用機種，從2019年起，X系列藉由「窄邊框」設計，成功在近似原本X200系列的機身內，配備更大尺寸的13.3吋螢幕，此項全新設計的機型稱為「X390」。X系列同樣屬於核心商務機種，因此可使用機械式底座，也可支援vPro平台。

X390為了追求輕薄化，主機重量最低僅1.22公斤，同時也犧牲了擴充性，例如取消乙太網路孔（RJ45），主機不提供記憶體擴充槽，再加上外型與T490s類似，所以常被視為迷你版的T系列，適合不需要獨顯，且希望筆電小台一點的行動上班族使用。X390提供了兩種不同材質的背蓋，分別是CFRP（碳纖維強化塑膠）以及PPS（聚苯硫醚），CFRP的主體為碳纖維構成，所以讓整台主機重量更輕、厚度更薄。至於PPS的機種就稍為厚重一點。

X390也有採用AMD Ryzen Pro處理器的兄弟機，型號為「X395」。但如同T系列的AMD平台限制，X395也取消了Thunderbolt 3的連接埠，主機最高內建記憶體容量僅達16GB。而且X395僅提供PPS材質背蓋一種選擇而已。

2020年X系列同樣啟用新命名原則，X390與X395的後繼機種新名稱均為「X13」，不過X13仍沿用前代的外型設計，主要是改用Intel第十代Core處理器（Comet Lake）或AMD Ryzen PRO 4000系列處理器（Renoir）。

ThinkPad X13

P系列

P系列的產品定位是行動繪圖工作站（Mobile WorkStation），在ThinkPad系列中具備最強大的運算效能、硬體規格與擴充能力。2019年起P系列也邁進了「八核心」處理器的領域，同時搭載NVIDIA新一代「Turing」核心的工程用獨立繪圖晶片，讓P系列的整體運算效能更上一層樓。

P系列目前主要有兩種螢幕尺寸，分別是15.6吋與17.3吋。採用15.6吋的有三款，依重量高低排行如下：

（1）P53：運算效能最強，最高可採用八核心Core i9處理器，或是六核心的Xeon系列處理器，以及NVIDIA Quadro RTX 5000工程用獨顯。因內建四個記憶體插槽，最大支援128GB記憶體（32GB×4）。同時擴充性也是最強的，最多可同時內建三支2280規格的M.2 SSD，或是一個2.5吋7mm厚度的傳統硬碟/SSD同時搭配兩支2280規格的M.2 SSD。主機重量2.5公斤起跳。

（2）P53s：較P53輕薄，主機重量1.75公斤起跳。但犧牲了效能與擴充性，只能使用低電壓版四核心處理器，且僅提供一個記憶體插槽，與一個2280規格的M.2 SSD插槽。

（3）P1：P系列中最輕薄的代表作，同時也與「X1 Extreme」為兄弟機。最高可搭載八核心Core i9處理器，或是六核心的Xeon系列處理器，以及NVIDIA Quadro T2000工程用獨顯。主機提供兩個記憶體插槽，與兩個2280規格的M.2 SSD插槽，擴充性比P53s好。P1還有一項特點，就是並沒有提供數字小鍵盤，因此鍵盤主要輸入區是置中的。P1主機起跳重量為1.7公斤。

使用17.3吋螢幕的2019機種是P73，不僅具備大尺寸螢幕，也集所有頂尖效能於一身，包括了Core i9的八核心處理器，或是六核心的Xeon系列處理器，四個記憶體插槽（最大支援128GB記憶體）以及最高可選配NVIDIA Quadro RTX 5000 Max-Q工程用獨顯。P73可同時安裝兩支2280規格的M.2 SSD，以及一台2.5吋7mm厚度的傳統硬碟/SSD。

原廠在2019年下半年雖然也推出了14吋的「P43s」，但由於基於「T490」進行開發，所以僅在獨顯的部分改用NVIDIA Quadro P520工程繪圖用獨顯，且同樣只能使用低電壓版四核心處理器，並非如15.6吋以上機種以高效能為訴求點。本書後續提到P系列時，主要指P73/P53/P1這款款機種，並未包含P53s與P43s。

除了P1系列之外，上述的P系列在2020年都會推出對應新命名原則的新機，包含：P17、P15、P15s與P14s。至於P1系列在2020年也將會推出第三世代產品：P1 Gen3。

ThinkPad P1 Gen2

2. 如何選擇ThinkPad

如果使用者是購買桌上型電腦，或許優先考慮的項目會是CPU、記憶體、儲存媒體等硬體規格。但會購買ThinkPad的使用者通常是有「行動運算」的需求，意指需要攜帶筆記型電腦移動，只是移動的距離以及頻繁程度有所不同。目前ThinkPad主流的螢幕尺寸有三種：13.3吋、14吋與15.6吋。除了「逆天」用錢砸出來的X1 Carbon、X1 Extreme可以提供同螢幕尺寸中的最輕重量之外，站長建議還是從「是否需要每天攜帶通勤」進行衡量。假設使用者購買ThinkPad的目的不是為了工程繪圖、3D繪圖等任務，此時便可優先選擇螢幕尺寸在14吋以下的機種。

理論上搭載13.3吋螢幕的X13適合每天攜帶筆電通勤或出差的上班族使用，X13的主機尺寸是31.2公分（長度）與21.7公分（寬度），而且主機重量最低僅1.22公斤起跳，但13.3吋螢幕可能對於某些使用者來說，無論是瀏覽網頁或是使用文書處理軟體等，會感到閱讀起來比較吃力，此時不妨考慮14吋螢幕的ThinkPad。如果將重量由輕到重依序排列，各機種的規格如下：

- X1 Carbon Gen8：1.09公斤
- T14s：1.27公斤
- T14：1.46公斤
- L14：1.61公斤
- E14：1.69公斤

假設CPU、記憶體、SSD容量規格都相同時，上面各機種的排行，剛好也能夠對應到售價的高低。在相同螢幕尺寸以及硬體規格時，越高等級的ThinkPad重量也越輕，但售價也越高。例如X1 Carbon Gen8便達成了驚人的成就，即使配備了14吋螢幕，主機重量卻比13.3吋螢幕的X13還要輕，畢竟X1 Carbon Gen8的價格會高於X13。另一方面，T14s重量也非常輕，卻是以犧牲擴充性換來的，例如無法安裝獨顯，同時受限於主機厚度，也無法內建乙太網路連接埠等。

相較之下，從T14/L14/E14這三款14吋ThinkPad都可以選擇安裝獨顯，這對於重視3D繪圖效能的使用者來說，可列為優先考慮的項目之一。當然如果要最佳的3D工程繪圖效能，還是得考慮15.6吋的重量級P系列機種。

如果再將上述五款14吋螢幕機種的體積（長度×寬度×高度）依序排列，會發現，通常越高價的機種體積越小，或是越薄。比較特殊的是E14，因為著眼於消費市場，所以特別採用了螢幕窄邊框設計以縮短主機長度，並讓機身更薄一些。

- X1 Carbon Gen8：323.5mm×217.1mm×14.9mm
- T14s：328.8mm×225.8mm×16.1mm
- T14：329mm×227mm×17.9mm
- L14：331mm×235mm×20.4mm
- E14（鋁合金背蓋）：325mm×232mm×18.9mm

考量筆記型電腦需要隨身攜帶的特性，因此電池的續航力對於很多使用者而言也是非常重要。然而電池容量越大，主機重量就會跟著增加，占的主機空間也越多。我們接著觀察一下上述五款14吋螢幕機種的電池容量表現：

- X1 Carbon Gen8：51Wh
- T14s：57Wh
- T14：50Wh
- L14：45Wh
- E14：45Wh

重量越輕的高階機種，電池容量通常也越大，這代表越高階機種的主機板面積越小（增加設計與製造的複雜度及成本），可以容納更大體積的電池，提供更長的續航力。T14s算是比較獨特的，雖然重量比X1 Carbon Gen8重一點，但擁有最大的電池容量。

因此在衡量重量、體積、電池續航力，以及是否需要獨顯功能之後，接著就根據預算金額來決定適合的ThinkPad。假設不需要獨顯，預算又很充足，可優先考慮最輕、最薄的X1 Carbon Gen8或是T14s。

也可以根據任務屬性來挑選合適的機種。例如需要執行3D繪圖程式，或玩遊戲時，此時可考慮擁有獨顯的機種，例如T14（重量較輕）或是L14/E14（重量較重），這三款都可以搭載獨顯。

如果需要執行VM虛擬機器程式，此時記憶體容量多多益善，各款14吋ThinkPad的最大安裝記憶體條列如下：

- L14：64GB（32GB+32GB，都是SO-DIMM記憶體模組）
- T14：48GB（主機板內建16GB+32GB的SO-DIMM記憶體模組）
- T14s：32GB（主機板最高內建32GB）
- E490：16GB（提供一個SO-DIMM記憶體插槽）
- X1 Carbon Gen8：16GB（主機板最高內建16GB）

通常越高階機種在硬體規格的選擇性方面，以及外觀觸感上也會有所區隔。例如中低階的L14以及E14就不提供4K（3840×2160）超高解析度面板，也沒有配備Thunderbolt 3高速傳輸埠等。但T14s與T14都有上述規格的選項。X1 Carbon甚至連外殼還使用特殊的皮革觸感塗裝或是碳纖維編織紋理，觸控板也使用了光滑的玻璃材質，襯托出旗艦機種的產品定位。

如果是企業客戶在採購時，可能會同時採購不同螢幕尺寸，或是不同等級的機種，例如外勤業務配發X13或是T14，主管則使用T14s或X1 Carbon Gen8，行政內勤人員則使用L14等。如果有搭配擴充底座的需求，不妨將底座的相容性列入考慮。例如X1 Carbon Gen8、T14s、T14、X13、L14這幾款都可使用相同的機械式底座（Mechanical Dock，請參閱〈第五章：ThinkPad擴充周邊介紹〉），反而E14就無法支援了。

2020年推出的ThinkPad只有「核心商用機種」（例如T14/X13/L14等機種）可使用機械式底座（Mechanical Docking），其餘機種則可以考慮使用USB Type-C介面的外接式底座（例如Hybrid USB-C with USB-A Dock，請參閱〈第五章：ThinkPad擴充周邊介紹〉）。

由於L系列以及E系列基於售價考量，在規格上有所限制，如果採購者的預算較無問題，建議不妨優先考慮X1系列、T系列以及X系列，畢竟這三個系列是ThinkPad的最核心組合，周邊的相容性也最大。至於工程運算、3D繪圖則建議考慮ThinkPad的P系列。

即使每年的ThinkPad都會更迭推出新機種，但各機型的定位與屬性都滿清楚的，無論是2021年或是2022年，屆時都會有新一代的X1/T/X/L/E/P系列，讀者把握住本篇的概念，便不難選擇了。

當使用者或是公司採購決策單位對於購買的ThinkPad機種有腹案之後，接下來則是決定規格細節。本書第二章將為讀者介紹ThinkPad各項硬體零件規格，有助於讀者瞭解各項硬體功能及規格，以利做出最佳的判斷。

3. 主機外觀暨功能介紹

如果是十幾年前的ThinkPad，主機必須提供各式連接埠，例如現在已經鮮少看到的序列埠（Serial Port）、印表機埠（Parallel Port）、PS/2埠等。隨著USB連接埠的普及，上述的傳統連接埠（Legacy Port）在現在的ThinkPad上已不復見，甚至隨著USB Type-C的普及，ThinkPad也捨棄了mini DisplayPort影像輸出埠，現在要外接螢幕時主要透過HDMI或是USB Type-C。但相較於其他廠牌的筆電採取比較前衛的做法，主機只留下USB Type-C一種連接埠，ThinkPad還是提供了各式擴充埠，以滿足商業人士的實際需求。

接下來站長會透過市面上常見的三款具代表的機種：T14、X1 Carbon Gen8，與X1 Extreme Gen2，向讀者介紹ThinkPad主機外觀的功能與特點。由於各款ThinkPad在外觀功能上有很高的相似性，本章節的功能介紹可適用其他未介紹到或是2020年推出的機種。

T14

右側視圖

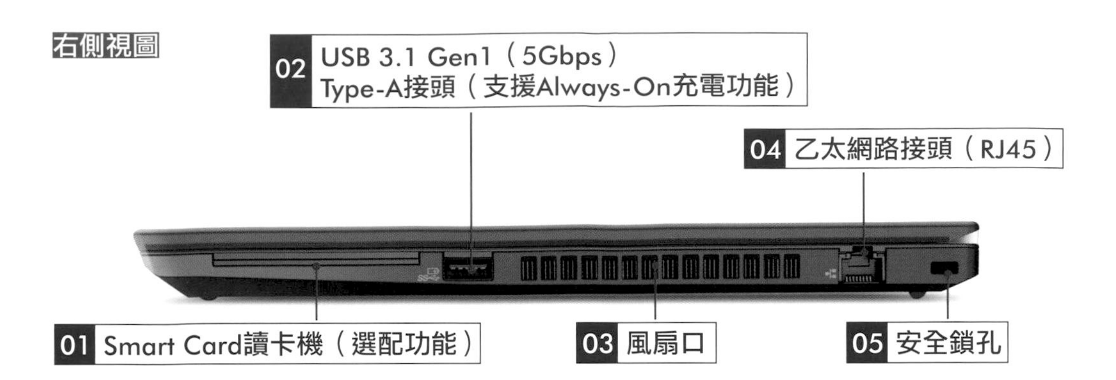

左側視圖

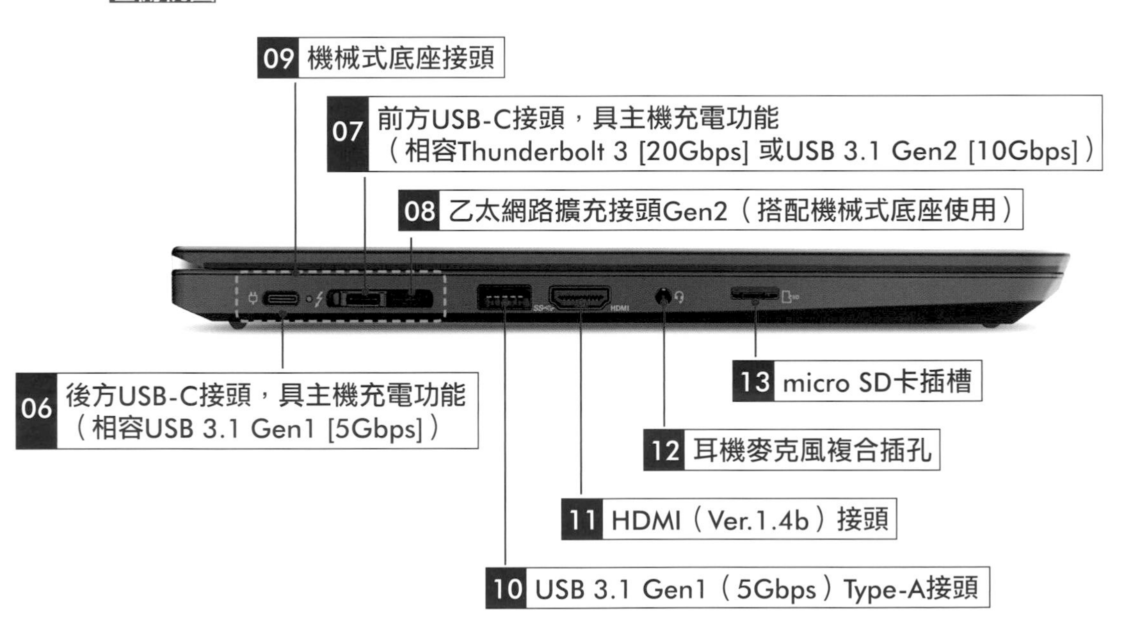

背面視圖

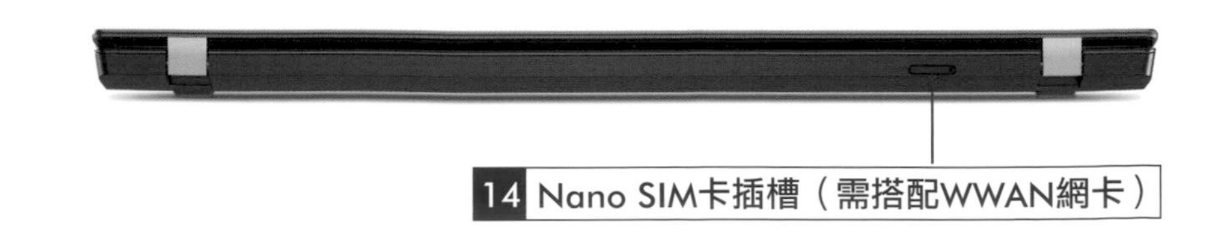

底部視圖

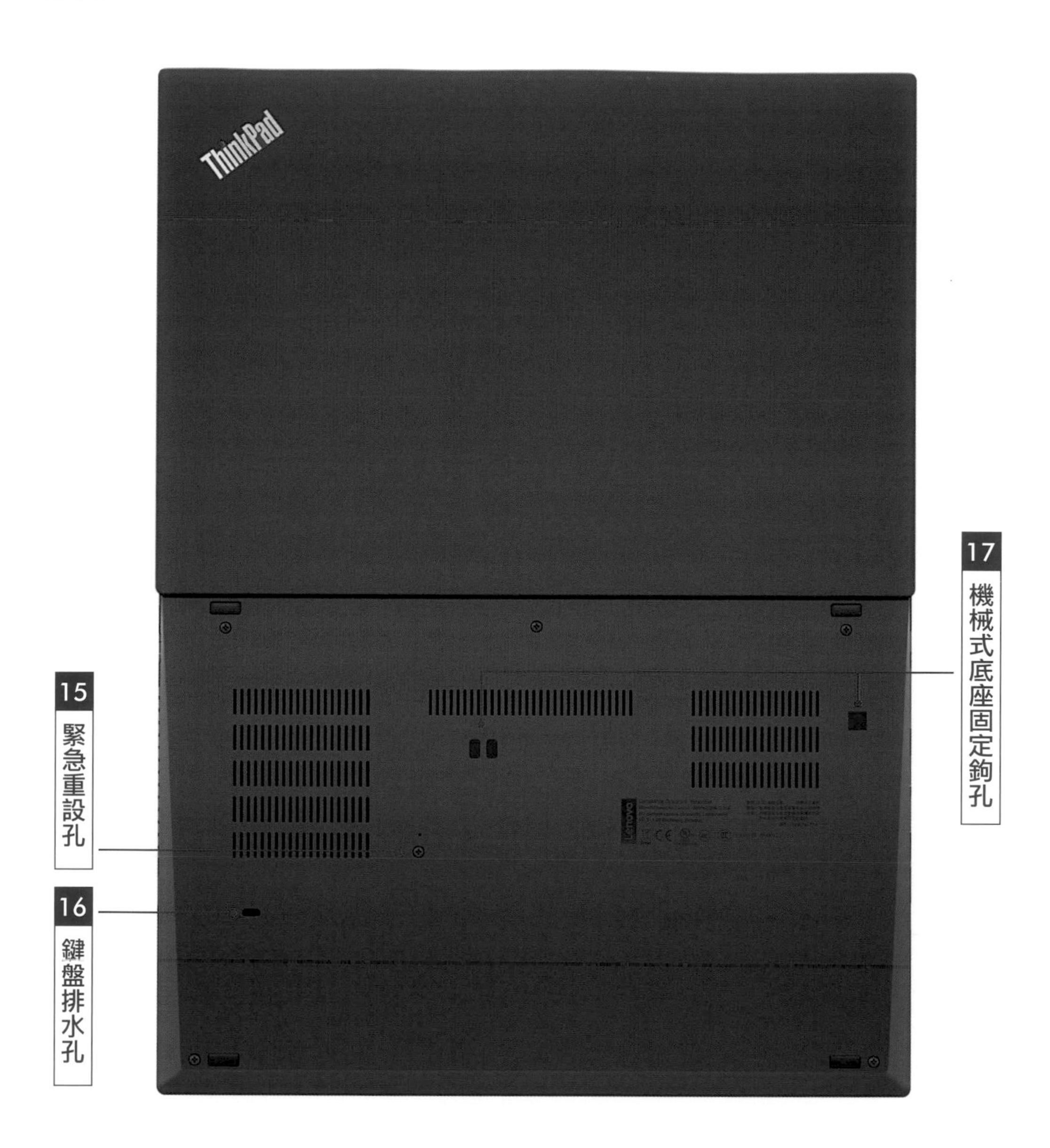

正面視圖

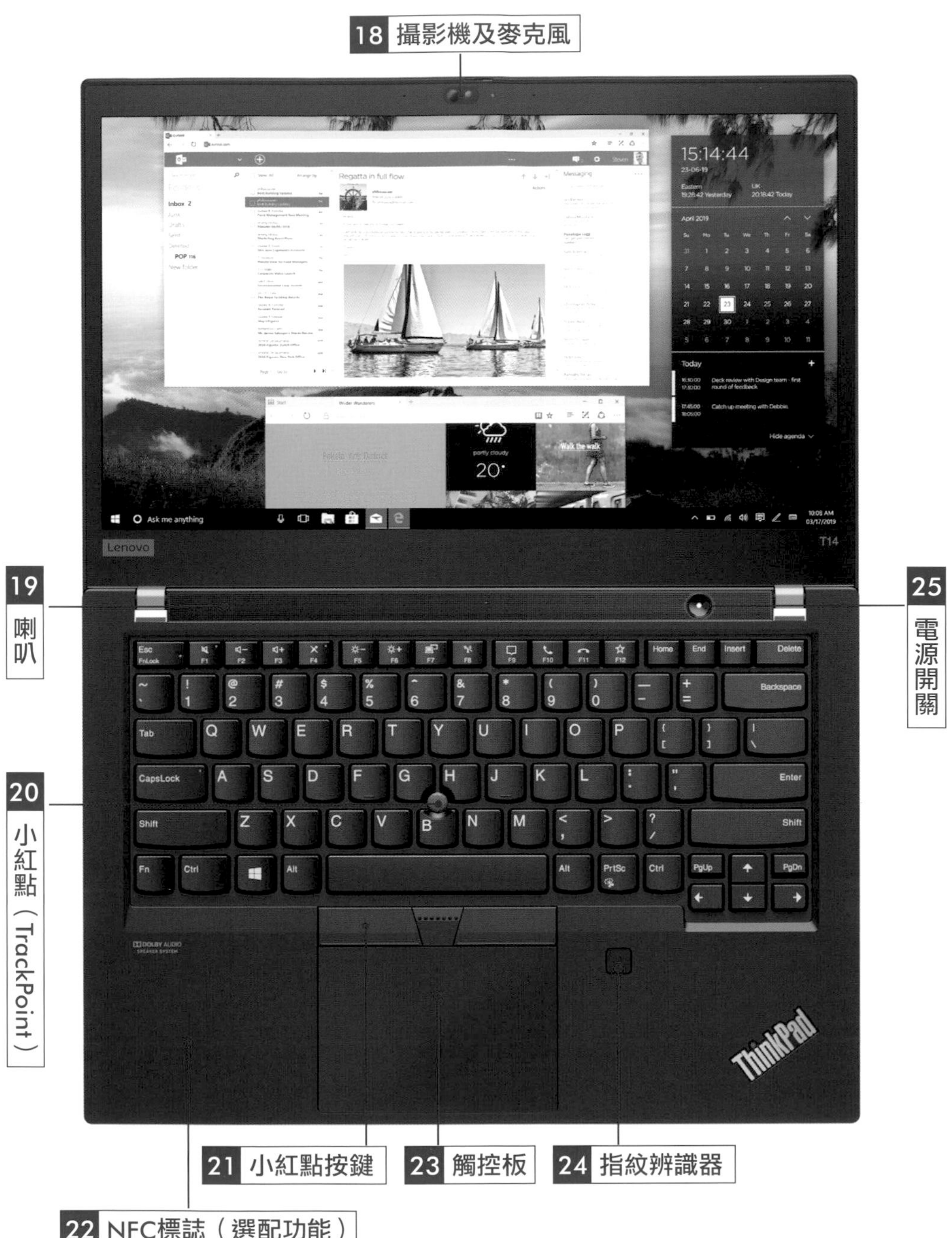
18 攝影機及麥克風
19 喇叭
20 小紅點（TrackPoint）
21 小紅點按鍵
22 NFC標誌（選配功能）
23 觸控板
24 指紋辨識器
25 電源開關

X1 Carbon Gen8

右側視圖

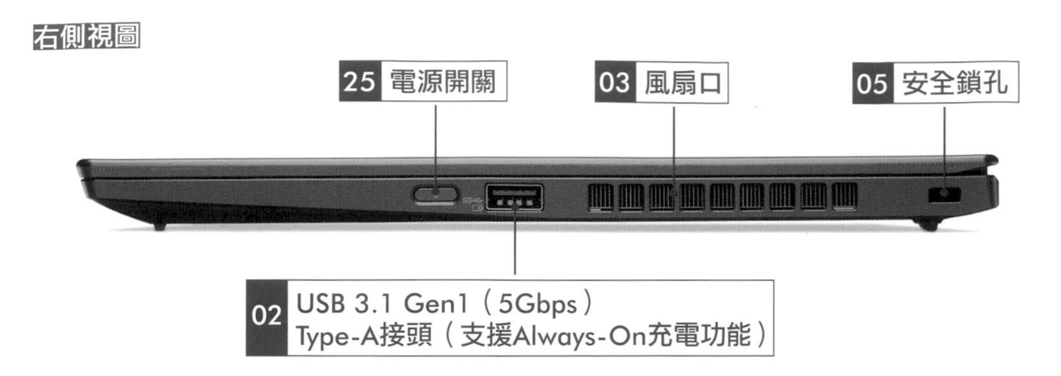

左側視圖

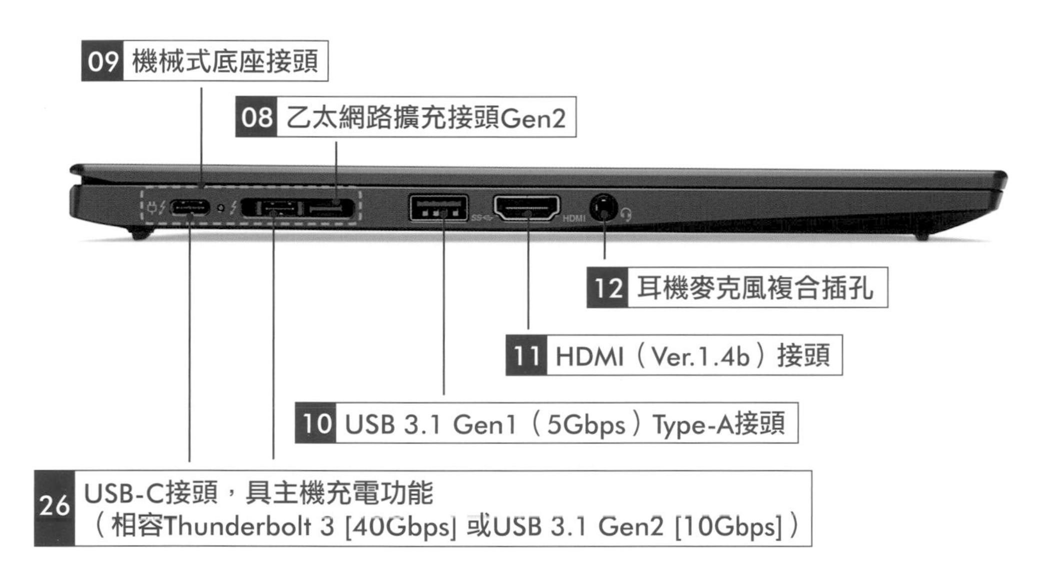

背面視圖

底部視圖

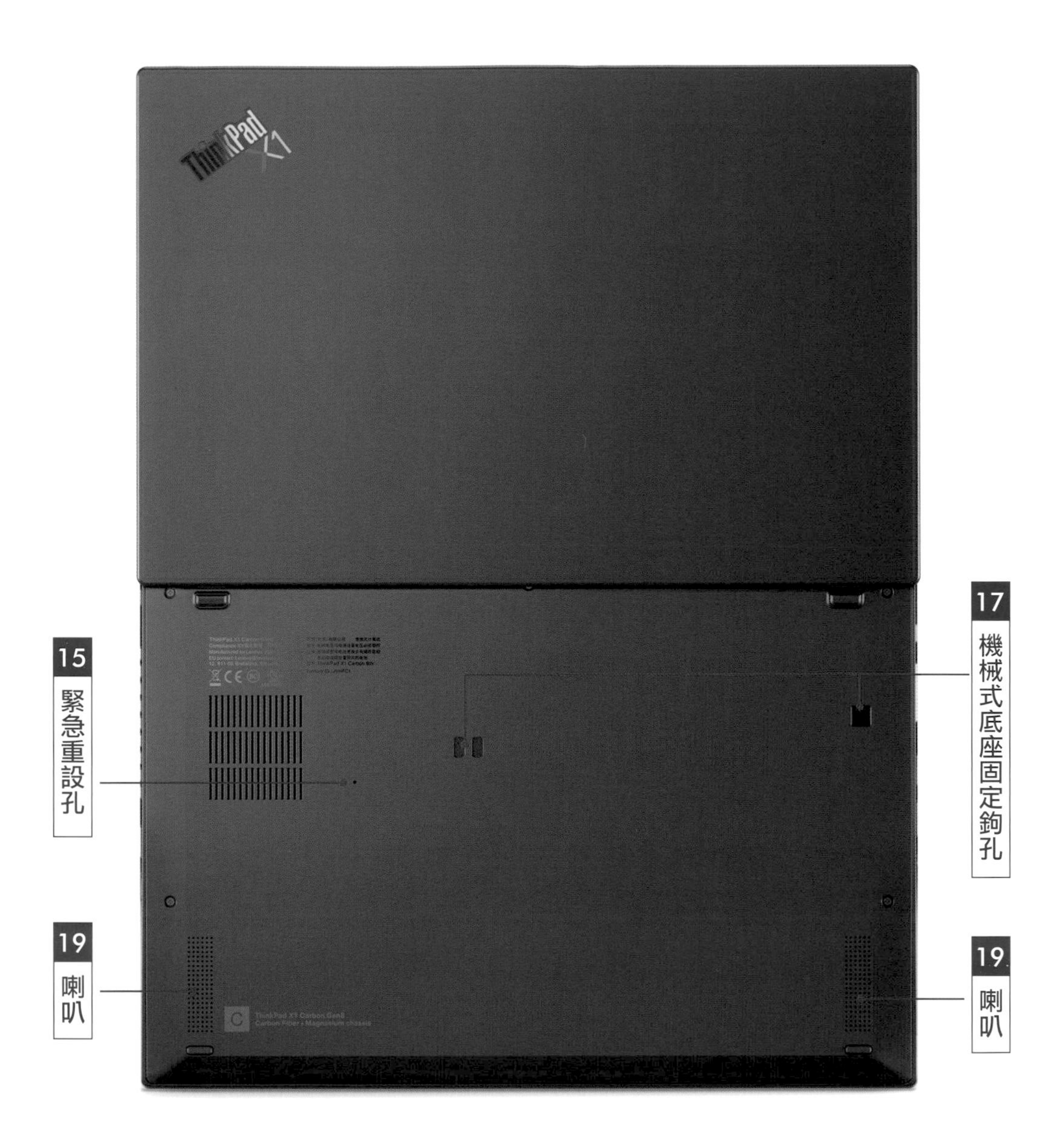

正面視圖

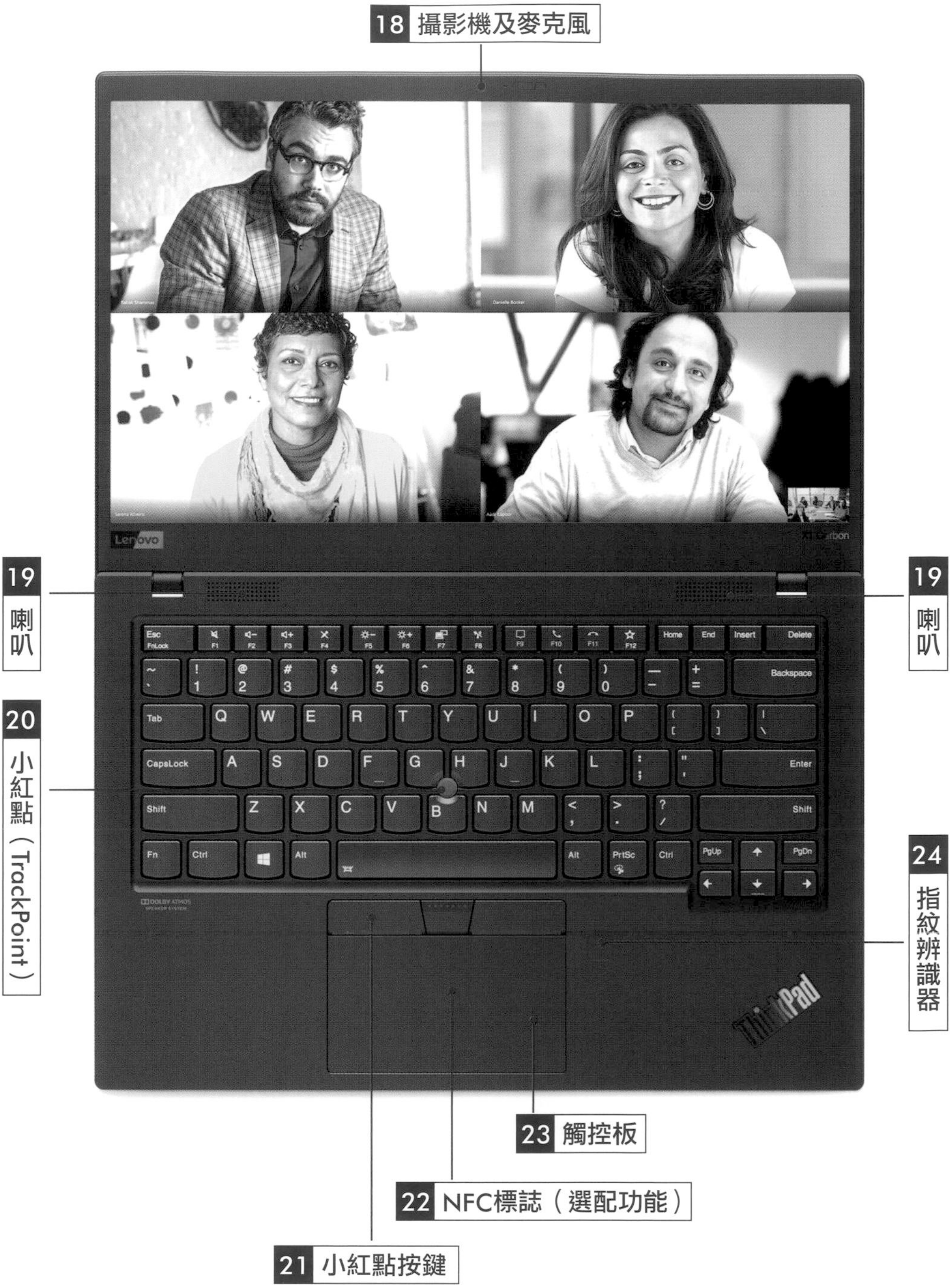

18 攝影機及麥克風

19 喇叭

19 喇叭

20 小紅點（TrackPoint）

24 指紋辨識器

23 觸控板

22 NFC標誌（選配功能）

21 小紅點按鍵

X1 Extreme Gen2

右側視圖

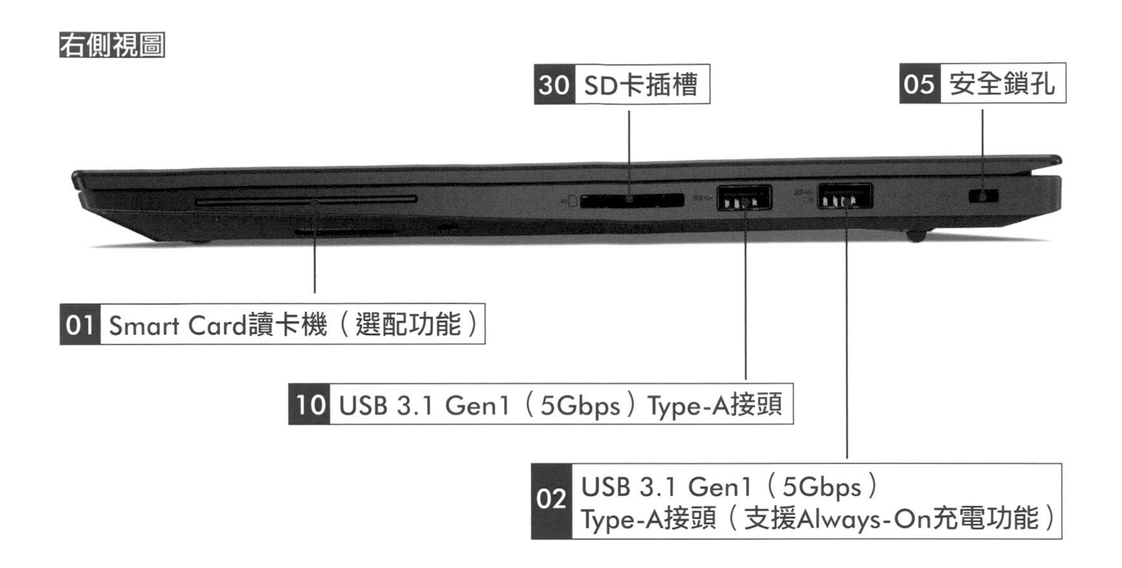

左側視圖

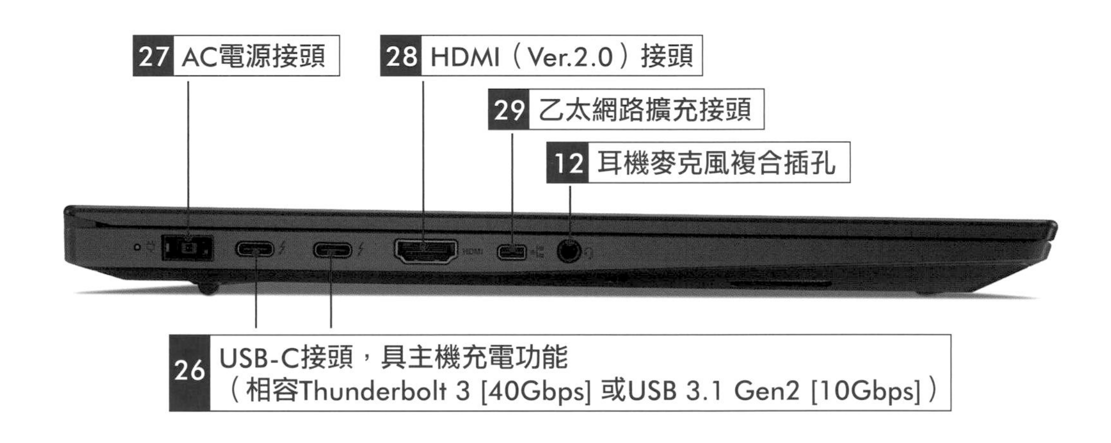

背面視圖

底部視圖

正面視圖

01：Smart Card讀卡機（選配功能）

Smart Card（智慧卡）已廣泛應用在我們日常生活中，例如很多企業都透過晶片識別證導入SSO（Single sign-on）登入功能，個人使用者則可透過晶片提款卡進行線上轉帳。ThinkPad許多機種均可內建Smart Card讀卡機，如果出廠時沒有安裝，會特別安裝一片Smart Card檔板封住開口。

ThinkPad所支援的Smart Card尺寸為85.6mm（長度）x 53.98mm（寬度）x 0.76mm（厚度）。但須留意，不支援有裂縫的Smart Card，有可能會損害到Smart Card插槽。

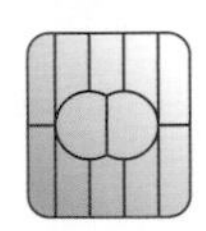

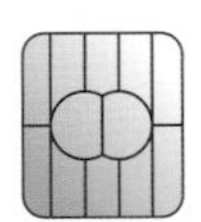

02：USB 3.1 Gen1（5Gbps）Type-A接頭（支援Always-On充電功能）

ThinkPad的USB接頭旁如果有一個電池圖示，代表有支援「Always-On」USB裝置充電功能。此項功能的目的就是將ThinkPad變成一顆超大的行動電源，可幫手機、平板等手持裝置透過USB接頭充電。ThinkPad的Always-On USB功能是基於BC（Battery Charge Specification）1.2版的Fast Charge規格，最高可支援2A（安培）的供電（端視周邊設備的充電需求）。

如果在BIOS裡面開啟Always-On充電功能，而且主機正使用AC變壓器供電，此時無論主機是開機運作，或是處於睡眠（Standby）、休眠（Hibernate）或關機狀態，都可以照常透過USB供電。

但如果主機沒有從AC變壓器供電，換句話說，使用主機的電池供電，此時的USB接頭只有在開機運轉以及睡眠（Standby）狀態可以幫手持裝置充電。一旦進入休眠（Hibernate）或關機狀態就無法透過USB接頭供電。除非使用者在BIOS中，將「Charge in Battery Mode」功能開啟，就可以在電池供電模式中，在關機或休眠狀態時繼續透過USB接頭供電。

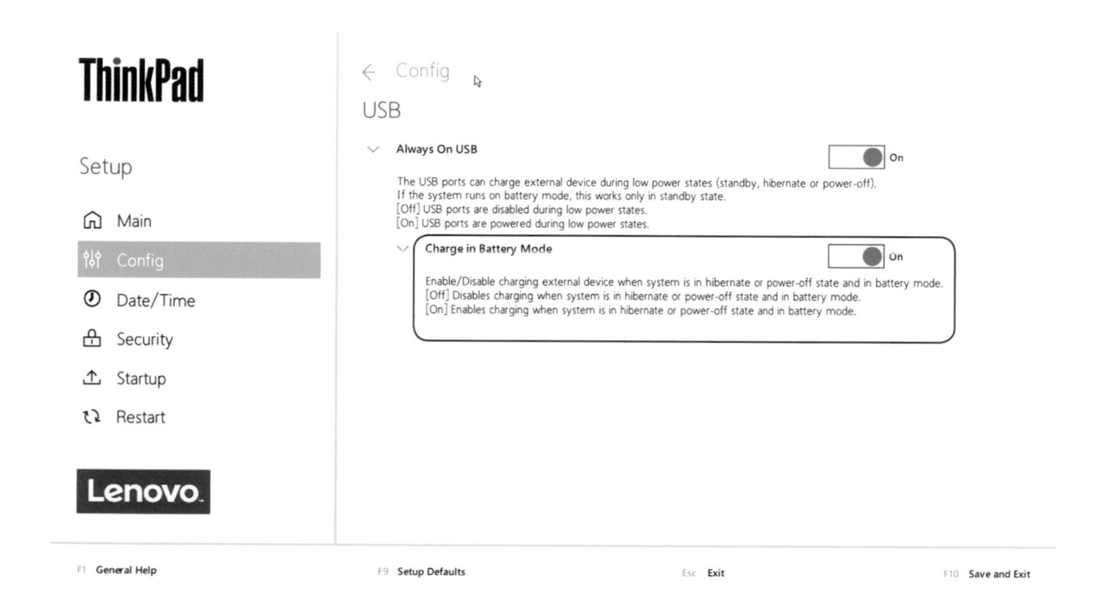

如果不想進入BIOS設定，使用者也可以直接在Lenovo Vantage這套原廠的工具程式中設定，開啟「關機充電」即可。

有關Always-On充電功能在BIOS以及Lenovo Vantage的詳細設定方式，請參閱本書〈第六章：ThinkPad BIOS與預載軟體介紹〉。

03：風扇口

ThinkPad主要的散熱方式是依靠散熱風扇，因此每台ThinkPad都會有位於機體側邊或後方的CPU排風口，目的是將機體內的廢熱從風扇口排出。另一方面，主機底部也會有CPU進氣口，目的是吸入機體外的冷空氣，有助於進一步降低機體內部溫度。

ThinkPad P系列或是X1 Extreme除了CPU風扇之外，同時也幫獨立顯示晶片準備了單獨的散熱風扇，因此主機就有兩個風扇，相對的也會有獨顯風扇所使用的排風口。由於風扇口的功用就是將廢熱儘速排出機體外，因此使用者在放置ThinkPad時，要留意排風口不要被擋住或遮住。

很多人長期使用筆電之後常發現風扇口容易有灰塵阻塞，這是散熱片的靜電吸引了空氣中浮游的灰塵所導致。現在的ThinkPad在排風口特別加上了靜電放電設計，大幅降低了灰塵堆積的問題。

04：乙太網路接頭（RJ45）

隨著筆電主機越做越薄，現在ThinkPad有內建乙太網路RJ45接頭的機種已經越來越少了。針對已經內建乙太網路接頭的ThinkPad，如果將主機連接上機械式底座時，此時主機上的乙太網路接頭會無法發揮作用，請記得將網路線改接到機械式底座上的RJ45接頭，不過Cable Dock（例如USB-C底座）則無此限制。

假設使用者原本透過Wi-Fi無線上網，當主機插入網路線時，ThinkPad會自動切換為透過網路線上網，並關閉Wi-Fi。此項功能原廠稱為「Wi-Fi Auto Disconnect」，目的是降低使用無線網路所產生的耗電量。但此項功能只在開機運作中才會生效，如果系統進入睡眠或是休眠模式則不會發揮作用。

05：安全鎖孔

安全鎖孔的目的是用來連接鋼纜鎖，避免ThinkPad遭偷竊。ThinkPad的安全鎖孔（Security Slot）適用Kensington公司推出的鋼纜鎖，鎖孔的尺寸為長度７公釐、高度３公釐，俗稱「K孔」。除了X1 Carbon以及X390等超輕薄機種之外，其他各款ThinkPad都可以使用Kensington公司傳統的旋轉式「T-bar」上鎖機制，例如Kensington的MicroSaver系列鋼纜鎖。

旋轉式「T-bar」上鎖機制

X1 Carbon以及X390由於機身非常薄，無法使用傳統「T-bar」上鎖機制的鋼纜鎖，因此改用Kensington迷你安全鎖孔（Mini Security Slot），搭配新一代的「Cleat」上鎖機制。例如Kensington的MiniSaver系列鋼纜鎖。

「Cleat」上鎖機制

但根據站長的實測，其實採用「T-bar」上鎖機制的Kensington MicroSaver 2.0 Keyed Laptop Lock仍可以使用在X1 Carbon Gen6上面，但2014年站長買的「T-bar」鋼纜鎖就真的無法使用在X1 Carbon Gen6了。

Kensington的MiniSaver系列鋼纜鎖除了支援迷你安全鎖孔，一般的安全鎖孔仍舊是支援的。但Kensington還有一款NanoSaver Keyed Laptop Lock，雖然同樣採用「Cleat」上鎖機制，但由於是針對平板電腦等薄型裝置設計，鎖頭太小了，是無法使用在X1 Carbon或X390的迷你安全鎖孔。

06：後方USB-C接頭，具主機充電功能（相容USB 3.1 Gen1 [5Gbps]）

ThinkPad從2018年起全面導入USB 3.1 Type-C接頭（原廠簡稱為USB-C）。這為ThinkPad帶來了很大的改變，除了P系列及X1 Extreme之外，其他的機種都捨棄原本的方形電源接頭，一律使用USB-C接頭充電。這是因為USB-C的Power Delivery供電功能最高僅支援100W，但P系列及X1 Extreme的充電器都超過100W，所以得繼續使用原先的方形電源接頭。2018年之後的ThinkPad只要不是P系列及X1 Extreme，都可以使用主機上的USB-C接頭當作電源接頭。

ThinkPad全面導入USB-C的另一項改變，便是ThinkPad擁有可同時輸出4096x2304@60Hz解析度到兩台外接螢幕的能力。這是因為USB-C加入了DisplayPort Alternate Mode。因此ThinkPad如果有內建兩個USB-C接頭，便可以直接透過USB-C傳輸線，或是USB-C轉DisplayPort的轉接線，同時輸出4K@60Hz畫面至兩台外接螢幕。

但某些機種後方的USB-C接頭，其實是跟HDMI接頭共用同一個DisplayPort訊號輸出通道，所以無法同時透過後方USB-C以及HDMI輸出雙螢幕畫面。如果使用者需要同時外接兩台螢幕，可改為：

（1）前方的USB-C（或Thunderbolt 3）接頭搭配HDMI接頭。

（2）前方的USB-C（或Thunderbolt 3）接頭搭配後方的USB-C接頭。

USB 3.1傳輸速率分為兩種，分別是第一代（Gen1）的5Gbps與第二代（Gen2）的10Gbps。因此並非所有機種搭載的USB-C接頭都是USB 3.1 Gen2（10Gbps）規格。凡是支援ThinkPad機械式底座的ThinkPad，機身左側都有兩個USB-C接頭，但只有X1 Carbon Gen6至Gen8以及AMD平台的T495s/T14s、T495/T14或X395/X13，才是兩個USB-C都支援USB 3.1 Gen2（10Gbps）。 Intel平台的T系列以及X系列，只有靠近機身前方的USB-C有支援USB 3.1 Gen2（10Gbps），靠近機身後方的則是USB 3.1 Gen1（5Gbps）。

USB-C接頭的最大優點就是不再區分正面、反面，兩面都可以直接插入，因此開始廣泛使用在手機、平板、筆電甚至遊樂器設備上。但也因為USB-C的普及，使用錯誤線材而導致的問題也層出不窮，特別是發生在手機使用的USB-C傳輸線與變壓器，會跟ThinkPad不匹配的問題上。

以傳輸線為例，如果搭配60W變壓器，就必須搭載能承受3A電流的傳輸線。如果是用來連接外接式硬碟、SSD等高速周邊，此時要留意傳輸線是否僅支援USB 2.0（480Mbps）速率，還是USB 3.1 Gen1（5Gbps），甚至是USB 3.1 Gen2（10Gbps）。如果一時不察拿手機用的USB-C傳輸線來用，可能速度真的只支援到USB 2.0（480Mbps）。雖然USB-C接頭的設計非常方便，但在使用時請務必留意是否有搭配正確的連接線。

原廠也提醒，當ThinkPad電池電力低於10%時，連接到USB-C接頭的USB-C周邊設備，可能無法正常運作。還請讀者留意。

2019年起推出的X1 Carbon Gen7、T系列以及X系列的兩個USB-C接頭開始支援「P-to-P 2.0」充電功能，作用就是讓支援「P-to-P 2.0」功能的兩台ThinkPad之間可以透過USB-C傳輸線供電。簡單講，就是將電量高的ThinkPad當作超大台的行動電源，即使沒有接上變壓器，電量高的ThinkPad仍可供電給另一台ThinkPad，而被輸入電量的ThinkPad則會視為接上15W變壓器（慢速充電器）。

「P-to-P 2.0」充電功能有下面幾項規定：

1. 準備當作行動電源的ThinkPad，本身電池剩餘電量須達30%，而且超出電量低的ThinkPad剩餘電量在3%以上。
2. 兩台ThinkPad都需要啟動Always-On USB功能。

07：前方USB-C接頭，具主機充電功能（相容Thunderbolt 3 [20Gbps] 或USB 3.1 Gen2 [10Gbps]）

Thunderbolt 3是目前ThinkPad所能搭載的最高速外接式連接埠，是由Intel所制定的規格。Thunderbolt 3堪稱集超高速、多功能於一身，在傳輸速率的部分，最高理論傳輸速率為40Gbps，同時相容USB 3.1 Gen2規格，並使用USB Type-C的不分正反兩面的接頭設計，與USB PD供電功能，最高可支援100W（5A/20V）充電功能。

ThinkPad在Thunderbolt 3接頭旁都會標上「閃電」圖示，提醒使用者這不是普通的USB-C接頭。Thunderbolt 3除了可使用USB-C的各式周邊之外，Thunderbolt 3最大的賣點在於超高速傳輸，例如讀取速率可突破2GB/s的外接式SSD，或是外接獨立顯卡，讓原本無法升級3D繪圖效能的ThinkPad，可藉由Thunderbolt 3使用更高速的外接式顯示卡，進而提升繪圖效能。

只要ThinkPad有配備Thunderbolt 3接頭，基本上就可視為USB 3.1 Gen2 Type-C接頭，不僅可傳輸資料，還可輸出影像畫面（DisplayPort Alternate Mode），然後又可當作USB-C充電器的接頭。ThinkPad的Thunderbolt 3接頭其實有分全速（40Gbps）以及半速（20Gbps），所以並非全部的ThinkPad Thunderbolt 3接頭都是40Gbps速率（全速），有的機種是20Gbps（半速）。

為何同樣是Thunderbolt 3，速率卻有差別呢？主要原因在於Thunderbolt 3晶片被分配到的PCIe 3.0匯流排數量，例如X1 Carbon Gen7的Thunderbolt 3分配到四路（PCIe 3.0×4），因此是全速40Gbps版本。T490s、T490的Thunderbolt 3僅分配到兩路（PCIe 3.0×2），因此是半速20Gbps版本。不過PCIe 3.0匯流排單路頻寬的理論值為8Gbps，因此四路的PCIe 3.0×4最高也不過32Gbps，根本餵不飽Thunderbolt 3的理論值40Gbps，等於先天就注定是理論值打八折（笑）。

Thunderbolt 3的傳輸線雖然同樣採用USB Type-C接頭，但實際使用時又分為「主動式」（Active）與「被動式」（Passive）兩種線材。「被動式」傳輸線的長度如果為短於1公尺，可支援40Gbps速率，但如果長度超過1公尺，就只支援20Gbps。但「被動式」傳輸線可向下相容USB 3.1/3.0/2.0規格。

使用者如果需要1公尺以上長度並支援40Gbps速率的傳輸線，就必須使用「主動式」的Thunderbolt 3傳輸線，常見的長度為2公尺或1公尺。然而主動式傳輸線卻無法相容USB 3.1或USB 3.0，也不支援影像傳送（DisplayPort Alternate Mode），只能相容USB 2.0（480Mbps），因此千萬不要拿昂貴的Thunderbolt 3主動式傳輸線用來連接USB 3.1周邊，反而會降速。

Thunderbolt 3傳輸線也分為支援60W供電或是100W供電兩種規格，因此使用者在購買時除了長度、是否為主動式或被動式之外，供電能力也須留意。Thunderbolt 3傳輸線與USB 3.1傳輸線雖然都是Type-C接頭，但Thunderbolt 3傳輸線有「閃電」圖示，並標示數字「3」，代表Thunderbolt 3。

所以針對ThinkPad的Thunderbolt 3功能，簡要整理一下：

（1）Thunderbolt 3接頭可向下相容USB Type-C各項周邊，也可同時作為USB-C變壓器的充電接頭。

（2）但ThinkPad各款的Thunderbolt 3速率不同，有40Gbps（全速）與20Gbps（半速）之分，但都比USB 3.1 Gen2的10Gbps快得多。

（3）Thunderbolt 3的連接線有主動式與被動式之分，小於一公尺長度都是被動式，並可支援40Gbps速率。如果需要長於一公尺，並希望能支援40Gbps速率，此時須購買主動式連接線。

（4）Thunderbolt 3專用的周邊必須使用Thunderbolt 3連接線，而且無法接在不支援Thunderbolt 3的USB-C接頭。

最後提醒一下，當ThinkPad電池電力低於10%時，連接到Thunderbolt 3（USB-C）接頭的USB-C周邊設備，可能無法正常運作。還請讀者留意。此外，2019年推出的T系列與X系列的前方USB-C接頭同樣支援「P-to-P 2.0」充電功能。

08：乙太網路擴充接頭Gen2（搭配機械式底座使用）

ThinkPad如果要連接乙太網路線時，各款主機的做法不同，通常有下列三種型態：

（1）主機內建RJ45接頭：通常主機厚度夠時，會內建RJ45接頭，例如T490/T14、L490/L14等。

（2）主機內建乙太網路擴充接頭：當主機厚度過薄，無法直接內建RJ45接頭時，ThinkPad會使用特製的轉接線，一端連接至主機上的乙太網路擴充接頭，另一端則是標準的RJ45接頭，可直接連網路線。而乙太網路擴充接頭又分為兩種世代產品：

- 第一代（Gen1）：僅供乙太網路轉接線使用，目前X1 Extreme、P1均使用此類接頭。
- 第二代（Gen2）：除了供乙太網路轉接線使用，也可供ThinkPad機械式擴充底座使用，例如T490s/T14、X390/X13、X1 Carbon Gen8。

（3）使用USB介面的外接式乙太網路卡。

讀者可能會覺得奇怪，T490甚至T590主機都已內建RJ45接頭，為何也有配備第二代的乙太網路擴充接頭？因為是用來連接機械式底座之用，換句話説，同時內建RJ45接頭以及乙太網路擴充接頭的主機（例如T490/T14或T590/T15），如果沒有連接機械式底座，主機只有內建的RJ45接頭可使用，即使故意接上乙太網路轉接線，也是無法使用的。但相反的，如果將T490/T14或T590/T15連接機械式底座，此時反而是底座上的RJ45接頭可作用，主機內建的RJ45接頭是無法作用的。

ThinkPad的輕薄機種會堅持提供乙太網路擴充接頭，而不直接使用USB介面的乙太網路卡，主要有兩項考量：

（1）USB介面網卡會占用一個USB的接頭。

（2）USB介面網卡需要額外安裝驅動程式，而且市售USB網卡無法使用主機內建網卡的Mac address。

特別是無法使用主機網卡的Mac address，這對於大型企業的公司網路政策可能會帶來困擾。這也是為何ThinkPad無論透過底座或是乙太網路轉接線，都具備「Mac address passthrough」透通功能，以便符合企業網路管理需求。

09：機械式底座接頭

以往ThinkPad的機械式擴充底座接頭都位於主機底部，從2018年開始的「CS18」世代機械式底座，則將接頭改為主機左側，主要的考量有兩項：

（1）現在主機厚度越來越薄，但底座接頭的長度不可能太短，因此傳統「垂直合體」的擴充底座形式已不適合。改從主機側邊「水平合體」才能讓X13或是X1 Carbon Gen8等薄型主機也能夠使用機械式擴充基座。

（2）過去機械式擴充底座均使用特製接頭，但主機側邊空間有限，特別是X-Series因機身較小，空間更不足，因此不適合使用專屬的接頭。再加上USB Type-C已經能夠同時傳輸資料、影像及電力。因此ThinkPad便將USB Type-C以及乙太網路擴充接頭「群組化」，作為新一代的擴充底座接頭。

新一代的ThinkPad擴充底座接頭不再是單一接頭設計，是結合了兩個USB Type-C接頭以及一個乙太網路擴充接頭。當ThinkPad與擴充底座連接時，特製的三合一接頭會同時連接主機上的三個接頭。關於ThinkPad機械式底座的詳細說明，請參閱本書〈第五章：ThinkPad擴充周邊介紹〉。

10：USB 3.1 Gen1（5Gbps）Type-A接頭

USB（Universal Serial Bus，通用序列匯流排）的接頭有很多種樣式，目前ThinkPad上最常被使用的仍為長方形的「Type-A」形式。ThinkPad的USB Type-A接頭通常對應USB 3.1 Gen1，理論傳輸速度為5Gbps。

2015年時USB-IF協會宣布將原本的USB 3.0更名為USB 3.1 Gen1，接頭外觀跟傳輸速率其實都沒變。ThinkPad在USB 3.1 Type-A接頭旁邊都會擺放代表「SuperSpeed」的三叉戟圖示。

雖然大多數ThinkPad的USB Type-A接頭都是USB 3.1 Gen1（5Gbps）規格，但仍有少數機種不同，例如AMD平台的T495s/T495/X395均內建一個USB 3.1 Gen2（10Gbps）規格的Type-A接頭，或是E490/E490s便內建一個低速的USB 2.0（480Mbps）Type-A接頭。

在其他廠牌的筆電上，曾發生過使用USB 3.1 Gen1 Type-A周邊會與2.4GHz的無線網路互相干擾，或是將2.4GHz的無線鍵盤、滑鼠接收器安裝在USB 3.1 Gen1連接埠上面時，操作起來非常卡頓的現象。但在ThinkPad上類似的狀況已很少出現，這是因為在設計時，已針對電磁干擾（Electromagnetic Interference, EMI）特別留意雜訊的遮蔽與接地處理，同時也針對主機的2.4GHz天線調整天線隔離度，以消除射頻干擾（Radio-Frequency Interference, RFI）的問題。

11：HDMI（Ver.1.4b）接頭

HDMI的全名是High Definition Multimedia Interface（高畫質多媒體介面），是一種全數位化影像和聲音的傳送介面，可透過同一條傳輸線同時傳送高畫質視訊與多聲軌的音訊資料，大幅簡化連接電視或顯示器的難度，故廣泛使用在電視遊樂器、個人電腦或是機上盒等裝置。

ThinkPad主機如果要外接螢幕，可透過HDMI接頭或是USB Type-C接頭。目前支援USB Type-C輸入的螢幕還不多見，因此透過HDMI傳輸線連接到螢幕或電視會比較方便。

HDMI的版本相當多種，目前ThinkPad主機內建的HDMI接頭主要支援1.4b版本，最高解析度可支援到4096x2160@30Hz。不過站長並不建議使用30Hz這麼低的螢幕更新率（Refresh rate），長期觀看容易造成眼睛疲勞，因此如果有4K解析度的需求，建議透過USB Type-C輸出畫面，如果螢幕並不支援USB Type-C輸入，可以加購轉接線，另外轉成DisplayPort或是HDMI 2.0b介面，此時便能支援4K@60Hz的畫面輸出。

如果暫時沒有規劃使用4K解析度螢幕，現在很多24吋或是27吋螢幕都開始支援2560x1440的原生解析度，ThinkPad透過HDMI也可以輸出2560x1440@60Hz解析度。

如果使用者需要透過VGA介面（D-sub）輸出畫面到投影機或是舊一代的螢幕，也一樣可以加購HDMI轉VGA的轉接線。有關各種轉接線的介紹，讀者可參考本書〈第五章：ThinkPad擴充周邊介紹〉。

在某些機種上（例如T490/T490s/X390/L490等），HDMI接頭與主機後方的USB-C接頭是無法同時輸出雙螢幕畫面的，此時只能到BIOS去設定哪個接頭優先輸出影像資料，預設為後方的USB-C接頭。

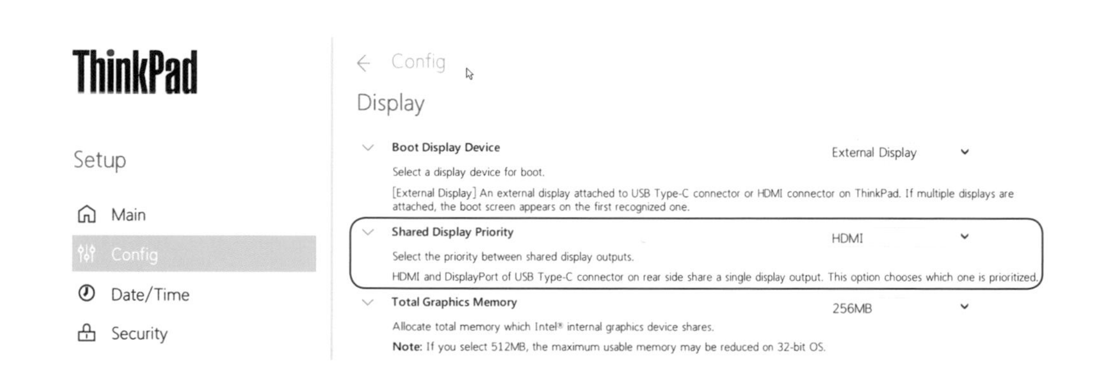

12：耳機麥克風複合插孔

早期的ThinkPad針對耳機或麥克風會提供各自獨立的3.5mm插孔，但後來則改成單孔式的3.5mm四段式（4-Position）插孔，除了可以接耳機之外，也可以接「一轉二」分接線，同時連接3.5mm的耳機與麥克風。照原廠的說法，ThinkPad的耳機麥克風複合插孔並不支援傳統的麥克風。

市售的耳機通常是採用3.5mm三段式（3-Position）插頭，可提供立體音功能。如果耳機有附帶麥克風功能，而且也是單一插頭，代表使用的是3.5mm四段式（4-Position）插頭。三段式的接頭又稱為TRS端子。四段式的則稱為TRRS端子。

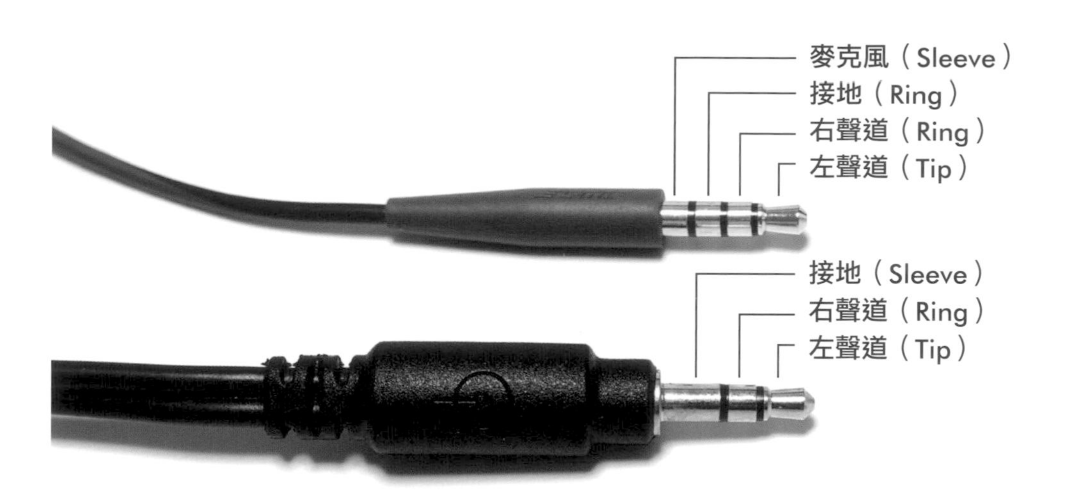

13：micro SD卡插槽

T490/T14與T590/T15所提供的micro SD讀卡機，允許記憶卡直接插入讀卡機內使用，當需要取出記憶卡時，也只需要向內推壓記憶卡，就會自動彈出。其餘機種，例如T490s/X390/T14s/X13等，就必須先將micro SD卡安裝在與nano SIM卡共用的托架（Tray）中，再塞入機體內。要取出記憶卡時，還得依賴退片針或迴紋針的幫忙，手續相當複雜。反觀T490/T14與T590/T15機身左側直接備有micro SD讀卡機，操作起來較為便利。

ThinkPad主機所內建的micro SD讀卡機，可存取micro SD卡（micro Secure Digital Memory Card）家族的三種記憶卡：

（1）micro SD（micro Secure Digital）。

（2）micro SDHC（micro Secure Digital High Capacity）。

（3）micro SDXC（micro Secure Digital eXtended Capacity）。

這三種記憶卡的尺寸均為長度15mm×寬度11mm×厚度1mm。

ThinkPad內建的micro SD讀卡機雖然可以支援micro SDXC的記憶卡，但讀寫的速度卻僅支援UHS-1（Ultra High Speed）規格，也就是104MB/s以內速度。如果使用者有購買UHS-2規格的高速micro SDXC記憶體，並且很在意讀寫速度時，建議另外購買同樣支援UHS-2規格的外接式USB高速讀卡機，才有辦法發揮micro SDXC原本的效能。

14：Nano SIM卡插槽（需搭配WWAN網卡）

從2018年起ThinkPad提供的WWAN（4G）上網功能開始改用Nano SIM卡，但並非每台ThinkPad都可以直接插了SIM（Subscriber Identification Module）卡就上網，必須主機有同時符合下列三要件，才可實現4G無線上網：

（1）ThinkPad必須安裝妥WWAN天線，此時又稱為「WWAN Ready」型態，但主機內不見得有安裝WWAN網卡。

（2）ThinkPad必須安裝妥WWAN（4G）網卡。

（3）ThinkPad必須裝上電信業者的Nano SIM卡。

三要件吻合後才能夠透過4G服務暢遊網路世界。

ThinkPad的Nano SIM卡插槽需要依靠迴紋針或退片針，將Nano SIM卡的托架從主機中取出後，才能將Nano SIM卡放進去。ThinkPad有的機種會將Nano SIM卡跟Micro SD卡共用同一個托架，使用者同樣必須透過退片針或拉長的迴紋針，才能將拖架取出。

15：緊急重設孔

位於主機底部的「緊急重設孔」，如果電腦因故無法正常關機，可以用退片針或拉長的迴紋針去戳這個小洞，系統便會自動關機。

此項設計是針對「內建鋰電池」的ThinkPad而設計的。如果是使用可抽換式電池，例如ThinkPad P52、P72，當遇到系統嚴重當機，按電源鍵也無法強制關機時，只需要拔除電源線以及主機電池即可。但隨著ThinkPad改為內建鋰電池，原廠不希望使用者自行打開機殼並將電池排線取下，故在主機板上設計了一個按鈕，同時底殼上也開了一個小孔，就是讓使用者用退片針或拉長的迴紋針伸進去，以觸動緊急關機功能。

16：鍵盤排水孔

ThinkPad T490/T14與L490是少數仍保留鍵盤排水孔（Drain Hole）經典設計的主機，主要的功能是讓不慎波到鍵盤上的液體可以透過位於主機底部的排水孔，迅速排出機體外。但這並不代表其他機種鍵盤並沒有防潑水的功能，其實T490s/T14s或是X390/X13的鍵盤防潑水能力跟T490/T14是同級的，只是並未依賴排水孔設計。

各款ThinkPad中，具備最強防潑水能力的主機其實是X1 Carbon與X1 Yoga系列，例如T490/T14可以承受200cc的水不慎波到鍵盤上，X1 Carbon Gen7約可承受500cc的水量。但實務上，不管進水量多少，只要不小心將液體波到鍵盤，建議立即關閉主機電源（直接按電源按鈕強制關機，並拔除電源線），然後翻轉ThinkPad，讓鍵盤朝下，避免更多的液體流入機體內。待主機已無殘存液體滴下時，再將主機上的水漬擦拭乾淨，接著請靜置24小時，目的是讓不慎流入機體內的液體自然乾燥，但千萬不要拿吹風機用熱風往筆電吹。之後再試著插上電源開機。如果無法正常使用，就必須送至維修中心檢測，如果需要更換鍵盤、主機板等零件，因屬人為疏失，可能會需要付費修理。所以在使用ThinkPad時，請儘量遠離飲料等液體。

17：機械式底座固定鉤孔

ThinkPad是目前仍堅持持續研發機械式底座（Mechanical Dock）的商用筆電，其他原廠不是改用Cable Dock（例如USB Dock或是Thunderbolt 3 Dock），就是僅販售舊一代的機械式底座。在USB 3.1 Gen2日益普及的時代，ThinkPad是唯一的商用筆電，持續提供內建USB 3.1 Gen2（10Gbps）高速連接埠的機械式底座。由於機械式底座必須跟各系列主機的造型密切配合，所以即使是周邊設備，2018年推出的CS18（Cleansheet 2018）世代機械式底座，也是由日本的Yamato Lab開發。

為了避免ThinkPad與機械式底座相連結時，被使用者不慎硬拔起來，原廠在CS18世代的機械式底座加入了「閂（Kannuki）」崁合結構，在不影響主機底部內側的零件排列下，可將底座鎖住主機的底殼（D-Cover），並且承受一定的拉拔施力。這也是為何主機底部會有底座專用的鉤孔。

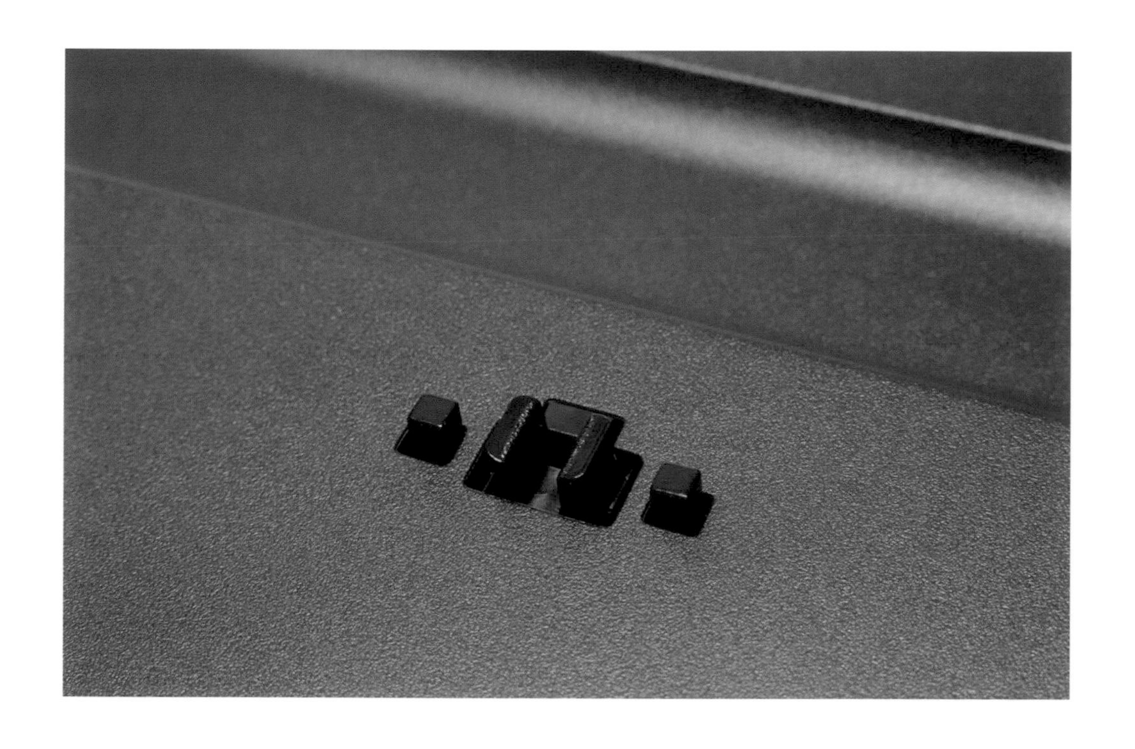

18：攝影機及麥克風

ThinkPad的攝影機有兩種規格，分別是傳統HD（1280x720）攝影機，以及新一代的紅外線攝影機（但解析度仍為1280x720，又稱為3D攝影機）。紅外線攝影機的推出主要是搭配Windows Hello人臉辨識登入，在辨識的正確率以及速度上均遠勝傳統攝影機。如果讀者仍偏好使用指紋辨識作為Windows Hello的生物特徵辨識方式，就不需要刻意購買紅外線攝影機功能。

有許多筆電使用者會故意拿個膠帶或是貼紙，將螢幕上方的攝影機鏡頭遮起來。ThinkPad從2018年開始也從善如流，推出了「ThinkShutter」攝影機滑蓋功能，採實體遮蔽鏡頭的作法，以確保使用者的隱私。但2018年的第一代ThinkShutter只支援傳統攝影機，如果使用者配備紅外線攝影機就無法搭配ThinkShutter。到了2019年第二代的ThinkShutter終於可同時支援傳統攝影機以及紅外線攝影機。

ThinkPad向來內建雙陣列麥克風（Dual Array Microphone），意指螢幕上方會有兩個麥克風。2019年起為因應AI語音助理的盛行，ThinkPad開始大量導入「Far-Field Microphone with noise cancellation」（抗噪遠場麥克風），X1 Carbon Gen7甚至內建「四個」麥克風，其餘的T系列、X系列則都搭配兩個。

許多筆電原廠在設計「窄邊框螢幕」時，會將攝影機從螢幕上方移到下方，甚至改到鍵盤上，但此類設定表面上顧及了螢幕外型，但實際使用時卻因攝影機的位置太低，當使用者進行視訊會議時，等於從下往上拍攝，常被人稱為「鼻孔攝影機」。ThinkPad即使也朝窄邊框設計發展，但對於使用者體驗仍有其堅持。

19：喇叭

2019與2020年推出的ThinkPad輕薄機種，例如T490s/T14s或是X390/X13，會配備兩個功率為1W的喇叭，其餘機種通常都是兩個2W的喇叭。

值得一提的是X1 Carbon Gen7/Gen8主機則配備了四個喇叭（兩個0.8W的高音喇叭與兩個2W的低音喇叭），並且獲得「Dolby Atoms speaker system」認證，是目前ThinkPad中喇叭效果最好的機種。

20：小紅點（TrackPoint）

ThinkPad黑色鍵盤中間出現的紅色圓點吸引了許多人的目光，而這個被稱為「TrackPoint」（小紅點）的裝置其實是用來取代滑鼠或是觸控板的指向裝置。當年IBM研發人員試圖開發出一種指向裝置，可以讓使用者在鍵盤打字時，手指不用移開鍵盤去使用觸控板，照樣可以操作螢幕上的游標。關於小紅點的操作方式，讀者可參考本章「使用TrackPoint（小紅點）及TrackPad（軌跡板）」的說明。

由於小紅點在ThinkPad開發史上具有關鍵的地位，關於TrackPoint的運作原理以及開發過程，站長在本書〈第三章：ThinkPad硬體特色介紹〉中有專門章節介紹。

21：小紅點按鍵

小紅點的按鍵有三個，分別是左鍵、右鍵與中間的捲動鍵。左鍵與右鍵的功能其實就對應滑鼠上的左右按鍵。捲動鍵功能則類似滑鼠的滾輪，用來上下捲動網頁或視窗畫面之用，也可用於左右捲動。

22：NFC標誌（選配功能）

有的ThinkPad在出廠時會裝配NFC（Near Field Communication，近場通訊）功能，可在數公分的距離內，在ThinkPad與另一部具備NFC功能的裝置之間建立無線通訊，或是用來當作NFC讀卡機，但由於NFC並非制式裝備，也並非全部的ThinkPad都有支援，使用者在購買時不妨留意一下。

ThinkPad的NFC感應器位置有的在觸控板，或是在Palmrest（置腕區）上，可檢查上述位置是否有NFC標誌來判斷。

23：觸控板（軌跡板）

ThinkPad的觸控板（TouchPad）原廠特別稱呼為軌跡版（TrackPad）。相較於小紅點需要學習並熟練後才好上手，軌跡板可提供更直覺式的操作，並可搭配最多四支手指進行更複雜的操控。ThinkPad的觸控板均符合微軟針對Windows設定的「精確式觸控板（Precision Touchpad）」標準，詳細介紹可參考本章「如何使用TrackPoint（小紅點）或TrackPad（軌跡板）」的說明。有許多習慣操作小紅點的使用者，為避免軌跡板干擾到操作，也會選擇直接在系統直接關閉軌跡板，僅使用小紅點。

在X1 Carbon Gen7/Gen8此類高階機種上，為降低點擊觸控板的聲音，特別使用了「QMD（Quiet Metal Dome）」靜音金屬彈片，在圖書館、會議室或飯店房間等場合，可有效降低觸控板的音量。

X1 Carbon Gen7/Gen8、X1 Extreme Gen2與P1 Gen2旗艦機種群的觸控板，均使用觸感更佳的玻璃材質，其餘ThinkPad機種則使用聚酯樹脂（Mylar）材質。

24：指紋辨識器

ThinkPad的指紋辨識器並非標準配備，但站長很推薦重視個人隱私的讀者在購買主機時，不妨加購指紋辨識器。後續使用ThinkPad時，無論是開機密碼、硬碟/SSD密碼或Windows登入密碼，都可使用指紋辨識取代鍵盤輸入，僅需要將手指在指紋辨識器上按壓一下，即可輕鬆登入。

此外，指紋辨識器也擔任「生物辨識」的感應器，可用在支援「FIDO（Fast Identity Online，線上快速身份驗證）」認證功能的網站，當使用者登入網站或進行線上交易時，不用再輸入密碼。

25：電源開關

ThinkPad具備獨立的主機電源開關，不像有的筆電會將電源開關整合在鍵盤的按鍵上。ThinkPad的電源開關上有設置指示燈號，會顯示系統狀態，各種燈號的意義如下：

- 閃爍三次：電腦剛開始連接到電源。
- 亮起：電腦已開啟（標準模式）。
- 關閉：電腦關閉或在休眠模式中。
- 快速閃爍：電腦正在進入睡眠或休眠模式。
- 慢速閃爍：電腦處於睡眠模式。

ThinkPad的電源開關通常位於鍵盤上方，但X1 Carbon Gen7/Gen8與L390則是位於主機右側。

26：USB-C接頭，具主機充電功能（相容Thunderbolt 3 [40Gbps] 或USB 3.1 Gen2 [10Gbps]）

2019年推出的ThinkPad，真正提供兩個「全速（40Gbps）」Thunderbolt 3高速傳輸埠的輕薄機種，只有X1 Carbon Gen7、X1 Yoga Gen4以及X1 Extreme Gen2 與P1 Gen2這幾款。除了PCI Express 3.0匯流排數量會決定Thunderbolt 3的速度之外，還有一項關鍵點，其實就是各款ThinkPad所使用的Thunderbolt 3控制器也有所不同。例如X1 Carbon Gen7使用的是Intel Alpine Ridge DP控制器，在規格上便支援兩個Thunderbolt 3連接埠。至於T490s/T490/X390僅使用Intel Alpine Ridge LP控制器，在規格上僅支援一個Thunderbolt 3連接埠。

X1 Carbon Gen7與X1 Yoga Gen4機身左側的兩個USB Type-C可說集所有功能於一身了，除了支援Thunderbolt 3（40Gbps）、USB 3.1 Gen2（10Gbps）之外，也支援影像輸出（DisplayPort 1.2版），同時也支援USB PD（Power Delivery）3.0版規格，所以可以擔任AC電源接頭（需使用支援USB Type-C的變壓器）幫ThinkPad主機充電。

至於X1 Extreme Gen2、P1 Gen2或是P53及P73這幾款同樣內建兩個Thunderbolt 3連接埠的高效能機種，由於主機耗電量較大，USB-C無法提供100W以上的供電能力，而是另外使用方形的電源接頭。倒是主機上的Thunderbolt 3（USB-C）連接埠其實仍支援充電功能，只是處於供電瓦數不足的供電狀態，系統會出現警示。

X1 Carbon Gen7/Gen8、X1 Extreme Gen2等高階機種，HDMI接頭與後方的USB-C均可同時外接螢幕，不像其餘機種只能擇一顯示畫面。

X1 Carbon Gen7/Gen8的兩個USB-C接頭都有支援「P-to-P 2.0」充電功能，但P1 Gen2與X1 Extreme Gen2則沒有支援「P-to-P 2.0」充電功能。

27：AC電源接頭

ThinkPad從2018年起全面採用USB Type-C接頭幫主機充電，取代行之有年的方形黃色電源接頭，同時也推出USB Type-C接頭的45W與65W變壓器。不過USB Type-C所支援的Power Delivery供電上限為100W，所以幾款強調高效能運算的機種，因為所使用的變壓器都超過100W，因此仍繼續使用傳統的方形黃色電源接頭，例如P53、P73、X1 Extreme Gen2與P1 Gen2這幾款。

28：HDMI（Ver.2.0）接頭

目前ThinkPad輕薄機種主機支援HDMI 1.4b接頭，導致外接螢幕時解析度最高僅達4096x2160@24Hz，因此不能算是完整的4K@60Hz支援度。在高效能運算的機種上，例如P53、P73、X1 Extreme Gen2則配備了HDMI 2.0接頭，支援的解析度也提升到4096x2160@60Hz。

29：乙太網路擴充接頭

X1 Extreme Gen2與P1 Gen2由於主機厚度非常薄，無法直接放置標準的RJ45乙太網路接頭，同時受限於耗電量太大，無法使用機械式底座（受USB PD供電100W限制），因此這兩款輕薄型移動工作站便回頭採用了第一代的乙太網路擴充接頭，用來搭配第一代的乙太網路轉接線。畢竟第二代的乙太網路擴充接頭是配合機械式底座而設計的。

30：SD卡插槽

隨著2019年起，ThinkPad輕薄機種開始全面支援micro SD讀卡機，標準的SD記憶卡讀卡機反而只會在高效能運算的機種上配備，例如P53、P73、X1 Extreme Gen2與P1 Gen2。這四款高效能機種可存取SD卡（Secure Digital Memory Card）家族的記憶卡，包含四種類型：

（1）MMC（Multimedia Card）。

（2）SD（Secure Digital）。

（3）SDHC（Secure Digital High Capacity）。

（4）SDXC（Secure Digital eXtended Capacity）。

這四種記憶卡必須是全尺寸（長度32公釐×寬度24公釐×厚度1.4公釐）版本才能裝入讀卡機，如果打算使用miniSD或是MicroSD卡，則必須透過轉接卡才能夠使用。

值得一提的是，這四款ThinkPad內建的SD讀卡機不但支援SDXC的記憶卡，而且還支援UHS-II（Ultra High Speed II）規格（最高傳輸速度可達312MB/s），可發揮SDXC高速記憶卡的效能實力。

4. 新機開箱說明

使用者決定好採購的ThinkPad機種，並順利購入之後，接下來由站長向讀者介紹新機開箱須留意之處。站長使用ThinkPad X1 Extreme Gen2與X1 Carbon Gen7進行示範。基本上ThinkPad的外箱都是使用類似色系的黃色紙箱，其中一面有不規則排列的「Think」字樣。

紙箱上方有「Lenovo」字樣的紅色封條。紙箱底部也有「Lenovo」白色字樣的膠帶，所以一台新機無論是上方的封條或底部的膠帶都應該時完整未破損才對。但站長在2020年販售的新機紙箱底部，發現並沒有貼上白色字樣的膠帶。

紙箱側面則提供了主機相關資訊，包含機種名稱、主機型號（MTM）、主機序號（Serial Number）等資訊，使用者收到主機時應該將主機本體上的型號、序號跟外箱上的資訊進行比對，如果是原廠機器應該兩者的資訊都相符才對。

紙箱上也會標示出廠日期，如果使用者沒有持發票上網登錄購買日期，ThinkPad就依原廠認定的時間起算保固，通常是出廠日期再加上一個禮拜左右。

但實務上使用者買到ThinkPad的時間都在出廠之後一段時間，為了確保權益，站長還是建議到官方網站登錄保固資訊，詳細登錄程序請參閱本書〈第八章：原廠相關網站資源簡介〉。

ThinkPad X1 Carbon 7th
MTM: 20QD-S0H000
Serial Number: PF14E51Y
(S)Serial Number: PF14E51Y
(1S)M/T-Model S/N: 20QDS0H000PF14E51Y
(31P)M/T Model: 20QDS0H000
(30S)UUID:
3D2D5C4C-1EDE-11B2-A85C-95000324F605
intel inside
ENERGY STAR
(4L) Origin: CN
Made in China
Compliance Marks:
Date: 2019-09-01
Manufactured for Lenovo
UPC CODE: 194552332723
1 94552 33272 3
()Serial Number: PF14E51Y
MAC1: 98FA9BA95D49
WLAN MAC: DC7196B6D8A2
Microsoft Product Key ID
3305222137008
主機名稱
主機型號
主機序號
出廠日期
乙太網路卡
Mac Address
無線網路卡
Mac Address

紙箱開封後會看到用塑膠套包覆的ThinkPad主機，以及旁邊的配件盒。隨機附上的保固卡等文件會被裝在另一個塑膠袋中，並且塞在主機旁邊。

各國販售的ThinkPad文件袋內容不同，以台灣為例，至少會有保固卡、設置指南與「安全及保固手冊」

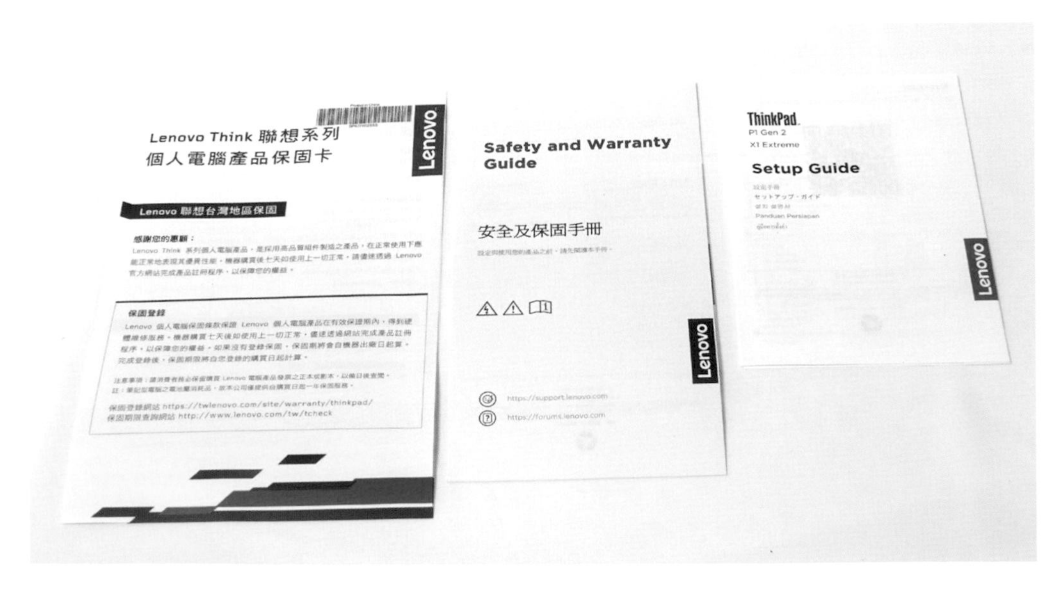

ThinkPad主機的塑膠袋貼著紅色的安全封條，如果是全新未拆封機，紅色封條應該是完整的。

站長的X1 Carbon Gen7配件盒裡只有65W的變壓器與電源線各一個。如果網友是透過線上訂購主機與轉接線，或是店家進貨的機型有額外提供轉接線（例如USB-C轉VGA轉接線或是乙太網路轉接線等），有可能在出貨時就直接放在配件盒中。

5. 首次開機設定流程

使用者將ThinkPad新機從塑膠袋拆封取出後，請先接上變壓器幫主機電池充電，同時按下電源鍵進行開機設定。如果首次開機時沒有接上變壓器，是無法開機的。

考量首次開機的環境不見得在辦公室或家裡，有可能是經銷商店裡，為避免設定流程耗費太多時間，或是匆忙之間不清楚設定了哪些資訊，站長建議在最短時間內完成開機設定，先跳過密碼及隱私相關設定，那些事後在時間充裕的狀況下再仔細設定即可。接下來是X1 Carbon Gen7的快速開機設定的流程攻略，預載的Windows 10專業版版本為1903，供讀者參考。

第一步

順利開機後，首先出現的歡迎畫面會詢問「以選取的語言繼續進行嗎？」，使用者可以自行選擇英文版「English（United States）」或是中文版「中文（繁體）」。站長便以繁體中文版為例，進行後續操作。

請點選「中文（繁體）」後，再點選右下角的「是」。

第二步

接下進行基礎設定，畫面詢問「先從區域開始。對嗎？」請點選「台灣」，再點選右下角的「是」。

第三步

繼續基礎設定，畫面詢問「這個鍵盤配置是否正確？」，畫面列出五種中文輸入法，請使用者自行根據使用習慣選擇，選定後再點選右下角的「是」。

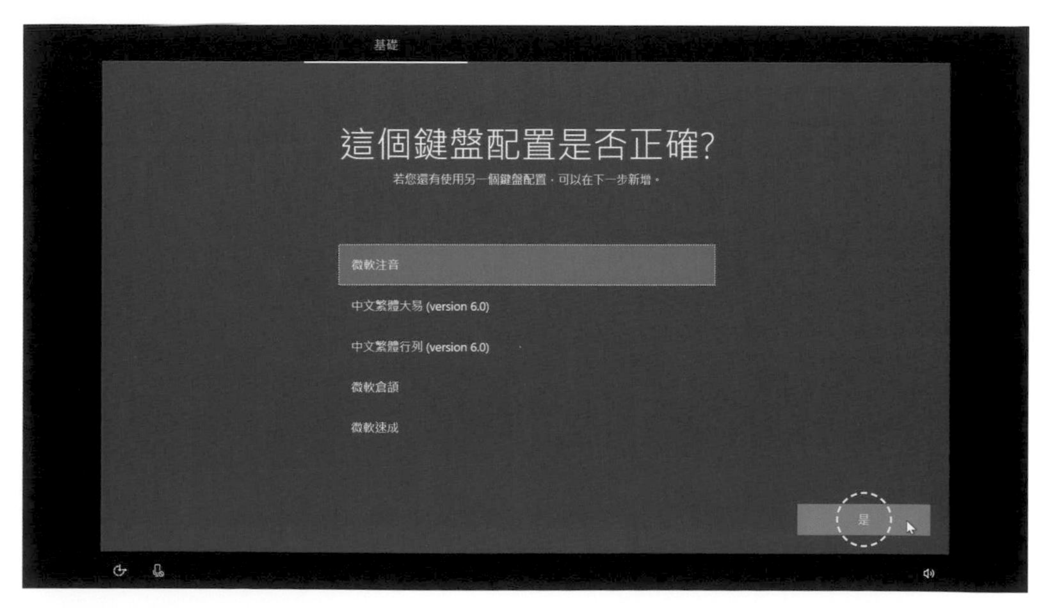

第四步

接著畫面會詢問「要新增第二種鍵盤配置嗎？」，站長建議之後再新增，此時先點選右下角的「跳過」。

第五步

接下來進入網路設定，但站長建議此時不要連上網路，採離線方式繼續設定，所以請點選畫面左下角的「我沒有網際網路」。

第六步

安裝程式接下來列舉了連上網路且登入微軟帳號的好處，但由於我們仍暫不上網，所以點選畫面左下方的「繼續進行有限的安裝」。

在進入下一步驟之前，需要稍微等一下，同時系統會重開機。

ThinkPad預設的開機畫面是紅色底的Lenovo字樣，原廠有開放讓使用者自行更換開機圖案，操作過程請參閱本書〈第六章：ThinkPad BIOS與預載軟體介紹》〉。

第七步

重開機之後系統仍先要求上網，但站長建議完成設定手續後再連網，所以此時同樣點選左下角的「我沒有網際網路」。

第八步

接著安裝程式會繼續宣揚上網及登入微軟帳號的好處，但由於我們還是暫不上網，所以點選畫面左下方的「繼續進行有限的安裝」。

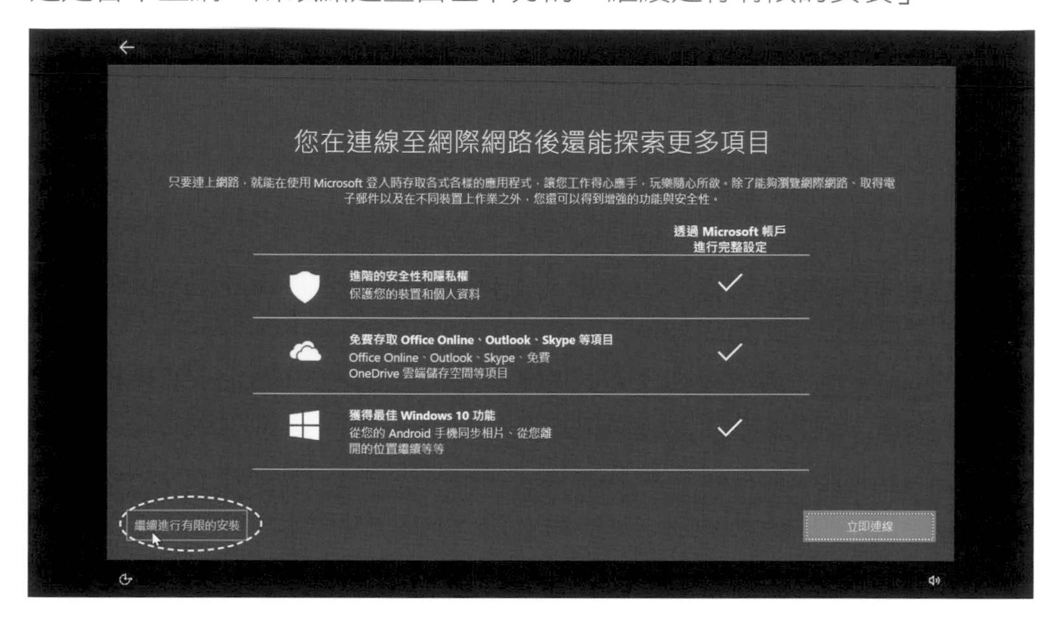

第九步

接下來進入帳戶設定，畫面會出現微軟與聯想的「Windows 10授權合約」，檢視後請點選右下角的「接受」。

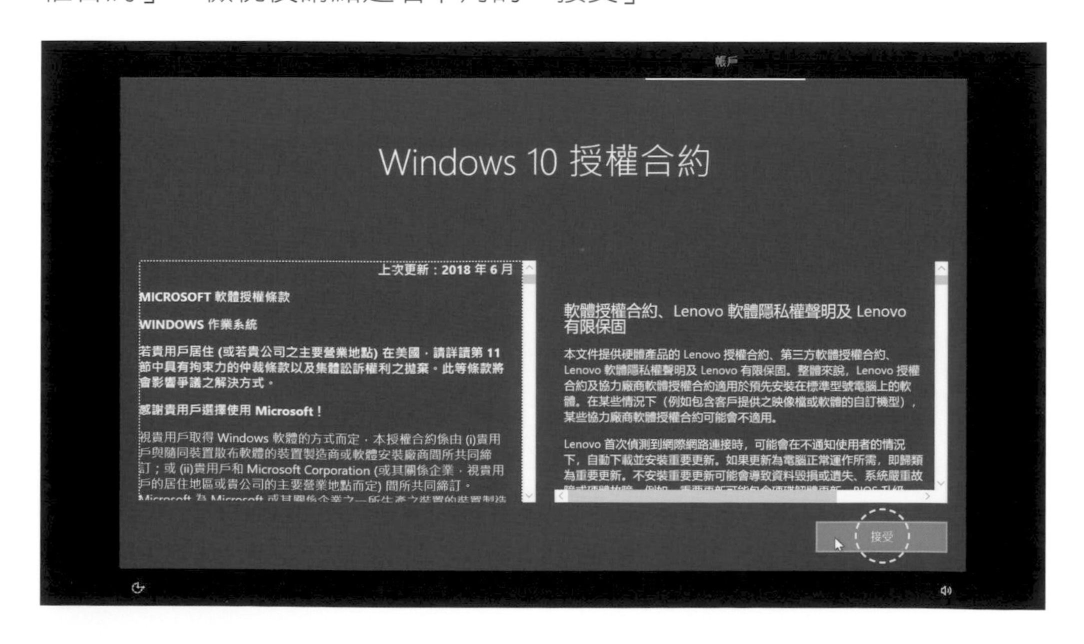

第十步

繼續帳戶設定，畫面詢問「誰會使用這部電腦？」，請輸入使用者名稱後，點選右下角的「下一步」。

第十一步

接著畫面會請使用者建立密碼，但如果此時就設定密碼，後續會展開冗長的設定流程，甚至詢問是否要設定指紋辨識等（如果主機有配備指紋辨識器），因此站長建議先不要設定任何密碼，讓密碼輸入欄位維持空白即可，並請按下右下角的「下一步」。

第十二步

Windows 10開始導入活動歷程記錄，安裝程式會詢問是否願意啟動該項功能，同時將客戶的使用行為傳送給Microsoft，如果不願意，請點選右下角的「否」。

第十三步

接著進入服務設定，畫面會請使用者「選擇裝置的隱私設定」，使用者可自行決定是否要提供下列資訊給微軟，如果不願意可關閉該項目。設定完成後點選右下角的「接受」。

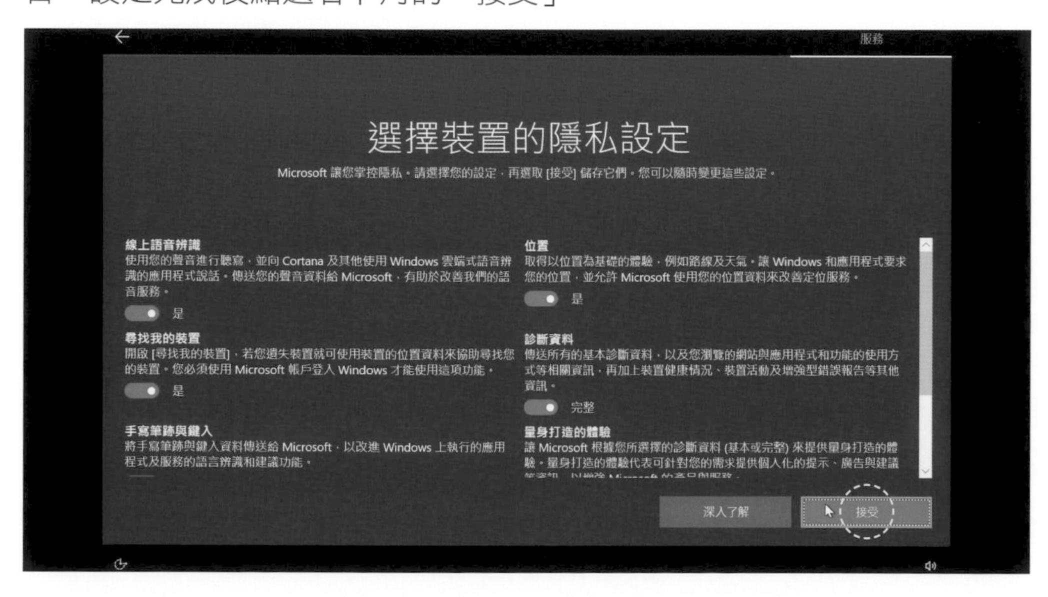

第十四步

接著是請使用者註冊「Lenovo ID」，該帳號可用於ThinkPad相關軟體以及官方網站的服務，但站長建議之後再線上申請即可，此時請直接點選右下角的「跳過」。

接下來系統還需要幾分鐘進行後續設定，此時請勿將ThinkPad關機。

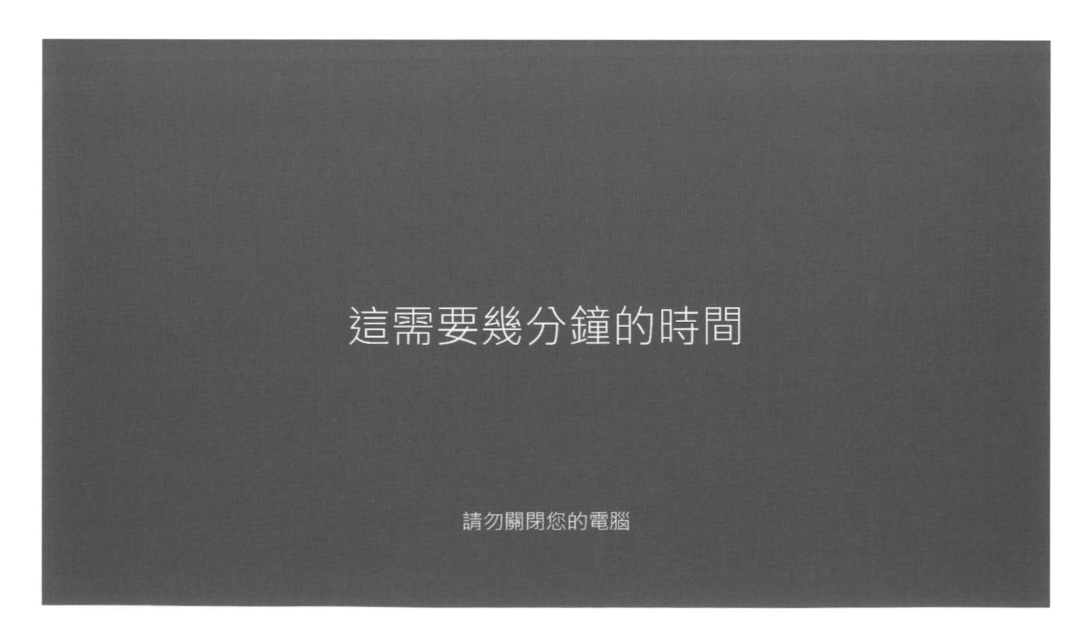

第十五步

由於先前我們並未設定密碼，所以系統設定完成重開機後，會直接進入Windows 10的桌面。至此終於順利完成首次開機的設定程序。接著站長建議使用者可繼續設定Windows登入密碼，並啟動Windows Hello的生物特徵辨識（如果有內建指紋辨識器或紅外線攝影機）。

當ThinkPad可以上網時，系統會跳出提示畫面，將引導完成最後的設定，此時請按「確定」。

第十六步

所謂的「設定」其實就是登入微軟帳號後，可使用的微軟相關服務設定，但如果使用者暫時不想設定，點選左下角的「暫時跳過」即可。所有的新機設定流程也終於完成。

6. 如何使用TrackPoint（小紅點）或TrackPad（軌跡板）

筆記型電腦需配合使用者在各種場域使用，例如只能將筆電放在使用者大腿上操作，此時很難使用傳統的指向裝置（例如滑鼠），因此專門為筆電而設計的指向裝置便應運而生。最早的筆電會使用軌跡球，後來主流裝置則是操作更直覺的觸控板（TouchPad）。ThinkPad則反其道而行，當IBM第一次推出ThinkPad時，並未採用觸控板，而是搭載了專利設計的TrackPoint（小紅點），而且維持了十年都僅使用TrackPoint。一直到ThinkPad T30才開始導入觸控板。

小紅點相較於觸控板是非常「優雅」的指向裝置，真的做到了在彈指之間就能快速切換鍵盤輸入與游標操作，而且手指仍停留在鍵盤上。這對於專業工作者而言，可有效提升工作效率。不用為了操作游標，而將手移動到觸控板上或是滑鼠上。

由於使用小紅點需要學習過才能熟練，不像觸控板的確直覺許多，因此許多新購入ThinkPad的使用者反而不知為何黑色鍵盤上有個醒目的紅點圓點。這是讓站長深感可惜之處。本篇向尚未使用過小紅點的讀者說明，如何操作小紅點，希望讀者能進一步發揮ThinkPad的過人之處。

TrackPoint（小紅點）操作方式

小紅點的功用就是取代滑鼠，擔任指向裝置的任務。如果使用者是右撇子，請將右手的「食指」或「中指」放在小紅點上進行操作，右手的大拇指則先放在小紅點下方的左邊按鍵上（有個紅色邊條的按鍵）。很多初學者誤以為小紅點是用「搓」或是「摩擦」方式來運作，這是完全錯誤的，只會讓螢幕上的游標移動遲緩而已。

為何小紅點被譽為「優雅」的指向裝置呢，就是因為在操作時，其他人只看到使用者手指放在小紅點上，螢幕游標就會靈巧地移動，不像操作觸控板需要手指大幅度的移動，或是操作滑鼠時整個手也跟著移動。這其中的關鍵就在於，操作小紅點時是靠「手指施力」的，而且最精妙的是，隨著施力越大，游標的移動速度也越快。

因此正確的操作方式其實是將手指放在小紅點上，並根據游標移動方向施力，有點類似去「推」小紅點，但小紅點本身是不會移動的。在游標移動時手指完全不需要離開小紅點的，這點也是跟觸控板最大的不同點。使用者可以做一個簡單的實驗，假設螢幕解析度為Full HD（1920x1080），將游標從螢幕的左上角移動到螢幕的右下角。使用觸控板時，在不刻意加速的狀態下，手指至少需要滑動兩次才能完成。但使用小紅點時，只需要按住小紅點，並朝右下方施力，這個動作便一氣呵成。

一開始學習使用小紅點時可能還不太習慣，但只要留意，把想要游標移動的意念，灌注在指尖上並施力，熟練之後自然能掌握住「意到力到」的精髓，並可操作自如了。

小紅點下方有三個獨立的按鍵，其實功能就跟滑鼠上的按鍵相同，左鍵按下可選取或開啟項目；右鍵按下後可顯示捷徑功能表，至於中間的按鍵功能則類似滑鼠的軌輪，可上下或水平捲動網頁或視窗，但使用時須先按住捲動鍵，然後搭配小紅點從上下或水平方向施力。其實不只小紅點受人注目，左右按鍵下方的紅色線條的也是ThinkPad的指標性象徵。

使用者經常使用小紅點之後，有時可能會發現，當手指從小紅點上移開時，螢幕的游標開始不受控制往某方向飄移，這是正常現象。因為小紅點此時正在進行自動校正。只要放著讓游標自動飄移，之後就會停下來，接著便可繼續使用小紅點。

小紅點所使用的紅色橡膠帽（Cap）其實是耗材，因為長時間使用之後會磨損、髒污，此時便需要進行更換。目前ThinkPad所使用的紅色橡膠帽共有三種高度規格，詳細說明請參考本書〈第五章：ThinkPad擴充周邊介紹〉介紹。

小紅點可說是跟隨著ThinkPad一起誕生的傳奇性指向裝置，站長特別在本書〈第三章：ThinkPad硬體特色介紹〉中詳細介紹了小紅點的開發祕辛以及運作原理等，讓讀者能夠對小紅點有更進一步的認識。

TrackPoint（小紅點）設定方式

使用者可先啟動「Lenovo Vantage」這套ThinkPad功能設定程式，並在「硬體設定／輸入（鍵盤、數位筆）」的設定頁面中，找到TrackPoint設定。

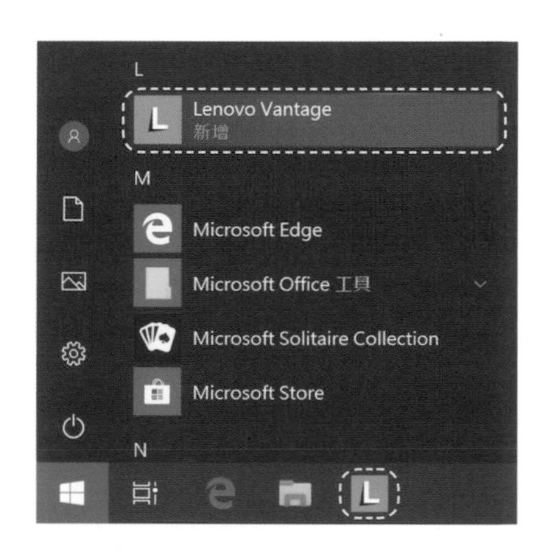

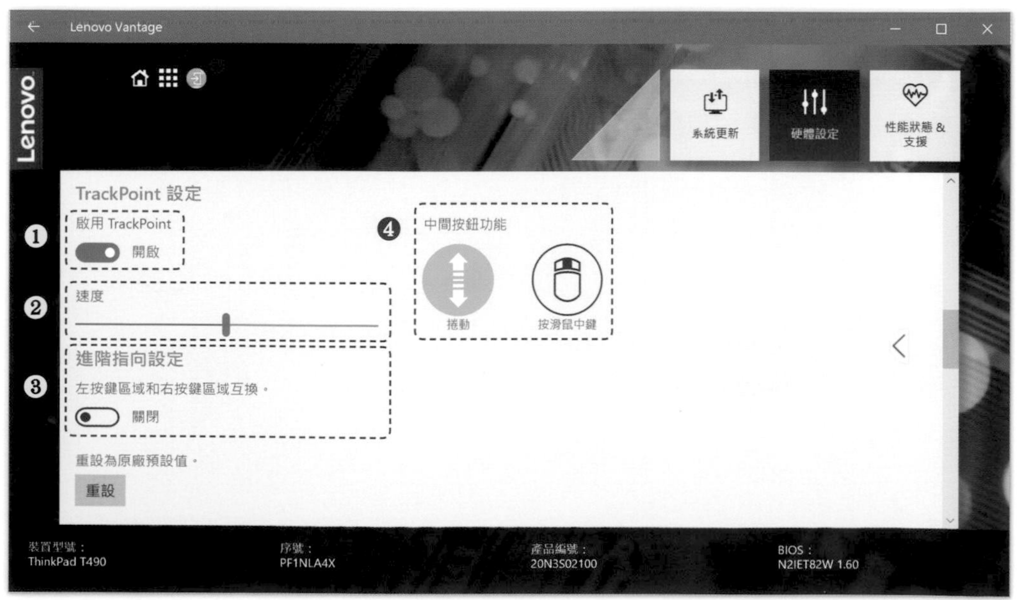

此頁面主要提供了四大項設定功能。

（1）啟用TrackPoint：可在此設定開啟或關閉TrackPoint小紅點功能。

（2）速度：共提供八段游標移動速度，預設為第四段，如果設定為第八段，會發現輕輕推小紅點時，游標就跑很遠。但設定為第一段時，會覺得游標移動速度很慢。使用者可以根據自己的需求調整游標移動速度。

（3）進階指向設定：這項功能就是將小紅點或是觸控板的左右鍵功能互換，用來配合左撇子操作小紅點或是觸控板。

（4）中間按鈕功能：小紅點的中間按鍵預設為「捲動功能」，但也可以設定為「按滑鼠中鍵」，當設定完成並按下中間鍵時，螢幕會顯示可上下左右捲動的符號，此時只需推動小紅點，便可以捲動畫面。預設的「捲動」功能則是需要用大拇指按住中間鍵，將小紅點朝上下方向推動，螢幕才會跟著捲動，但站長還是比較習慣將中間鍵設為「捲動」功能。

TrackPad（軌跡板）使用方式

原廠將ThinkPad的觸控板稱為「TrackPad（軌跡板）」，整個軌跡板表面都可感應手指觸控和動作。使用者可以使用軌跡板執行傳統滑鼠所有的指向、按一下和捲動功能。

軌跡板可分為兩個區域：「左鍵區」以及「右鍵區」，分別對應滑鼠的左鍵以及右鍵。當需要執行傳統滑鼠的「按一下左鍵」動作時，可以按下軌跡版的左鍵區，或是用一支手指頭在整個軌跡版的任一處，輕輕點一下。

如果需執行「按一下右鍵」動作時，可按下軌跡版的右鍵區，或是同時用「兩支手指頭」在整個軌跡版的任一處，輕輕點一下。

至於畫面捲動的功能，則必須同時使用「兩支」手指頭朝垂直或水平方向滑動。

TrackPad（軌跡板）設定方式

很多使用者拿到ThinkPad後第一件事就是把軌跡板關掉（笑），除了在BIOS裡面可以關閉軌跡板功能之外，在Windows 10裡面也可以設定。方式如下：

（1）第一步：點選「開始」鈕，然後再點選「設定」圖示。

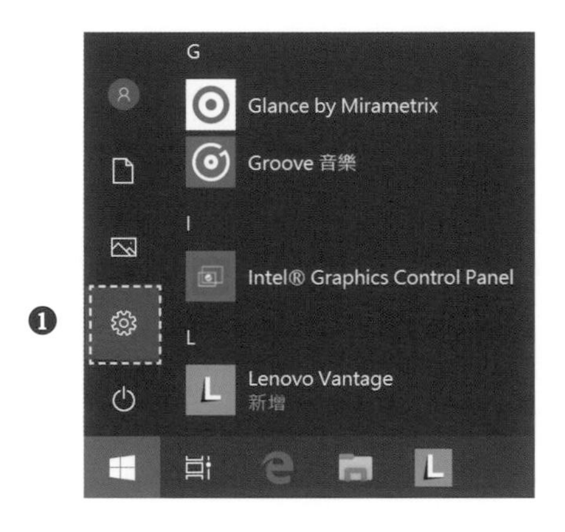

（2）第二步：在Windows設定頁中，點選「裝置」圖示。

（3）第三步：在「裝置」頁的左邊，請點選「觸控板」，此時預設為開啟，如果不需要使用軌跡版，可在此關閉。

由於ThinkPad的軌跡板均符合微軟的「精確式觸控板（Precision TouchPad）」規範，因此使用者可以在觸控板設定頁面，調整多指手勢的動作。

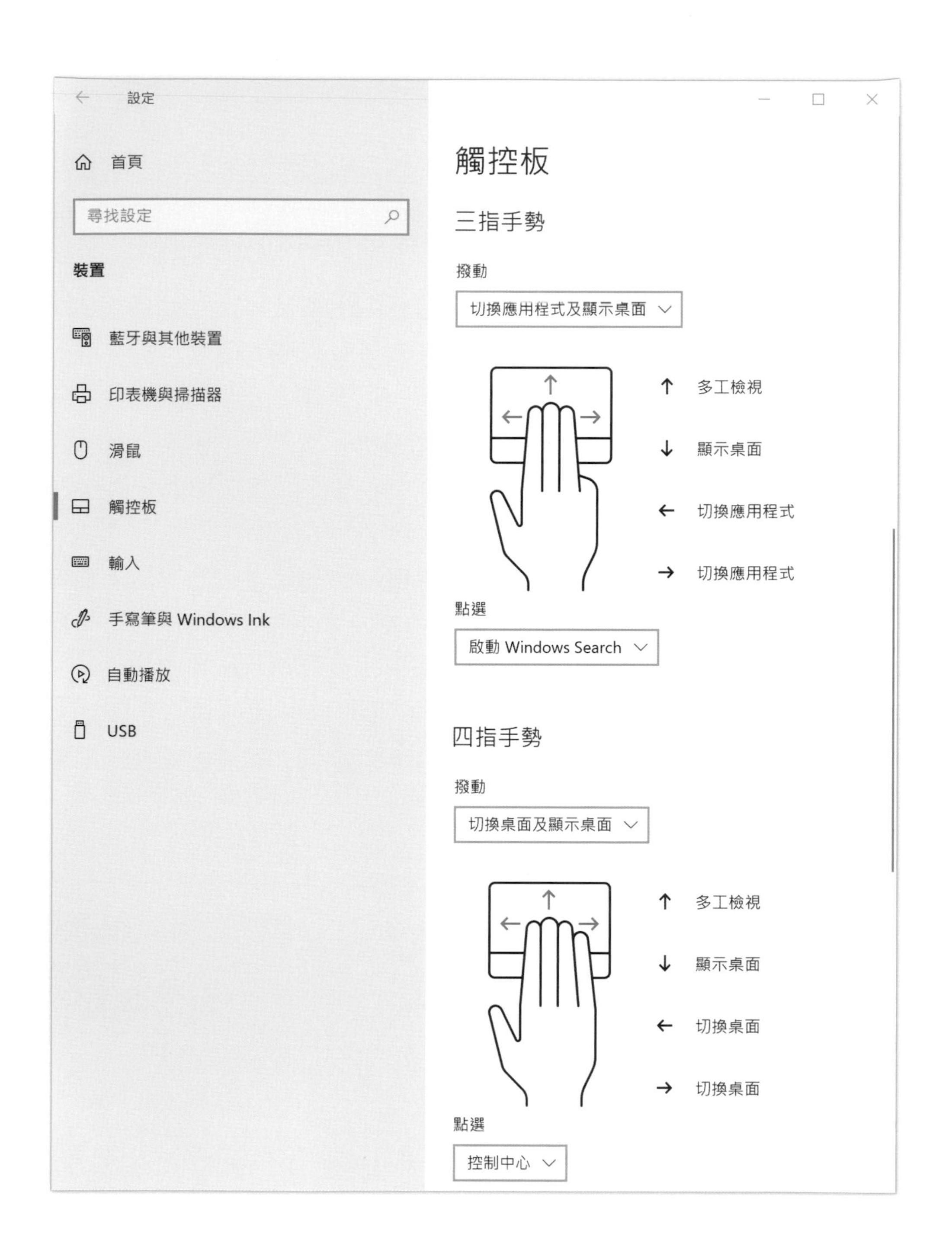
設定
首頁
尋找設定
裝置
藍牙與其他裝置
印表機與掃描器
滑鼠
觸控板
輸入
手寫筆與 Windows Ink
自動播放
USB
觸控板
三指手勢
撥動
切換應用程式及顯示桌面
多工檢視
顯示桌面
切換應用程式
切換應用程式
點選
啟動 Windows Search
四指手勢
撥動
切換桌面及顯示桌面
多工檢視
顯示桌面
切換桌面
切換桌面
點選
控制中心

第二章

ThinkPad硬體規格說明

當使用者準備購買ThinkPad時，通常會先根據螢幕尺寸或是主機重量等，先選定某款ThinkPad機型，接下來則考慮需要的硬體規格等級。如果是到實體店面或是透過網路商店購買，店家都是提供固定的幾款規格讓客戶挑選。但如果使用者希望在硬體規格上有更大的客製化彈性，不妨考慮到Lenovo官網進行客製化訂購，可自行挑選所需的零件或功能。

只是進入官網打造自己的ThinkPad愛機時，使用者可能對於上面所列出的各項硬體規格其意義與用途並不清楚。本章節便是針對2019年起推出的ThinkPad，詳細說明在官網客製化時會看到的各項硬體規格，希望能幫助讀者更了解各項硬體的功能，並有助於挑選適合所需的規格。站長同時也會提到硬體規格在2020年的變化，即使後續推出新機種，讀者仍可參考本章的說明。

L THINKPAD T490自訂這部電腦優質效能之選

TOP

規格配置　保固　軟體　配件

Selectable Memory

無	已選擇
8GB DDR4 2400MHz SoDIMM	+ NT$800 ~~NT$1,600~~
16GB DDR4 2400MHz SoDIMM	+ NT$3,100

✖ 關閉

Total Memory
8GB DDR4 2400MHz 機載　INCLUDED

Hard Drive

128GB 固態硬碟、M.2 2242、PCIe-NVMe、TLC	已選擇
256GB 固態硬碟、M.2 2280、NVMe、Opal、TLC	+ NT$800
512GB 固態硬碟、M.2 2280、NVMe、Opal	+ NT$2,300
1TB 固態硬碟、M.2 2280、NVMe、Opal	+ NT$4,900

✖ 關閉

購買總結

網上銷售價	NT$50,500
*使用優惠券 NewYear888**	-NT$12,612
使用優惠券後	**NT$37,888**

預估約3 周到貨。因應農曆新年假期，1月30日前成立之訂單，將預計需要多1週之到貨時間。

繼續

直接到購物車 >

重新開始

** 請於購物車中輸入優惠碼 即可立即享有折扣優惠價*

1. 中央處理器（Processor）

Processor

Intel Core i7-10510U 處理器（1.80GHz，最高達 4.90GHz 搭載 Turbo Boost，4 核心，8MB 快取） - NT$2,000

Intel Core i7-10710U 處理器（1.10GHz，最高達 4.60GHz 搭載 Turbo Boost，6 核心，12MB 快取） 已選擇

✖ 關閉

ThinkPad的開發歷程中一直與英特爾（Intel）公司的CPU關係密切，雖然ThinkPad也有採用超微（AMD）公司的CPU，但當Yamato Lab開發全新機體（CleanSheet Design）時，都是優先從Intel平台進行設計，然後再從特定的機種中，挑選幾款，稍後推出外型相同，但改用AMD平台的兄弟機。

ThinkPad所安裝的CPU都是直接焊在主機板上，不像桌上型電腦可以自行更換CPU，因此當使用者選定好採用的CPU廠牌、型號之後，即使將來覺得CPU效能開始不夠力，也無法再升級了。

大約在2013年之前，當時的Intel Mobile CPU的TDP（Thermal Design Power，熱設計功耗）主要設定在35W，後來Intel開始強力推廣「Ultrabook」超薄筆電規格，為了壓低主機厚度，只好將CPU的TDP設定為15W，因此有好一陣子主流筆電採用的Mobile CPU都是TDP為15W的雙核心架構。

名詞解釋

Thermal Design Power（熱設計功耗）：意指當晶片達到最大負荷時，主機的散熱機制必須有能力驅散熱量的最大限度（單位為瓦「W」），而不是晶片釋放熱量的功率。

Intel在2018年終於在15W TDP的CPU產品線中導入四核心產品，同時支援超執行緒（HT，Hyper-Threading）功能，讓第八代的行動版Core i5以及Core i7處理器具備了八執行緒的能力。而ThinkPad也配合Intel的CPU產品發展，開始導入四核心超低電壓版CPU（核心代號：Kaby Lake

Refresh），以及六核心一般電壓版CPU（核心代號：Kaby Lake H）。

但成也四核心，敗也四核心，畢竟15W TDP的限制還在，再加上Intel CPU仍停留在14奈米製程，而主機厚度並沒有跟著增加，因此在高負載運作時，反而讓Core i7無法長時間維持高效能運作，導致Core i7與Core i5效能差距不大的現象。

進入2019年之後，ThinkPad一般機種所採用的Intel CPU仍為第八代行動版Core處理器，只是核心代號改為「Whiskey Lake」，TDP都是15W，只有P系列的行動工作站會採用更高TDP的CPU。

Intel的第八代行動版Core處理器（Whiskey Lake）列表

CPU型號	核心數量	執行緒數量	基礎時脈	最大工作時脈	L3快取記憶體	記憶體種類	內顯型號
i3-8145U	2	4	2.1 GHz	3.9 GHz	4MB	DDR4-2400 /LPDDR3-2133	Intel UHD Graphics 620
i5-8265U	4	8	1.6 GHz	3.9 GHz	6MB		
i5-8365U			1.6 GHz	4.1 GHz	6MB		
i7-8565U			1.8 GHz	4.6 GHz	8MB		
i7-8665U			1.9 GHz	4.8 GHz	8MB		

各機種的CPU支援範圍仍有差異，例如X1 Carbon Gen7或是T490s只支援Core i5以及Core i7，並不提供Core i3的選項給客戶。此外，i5-8365U以及i7-8665U還額外支援「vPro」平台功能。

名詞解釋

vPRO：係針對大型企業遠端管理功能需求所設計的平台，透過遠端主動式管理技術，搭配支援vPro平台的Intel CPU、網路卡、無線網卡等，讓大型企業的IT人員可以針對vPro電腦進行遠端開關機、診斷、修護與資產盤點等作業。如果是個人用途採購ThinkPad時，不用在意是否支援vPro功能。

2019年的ThinkPad除了四核心CPU之外，另一項亮點則是在P系列或是X1 Extreme持續導入TDP高達45W的「六核心」甚至「八核心」的第九代行動版Core處理器（核心代號為Coffee Lake）。P系列因為定位在行動工作站，因此可以特別配備Intel Xeon E系列處理器，通常採用Mobile Xeon CPU時，都會一併採用ECC記憶體。各款CPU列表如下：

Intel的第九代行動版Core處理器（Coffee Lake）列表

CPU型號	核心數量	執行緒數量	基礎時脈	最大工作時脈	L3快取記憶體	記憶體種類	內顯型號
i7-9750H	6	12	2.6 GHz	4.5 GHz	12MB	DDR4-2666	Intel UHD Graphics 630
i7-9850H			2.6 GHz	4.6 GHz	12MB		
E-2276M			2.8 GHz	4.7 GHz	12MB		Intel UHD Graphics P630
i9-9880H	8	16	2.3 GHz	4.8 GHz	16MB	DDR4-2666	Intel UHD Graphics 630

ThinkPad也另外提供了TDP為45W的四核心CPU，自然效能也會比T/X/L系列所使用的四核心CPU（TDP僅15W）更快一些。2019年的P系列僅提供i5-9400H，反倒是X1 Extreme Gen2多了i5 9300H可選擇。

Intel的第九代行動版Core處理器（Coffee Lake）列表

CPU型號	核心數量	執行緒數量	基礎時脈	最大工作時脈	L3快取記憶體	記憶體種類	內顯型號
i5-9300H	4	8	2.4 GHz	4.1 GHz	8MB	DDR4-2666	Intel UHD Graphics 630
i5-9400H			2.5 GHz	4.3 GHz			

除了Intel CPU之外，ThinkPad曾在2018年開闢出了A系列兩款機種，專門搭載AMD公司的行動版「Ryzen PRO」處理器，A系列外型分別沿用了T480與X280的機體造型，只是內部改成AMD平台，但也同時取消了Thunderbolt 3高速連接埠。到了2019年終於將AMD平台導入現役的T系列與X系列，也就是T495、T495s與X395。

2019年T系列與X系列支援的行動版Ryzen PRO CPU列表如下，且T495s並不提供Ryzen 3 PRO 3300U。

AMD的行動版Ryzen PRO處理器（Picasso）列表

CPU型號	核心數量	執行緒數量	基礎時脈	最大工作時脈	快取記憶體	記憶體種類	內顯型號
Ryzen 3 PRO 3300U		4	2.1 GHz	3.5 GHz			Radeon Vega6 Graphics
Ryzen 5 PRO 3500U	4	8	2.1 GHz	3.7 GHz	2 MB L2 / 4 MB/L3	DDR4-2400	Radeon Vega8 Graphics
Ryzen 7 PRO 3700U			2.3 GHz	4.0 GHz			Radeon Vega 10 Graphics

AMD藉由新一代「Zen」CPU核心架構取得了可與Intel CPU一較高下的資格，同時搭配內建的Radeon Vega繪圖核心，更是在繪圖以及3D效能上輕鬆勝過Intel的內顯功能。比較可惜的是，2019年與先前的行動版Ryzen PRO CPU在電池續航力的表現並不理想。以T490s與T495s為例，兩台同樣內建57Wh容量電池，原廠公布的T490s電池續航力為20小時，反觀T495s只有16.4小時。

Intel在Mobile CPU的競爭上亟欲擺脫AMD的追擊，2019年中期推出了「第十代」的行動版Core處理器，但受制於Intel本身10奈米製程產能有限，破天荒地在第十代Core處理器上同時存在兩種製程的產品線，分別是使用10奈米製程的「Ice Lake」系列，與採用14奈米製程的「Comet Lake」系列。

但相較於14奈米製程的「爐火純青」，採用10奈米製程的Ice Lake（第十代）處理器不僅運作時脈低於Comet Lake（第十代）處理器，也尚未提供六核心版本與vPro版本，特別是產品開發進度上遲未推出vPro這點，導致ThinkPad在第十代的Core處理器上只選擇了Comet Lake，而不像其他消費型機種採用Ice Lake。

ThinkPad在2019年下半年開始，在部分機種上提供Intel第十代（Comet Lake）處理器，各款CPU列表如下，其中六核心版的Comet Lake處理器只在X1 Carbon Gen7、X1 Yoga Gen4、T490與X390上面才提供。

CPU型號	核心數量	執行緒數量	基礎時脈	最大工作時脈	L3快取記憶體	記憶體種類	內顯型號
i5-10210U	4	8	1.6 GHz	4.2 GHz	6MB	DDR4-2400/ LPDDR3-2133	Intel UHD Graphics
i7-10510U	4	8	1.8 GHz	4.9 GHz	8MB		
i7-10710U	6	12	1.1 GHz	4.7 GHz	12MB		

2020年推出的新命名版ThinkPad便會大舉導入Comet Lake處理器，除了上述的三款之外，還會再增加三款支援vPro功能的新處理器，包括六核心版的i7-10810U，與四核心版的i7-10610U與i5-10310U。

AMD在2020年元月正式發表了最新一代的「Ryzen PRO 4000系列」Mobile CPU（研發代號為Renoir），不僅採用了新一代的「Zen 2」核心架構，更受惠於台積電（TSMC）的7奈米先進製程，讓Ryzen PRO 4000系列得以實現「八核心、十六執行緒」的驚人規格。ThinkPad也會在2020年新命名機種中導入Ryzen PRO 4000系列處理器，而且除了原本的T系列、X系列之外，2020年的L系列也會導入AMD平台。如果AMD的Ryzen PRO 4000系列能克服以往電池續航力不及同期Intel CPU的弱點，這將會是2020年ThinkPad值得讓人期待的新亮點。

值得一提的是，搭載Ryzen 7 PRO「八核心、十六執行緒」版本處理器的T14s與X13，主機板最高可內建「32GB」的DDR4-3200記憶體。至於T14與T15，無論是Intel或AMD平台，主機板內建的記憶體最高只提供到16GB，但另提供一個SO-DIMM插槽可擴充記憶體。

2. 液晶螢幕（Display）

ThinkPad的主機螢幕是採用LCD（Liquid Crystal Display，液晶顯示器）面板，在購買時主要從「尺寸」、「面板種類」及「解析度」來選擇。

首先從螢幕的尺寸談起。螢幕的尺寸是取自面板「對角線」的長度，所謂14吋的螢幕，代表對角線有14吋（35.56公分），如下圖所示。

ThinkPad常見的螢幕尺寸如下：

- 13.3吋（例如X13、L13）
- 14吋（例如X1 Carbon Gen8、T14）
- 15.6吋（例如T15）
- 17.3吋（例如P17）

站長在〈第一章：認識ThinkPad〉已提過，究竟要選擇多大尺寸的面板，端視使用者對於重量以及畫面大小的接受度，畢竟螢幕尺寸越大，主機重量也隨之增加。但如果預算充分，的確可以買到「超量級」的機種，例如X1 Carbon Gen8雖然是14吋螢幕，但主機重量卻比13.3吋的X13還輕，或是X1 Extreme Gen2明明是15.6吋螢幕，主機重量卻跟14吋的E14差不多。

選定螢幕尺寸之後，下一步則是選擇「面板種類」。ThinkPad的LCD主要採用「TN（Twisted Nematic）」以及「IPS（In Plane Switching）」這兩類技術。IPS技術在ThinkPad也稱為WVA（Wide Viewing Angle）技術。

TN面板的好處在於成本低廉，畫素的反應時間快，但缺點卻是窄視角以及最大發色數不足。針對可視角不足的缺點，後來的TN面板都會加上光學補償膜（Optical Compensation Film），雖然讓左右的可視角可達170度，但卻無法解決「灰階反轉」（Gray Scale Inversion）的天生問題，灰階反轉是指從LCD下方往上方觀看時，會發現畫面中的白色部份變暗，黑色部份反而變亮的現象，而且TN面板的上下可視角很容易發生色偏現象，使用者只要調整一下螢幕角度就很容易觀察到。

左邊是L490（使用TN面板），右邊是T490（使用IPS面板），當螢幕180度平開時，TN面板的「灰階反轉」現象特別明顯。

至於最大發色數不足的問題，導因於使用6位元驅動IC，讓三原色（紅、綠、藍）每種原色只有64種色調，面板原生最大發色數竟然只有262,144種（R×G×B＝64×64×64＝262,144）。後來只好再透過「抖色」技術（也稱為FRC[Frame Rate Control]技術），利用人眼視覺暫留的特性，迅速切換相近顏色，讓最大發色數勉強提升為1619萬色。但這距離顯示卡所輸出的True Color（真實色彩）1677萬色仍差了一點。要實現1677萬色最直截了當的做法就是使用8位元驅動IC，讓三原色（紅、綠、藍）每種原色都有256種色調，面板原生最大發色數便可達1677萬種（R×G×B＝256×256×256＝16,777,216），但缺點是成本較高。因此後來隨著抖色技術越來越成熟，6位元驅動IC搭配新一代抖色技術，宣稱也能達到1677萬色的效果。但ThinkPad所使用的TN面板通常只搭配6位元驅動IC，如果希望面板顏色更為準確，就必須選擇IPS面板。

ThinkPad另外使用的面板技術便是IPS（In-Plane-Switching），IPS面板的優勢是超廣的可視角（左右可達170度），而且原廠基於產品區隔，提供了更多的IPS面板選項，例如更高的解析度、更高的面板亮度與對比值，甚至可提供廣色域等功能。不過即使是IPS面板，同樣使用6位元驅動IC搭配抖色技術（6bit＋FRC），有的可提供1619萬色，有的卻可提供1677萬色，有的甚至搭載了8bit＋FRC驅動IC，讓發色數突破十億色。

目前市場上在討論面板規格時，較少討論上述驅動IC位元數，而改以色域（Color Gamut）覆蓋率跟消費者溝通。ThinkPad規格表上所提供的色域數值是基於NTSC標準，通常ThinkPad的面板色域有45%、72%與90%這三種。只有少數機種，例如T490s所使用的HDR高亮度面板會特別標示符合Adobe RGB 100%色域標準。又例如X1 Carbon Gen7所採用的4K UHD面板，符合VESA組織規範的「HDR 400」標準，根據該標準，面板必須使用8位元驅動IC，不可以使用6位元驅動IC搭配抖色技術（6bit＋FRC）。

如果讀者在購買ThinkPad時，希望面板顏色更為準確，至少需要購買色域為72%的機種。而且在ThinkPad上要使用色域較廣的面板時，通常會出現在亮度較高（300nit以上）或解析度較高的面板上，例如ThinkPad螢幕的解析度如果在2560x1440（含）以上，均採用IPS面板、

8位元驅動IC，此時NTSC色域表現至少也有72%，甚至更高。

我們參考T490的官網客製化畫面來說明。

Display	
14.0 吋 HD (1366x768)、TN、220nit、防眩光、無觸控	已選擇
14.0 吋 FHD (1920 x 1080)、IPS、防眩光、250nit	+ NT$700
14.0 吋 FHD (1920x1080)、IPS、400nit、防眩光	+ NT$3,100
14.0 吋 WQHD (2560x1440)、IPS、500nit、鏡面	+ NT$6,640 ~~NT$8,300~~
	✖ 關閉

目前ThinkPad將TN面板設定為入門級規格，所以解析度僅1366×768亮度也只有220nit。只要再加一點錢，就可以升級到低階版的IPS面板，此時解析度一舉提升到1920×1080（也稱為Full HD/FHD），螢幕最高亮度也提高到250nit，但此時這兩片面板的NTSC色域都還僅是45%。因此如果很在意顏色正確性的使用者，建議選擇更高NTSC色域的IPS面板。

從T490/T490s/X1 Carbon Gen7開始提供亮度高達400nit的Full HD IPS面板，而且這片面板還是Low-power（低耗電）面板。乍聽之下會覺得很矛盾，但由於這片面板採用了低溫多晶矽（Low-temperature polycrystalline silicon, LTPS）製程，得以在維持高亮度的同時，耗電量與以往300 nits亮度面板差不多。另外值得一提的是，Low power IPS面板的NTSC色域還是72%（接近100% sRGB色域涵蓋），這已經能滿足大多數使用者對於顏色準確性的需求。

如果是需要「廣色域」的專業人士，可以考慮提升為使用符合「Dolby Vision」與「HDR」規格的WQHD（2560×1440）的IPS面板，這片不僅亮度高達500nit，更支援100% Adobe色域。

其實每一款ThinkPad所支援的LCD面板資訊，都可以上官方的產品規格參考網站查詢（http://psref.lenovo.com/），同樣以T490為例，官網提供的面板詳細規格如下：

Display									
	Size	Resolution	Type	Surface	Brightness	Aspect Ratio	Contrast Ratio	Color Gamut	Viewing Angle
	14.0"	HD (1366x768)	TN	Anti-glare	220 nits	16:9	400:1	45%	90°
	14.0"	FHD (1920x1080)	IPS	Anti-glare	250 nits (non-touch) 300 nits (multi-touch)	16:9	700:1	45%	170°
	14.0"	FHD (1920x1080) Low Power	IPS	Anti-glare	400 nits	16:9	800:1	72%	170°
	14.0"	FHD (1920x1080) ThinkPad Privacy Guard	IPS	Anti-glare	400 nits	16:9	1000:1	72%	170°
	14.0"	WQHD (2560x1440) HDR, Dolby Vision™	IPS	Glossy	500 nits	16:9	1500:1	100% Adobe	170°
Multi-touch *(opt)*	On-cell touch, supports 10-finger gesture (FHD only)								

低耗電（Low Power）的Full HD IPS面板在2020年的T14/T14s/X1 Carbon Gen8機種上都會持續提供，憑藉著高亮度以及不錯的色域表現，非常適合在乎電池續航力或是螢幕正確性的使用者。

從PSREF的面板規格表中，會發現裡面出現一款同樣有著72% NTSC色域表現的面板，而且取名為「ThinkPad Privacy Guard」，其功用正是「防窺」用途。IPS面板雖然可提供廣視角，但缺點也是旁人容易窺視螢幕內容。以往ThinkPad有販售3M公司的實體防窺片，直接裝在螢幕上。這次T490與T490s所提供的防窺功能面板，則可以直接透過鍵盤熱鍵（Fn+D）的方式，開啟或關閉防窺功能。ThinkPad另外提供一個程式「Privacy Alert」用來搭配防窺面板，該程式發現有人在盯著ThinkPad看時，會警告使用者，並且進入防窺模式。

由於2019年的防窺面板在啟動防窺模式時，螢幕亮度較暗，因此從2020年新機種開始，改用新一代的Full HD IPS防窺面板，除了將亮度提高至500nit，同時均搭配觸控功能。T14/T14s/X1 Carbon Gen8均可選擇搭配此面板。X13雖然也有提供500nit高亮度的Full HD IPS防窺面板，但不具備觸控功能。

2019年的T490/T490s都有提供WQHD（2560×1440）的IPS面板，但2020年起後繼的T14/T14s改提供4K UHD的IPS 500nit廣色域面板（支援Dolby Vision）。不過14吋螢幕搭配4K超高解析度面板其實會減少電池續航力，而且畫面的點距也過小。WQHD（2560×1440）解析度對於14吋螢幕來說會是不錯的平衡點。如果使用者在2020年仍想購買WQHD 解析度面板，X1 Carbon Gen8仍有提供，而且亮度為300nit，並提供72% NTSC色域表現，算是整體性非常均衡的面板。

針對15.6吋的機種，面板的規格就滿兩極化的，而且並未提供低耗電或防窺功能。T590與後繼的T15所提供的Full HD非觸控面板，亮度只有250nit，而且NTSC色域僅45%水準，但如果提升為4K UHD（3840×2160）超高解析度面板，規格就大幅躍進，包含Dolby Vision/HDR、500nits高亮度、100% Adobe色域表現等。如果很在意螢幕表現的使用者，非常值得換裝UHD面板。

Display

15.6 吋 FHD (1920x1080)、IPS、防眩光、250nit	已選擇
15.6 吋 FHD (1920x1080)、IPS、防眩光、250nit、多點觸控	+ NT$1,200
15.6 吋 UHD (3840x2160)、LED 背光、IPS、防眩光、500nit，具備 Dolby Vision HDR 400 Please note: IR camera and WWAN will automatically be selected with this display, at an additional cost.	+ NT$6,880 ~~NT$8,600~~

✖ 關閉

至於L系列無論是L490、L590、L14或L15，都被限制住面板的性能，例如雖提供Full HD IPS面板，但僅達45%色域，且亮度只有250nit（L14、L15需觸控面板才提升至300nit）。

P系列由於屬專業用途，因此效能主力機種，例如P53、P73及P1 Gen2所搭配的面板NTSC色域都是72%起跳，並且可選擇更高階的面板（例如Dolby Vision規格、OLED面板等）。

Display

15.6 吋 FHD (1920x1080)、LED 背光、IPS、防眩光、300nit	已選擇
15.6 吋 FHD (1920x1080)、LED 背光、IPS、防眩光、500nit，具備 Dolby Vision HDR 400	+ NT$850
15.6 吋 UHD (3840x2160)、LED 背光、IPS、防眩光、500nit，具備 Dolby Vision HDR 400	+ NT$8,466 ~~NT$10,583~~
15.6 吋 UHD (3840x2160)、LED 背光、OLED、防眩光/防污漬、400nit、多點觸控	+ NT$11,696 ~~NT$14,620~~

✖ 關閉

P53、P73及P1 Gen2這三款機種，如果搭配UHD超高解析度（LCD或OLED皆可），還可以加選X-Rite Pantone factory color calibration（X-Rite Pantone原廠色彩校正）。

Factory Color Calibration

無	已選擇
原廠色彩校正	NT$0

✖ 關閉

ThinkPad基於商用使用特性，因此螢幕多採「防眩光（Anti-glare）」塗裝，站長通常稱為「霧面」螢幕，好處是不易反光，這點在日光燈管很多的辦公室內尤其明顯。ThinkPad也有所謂的「鏡面」（Glossy）螢幕，因容易產生反光，如果是在辦公室使用，建議留意一下背景光源的位置，避免長期使用時，因螢幕反光導致眼睛容易疲勞。

3. 記憶體（Memory）

ThinkPad所使用的記憶體有兩種安裝方式，第一種是直接將記憶體顆粒焊接在主機板上，例如X1 Carbon Gen8或T14s，此項做法的好處是可以節省空間及降低主機厚度，但缺點則是記憶體無法再擴充，除非主機板額外提供記憶體模組插槽（SO-DIMM Socket），例如T14就是主機板內建8GB或16GB的記憶體，然後再提供一個記憶體插槽，最大可支援48GB記憶體（內建的16GB加上一條32GB的記憶體模組）。

ThinkPad第二種安裝記憶體的方式便是提供記憶體插槽，例如L14有兩個記憶體插槽，甚至P53及P73有「四個」記憶體插槽，最大可安裝128GB記憶體（32GB×4）。ThinkPad的記憶體插槽所安裝的記憶體模組稱為「SO-DIMM」（small outline dual in-line memory module），長度大約只有桌上型記憶體模組長度的一半。

ThinkPad目前除了少數機種之外，所使用的記憶體規格均屬於DDR4-SDRAM（Double-Data-Rate Fourth Generation Synchronous Dynamic Random Access Memory）規格。少數機種則是指X1 Carbon Gen8或是X1 Yoga Gen5採用更省電以及單顆晶片容量更大的LPDDR3-SDRAM（Low Power Double-Data-Rate third Generation-SDRAM）。

DDR4-SDRAM有很多種速率規格，ThinkPad是從T460s開始導入「DDR4-2133」，之後的T470也開始採用DDR4-2133規格（實際安裝的記憶體模組其實是支援DDR4-2400，但受限於CPU記憶體控制器才降速執行）。從2018年開始，為配合第八代的Intel Core處理器，ThinkPad

開始支援DDR4-2400（然後歷史又重演，實際安裝的記憶體模組其實是支援DDR4-2666）。P系列與X1 Extreme由於採用的是H系列的Intel Core處理器，因此記憶體直接跑DDR4-2666規格，不用再降速了。

2020年開始，第十代的Intel Core處理器終於可執行DDR4-2666了，只是歷史再次重演，ThinkPad開始大量採用DDR4-3200的記憶體顆粒或模組，卻因受限於Intel CPU記憶體控制器又降速跑DDR4-2666，但AMD在2020年推出的「Ryzen PRO 4000系列」Mobile CPU，記憶體控制器已可支援DDR4-3200，所以ThinkPad已經為全面發揮AMD新核心（Zen 2微架構）與新製程（台積電7奈米）的效能潛力做好準備。

DDR4-3200又可標示為「PC4-25600」。其中DDR4-3200的「3200」代表何意義呢？在記憶體規格中，有一個用來衡量記憶體傳輸速度的單位：「MT/s」，意即「MegaTransfers per Second」的縮寫，表示在一秒內可傳輸幾次資料。因此DDR4-3200便代表具有3200MT/s的效能。

如果要轉換成記憶體的傳輸效能，就是將MT/s乘上記憶體的資料寬度（64bit），因此DDR4-3200的換算公式為64 bits×3200/8=25600 MB/s。如果再除以1024，就得出25 GB/s的數值。

不過即使焊上或安裝DDR4-3200的記憶體顆粒或模組，如果受限於CPU的記憶體控制器而只能降速跑DDR4-2666，記憶體頻寬就只會是20.8GB/s，而不會是25GB/s。

I/O速率表示法	傳輸率表示法	資料傳輸率（MT/s）	記憶體運作時脈	記憶體頻寬
DDR4-2133	PC4-17000	2133	266.67 MHz	17066.67 MB/s或16.7 GB/s
DDR4-2400	PC4-19200	2400	300 MHz	19200 MB/s或18.8 GB/s
DDR4-2666	PC4-21333	2666	333.33 MHz	21333.33 MB/s或20.8 GB/s
DDR4-3200	PC4-25600	3200	400 MHz	25600 MB/s或25.0 GB/s

在購買ThinkPad時，記憶體的容量以及配置攸關操作的流暢度甚至穩定度。ThinkPad能安裝多大容量的記憶體端視「先天限制」與「擴充彈性」。例如X1 Carbon Gen8或是T14s，此類機種的記憶體已經焊死在主機板上，所以主機買來時安裝的記憶體容量就是固定的，屬先天限制，無法日後再擴充。其他機種則有提供記憶體插槽，但數量也不同，因此會影響可安裝的記憶體最大容量。舉例來說：

- 一個記憶體插槽：T14、T490，可加裝單條DDR4記憶體，加上主機內建的8GB或16GB記憶體，最大合計48GB（16GB+32GB）記憶體。
- 兩個記憶體插槽：L14、L490、P1 Gen2以及X1 Extreme Gen2配置兩個記憶體插槽，最大可安裝64GB（32GB+32GB）的DDR4記憶體。
- 四個記憶體插槽：P53及P73均配置四個記憶體插槽，因此最大支援高達128GB（32GB×4）的DDR4記憶體。

隨著64位元版Windows的普及，作業系統可使用的記憶體就不再受到3.2GB的限制，市售的ThinkPad也逐漸以預載8GB為主流。但8GB的記憶體其實算是「堪用」，如果ThinkPad並沒有配備獨立顯示晶片，而是使用整合式顯示晶片，其實系統還會從主記憶體拿走一些資源。考量辦公室環境中，可能會同時操作文書處理、簡報製作、瀏覽器等軟體，再加上防毒防駭、雲端資料備份等常駐程式，真正留給系統可用的記憶體資源其實不多了。為了讓ThinkPad運作能夠更加游刃有餘，站長會建議安裝16GB的記憶體。如果需要操作VM（虛擬主機）、3D程式或繪圖程式，會建議安裝32GB，或更大容量的記憶體。

ThinkPad要如何才能安裝16GB記憶體呢？如果主機板並沒有提供記憶體插槽，就必須在購買時便選定已內建16GB記憶體的機種。如果主機保有記憶體插槽，會建議以「雙通道」模式來安裝。

Selectable Memory

無	- NT$800
8GB DDR4 2400MHz SoDIMM	已選擇
16GB DDR4 2400MHz SoDIMM	+ NT$2,300

✖ 關閉

Total Memory
16GB（8GB 機載 + 8GB SoDIMM）DDR4 2400MHz　INCLUDED

所謂的「雙通道（Dual Channel）」模式係指記憶體透過並聯方式運作，當連接兩條記憶體時，匯流排寬度將會達到128bit，可提高系統效能，但幅度可能不太明顯，然而對於只有配備內顯（無獨立顯示晶片）的機種，雙通道記憶體可有效提高內顯效能，因為透過記憶體存取貼圖材質等資料時，越大的記憶體頻寬越有助於縮短傳輸時間。

要讓ThinkPad啟動雙通道記憶體模式，只需要同時安裝兩支記憶體。雖然雙通道模式的兩支記憶體最好是同廠牌、同顆粒、同時脈，以獲得最佳的穩定性，但除非是在官網客製化訂購就裝好兩支記憶體，不然像是T14或T490等機種，都是出廠時會先安裝好一支記憶體，使用者必須自行加裝第二支記憶體以啟動雙通道模式。此時就比較難做到跟預載的記憶體是同廠牌或同顆粒，但有一點必須遵守，就是記憶體的速度必須相同，不然會依低速記憶體時脈運作，例如混搭DDR4-2400與DDR4-2666記憶體時，這兩支記憶體均會以DDR4-2400速度運作。

記憶體如果是焊在主機板且不提供記憶體插槽的機種，例如X1 Carbon Gen8與T14s，Yamato Lab均已設計成雙通道模式運作，所以像T14或T490比較尷尬，主機板上還有提供一個記憶體擴充插槽，因此內建的記憶體在沒有安裝第二支記憶體的狀況下，只以單通道模式運作。

ThinkPad P系列如果使用Xeon處理器，除了一般的DDR4-SDRAM之外，還可以使用具備ECC（Error Correcting Code，錯誤修正程式碼）機制的DDR4-SDRAM。這兩種記憶體模組在外觀上都相同。ECC記憶體可在資料傳輸過程中，進行錯誤檢查和錯誤糾正，對於進行科學運算、3D繪圖等精密計算作業，可降低運算時發生錯誤，並提高系統穩定性。只是ECC記憶體價格比非ECC版本貴上一截，且處理器與晶片組都必須能夠支援才能發揮作用。因此ThinkPad只有安裝Xeon處理器的P系列可發揮ECC記憶體的功能。

針對可自行更換記憶體的機種，讀者可以參考本書〈第四章：ThinkPad主機硬體升級說明〉做為選購記憶體模組或升級的參考。

4. 顯示晶片（Graphic Card）

聯想官網上將顯示晶片的選項稱為「圖形卡」（Graphic Card），其作用為執行3D與繪圖運算作業。ThinkPad的顯示晶片主要分為獨立顯示晶片（Discrete Graphics Processing Unit，簡稱為獨顯）與整合式顯示晶片（Integrated Graphics Processors，簡稱為內顯）。

獨立顯示晶片顧名思義，會在主機板焊上一顆專用的顯示晶片，而且擁有獨立的顯示記憶體，不需要占用主機的記憶體。採用獨顯的好處是3D繪圖運算能力優於內顯，但同時系統會有更大的功耗以及廢熱，導致電池續航力縮短，以及主機必須增加厚度與重量來容納獨顯。這也是為何輕薄屬性的X1 Carbon Gen8與T14s並沒有加入獨顯。

ThinkPad會根據機種型號而採用不同廠牌的獨顯，簡述如下：

- P系列：使用NVIDIA公司的Quadro工程繪圖顯示晶片，例如P53最高可搭配Quadro P5000（提供16GB GDDR6高速繪圖記憶體）。P系列也是唯一提供多款獨顯供客戶挑選的系列，其他系列都僅提供單一型號獨顯。此外，P系列的Quadro驅動程式有通過ISV（Independent Software Vendor）驗證，可確保繪圖作業時的畫面準確性，或是軟體執行的穩定性。
- T系列：使用NVIDIA公司的GeForce家族顯示晶片，例如T14可選擇安裝GeForce MX330（搭載2GB的高速GDDR5顯示記憶體）。
- L系列：使用AMD公司的Radeon家族顯示晶片，例如L14與L15均可選擇安裝AMD Radeon 625（搭載2GB的高速GDDR5顯示記憶體）。
- E系列：使用AMD公司的Radeon家族顯示晶片，例如E14與E15均可選擇安裝AMD Radeon RX 640或Radeon 625（搭載2GB的高速GDDR5顯示記憶體）。

ThinkPad只要沒有配備獨立顯示晶片的機種，均使用整合式顯示晶片（內顯）。由於內顯是CPU內建的繪圖處理器，運算速度通常不及獨顯，而且內顯運作時會使用電腦的主記憶體，但系統使用的DDR4-SDRAM頻寬也不及獨顯使用的GDDR5-SDRAM，導致內顯的效能通常與獨顯有段落差。但內顯的好處是更為省電，也不用增加主機厚度與重量來處理獨顯的散熱問題，因此ThinkPad的主要使用情境如果以文書處理、上網瀏覽為主時，其實使用內顯會更為合適。

以Intel第十代Core處理器（Comet Lake）為例，內建的繪圖處理器是Intel UHD Graphics。如果選擇AMD的Ryzen PRO系列處理器，內建的繪圖處理器便是Radeon Vega系列。AMD的內顯（Radeon Vega系列）效能會比Intel的內顯（Intel UHD Graphics）更好。以往內顯與獨顯的取捨一直困擾著使用者，隨著AMD的Ryzen PRO 4000系列處理器問世，足以取代低階獨顯的「高效能內顯」將替筆電使用者提供了新的選項。

如果使用者所購買的ThinkPad有提供獨顯的加購選項，是否需要加裝獨顯呢？此時不妨先衡量一下使用情境，例如是否需要操作3D或繪圖程式，或是需要玩3D遊戲？再來考慮預算上的限制。此外，裝配獨顯後的電池續航力也會變短。

Graphic Card

整合式顯示卡	已選擇
NVIDIA GeForce MX250 GDDR5 2GB	+ NT$2,700

✖ 關閉

ThinkPad的獨顯晶片通常是焊死在主機板上的，一旦選定獨顯型號，將來就無法再自行升級。內顯機種也不可能日後「加焊」一顆獨顯到主機板上。因此如果日後想要提高顯示晶片效能，只剩下透過「外接式顯示卡」（eGPU）一途可循，但前提是主機要有配備Thunderbolt 3高速傳輸埠才有可能。

5. 背蓋材質（Top Cover Material）

目前官網上有開放讓使用者可自行選擇背蓋材質的機種是Intel平台的X390或X13，這兩款在背蓋材質上提供了兩種選擇，分別是較輕薄的碳纖維（Carbon Fiber），與較厚重的PPS（Polyphenylene sulfide，聚苯硫醚，一種高性能工程塑膠）。無論採用哪種背蓋材質，都能通過Yamato Lab的多項規格測試與軍規測試，端視使用者是否願意多花一點錢，讓主機重量能夠輕巧一些（國外官網上的X390換裝碳纖維背蓋需要加價，台灣可能行銷操作的關係，並沒有價差）。

Top Cover Material

PPS（聚苯硫醚） 已選擇

CF（碳纖維） NT$0

✖ 關閉

X390或X13如果要選擇碳纖維背蓋，就必須搭配Full HD 300nit的IPS面板（72% NTSC色域），如果在官網點選了其他種類面板，則只提供PPS背蓋。而這也是X390與X13的最輕薄組態，主機厚度為16.5mm，重量也僅1.22公斤起跳。如果換成PPS背蓋，主機重量會增為1.29公斤，體積也會稍微大一些。不過AMD平台的X390或X13僅供PPS背蓋，原廠並未開放提供碳纖維背蓋可供選擇。

E14偏向個人使用市場，外殼材質除了PC/ABS塑膠之外，也特地準備了鋁金屬材質。在官網上需選擇14吋Full HD IPS面板，才會觸發材質選項，不過開放的選項其實是選「底殼材質（Base Cover Material）」，選取之後會連動將背蓋材質也換為鋁金屬材質。

Base Cover Material

PC/ABS 已選擇

鋁製 + NT$170

✖ 關閉

另外幾款則是跟材質無關，但與「塗裝」方式有關。X1 Carbon從第七代開始，以及X1 Extreme Gen2、P1 Gen2，只要搭配的是4K UHD面板，除了原本黑色皮革觸感塗裝（Black Paint）之外，還多了一個選擇：「碳纖維織紋（Carbon Fiber Weave）」。

Top Cover Material

碳纖維搭配織紋	NT$0
碳纖維搭配黑色烤漆	已選擇

✖ 關閉

新的碳纖維織紋設計除了在視覺上，能夠特別突顯「碳纖維」材質之外，主要則是改善了皮革觸感塗裝較容易沾染指紋的問題。而且明眼人一看就知道，搭配此塗裝的ThinkPad一定配備了4K UHD面板。

從上述幾台主機更換材質或塗裝的案例，會發現觸發選項的關鍵點都在於特定規格的面板，因此讀者將來如果在官網打算客製化主機時，不妨留意面板、背蓋材質與塗裝選項的連動。

由於外殼材質與ThinkPad開發史密不可分，故針對ThinkPad的背蓋材質種類與沿革，站長特別在本書第三章的〈ThinkPad硬體特色介紹〉中有詳細的說明。

6. 攝影機（Camera）

Camera	
720P HD 攝影機配備麥克風	已選擇
紅外線和 720p HD 攝影機配備麥克風	+ NT$500
	✖ 關閉

ThinkPad除了傳統的HD 720p（1280x720）攝影機之外，在特定機種也開始提供「3D攝影機」，解析度同樣為720p，因為多了紅外線攝影機（IR Camera）以及紅外線發射器（IR LED），故可以做到3D立體影像感測。因此ThinkPad如果安裝了指紋辨識或是3D攝影機，便可支援Windows Hello生物辨識驗證技術，靠按壓手指或是人臉辨識，快速登入Windows 10作業系統。

許多使用者擔心攝影機的潛在隱私問題，常看到有人乾脆在筆記型電腦的攝影機上貼上膠帶。Yamato Lab從2018年起推出「ThinkShutter」（攝影機滑蓋）功能，便是提供一個實體的蓋子能夠遮住攝影機，有需要使用時再移開蓋子。只是第一代的ThinkShutter僅能支援傳統720p攝影機，並不支援3D攝影機。因此如果想要內建ThinkShutter功能，就不能選擇3D攝影機。2019年推出的的第二代ThinkShutter終於開始支援3D攝影機了。

站長曾使用過3D攝影機搭配Windows Hello快速認證機制，卻發現紅外線LED在沒有登入作業系統時，會不斷發出閃爍著紅光，著實有些困擾。後來乾脆關閉人臉辨識，改用指紋登入，以避免攝影機不斷閃紅光。隨著ThinkShutter也開始支援3D攝影機，平常沒登入作業系統需求時，可透過ThinkShutter將3D鏡頭先遮上。

7. 鍵盤（Keyboard）

Keyboard

鍵盤黑色繁體中文	已選擇
鍵盤黑色英文	NT$0
背光鍵盤黑色繁體中文	+ NT$620
背光鍵盤黑色英文	+ NT$620

✖ 關閉

使用者在官網進行客製化時，除了繁體中文鍵盤之外，還可以選擇英文鍵盤，兩種語系的鍵盤均能加購背光版本。坊間零售的ThinkPad都會配備繁體中文鍵盤，但有的資深使用者已經習慣鍵盤盲打，此時反而會想用英文版鍵盤，因為鍵面少了中文輸入符號，會顯得清爽許多。這也是官網提供硬體客製化的優點之一。

本書第三章的〈ThinkPad硬體特色介紹〉將詳細介紹ThinkPad的鍵盤功能與特色。

8. 指紋辨識器（Fingerprint Reader）

Fingerprint Reader

無指紋辨識器	已選擇
指紋辨識器	+ NT$400

✖ 關閉

ThinkPad從2004年的T42開始內建指紋辨識器，Yamato Lab不斷地在功能性與安全性上改進。早期的指紋辨識器是用手指「滑過（swipe）」指紋感應區，現在則改成按壓式設計，無論準確度或比對速度都有提升。

在安全性方面，以往ThinkPad的指紋辨識器採用「Match-on-Host」技術，意指「主機端比對機制」，此時指紋辨識器只是單純的元件，僅限於完成收集指紋資料的任務，然後再傳送到電腦系統中的軟體，以驗證使用者身份。

從2017年開始，ThinkPad的核心商用機種開始導入新一代「Match-on-Chip」（指紋辨識器內比對機制）指紋辨識技術。支援該技術的指紋辨識器內建SOC架構的感測IC，而且這顆感測IC包含了高速微處理器、指令和資料儲存記憶體、安全通訊和高性能加密功能。同時在感測IC內建立安全的執行環境，並整合了生物識別管理功能。

現在ThinkPad所使用「Match-on-Chip」技術的指紋辨識器，會將收集和管理的資料儲存於指紋辨識器本身，也就是與電腦系統是完全隔離的，因此避開了電腦系統易受駭客攻擊的問題。指紋辨識器也不儲存真正的指紋圖像，而是建立一個採用256位高級加密標準（AES）技術加密的、無法被重構的範本。即使電腦系統遭遇安全威脅，生物識別資料依然是安全的，因為其始終位於指紋辨識器模組內。

並非全部的ThinkPad能配備「Match-on-Chip」技術的指紋辨識器，例如L系列與E系列就僅支援傳統的「Match-on-Host」指紋辨識器。此外，搭載「Match-on-Chip」技術的指紋辨識器，還加上了「量子匹配（Quantum Matcher）」的PurePrint Anti-Spoofing反欺騙演算法，利用特有機器學習技術檢測指紋圖像，從而區分真假指紋。

或許讀者會覺得如果購買ThinkPad供個人使用，非辦公室使用，是否就不需要指紋辨識了？指紋辨識器作為「生物辨識」的感應器之一，可用在支援「FIDO（Fast Identity Online，線上快速身份驗證）」認證功能的網站，使用者登入網站或進行線上交易時，不用再輸入密碼，更不用擔心密碼外洩，因為完全透過生物特徵識別，例如指紋就是其中一種方式。因此隨著Windows開始導入Hello快速認證機制，以及FIDO線上快速身分驗證等功能，都讓指紋辨識器的實用性與重要性大幅提升。

9. 近場通訊（Near Field Communication）

Near Field Communication

無 NFC	已選擇
NFC	+ NT$294

✖ 關閉

NFC是一種高頻率、短距離的無線通訊技術，可在數公分的距離內，在您的ThinkPad與另一部具備NFC功能的裝置之間建立無線通訊。但NFC並不是用來取代Bluetooth（藍牙無線傳輸技術），因為NFC的無線傳輸速率以及感應距離都不如藍牙，NFC的最大資料傳輸量僅424 kbit/s，遠小於Bluetooth V4.0（24Mbit/s）。NFC的感應距離也小於20公分，遠不及Bluetooth V4.0的50公尺。

NFC可讓設備進行非接觸式的點對點通訊，並在安全晶片的配合下，模擬非接觸式卡片，此時透過NFC的卡片模擬模式（Card emulation mode），將NFC裝置模擬為智慧卡（SmartCard）例如提款卡、信用卡，或是模擬成RFID卡（例如悠遊卡、員工識別證、學生證等）。因此現在的智慧型手機藉由NFC功能，搖身一變成為多功能的電子錢包。反而ThinkPad所配備的NFC功能，主要用來當作NFC讀卡機，以及雙向點對點資料交換。例如站長就很喜歡透過NFC，幫藍牙裝置進行配對，不但手續簡便，配對速度也非常快。

原廠並未將NFC功能列為ThinkPad的標準配備，使用者可以在官網客製化訂購時自行決定，是否要加購NFC功能。但E系列目前尚未提供NFC加購選項。此外，採用AMD處理器的ThinkPad也不提供NFC功能。

10. 安全晶片（Security Chip）

TPM Setting
已啟用獨立 TPM2.0

INCLUDED

ThinkPad所配備的安全晶片是指TPM（可信賴平台模組）的硬體晶片，可針對電腦以及裡面的檔案進行加密或者簽章，達到安全防護的功能。搭載TPM的電腦可建立僅能由TPM解密的加密金鑰。TPM會用自己的儲存金鑰「包裝」加密金鑰，並將金鑰存放在TPM硬體晶片上而不是硬碟或SSD中，防止針對公開加密金鑰的攻擊，以提供更佳的防護。

TPM 的規格是由TCG（Trusted Computing Group）組織所制定，最新的標準為2.0版本，與前一版1.2版相比，2.0版加入多種加密以及雜湊演算法，因為1.2版只有RSA/AES等加密演算法以及SHA-1的雜湊演算法，但SHA-1演算法的安全強度因無法滿足需求而被棄用。TPM 2.0則加入ECC（橢圓雙曲線）加密演算法、RSA非對稱加密演算法，也提供廠商彈性，能動態加入特定的加密演算法。如此一來就能夠支援各國政府認可的加密演算法。雜湊演算法則使用安全性更高的SHA-256。

ThinkPad從2017年起開始採用新一代的獨立安全晶片：Discrete Trusted Platform Module 2.0（dTPM2.0）。新的dTPM 2.0安全晶片可在Windows 10作業系統中支援BitLocker磁碟機加密或其他廠商的資安加密服務，以符合大型企業或是政府機關的資安政策。

11. 指向裝置（Pointing Device）

Pointing Device
指紋辨識黑色

INCLUDED

ThinkPad提供兩種指向裝置，分別是TrackPoint（小紅點）以及TouchPad（觸控板），但官網上會透過「Pointing Device」這項目將客戶是否有選擇加購指紋辨識器、NFC以及機體顏色，一起彙整出來。

12. 儲存媒體（Hard Drive/SSD）

Hard Drive

256GB 固態硬碟、M.2 2280、PCIe-NVMe、OPAL、TLC	已選擇
512GB 固態硬碟、M.2 2280、PCIe-NVMe、OPAL、TLC	+ NT$1,402
512GB 固態硬碟、QLC + 32GB Optane 固態硬碟、M.2 2280、PCIe-NVMe	+ NT$2,453
1TB 固態硬碟、M.2 2280、PCIe-NVMe、OPAL、TLC	+ NT$3,504

✖ 關閉

安裝在ThinkPad主機內的儲存媒體主要有SSD（Solid State Drive，固態硬碟）或是HDD（Hard Disk Drive，硬碟），隨著主機輕薄化的需求，以及SSD成本不斷降低，目前ThinkPad以SSD為主要的內接儲存媒體。

ThinkPad所使用的儲存媒體以「M.2」SSD為主流。所謂的「M.2」在規格制定階段稱為「Next Generation Form Factor（NGFF）」，是一種電腦內部功能擴充模組與連接器的規範。由於M.2的規格須提供給電腦的各式內部模組使用，例如Wi-Fi網卡、4G網卡或是SSD，因此具備了各種尺寸，以滿足各類型模組的需求。

M.2模組的外型為長方形，長度與寬度都各自訂有許多規格，以ThinkPad所使用的M.2 SSD為例，模組的寬度均為22公釐，長度則有42mm以及80mm兩種規格。因此在官網上會看到「2280」或是「2242」的字樣，便是指長度為80mm的長卡SSD，或是42mm的短卡SSD。

M.2 SSD根據不同的傳輸匯流排以及邏輯裝置介面規範，而有不同的規格。如果再將2.5吋SSD/硬碟也一併列入比較，可使用下列的關係圖來表示：

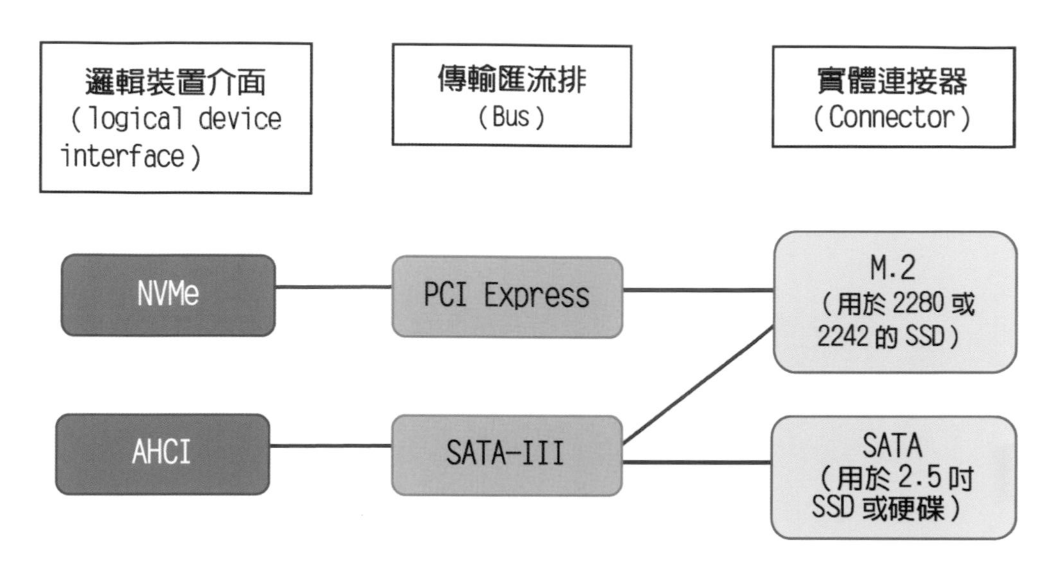

M.2 SSD主要分成SATA-III規格以及PCIe（PCI Express）兩種匯流排規格，通俗的講法是SATA-III的M.2 SSD速度較慢，而PCIe的M.2 SSD速度較快。至於兩種SSD的效能差異，可以從兩者的上層邏輯裝置介面（AHCI VS. NVMe）開始談起。

AHCI（Advanced Host Controller Interface）是由英特爾所制定的邏輯裝置介面，用來規定軟體（作業系統）與儲存裝置之間的溝通介面標準。AHCI原本是針對傳統機械式硬碟進行最佳化而推出的介面標準，因此從存取命令的設計到資料的處理，都是為了機械式硬碟而設計。雖然AHCI也可以用於SSD，但SSD並無馬達轉速與讀寫頭的限制，可同時進行大量讀寫動作。因此隨著SSD開始導入高速PCI Express匯流排規格，如果讓SSD繼續沿用AHCI，將造成SSD性能無法有效提升。業界開始針對採用快閃記憶體的SSD重新設計新一代的邏輯裝置介面，也就是NVMe（Non-Volatile Memory Express）。

ThinkPad目前使用的2.5吋硬碟便採用AHCI介面標準及SATA-III匯流排。至於使用M.2規格的SSD，過去也曾使用過AHCI介面標準及SATA-III匯流排的規格，但SATA-III的理論頻寬上限僅600MB/s，已經限制住SSD效能向上發展。此時上層的邏輯裝置介面改用NVMe標準，並搭配PCI Express匯流排的新一代M.2 SSD便應運而生。

相較於SATA-III的SSD理論頻寬速度僅600MB/s，採用NVMe標準以及PCIe匯流排的M.2 SSD則根據PCIe 3.0的通道數量而有更驚人的理論傳輸速率。ThinkPad支援兩種PCIe 3.0傳輸速率，分別是：PCIe 3.0×4以及PCIe 3.0×2。PCIe 3.0×4代表使用四個傳輸通道的連結，而PCIe 3.0的一個傳輸通道其有效傳輸速率是984.6 MB/s，PCIe 3.0×4動用到四個傳輸通道，速率大幅提升為3.938GB/s。

PCIe與SATA-III的速率比較如下：

匯流排規格	理論傳輸速率	有效傳輸速率
SATA-III	6Gbps	600MB/s
PCIe 3.0×2	16Gbps	1.969GB/s
PCIe 3.0×4	32Gbps	3.938GB/s

不過上述的都只是匯流排的傳輸速率，並不代表SSD可以跑到這麼快的速率，還請讀者留意。通常SATA-III的SSD循序讀取的速度約在400MB/s~500MB/s，PCIe的M.2 SSD則要看各廠牌使用的控制器以及NAND顆粒而定。

ThinkPad所使用的M.2 SSD有兩種尺寸，分別是2280（長卡）與2242（短卡）這兩種。2018年之後推出的ThinkPad都支援2280尺寸的M.2 SSD，通常是PCIe 3.0×4規格，除了2019年的L系列與E系列，所安裝的2280 M.2 SSD即使本身支援PCIe 3.0×4，卻因故只能跑PCIe 3.0×2。一直到2020年的L系列與E系列才開始支援PCIe 3.0×4規格的2280 M.2 SSD。至於ThinkPad所使用的2242尺寸M.2 SSD，目前都僅為PCIe 3.0×2規格。

2242尺寸的M.2 SSD有兩種安裝位置。第一種是跟2280尺寸的M.2 SSD共用相同的插槽，至於長度不足的部分，則會鎖上金屬片來幫助固定。第二種安裝位置則跟WWAN（4G/LTE）網卡使用相同的M.2插槽，所以這兩種介面卡只能擇一安裝，而且不是每台機種的WWAN插槽都可以安裝SSD，例如2019年推出的X1 Carbon Gen7、T490、X390等機種的WWAN插槽就不支援2242 M.2 SSD了。

ThinkPad所使用的SSD有的會強調符合「OPAL 2.0」規範。OPAL 2.0是由TCG（Trusted Computing Group）組織所制定（跟TPM 2.0同一個組織）的儲存裝置安全管理規範。符合OPALE 2.0規範的SSD屬於自我加密機制裝置（Self Encrypting Device，SED），裝置對於資料的加解密皆在裝置內部完成，不透過主機端的處理，加解密的金鑰也同樣保存於裝置內，通常採用AES（Advanced Encryption Standard，進階加密標準）256位元硬體加密技術。但站長推薦最簡單的硬碟加密方法就是在BIOS設定硬碟密碼（HDD password），設定程序請參閱本書〈第六章：ThinkPad BIOS與預載軟體介紹〉說明。

各家筆電廠商為了確保零件的供貨順暢，除了CPU、GPU之外，通常都會有多個零件供貨商。以SSD為例，ThinkPad會採用的就有三星（Samsung）、東芝（Toshiba）、Intel或是聯想（Lenovo）自有品牌等來源。即使是官方網站的客製化機種，也無法指定SSD廠牌。雖然不同廠牌的SSD的確存在效能以及耗電量等差距，但對原廠而言，只要是同容量、同規格（例如屬SATA-III或PCIe 3.0×4），就視為合規料件。因為ThinkPad在主機停產後理論上要再維持三年以上的維修零件供貨，以商用機種而言，讓客戶能持續獲得零件供應是最優先考量。

假設使用者買到的ThinkPad預載SSD是A廠牌，將來如果保固期內故障，原廠維修中心會更換「同容量、同規格」的B廠牌或C廠牌SSD，屆時就不見得同樣是A廠牌了。因此讀者如果很在意效能，不妨自行買各大廠盒裝的零售版SSD，有關升級SSD的方法與注意事項，請參閱本書〈第四章：ThinkPad主機硬體升級說明〉。

從2019年開始，在X1/T/X/P系列機種上，如果搭載NVMe PCIe的M.2 SSD，會提供「Power-loss Protection（PLP）」斷電保護機制。這是預防使用者按住電源開關五秒不放，強制系統關機時，有可能會導致M.2 SSD永久性損害。因此透過SSD韌體與主機板與BIOS的特殊運作機制，在電源關閉前，通知SSD預做準備，避免SSD發生資料意外損毀等情事。

接下來介紹ThinkPad所使用的2.5吋硬碟。如果實際量測硬碟本體，會發現其實寬度約7公分，業界稱呼的2.5吋（6.35公分）是指硬碟內的碟片直徑。如果與桌上型電腦所使用的3.5吋硬碟相比，筆記型電腦用的2.5吋硬碟已經迷你許多，但如果再跟M.2規格的SSD相比，反而會覺得2.5吋硬碟根本就是龐然大物。

ThinkPad所使用的硬碟規格可從硬碟轉速以及容量來區分。原廠提供兩種轉速規格，分別是5400rpm（馬達每分鐘5400轉）以及7200rpm（馬達每分鐘7200轉），轉速越高效能也越高。至於容量則簡化為500GB、1TB及2TB這三種。由於ThinkPad的2.5吋硬碟使用SATA規格接頭，因此原廠也提供使用相同接頭的2.5吋固態硬碟（SSD）。雖然都是2.5吋尺寸，但硬碟受到先天的構造限制，即使是7200rpm機種的讀取速度也無法突破250MB/s，反觀SSD則可以輕鬆突破400MB/s以上速率。相同容量的2.5吋硬碟與SSD相比時，SSD仍比硬碟貴上一些，所以在原廠官網上才會看到從1TB硬碟換成2.5吋SSD時，雖然容量變小許多，反而要多補錢的現象。

為了要拉近硬碟與SSD間的效能落差，Intel曾提出了名為「Optane Memory」的解決方案。雖然有記憶體的字樣，但實際上Optane Memory是擔任硬碟的快取，且只能針對有安裝作業系統的硬碟（俗稱系統碟）進行加速，可縮短開機後進入作業系統的等候時間，以及常用程式、遊戲的開啟速度。等於一方面保有傳統硬碟的大容量優勢，同時獲得接近

SSD的讀取速度。隨著SSD價格不斷拉近與HDD的距離，而且能夠安裝2.5" HDD的筆電越來越少，Optane Memory也逐漸淡出市場。

Optane Memory其實是採用新一代的「3D XPoint」儲存媒體，與現行SSD常使用的NAND快閃記憶體（Flash Memory）相比，雖然都是非揮發性記憶體（non-volatile memory），但Intel宣稱3D XPoint比起NAND Falsh有更低的延遲時間，以及更長的顆粒耐久性。由於Optane Memory搭配傳統HDD不受市場青睞，同時SSD所使用的NAND快閃記憶體又開始導入更具成本優勢的QLC（Quad-Level Cell，4bit/cell）顆粒，但缺點卻是抹寫壽命比現在主流的TLC（Triple-Level Cell）顆粒更短，而且讀取速率也低於TLC顆粒。

因此Intel想出了「Hybrid SSD」的怪招，將32GB的Optane Memory跟改為搭配QLC快閃記憶體顆粒，並焊在同一支M.2 SSD上面。但畢竟SSD主體仍採用「又慢又不耐用」的QLC顆粒，即使透過Optane Memory提供低延遲特性，無論是傳輸速度或是耐用度，卻都不如整支都採用TLC顆粒的SSD。因此不是很建議在客製化時選擇又貴又慢還不耐用的Hybrid SSD。

13. 智慧卡讀卡機（Smart Card Reader）

System Expansion Slots

無智慧型讀卡機	已選擇
智慧型讀卡機	+ NT$400

✖ 關閉

ThinkPad的智慧卡讀卡機可用於ATM提款卡、自然人憑證或晶片版的公司識別證等。對於個人使用者而言，筆記型電腦所配備的智慧卡讀卡機，可用在網路銀行（WebATM讀取提款卡），或是每年五月的報稅程式（讀取自然人憑證）。如果使用的公司有導入晶片識別證，並要求登入特定系統需插入識別證時，此時也需要使用到智慧卡讀卡機。

除了X1 Carbon/Yoga系列以及E系列，其餘ThinkPad各機種都可以選購並加裝智慧卡讀卡機。

14. 電池（Battery）

Battery
3 Cell 鋰聚合物內部電池，50Wh

INCLUDED

ThinkPad的電池分為三種安裝形式：

- 內建式鋰電池，使用者無法自行更換。例如X1 Carbon、X13或T14/s等。2020年發表的ThinkPad都是內建式鋰電池了。
- 外接式鋰電池，使用者可自行更換。例如P52或P72。
- 主機提供兩個電池槽，一個供內建式鋰電池使用，但使用者無法自行更換，另一個電池槽可安裝外接式鋰電池。例如T480與T580。

ThinkPad從2018年開始，針對內建鋰電池機種廣泛提供快速充電（Rapid Charge）功能，以往只有X1 Carbon此類高階機種才有提供此項功能，原廠宣稱只要使用65W變壓器，可以在一小時內從0%電量充滿至80%。但如果是使用外接式鋰電池的機種，就無法支援快速充電功能。

可同時使用兩顆電池的T480或T580搭載了原廠稱為「Power Bridge」的雙電池運作機制，讓使用者不再需要將ThinkPad關機，即可熱抽換外接式鋰電池。在T470以前的機種，Power Bridge機制會針對主機內建的電池優先充電，或是最後放電，而電池槽的第二顆電池則是優先放電，最後充電。原廠稱呼為「Built-in battery prioritized」（內建電池先決）機制。但由於頻繁地充電、放電容易造成電池容量減損，使得兩顆電池的其中一顆，有可能比另一顆更容易惡化。為了確保兩顆電池的使用壽命，從T470開始，Yamato Lab開始採用新的「Degraded battery prioritized」（惡化電池先決）機制，由ECFW（Embeded contoroller Firmware）根據電池的狀況，針對電量減損狀況較不嚴重的電池，優先進行充電或放電，從過去盡可能不去用到內建的電池，改為盡可能不去用到電量狀況不佳的電池，也就是讓兩顆電池的充放電次數不會差距過大。

至於電池的實際續航力端視使用當下的系統設定，例如螢幕亮度、是否有開啟無線網路功能等。以X1c第六代為例，原廠宣稱的電池續航力為19.3小時，站長使用的心得是，如果透過4G（WWAN網卡）上網時，電池續航力僅六小時餘，除非改用Wi-Fi（WLAN網卡）上網，電池續航力才有辦法延長。

隨著ThinkPad開始使用USB Type-C供電，原廠也推出的給筆電使用的USB Type-C行動電源，電量為48Wh。適合給只有內建式電池而無法自自行更換電池的機種使用。筆電用行動電源的介紹可參考本書〈第五章：ThinkPad擴充周邊介紹〉。

ThinkPad的主機電池，無論是內建的或是外接式的，預設都僅提供一年保固。即使主機本身是三年保固，預載的電池仍僅維持一年保固。這是因為電池算是一種消耗品，會隨著放電、充電次數的增加，導致電量逐漸下降。然而隨著內建式鋰電池的日益普及，使用者無法跟原廠購買內建式電池自行更換，原廠開始提供內建式電池的延伸保固，官網上稱呼為「密封電池」（Sealed Battery）保固服務，可將內建式電池保固期延長為三年。但不是每台主機在官網客製化訂購時都可以加買密封電池保固服務，需視屆時官網的行銷策略而定。

15. 變壓器（Power Adapter）

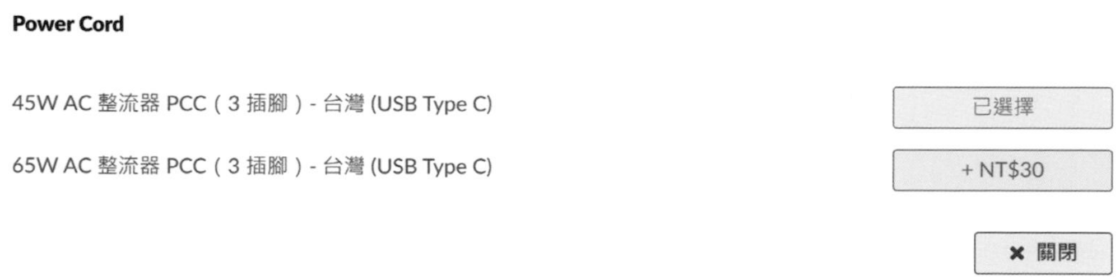

Power Cord

45W AC 整流器 PCC（3 插腳）- 台灣 (USB Type C) 已選擇

65W AC 整流器 PCC（3 插腳）- 台灣 (USB Type C) + NT$30

✖ 關閉

2018年起的ThinkPad除了P系列之外，許多機種都開始改用USB Type-C（簡稱USB C）接頭，取代傳統方形的電源接頭。然而如果需要使用快速充電（Rapid Charge）功能，就必須使用65W的變壓器，才有辦法在一小時內從0%電量充至80%。坊間零售的ThinkPad出貨時通常是搭配45W變壓器，由於體積較小適合外出攜帶，使用者可以考慮加買一個65W變壓器放在公司或家裡，方便進行快速充電。

原廠於2019年推出新款的輕薄型65W USB-C變壓器，並以周邊設備形式販售，讀者可以參考本書〈第五章：ThinkPad擴充周邊介紹〉的介紹。

ThinkPad的USB C接頭能供電的原因是支援了「USB-PD（USB-Power Delivery）」功能，目前USB-PD最大供電可達100W（20V@5A），然而P系列以及X1 Extreme都是用135W以上的變壓器，已超出USB-PD供電能力，所以仍維持傳統方形電源接頭。

16. 無線網路（Wireless）

Wireless
Intel Wi-Fi 6 AX201 2x2 AX，藍牙版本 5.0 機載　　INCLUDED

2019年推出的ThinkPad如果採用Intel CPU，主要搭配Intel的雙頻（Dual Band）Wireless-AC 9560無線網卡，這張網卡除了WLAN（Wireless LAN）功能之外，同時也整合了藍牙（Bluetooth）5.0版無線傳輸功能，也就是一張二合一的無線網卡。Intel Wireless-AC 9560網卡在WLAN的部分支援IEEE 802.11a/b/g/n/ac多種規格，其中802.11ac Wave2（啟用160MHz頻道）的理論傳輸最高速為1.73Gbps。

無線網卡的雙頻（Dual Band）是指支援2.4GHz與5GHz這兩種ISM（Industrial Scientific Medical Band）頻段。ISM頻段是各國挪出某一段頻段主要開放給工業，科學和醫學機構使用。應用這些頻段無需許可證或費用，只需要遵守一定的發射功率（一般低於1W），並且不要對其它頻段造成干擾。然而2.4GHz頻段應用範圍很廣，除了WLAN之外，藍牙、無線鍵盤滑鼠或微波爐也使用到2.4GHz，因此很容易受到干擾。甚至還發生過USB 3.0與2.4GHz互相干擾，因為USB 3.0以2.5GHz的差動訊號（Differential Signal）方式傳輸，又使用到了展頻時脈（Spread Specturm Clock），結果不幸覆蓋到2.4GHz頻段。導致使用USB 3.0設備時，會干擾到2.4GHz無線網路的速度與順暢度。

從2019年推出的Intel第八代Core處理器（研發代號：Whiskey Lake）開始，支援Intel CNVi架構（Integrated Connectivity），就是CPU內建無線網路晶片。而以往WLAN/Bluetooth網卡上的重要元件，例如網路處理器、MAC層零件等都直接整合進處理器，此時的WLAN/Bluetooth網卡則扮演「輔助射頻模組（Companion RF（CRF）module）」的角色。CNVi架構的好處是讓WLAN/Bluetooth網卡不再占用PCH上的PCIe匯流排數量。另一方面，WLAN/Bluetooth的CRF模組可選擇安裝在M.2插槽上，或直接焊死在主機板上。

而Intel的Wireless-AC 9560無線網卡便是採用CNVi架構，因此像X1 Carbon Gen7、T490、X390等採用Wireless-AC 9560的機種，CRF模組都已經焊在主機板上，故無法自行更換。

但別的機種因故無法採用CRF模組焊死的作法，例如L系列提供非Intel品牌的無線網卡，或是搭載AMD處理器的機種則根本無法使用CRF模組，這些機種便會在主機板上提供M.2插槽，供安裝WLAN/BT網卡之用。譬如L490支援Realtek公司的RTL8822BE無線網卡，或是Intel公司的Wireless-AC 9260無線網卡。

從2020年開始，ThinkPad全面導入支援IEEE 802.11ax（又稱為Wi-Fi 6）的新一代WLAN網卡，理論最高速可達2.4Gbps。針對將CRF模組焊在主機板的機種（例如X1 Carbon Gen8、T14/s、X13），會使用「Intel Wi-Fi 6 AX201」網卡，至於L14、L15則會使用透過M.2插槽安裝「Intel Wi-Fi 6 AX200」網卡。E14與E15系列比較特殊，主機板上有M.2插槽，可安裝Realtek公司的RTL8822CE無線網卡，或是「Intel Wi-Fi 6 AX201」網卡。

17. 行動寬頻網路（WWAN）

WWAN Selection

無 WWAN	- NT$4,400
WWAN	已選擇

✖ 關閉

Integrated Mobile Broadband

Fibocom L850-GL 4G LTE CAT9	已選擇

✖ 關閉

ThinkPad除了透過WLAN方式無線上網，只要主機有配備WWAN（廣域網路）網卡，使用者插上4G SIM卡之後，也可以直接上網，不用到處找無線AP或無線熱點。或許有的讀者會問，為何不直接開手機的Wi-Fi分享功能給ThinkPad上網即可？主要考量點還是在便利性，畢竟能夠讓ThinkPad直接透過4G網路連網，在使用上的確俐落許多，也不會讓手機因為開啟Wi-Fi分享功能而續航力大減。雖然使用者需要多辦一張單獨的SIM卡供ThinkPad專用，但相信許多使用WWAN上網的ThinkPad使用者能體會其中的便利性。

2018年起ThinkPad使用Fibocomm公司推出的兩款WWAN網卡，均採用Intel的4G解決方案。其中規格最先進的是「Fibocom L850-GL」網卡，使用Intel XMM 7360平台（內建X-GOLD 736基頻處理器），支援LTE-Adavnced Category 9（LTE-A Cat9）規格，LTE FDD下載理論最高速率可達450Mbps，上傳理論最高速率則維持50Mbps。值得一提的是，L850-GL也支援2CA與3CA（Carrier Aggregation，載波聚合）功能，代表能將最多三個不同的LTE頻段頻寬加以整合，進而達到提升網路速度的效果。

從2018年開始，ThinkPad已開始全面採用「Nano SIM卡」，因此當使用者要安裝SIM卡時，請留意規格大小，避免無法安裝。

臺灣五間行動業者截至2019年最新4G申請頻段及擁有頻寬表如下：

LTE 技術種類	頻段	頻寬（MHz）				
		中華電信	遠傳電信	台灣 大哥大	亞太電信	台灣之星
FDD	700MHz （Band28）	-	10x2	20x2	10x2+5x2	
	900MHz （Band8）	10x2	-		10x2	10x2
	1800MHz （Band3）	20x2+10x2	20x2	15x2		
	2100MHz （Band1）	20x2	15x2	20x2		5x2
	2600MHz （Band7）	20x2+10x2	20x2			20x2
TDD	2600MHz （Band38/41）	-	25		20+5	
各業者擁有頻寬（MHz）		90x2	65x2 （FDD） + 25 （TDD）	55x2	25x2 （FDD） + 25 （TDD）	35x2

Fibocom L850-GL支援的頻段（以紅色標示）如下：

LTE FDD：Band 1（2100MHz），2，3（1800MHz），4，5，7（2600MHz），8（900MHz），11，12，13，17，18，19，20，21，26，28（700MHz），29，30，66

LTE TDD：Band 38（2600MHz），39，40，41（2600MHz）

接著便能將Fibocom L850-GL所支援的3CA頻段組合跟臺灣4G業者進行配對，整理如下：

	3CA頻段組合	支援業者
B1+B3+B7	2100MHz+1800MHz+2600MHz	中華電信、遠傳電信
B1+B3+B8	2100MHz+1800MHz+900MHz	中華電信
B1+B3+B28	2100MHz+1800MHz+700Mhz	台灣大哥大、遠傳電信
B3+B3+B7	1800MHz+1800MHz+2600MHz	中華電信
B3+B7+B28	1800MHz+2600MHz+700MHz	遠傳電信

2019年有兩款ThinkPad（X1 Carbon Gen 7與T490）特別提供了更高速WWAN網卡選項，在官網客製化或透過經銷商訂購時，有機會選擇Fibocom公司的L860-GL（使用Intel XMM 7560平台）WWAN網卡。新網卡最高可LTE-A Cat16與5CA規格，下載理論最高速率可達1Gbps，上傳理論最高速率則為150Mbps（Cat13與2CA規格）。但真正能發揮L860-GL速率需搭配4x4 MIMO天線，當時只有T490有空間能容納四根WWAN天線。

2020年時，原廠終於將L860-GL WWAN網卡開放給其他機種使用，除了X1 Carbon Gen8、T14之外，還增加了T14s、X13、X13 Yoga與T15，但必須是出廠時就預先裝好，尚未開放使用者自行加裝。但原廠僅開放Intel平台機種可配備L860-GL WWAN網卡，AMD平台機種仍只能配備Fibocom L850-GL WWAN網卡。

Fibocom L860-GL支援的頻段（以紅色標示）如下：

LTE FDD：Band 1（2100MHz），2，3（1800MHz），4，5，7（2600MHz），8（900MHz），12，13，14，17，18，19，20，25，26，28（700MHz），29，30，66

LTE TDD：Band 38（2600MHz），39，40，41（2600MHz）

接著能將Fibocom L860-GL所支援的3CA/4CA/5CA頻段組合跟臺灣4G業者進行配對，整理如下：

	3CA頻段組合	支援業者
B1+B3+B7	2100MHz+1800MHz+2600MHz	中華電信、遠傳電信
B1+B3+B8	2100MHz+1800MHz+900MHz	中華電信、遠傳電信
B1+B3+B28	2100MHz+1800MHz+700Mhz	台灣大哥大、遠傳電信
B3+B7+B8	1800MHz+2600MHz+900MHz	中華電信
B3+B7+B28	1800MHz+2600MHz+700MHz	遠傳電信
B3+B3+B7	1800MHz+1800MHz+2600MHz	中華電信
B3+B7+B7	1800MHz+2600MHz+2600MHz	中華電信

	4CA頻段組合	支援業者
B1+B3+B3+B7	2100MHz+1800MHz+1800MHz+2600MHz	中華電信
B1+B3+B7+B7	2100MHz+1800MHz+2600MHz+2600MHz	中華電信
B1+B3+B7+B8	2100MHz+1800MHz+2600MHz+900MHz	中華電信
B1+B3+B7+B28	2100MHz+1800MHz+2600MHz+700MHz	遠傳電信

	5CA頻段組合	支援業者
B1+B3+B3+B7+B7	2100MHz+1800MHz+1800MHz+2600MHz+2600MHz+	中華電信

第三章

ThinkPad硬體特色介紹

1.鍵盤設計與TrackPoint（小紅點）

「王道」的七列鍵盤設計

ThinkPad的諸項特色中，「絕佳的鍵盤敲擊觸感」以及「便利的七列按鍵排列」最為人所稱頌。但是在2012年，Lenovo為了迎合市場上的「仿蘋果風」，放棄了傳統鍵帽造型以及七列鍵盤，全面導入孤島（Island Style）鍵帽與六列鍵盤。後來新接觸ThinkPad的使用者便錯過了最輝煌的七列鍵盤設計。

所幸2017年適逢ThinkPad二十五周年慶，在忠實愛用者的積極奔走之下，Lenovo內部經過審慎的評估，推出搭載了七列鍵盤的「ThinkPad 25」限量紀念機，不僅體現了ThinkPad的經典設計與價值，同時讓全世界的ThinkPad使用者再一次看到經典鍵盤的光輝。

為何眾多的ThinkPad愛用者不願「屈就」已經是主流的孤島造型六列鍵盤呢？這是因為打開筆電螢幕之後，使用者最常接觸到的就是鍵盤與指向裝置。ThinkPad在鍵盤上所投注的心力更是從初代ThinkPad問世後努力迄今。即使ThinkPad目前均已採用六列鍵盤，但要真正了解ThinkPad鍵盤「好打」的祕密，就必須先從七列鍵盤開始探索ThinkPad在鍵盤上的優勢。

ThinkPad的鍵盤優勢來自於遵守三項設計哲學：

（1）適合快速打字。

（2）降低誤打機會。

（3）即時長時間輸入也不會疲勞。

為了達成這三項設計宗旨，Yamato Lab很重視四項設計元素：
（1）敲擊觸感。
（2）鍵帽造型與周邊機構的搭配。
（3）鍵盤布局（符合ISO/IEC 15412七列全尺寸鍵盤）。
（4）指向裝置（小紅點TrackPoint）。

接下來站長陸續介紹這四項設計元素，並同時解釋如何達成ThinkPad鍵盤設計的三項宗旨。在說明「敲擊觸感」時，就必須先從按鍵的構造開始說明。

按鍵的構造與敲擊觸感

ThinkPad的按鍵主要由三種元件所構成，首先是使用者手指接觸到的「鍵帽（Keycap）」，下方支撐的元件包括了「剪刀腳（Scissors，或稱為Pantograph）」以及「橡膠墊（Rubber Dome）」，而鍵盤開發中最重要也最困難的部分就是按下按鍵時的感覺，即敲擊觸感，這部分的的關鍵點在於橡膠墊的高度與厚度，因為將影響按鍵深度（Key stroke或稱Key travel）。

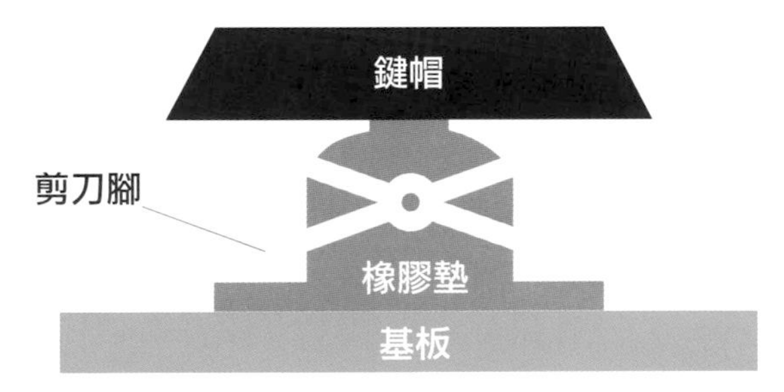

理論上越深的按鍵深度，能夠提供更好的敲擊觸感，但隨著筆記型電腦的機身厚度不斷變薄，按鍵的敲擊深度一直被壓縮。ThinkPad根據不同的機體厚度，對應的按鍵深度也有所不同，例如十年來被譽為敲擊觸感最佳的ThinkPad X300，按鍵深度為2.5mm，T-Series第一次全面換裝為六列鍵盤時的T430，當時深度為2.1mm，後來Ultrabook當道，Yamato Lab打造出來的超薄旗艦機種X1 Carbon（第一代），按鍵深度進一步縮減為1.8mm。目前ThinkPad鍵深都改為1.8mm。而2019年推出的第七代X1 Carbon又將鍵深縮減至1.5mm。

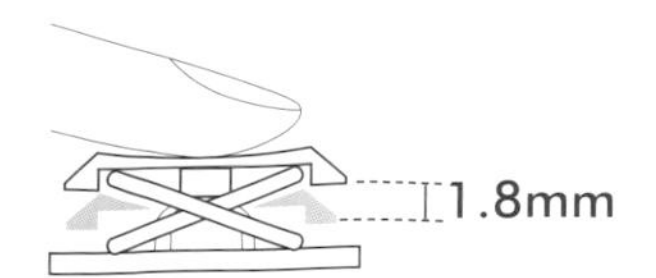

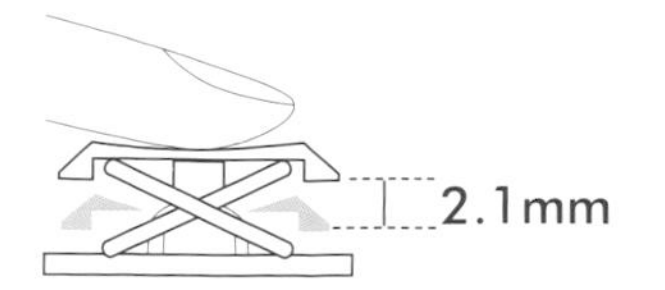

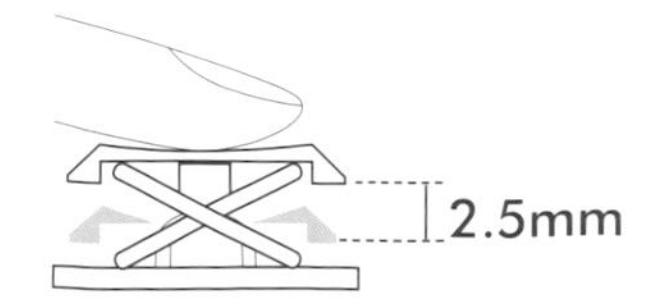

真正讓ThinkPad鍵盤敲擊手感優於各大廠的奧祕其實不光是按鍵深度，而是在「施力曲線（Force Curve）」的公式上面。站長先解釋一下「施力曲線」，如下圖所示，首先Y軸代表按下鍵帽所施加的力道；X軸則代表按鍵深度。本圖乃說明使用者將鍵帽按到底時的變化。當開始按下按鍵時，起始位置為S（Start Point）點，在力道抵達PF（Peak Force）點之前，鍵帽的移動深度並不多，一旦過了PF點即使施力變小，鍵帽仍可繼續向下移動至BF（Bottom Force）點，之後持續施力直到抵達E（End Point）點。

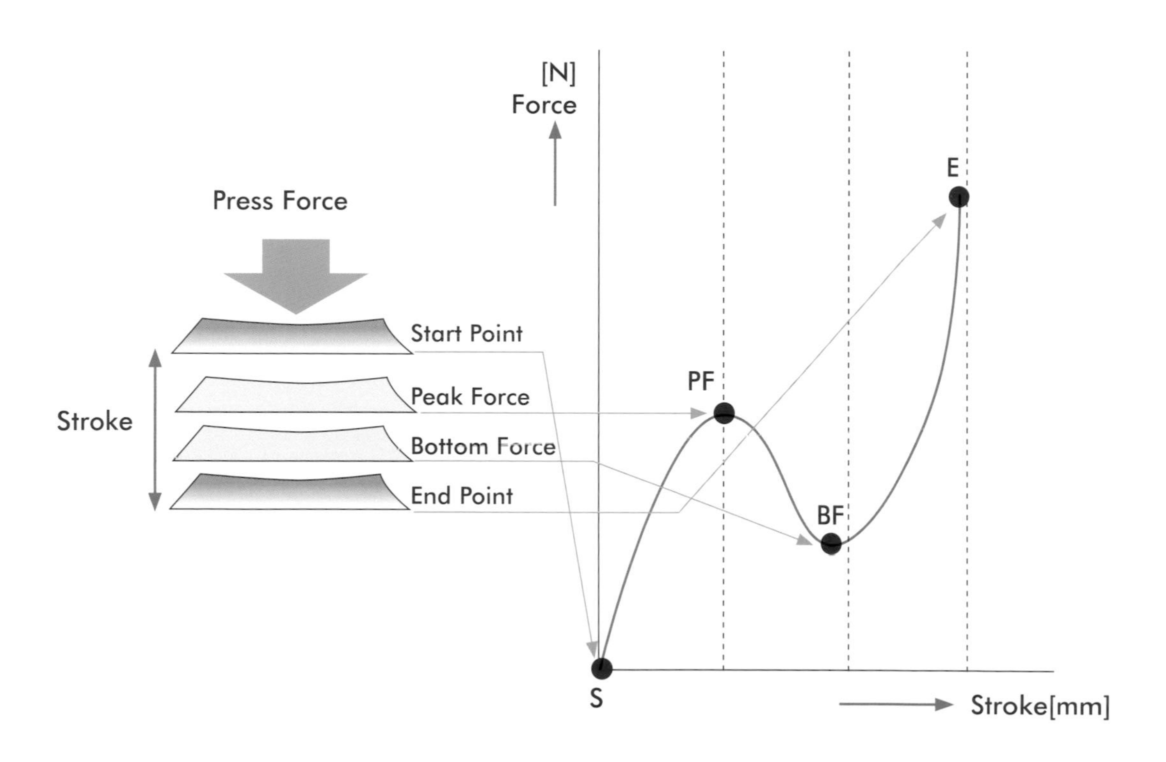

透過「施力曲線（Force Curve）」的兩個關鍵數值（PF與BF），Yamato Lab便可計算出不同鍵盤設計下的敲擊比例（Click Ratio），公式如下：

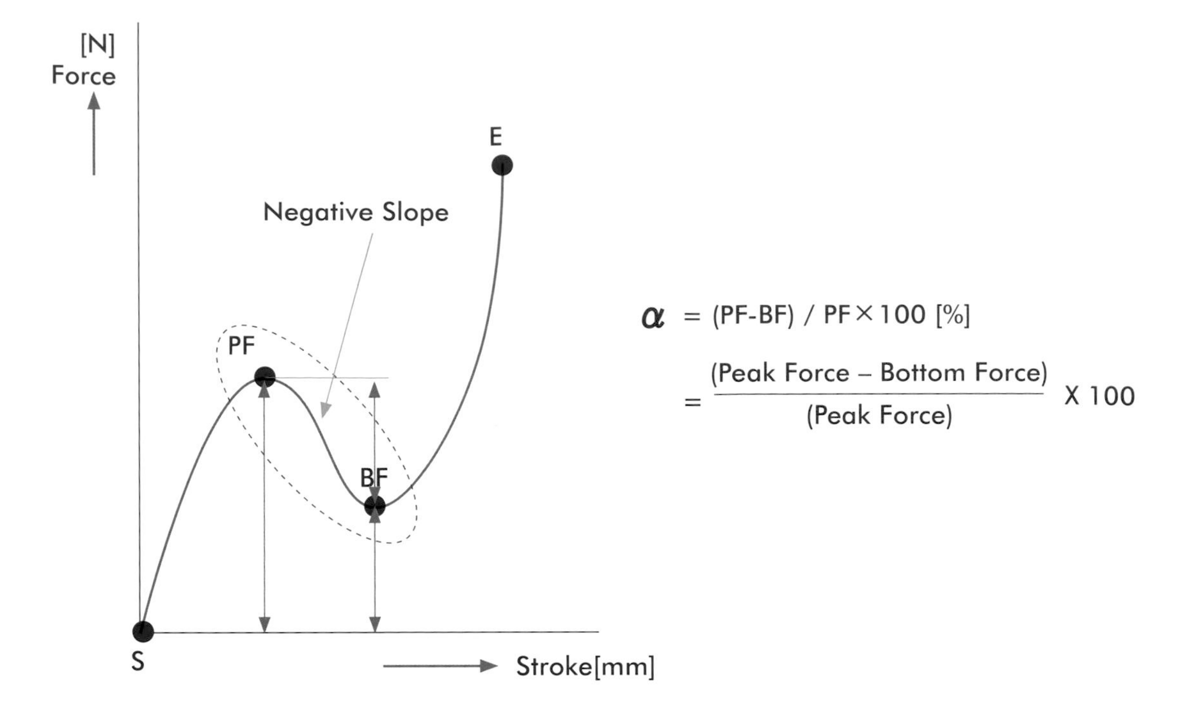

不同厚度的主機鍵盤其Peak Force與Bottom Force都不同，如何達成讓人滿意的「α」值，便是Yamato Lab不斷努力研發之處。

Yamato Lab針對從BF（Bottom Force）點到最底部的E（End Point）點，這一段最後的鍵深距離，開始強調所謂的「Soft Landing」（軟著陸），這是因為鍵盤底部為鋁質金屬板，以往的按鍵設計，在鍵帽最後碰觸到底部時，直接就「硬著陸」（Hard Landing）了，長時間輸入時，手指容易疲勞。

現在的ThinkPad鍵盤採用了「軟著陸架構（Soft Landing Structure）」，首先修改鍵帽的底部造型，讓鍵帽不會直接撞擊到金屬底板，然後再修改剪刀腳的造型，同時在剪刀腳著陸的位置設置了吸震區（Shock Absorber），讓使用者無論從哪個位置按下鍵帽，就能夠有相同的著陸感覺。2019年的第七代X1 Carbon甚至採用了第二代的軟著陸設計，用一個更大的吸震區取代以往兩個小型的吸吸震區。

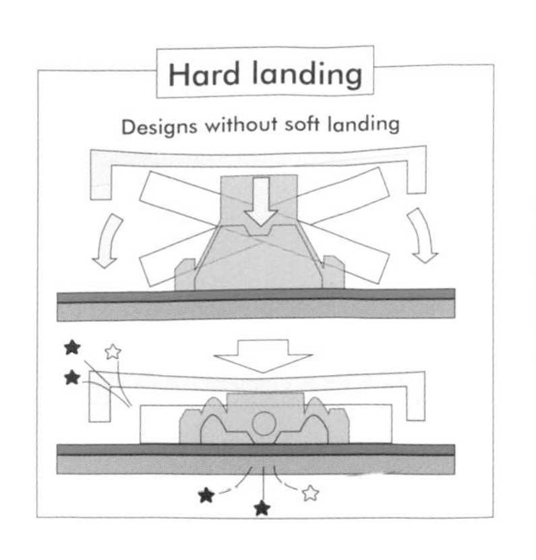

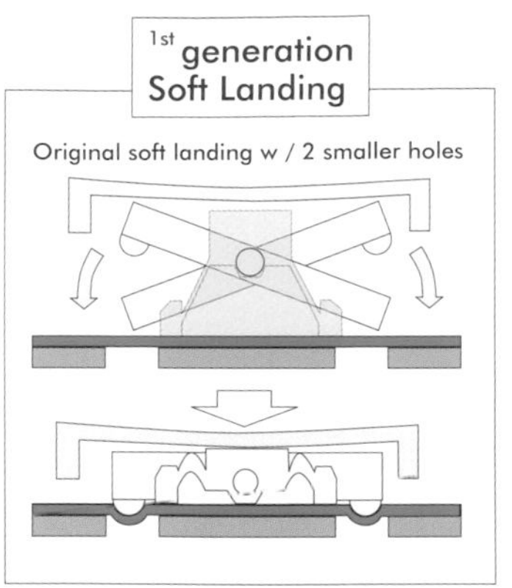

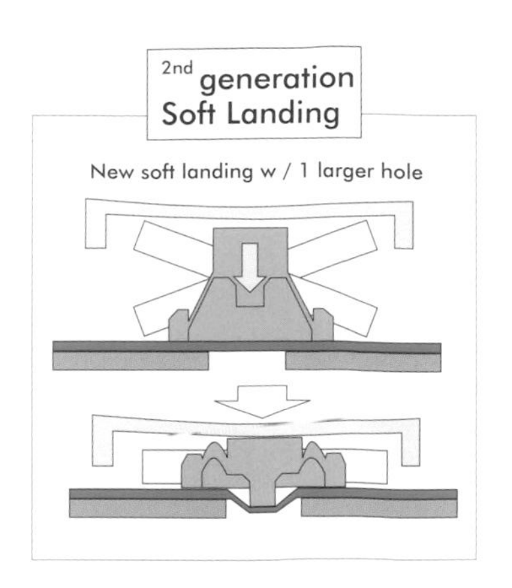

Yamato Lab同時致力於降低打字時所產生的噪音問題，這部分就必須細心地減少按鍵各零件之間（主要是剪刀腳）的空隙。根據Yamato Lab實測的結果，歷代的ThinkPad名機與對照機種的鍵盤敲擊音量測試成績如下：

Macbook Air（初代）	47.8db
ThinkPad X300	44.28db
ThinkPad T400s	41.62db
ThinkPad X1 Carbon（初代）	36.2db

鍵帽造型與周邊機構的搭配

ThinkPad七列鍵盤採用了傳統的鍵帽設計，後來推出的六列鍵盤機種則使用了孤島式（Island Style）鍵帽。雖然原廠試圖強調六列鍵盤的優點，甚至取名為「精準」（Precision）鍵盤，意指使用者在打字時能減少誤打提高準確率。但實際上七列鍵盤所使用的傳統鍵帽卻仍是許多資深ThinkPad使用者的最愛，最主要的原因在於傳統鍵帽的設計是Yamato Lab千錘百鍊下的心血結晶，對於需要高速鍵打的使用者而言，七列的按鍵排列與傳統鍵帽才是最完美的組合。

Yamato Lab在傳統鍵帽的頂部採用了中央部位會下沉的凹陷設計，不像有的友商機種，鍵帽頂部是平的。ThinkPad鍵帽的頂部凹陷設計形成了一道弧線，原廠稱呼為「對稱弧線」（symmetrical curve），這道弧線讓手指接觸到鍵帽時，感覺更為貼合。

Yamato Lab所設計的傳統鍵帽還有一項特點，就是鍵帽頂部周圍的邊框比其他友商鍵帽的邊框更寬，原廠稱之為「長斜坡（Long Slope）設計」。此項設計其實是故意限制住鍵帽頂部的區域大小，一般人會以為手指與鍵帽頂部的接觸面積越大，打字時會更方便。但其實頂部的區域較小，搭配「對稱弧線」造型，才是讓手指能夠快速且舒適定位的好方法，同時更不容易按錯鍵。

ThinkPad傳統鍵帽的長斜坡設計還有一項優點，讓手指接觸到的鍵帽頂部位置，能更接近中央。如下圖所示，短斜坡的鍵帽容易讓使用者的手指接觸鍵帽時，經常按到鍵帽下緣，當按下鍵帽時，手指可能會卡到其他鍵帽。但ThinkPad的傳統鍵帽因為有長斜坡設計，因此按下時較不會卡到其他鍵帽。

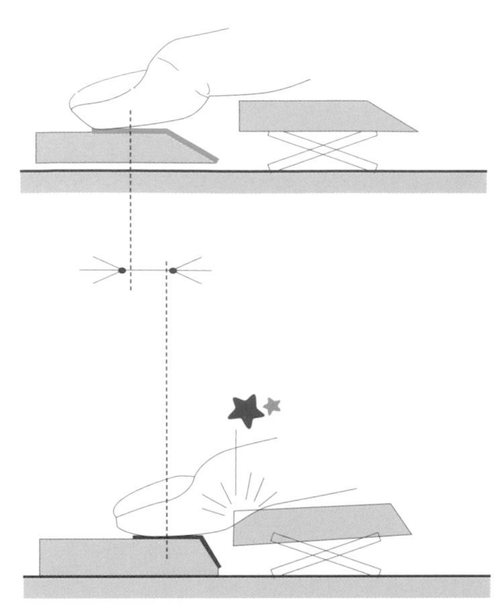

ThinkPad經典的七列鍵盤並非全部的鍵帽頂部都有「對稱弧線」的凹陷設計，Yamato Lab根據按鍵的功能與位置，採用不同的鍵帽造型設計。例如「空白鍵」與「方向鍵」反而是凸形鍵帽。

ThinkPad鍵盤之所以「好打」，不僅是鍵帽造型或是按鍵深度，鍵盤與周邊機構的搭配更是扮演了無名英雄的角色，這也是Yamato Lab在設計ThinkPad時的重要規範之一。例如為何ThinkPad鍵盤下方都會有「斜坡」的設計；鍵盤上方前緣會保留一些空間。

Yamato Lab針對不同的按鍵區域，周邊的機體造型也會跟著變化。例如「空白鍵（Space Key）」，為了避免大拇指按下空白鍵時，敲擊到Palmrest（置腕區），ThinkPad的鍵盤下方都會有一個斜坡設計。

對於長指甲的使用者，在使用第一排功能鍵（ESC、F1~F12等）時，如果按鍵上方沒有保留一段空間，有可能機殼會卡到長指甲。因此ThinkPad鍵盤上方前緣會保留一些空間。

甚至連方向下方的外殼造型，都有配合手指，做出波浪狀的曲線。

鍵盤布局

Lenovo在推廣六列孤島鍵盤時，一直試圖用「孤島式」按鍵的敲擊觸感其實不輸傳統按鍵來跟消費者溝通，甚至在打字的正確性上，孤島鍵盤更勝一籌。平心而論，原廠的這些說法的確有其根據，但為何仍有諸多的ThinkPad使用者們堅守七列鍵盤呢？其實真正的原因還是在「鍵盤布局」上面，而更深層的意涵則是「個人喜好選擇」不能被人抹煞。

ThinkPad二十五周年紀念機（ThinkPad 25）所使用的是在2009年改良過的傳統七列鍵盤，最大的特色在於放大版的「ESC」與「Delete」鍵。而七列鍵盤相較於六列鍵盤，最主要的差別在於是否提供獨立的功能鍵，例如「ScrLk」、「Pause」等。Lenovo先前以為這些「冷門」的功能鍵已鮮為使用，而且也可以用複合鍵來取代，最大的失算更是認為「使用者的行為習慣是可以被輕易改變的」。於是乎，在當年Macbook風潮之下，Lenovo毅然地捨棄了多年的七列傳統鍵盤，投入六列孤島鍵盤的行列。

事後回想起來，這種缺乏設計自信心的「鍵盤大革命」，其實只是讓多年的ThinkPad愛用者感到不受尊重，因為當原廠不斷大聲疾呼「ThinkPad孤島鍵盤凌駕其他友商的六列鍵盤」時，ThinkPad愛用者都知道真正適合「工作環境」的其實是更高層次的ThinkPad七列鍵盤。古有東施效顰，今有聯想六列，怎能不讓ThinkPad愛用者仰天長嘆呢？可幸的是，Lenovo內部的有識之士在排除了萬難之後，終於讓新一代的七列鍵盤藉由ThinkPad 25重新問世，同時配合新一代的作業系統而有新的改進。

ThinkPad 25採用了大家期盼已久的七列鍵盤，主要特色列舉如下：

七列傳統鍵盤的鍵帽是遵循ISO/IEC 15412全尺寸（full-sized）鍵盤的標準，主要的英文字母鍵帽尺寸如下圖所示，而鍵距則維持1.9cm。

ThinkPad鍵盤的F1到F12功能列會有「分群」（Grouping）的設計，F1~F4是第一群；F5~F8是第二群；F9~F12則是第三群。Yamato Lab再賦予每群的功能鍵不同屬性的功用。其實功能鍵分群化的設計來自桌上型鍵盤，只是後來的筆記型電腦通常都省略掉此項設計。即使是早期的ThinkPad六列孤島鍵盤，F1~F12的功能鍵也沒有分群設計，後來才恢復。

在F9~F12功能鍵上方的就是四個雖然冷門，但對於專業工作者來說卻是不可或缺的特殊功能鍵。其實用於快速擷取電腦畫面的「PrtSc」（Print Screen）鍵與「Insert」鍵在六列鍵盤中有保留下來，「ScrLk」與「Pause」鍵則被迫改以複合鍵的方式才能輸入。對於習慣七列鍵盤按鍵位置的資深使用者而言，六列鍵盤大幅更動了鍵帽的造型，以及變更功能鍵位置，讓兩點都讓他們無法釋懷。

為能儘量貼近桌上型電腦鍵盤，Yamato Lab也堅持在七列鍵盤上，將「PgUp/PgDn」等幾顆常用按鍵獨立置於鍵盤右上角。特別是「ThinkLight鍵盤照明燈」啟動方法就是按下整個鍵盤最左下角的「Fn」鍵及最右上角的「PgUp」鍵，讓使用者即使在黑暗中也能輕易定位出這兩個按鈕，打開位於LCD頂端的照明燈。

過去Yamato Lab所設計的七列鍵盤，為了方便使用「ESC鍵」或是「F1~F12」等功能鍵，這些功能鍵的高度其實都比數字按鍵、字母按鍵都稍微高了一些。但這項設計在追求更薄機身厚度的六列孤島鍵盤機種上，卻被取消了（即使是ThinkPad 25也受限於機身厚度而未能重現該項設計）。

因此為了迎合數年前Intel所推廣的「Ultrabook」超薄筆電規格，ThinkPad首當其衝的就是降低按鍵的敲擊深度，以及取消功能鍵高度落差設計。雖然超薄機身的筆電會帶給人一時的驚艷，但付出的代價卻是喪失原本優異的操作體驗。站長並不反對筆電持續朝輕薄化發展，只是不希望一味地「紙片化」而將許多優良的體驗設計捨棄掉了，那就真的是捨本逐末了。

舊款的七列鍵盤在當年無法提供背光功能，因此當年只能搭配ThinkLight（鍵盤燈），而Yamato Lab在規劃ThinkPad 25時，並不是直接套用舊款的七列鍵盤，反而是重新設計了。其中一個最大的革新就是終於支援「背光功能」了！TP 25支援兩段背光亮度，下圖是最高亮度的特寫。讓站長感動的是，小紅點的位置終於有明顯的紅色背光了！

曾有人批評過七列鍵盤的兩項缺點：缺乏背光功能與敲擊噪音過大。這兩項在ThinkPad 25的七列鍵盤上都已攻克了，新一代的七列鍵盤敲擊噪音已經低於X1 Carbon的36.2db，而且同樣具備Soft Landing設計。這是因為當Yamato Lab開始執行「Retro ThinkPad」計畫時，為了讓七列傳統鍵盤能夠再次復活，即使受到了當年ThinkPad T470的機身厚度限制，Yamato Lab仍特別將鍵帽的造型、鍵深，敲擊噪音乃至背光功能都考慮進去。最後成功向世人證明了即使是七列鍵盤，也能在新時代中推出全新產品，並且綻放出讓人懷念、感動的光芒。

六列孤島鍵盤特點説明

Yamato Lab在七列鍵盤累積了多年的設計功力，面對六列孤島按鍵為市場主流的時代更是駕輕就熟。姑且不論六列鍵盤是否符合資深使用者的操作習慣，至少在孤島式按鍵的設計上，Yamato Lab投入了大量的心力與資源進行研發與改良，也讓ThinkPad的六列孤島鍵盤，無論在敲擊觸感上，或是操作的舒適度上，均凌駕於其他友商機種的六列鍵盤。

ThinkPad的六列孤島鍵盤「好打」的祕訣何在？首先要從鍵帽設計談起。從七列鍵盤時代開始，鍵帽頂部有下沉的凹陷設計，形成了一道「對稱弧線」（symmetrical curve），這道弧線能讓手指接觸到鍵帽時，感覺更為貼合。此項符合人體工學的設計自然也傳承到六列鍵盤的鍵帽上，相較於其他廠牌筆電的孤島鍵帽頂部為全平設計，ThinkPad的對稱弧鍵帽更容易契合指尖弧度。

其次則是ThinkPad的孤島鍵帽下緣的形狀並非平的，同樣也有一個弧度，原廠稱為「微笑（Smile）」造型，也因此ThinkPad的六列孤島鍵盤擁有了「微笑鍵盤」的暱稱。Yamato Lab刻意將鍵帽下緣設計微笑造型的用意，在於跟其他四方形鍵帽相比時，提供了更大的鍵打「容錯區（Forgiveness Zone）」，可降低誤觸進而提升打字的準確度，這也是為何原廠將六列孤島鍵盤稱為「精準（Precision）」鍵盤的原因了，這年頭流行「精簡設計」，但有的筆電鍵盤竟然連盲打用的定位點（Home Position Bar）都取消了，真的有點省過頭了。「F鍵」與「J鍵」的鍵帽上個有一個突起，用意是讓盲打操作者的手指可快速定位。ThinkPad六列孤島鍵盤仍維持著傳統的定位點設計。

除了鍵帽設計之外，ThinkPad的六列孤島鍵盤在鍵盤布局上也參考了過往七列鍵盤的設計概念，例如師承七列鍵盤的放大版Esc鍵與Delete鍵，以及分成三群排列的F1至F12功能鍵，或是倒T型的方向鍵等。

ThinkPad的六列孤島鍵盤同樣採用了「剪刀腳架構」，即使按鍵深度從2.0mm降為1.8mm，2020年推出的X1 Carbon Gen8與L14、L15機種甚至降至1.5mm，但在Yamato Lab的努力之下，即使鍵深不斷縮短，仍可維持不錯的敲擊手感，畢竟願意在鍵盤設計上投入大量、長期研發資源的筆電原廠實在太少了，但ThinkPad一方面不斷挑戰更輕薄的機身設計，另一方面也堅守著鍵盤的敲擊手感，這也是為何ThinkPad鍵盤能領先業界的原因。

順帶一提，原本七列鍵盤的空白鍵右邊有「應用程式鍵」（位於Alt鍵與Ctrl鍵中間），在六列鍵盤中則被取消，並換成了「PrtSc」鍵，負責擷取螢幕畫面之用。至於被取消的幾個獨立功能鍵，則改以「複合鍵」方式來輸入，茲條列如下：

- Break = Fn＋B
- SysRq = Fn＋S
- ScrLK = Fn＋C
- Pause = Fn＋P

至於快速讓系統進入睡眠模式的複合鍵，在六列鍵盤中改成「Fn＋4」。原先七列鍵盤的方向鍵左上方與右上方是「前一頁」、「後一頁」功能鍵，這兩個功能鍵也是讓許多人氣得牙癢癢的「雞肋鍵」，因為有時候在網頁上輸入了許多文字之後，一個不留神按到其中一個按鍵就導致內容全部泡湯，再加上Yamato Lab後來沒有推出新版的Keyboard Customer，導致在操作方向鍵時，總是要小心翼翼。後來在新一代的六列鍵盤上，方向鍵上方的兩個功能鍵換成了「PgUp」與「PgDn」。

TrackPoint（小紅點）開發祕辛

現在的筆記型電腦操作方式日益多元化，例如透過手指在觸控螢幕上操作，或是搭配觸控筆進行繪畫等精密的作業等。然而在初代ThinkPad研發的那個年代，筆記型電腦的指向裝置主要是採用TouchPad（觸控板）或TrackBall（軌跡球），而初代ThinkPad推出時卻採用了劃時代的指向裝置，原廠稱之為「TrackPoint」，不但讓眾多的愛用者堅守ThinkPad，更成為ThinkPad的象徵符號。即使ThinkPad後來也導入了觸控板，但最為人稱道的仍是「TrackPoint」。

雖然TrackPoint直譯為「軌跡點」，在同類型的指向裝置上屬於「Pointing stick（指點杆）」的一種，但由於ThinkPad是最早採用TrackPoint的機種，而且在一片黑色鍵盤中又採用了顯眼的紅色，讓TrackPoint成為Pointing stick最知名代表作。在臺灣與中國大陸都約定俗成地使用「小紅點」作為TrackPoint的暱稱，故站長於本書也直接稱呼TrackPoint為「小紅點」。

其實小紅點並非由日本的Yamato Lab所研發，而是美國IBM研究中心的Ted Selker博士所研究之成果。但當初Ted Selker原本是希望將TrackPoint使用在IBM的桌上型電腦鍵盤上，而且顏色還是藍色的（呼應IBM的暱稱「Big Blue」）。但IBM的行銷部門卻不買單，因為他們認為桌上型電腦的使用者已經習慣使用外接式的滑鼠。導致Ted Selker的TrackPoint開發計畫面臨腰斬的命運。

但天無絕人之路，當時正逢初代ThinkPad 700C的開發階段，有三位關鍵人物為小紅點的催生扮演了重要角色，這三位就是Tom Hardy、Richard Sapper與山崎和彥（Kazuhiko Yamazaki）。Tom Hardy為ThinkPad 700C的開發貢獻良多，甚至榮獲1992年的美國PC Magazine「Innovator of the Year in 1992」頭銜。

Tom Hardy負責開發第一款ThinkPad，因此從IBM內部各研究中心尋找合適的新發明。當時的筆記型電腦雖然開始採用觸控板或軌跡球，但都不是很理想，TrackPoint便是在這樣的背景下雀屏中選。

雖然Tom Hardy選中了TrackPoint，但決定顏色的卻是Richard Sapper。負責初代ThinkPad 700C外型設計的Richard Sapper大師，他希望使用者打開ThinkPad螢幕時，映入眼簾的除了黑色鍵盤之外，還有鍵盤中間的紅色小圓點，這個小紅點提供了視覺上的反差效果。

但為了要將TrackPoint塗成紅色，ThinkPad開發團隊遇上了強大的阻力，因為IBM內部的安全部門規定，紅色只能用在「緊急關機」的控制開關上。因此Richard Sapper便請山崎和彥先生，將初代的TrackPoint塗成「洋紅色」（magenta），然後內部文件一律使用「洋紅色」（magenta）這個單字取代紅色（Red）。

一開始的確瞞過了許多IBM內部人員，但隨著數百顆「洋紅色」的小紅點陸續運抵位於IBM日本的藤澤（FUJISAWA）工廠，IBM安全部門終究發現了鍵盤上竟然有個紅色的零件。山崎和彥先生只好說這個「洋紅色」已經獲得美國總部相關部門的許可。後來Tom Hardy果然接到安全部門的來電，Tom Hardy宣稱TrackPoint採用的是洋紅色，而非紅色，對方不接受而且堅持那些小圓點明明就是紅色的。後來Tom Hardy提出可請任何顏色專家來做最後裁決，結果安全部門在拗不過之下，只好同意採用「洋紅色」。隨著ThinkPad的大為成功，Yamato Lab最後也將TrackPoint改成我們現在所熟悉的紅色，而且大家也習慣稱呼它為「小紅點」。

TrackPoint（小紅點）運作原理

ThinkPad鍵盤的設計初衷有一項就是能夠高速打字，如果使用者輸入時要移動游標，假設使用觸控板，此時手指就必須離開鍵盤。但如果使用小紅點，使用者的手指便可以一直維持在鍵盤上面。不會為了需要操作游標，而讓手指反覆地在鍵盤與觸控板之間遠距離移動。

很多ThinkPad初學者看到小紅點時，會納悶該如何使用？因為很多人會把觸控板的直覺式操作套用在小紅點上，此時會發現怎麼滑鼠游標「搓不動」。這是因為小紅點的使用方式其實是直接「施力」，朝希望游標移動的方向用推的，而且施力越大，游標的移動速度也越快。

我們所看到的小紅點其實是一個橡膠帽（Cap）安裝在塑膠材質的支撐柱上，然後支撐柱下方有偵測X軸與Y軸方向施力的感應器（共四個）。當使用者開始施力於小紅點時，透過這四個感應器便能偵測到細微的力道變化，包含游標的移動方向與速度。但此時仍為類比訊號，接著再透過「訊號比較/增幅電路」以及「類比/數位轉換迴路」對訊號進行處理，最後以PS/2數位訊號傳送至主機板。

TrackPoint（小紅點）發展沿革

ThinkPad小紅點的紅色橡膠帽（Cap）規格可以從造型與高度這兩個面向來説明。小紅點的造型大家熟悉的有三種：

Soft Dome： 目前ThinkPad標準配備的小紅點都是Soft Dome造型，外型特點是表面有許多的小凸點，可增加摩擦力。Soft Dome根據不同的機種，一共有五種高度的規格。	
Classic Dome： 又暱稱為Cat's tongue（貓舌），因為表面材質很粗糙類似貓的舌頭。 原本Classic Dome只有標準高度，後來配合ThinkPad 25的推出，原廠終於提供Low Profile（矮版）的Classic Dome，但並未開放零售。	
Soft Rim： 只有標準高度尺寸，適用於舊世代的七列鍵盤。但進入六列鍵盤世代之後，原廠並沒有提供Low Profile（矮版）的Soft Rim。目前Soft Rim已經停產。 後來配合ThinkPad 25的推出，原廠終於提供Low Profile（矮版）的Soft Rim，但並未開放零售。	

在ThinkPad開始採用六列鍵盤之前，當時的七列鍵盤通常鍵深（Key Stroke）維持在2.5mm，當時的小紅點橡膠帽（Cap）便有上述的Soft Dome、Soft Rim以及Classic Dome這三種造型可選擇。

後來ThinkPad配合Intel「Ultrabook」超輕薄筆電規範，推出符合Ultrabook規範的T440等機種，除了開始採用六列鍵盤，也進一步將鍵深縮短為2.0mm，此時原廠推出新一代的小紅點橡膠帽「ThinkPad Low Profile TrackPoint Caps」，將高度降為5.3mm，只是僅提供Soft Dome造型。一直要到2017年為了配合ThinkPad 25紀念機的推出，才特別恢復了Classic Dome（貓舌）版與Soft Rim版的Low Profile橡膠帽。

Yamato Lab為了將ThinkPad X1 Carbon的厚度進一步降低，在2016年推出的第四代X1 Carbon則使用了高度更低的「Super Low Profile」小紅點，橡膠帽高度為4mm。

「Super Low Profile」已經是最低的小紅點了嗎？其實不是，在2016年時Yamato設計出了ThinkPad X1 Tablet，這是一台二合一（螢幕跟鍵盤可分離）的新機種，搭載了史上最低高度的「Ultra Low-profile」小紅點，橡膠帽高度僅2.15mm。

2019年推出的X1 Carbon Gen7採用了比「Super Low Profile」更低的新款小紅點，但仍高於「Ultra Low-profile」小紅點，因為鍵深降為1.5mm。新版的小紅點高度為3mm，原廠於2020年準備開放零售此項新款的小紅點，正式名稱為「ThinkPad 3.0 mm TrackPoint Cap Set」。後來的X1 Carbon Gen8與L14 Gen1、L15 Gen1也同樣使用此款新的小紅點。

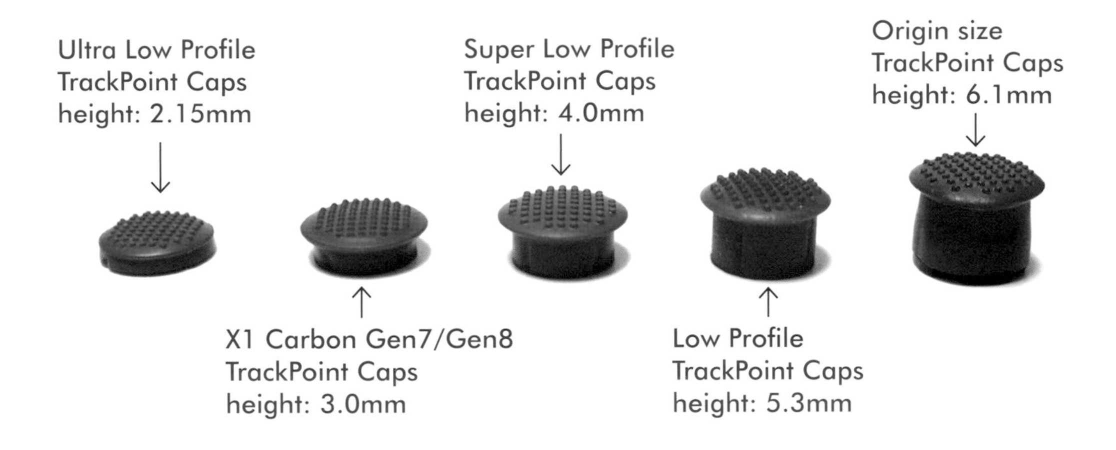

目前原廠仍有持續販售的都是Soft Dome造型的小紅點，並有Low Profile、Super Low Profile與Ultra Low Profile三種高度，詳細介紹可參考本書〈第五章：ThinkPad擴充周邊介紹〉。

2. 機構設計

在討論ThinkPad的機構設計時，一定不能錯過Yamato Lab對於外殼材質的研究，以及結構設計的巧思。Yamato Lab巧妙地將金屬材質融入機體結構設計，打造出兼具輕薄與堅固性的新一代機體。本篇將從ThinkPad的外殼材質進行說明。

Yamato Lab在ThinkPad的不同部位經常使用不同的材質。站長先說明一下筆記型電腦常被用來說明外殼材質的四大部位：

（1）A Cover：A面或A件，意指筆電的背蓋。

（2）B Cover：B面或B件，液晶顯示器這面，通常指螢幕邊框（LCD Bezel）。

（3）C Cover：C面或C件，鍵盤這面，包含鍵盤邊框（Keyboard Bezel）與置腕區（Palmrest）。

（4）D Cover：D面或D件，意指筆電的底殼。

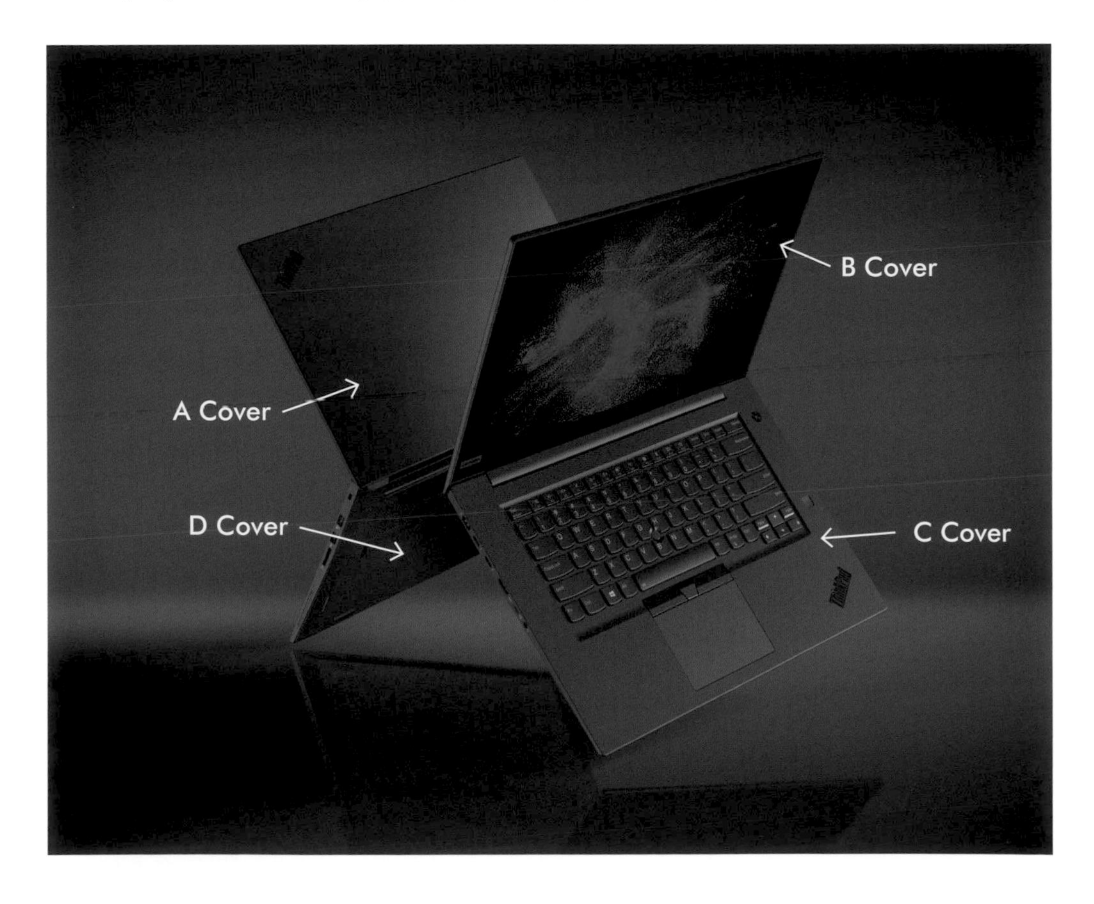

除了不同部位會使用不同的材質之外，同一款機種也會根據硬體零件而採用不同的材質，ThinkPad X13便是很好的例子。X13如果選擇Full HD 300nit的IPS面板（72% NTSC色域），主機背蓋（A Cover）除了原本的PPS（聚苯硫醚）材質之外，還多Carbon Fiber（碳纖維）材質可選擇。當選擇採用碳纖維背蓋時，背蓋的側邊會同時搭配Glass Fiber（玻璃纖維）材質，避免無線網路訊號被碳纖維材質遮蔽。此時X13的重量僅1.22公斤；厚度為16.5mm。但如果選擇其他面板，主機背蓋只能選用PPS材質，此時不但主機重量會提高至1.29公斤，主機厚度也提高為16.9mm。主要原因是PPS材質如果要達成與碳纖維材質同樣的強度，勢必得增加厚度，自然重量也會增加。

X13的B Cover則使用PC/ABS塑膠材質，C Cover以及D Cover則都是鎂鋁合金。

ThinkPad碳纖維材質發展史

ThinkPad的開發歷程中，外殼材質一直是Yamato Lab不斷探索的重要課題，也是機構設計重要的一環。其中碳纖維（Carbon Fiber）更扮演了重要的角色。ThinkPad外殼所使用的碳纖維材質，原廠稱呼為「碳纖維強化塑膠」（Carbon Fiber Reinforced Plastic，文後簡稱CFRP），ThinkPad所使用過的CFRP已經推進到第九世代。接下來介紹各代CFRP開發歷程。

（1）第一代（1992~），代表機種：ThinkPad 700/750系列

史上第一台ThinkPad 700C的機身便是由CFRP材質所打造。在當時，鎂鋁合金尚未使用在筆記型電腦上，CFRP材質是機體輕量化與堅固性的最佳選擇。此外，CFRP屬「熱固性」材質（Thermoset material）具有加熱後固化就不會溶解、融化的特性，這點也是美國NASA會選擇採用ThinkPad的原因之一。第一台在美國太空梭上服役的筆記型電腦是ThinkPad 750C。

（2）第二代（1996~），代表機種：ThinkPad 560/570系列

ThinkPad 560當年推出時驚為天人，因為相較於厚實的700系列

機身，560宛如超級跑車般的纖細。Yamato Lab為了生產性與外觀的考量，開始導入短纖維的碳纖維材質。同時CFRP外殼成形方式也從傳統的擠壓（Compression）工法，改為射入（Injection）工法，此外也開始發展外殼塗裝的技術。

（3）第三代（1998~），代表機種：ThinkPad 600系列

Yamato Lab雖然設計出了超薄的ThinkPad 560系列，但客戶仍希望可以有一款內建光碟機（或是軟碟機）的薄型機種，1998年發表的ThinkPad 600系列無疑地成為當時的風雲機種。Yamato Lab透過提高CFRP材質中碳纖維的使用比例，以強化材質剛性，並能維持良好的生產性。第二代以及第三代的CFRP開發時間非常接近，當年IBM稱呼這兩代的CFRP機殼為「UltraCarbon」。

（4）第四代（2000~），代表機種：ThinkPad T20/T30系列

在ThinkPad T20系列推出的年代，筆記型電腦開始普遍採用鎂鋁合金材質，並多使用在B5 size機身（例如12.1吋螢幕）的ThinkPad X20系列。至於A4 szie（例如14吋螢幕）的ThinkPad T20系列則使用了第四代的CFRP。新一代的CFRP在重量以及強度上比起鎂鋁合金有其優勢，當時IBM取名為「Titanium Composite」（鈦合金複合碳纖維）。

（5）第五代（2005~），代表機種：ThinkPad Z60t系列

第五代CFRP首度出現在Z60t-Series，同時也是第一代的「Hybrid CFRP」。「Hybrid CFRP」意指將具熱塑性特性的碳纖維以交叉方式編織多層（MultiLayer），然後兩層碳纖維中間則是「低比重發泡材料層」（Foam core），造就了較傳統CFRP更為堅固且輕量化的新背蓋材質，因此將ThinkPad Z60t背蓋放在水中時並不會沈下去。第五代CFRP將特殊材質夾在兩層碳纖維中間的構想，在2017年推出的X1 Carbon Gen5上再次出現，造就出ThinkPad史上最輕、最堅固的第二代Hybrid CFRP碳纖維背蓋。

（6）第六代（2008～），代表機種：ThinkPad X300/T400s系列

在ThinkPad X300開發的年代，筆記型電腦內建的各式無線網路天線數量到達了高峰，以應付多種無線傳輸規格，例如WLAN（3支）、WWAN（2支）、Bluetooth（1支）、UltraWide Band（1支）等。CFRP雖然材質堅硬、輕巧，但不利於無線電波傳送。Yamato Lab為了解決無線網路訊號遭外殼材質遮蔽的問題，Yamato Lab特別將Hybrid CFRP與玻璃纖維強化塑膠（Glass Fiber Reinforced Plastic，文後簡稱GFRP）「融合」，開發出第六代CFRP。

第六代CFRP最大特點是在背蓋側邊採用GFRP材質，除了提供足夠的防護強度之外，更提升無線傳輸的效能。換言之，背蓋是由兩種不同的材質「融合」相拼而成。在下圖讀者可以看到CFRP與GFRP的「鋸齒狀」融合線，周邊黑色的材質就是GFRP，中間咖啡色材質則是CFRP。

採用了「CFRP+GFRP」複合材質之後，根據Yamato Lab的內部評估，ThinkPad X300比採用LCD Roll Cage的ThinkPad T61設計降低了47%的重量，而且實測的抗衝擊效果甚至比ThinkPad T61更佳，顯見ThinkPad X300的LCD背蓋不但比T61更輕薄，而且更堅固。

（7）第七代（2012～），代表機種：ThinkPad X1 Carbon（初代）

進入Ultrabook時代之後，Yamato Lab持續改進CFRP材質，第七代的CFRP已經能達到在與鋁金屬相同厚度的條件下，重量減輕了65%，強度卻增加了10%。此時Yamato Lab根據各款ThinkPad的產品定位及屬性，採用不同種類的碳纖維。ThinkPad所使用的碳纖維是以PAN（Polyacrylonitrile，聚丙烯腈）纖維為原料製成的PAN系碳纖維。產製的方式為，將PAN纖維在非活性氣體中進行多次高溫碳化（攝氏200~3000度），分離掉碳以外的元素，最後產出各種型態的碳纖維：

- Prepreg（預浸料，Preimpregnated Materials的縮寫）：X1 Carbon或T430s所採用。
- Resin Pellet：T430或W530所採用。

（8）第八代（2017～），代表機種：ThinkPad X1 Carbon Gen5

Yamato Lab設計第五代X1 Carbon時，為了進一步壓低機身厚度與重量，背蓋材質使用了第二代的「Hybrid CFRP」設計。以往Hybrid CFRP製作過程中，將碳纖維與玻璃纖維成形冷卻時，容易發生翹曲的現象，這是因為玻璃纖維冷卻時會比碳纖維更容易收縮。Yamato Lab這次除了背蓋側邊（框架結構用）使用玻璃纖維，還多加了「接合用玻璃纖維」，用來連接玻璃纖維框架與碳纖維。新架構除了改善翹曲良率問題之外，更重要的是增加了碳纖維的使用比例，降低了背蓋採用玻璃纖維比例，如此一來，不但進一步強化了背蓋的耐撞程度，同時進一步降低了重量。

讀者可能會覺得奇怪，為何碳纖維使用面積比例反而更大？以往的X1 Carbon背蓋為了讓無線網路訊號通過，背蓋那面很多地方都必須使用玻璃纖維。但第五代X1 Carbon的天線已經移到主機內了，所以背蓋不用再預留原本採用玻璃纖維材質的天線的位置。其實第五代X1 Carbon的框架結構用的玻璃纖維就真的只有細細的一個邊框而已，然後再搭配接合用玻璃纖維，共同組成背蓋。

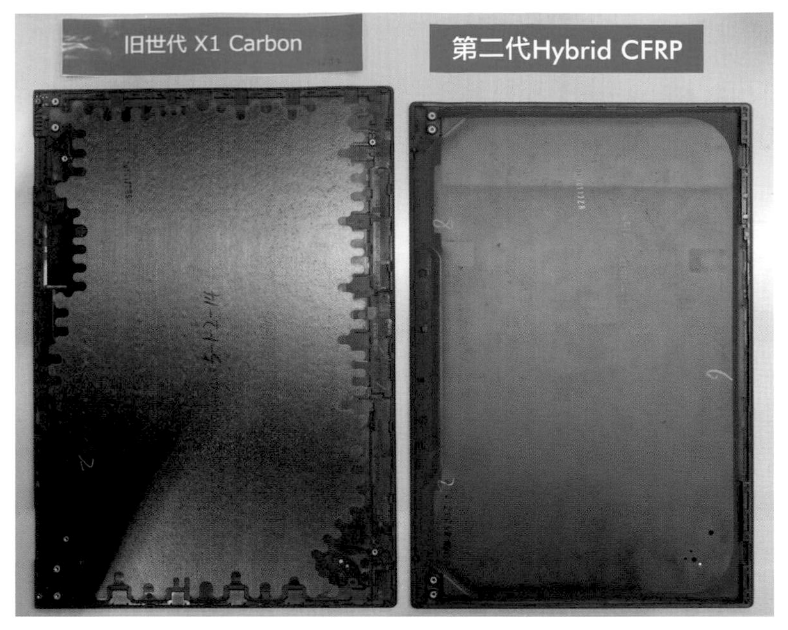

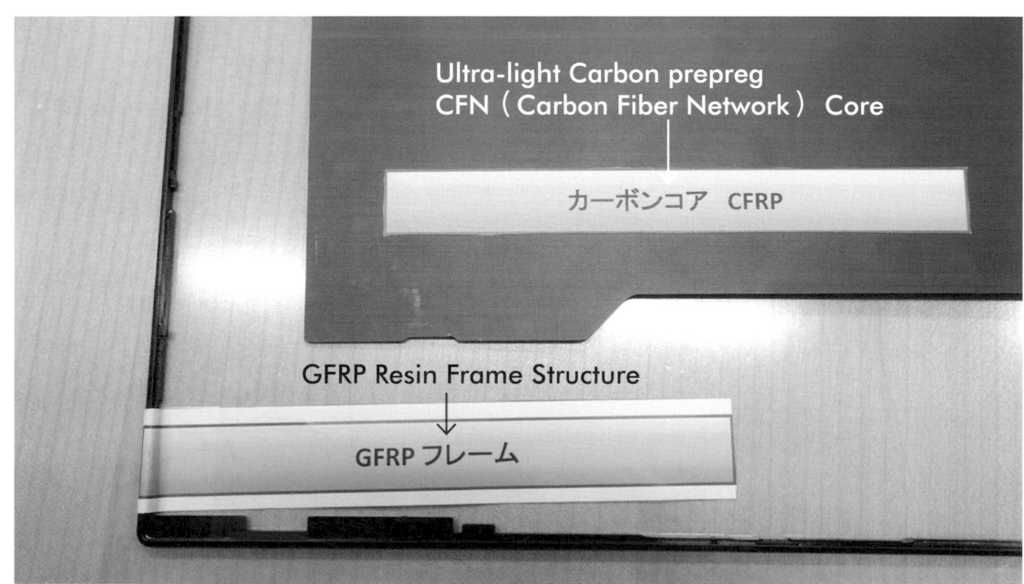

除了材質配比與結構差距之外，Yamato Lab也從第二代Hybrid CFRP開始採用「All-Carbon Structure」設計，讓ThinkPad的碳纖維材質設計更上一層樓。第二代Hybrid CFRP的碳纖維材質其實有三層，分別由上下兩層的「高彈性層」夾住中間的「輕量化層」。但以往的輕量化層是使用低密度的發泡體（Foam core），有剛性不足的問題。這次的輕量化層則改用了超低密度的碳纖維網（Carbon Fiber Network core），不僅重量輕，剛性也有所提升。因此第二代Hybrid CFRP其實比起過往的CFRP材質，有了更多的創新設計與巧思。

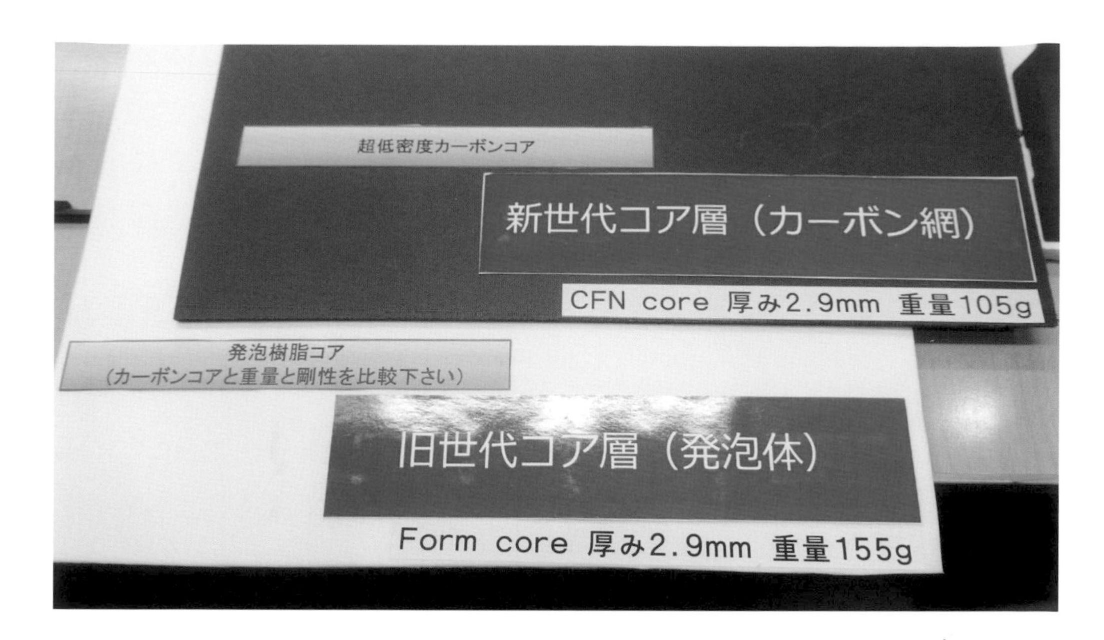

碳纖維其實有許多等級，可採「模數」（Tensile Modulus）來劃分等級。所謂「模數」意指物體受力而變形的容易程度，模數越高表示越不易變形。ThinkPad X1 Carbon背蓋所使用的碳纖維模數在500GPa以上，已屬航太材料等級。

至於T14s或X13雖然也同樣使用CFRP材質背蓋，但所採用的「碳纖維模數」（T14s約300GPa）或是「輕量化層」（X13僅使用低密度發泡體[Foam core]）都與旗艦級的X1 Carbon系列仍有所差異。

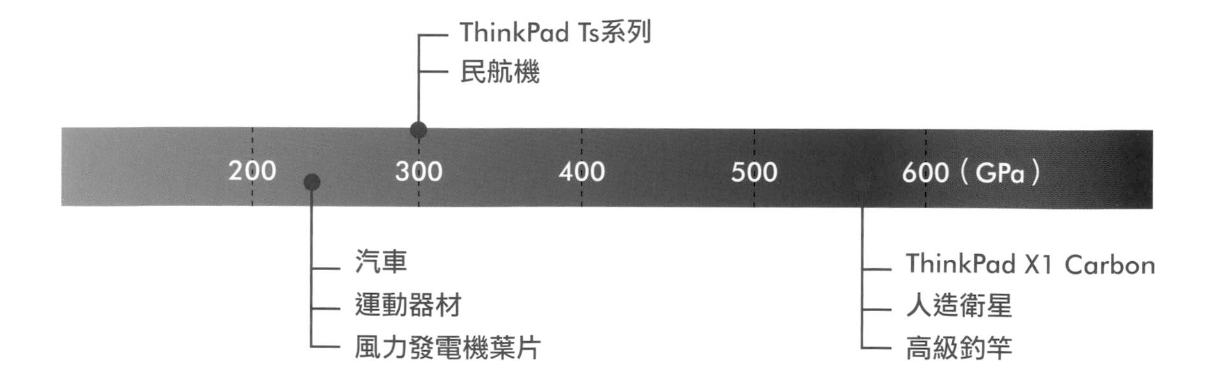

（9）第九代（2019~），代表機種：ThinkPad X1 Carbon Gen7

第九代的CFRP最主要的改變在於外觀採用了「纖維織紋（Woven）」，在結構上仍是「All-Carbon Structure」設計，而且在中間的「輕量化層」使用了更新一代的材質，讓重量可以更輕一些。至於我們所看到的纖維織紋其實是在「高彈性層」上再疊加一層，最後再加上抗指紋塗裝。因此站長實際使用纖維織紋版背蓋的感想是，真的比較不容易沾染指紋，而且也更容易清潔外表。只是纖維織紋背蓋只有在配備4K面板的X1 Carbon Gen7、X1 Extreme Gen2或P1 Gen2，以及之後的機種可裝配。

在Yamato Lab參訪時，日方也特別提到了，原本從X1 Carbon Gen5開始採用的第二代Hybrid CFRP背蓋，在背蓋下方有特別保留一塊被稱為「天線之窗」（Antenna Window）的GFRP區域，目的是為了當螢幕闔上時，位於主機內的WLAN天線訊號仍可藉由GFRP材質的天線之窗發送出去。但以往還可以藉由黑色塗裝來掩飾不同材質的色差問題。如果換成纖維織紋背蓋，就會暴露出天線之窗的外型。下圖便是試作品（背蓋方向拿反了，導致天線之窗在畫面上方）。

為了讓背蓋能夠完整呈現纖維織紋效果，Yamato Lab透過WLAN天線設計的最佳化調整，取消了天線窗（GFRP部位），終於實現完整纖維織紋的背蓋外觀。下圖是X1 Carbon Gen7所採用的纖維織紋背蓋正面與反面特寫。

ThinkPad其他機體材質簡介

目前ThinkPad常使用的機體材質如下：

（1）鎂合金（Magnesium Alloy）

鎂合金以前經常使用在ThinkPad的背蓋，從ThinkPad T40時代便開始使用。後來進入WLAN時代，由於金屬材質會遮蔽無線訊號，因此一開始將無線網路天線裝在B Cover位置，通常是螢幕的上方。後來才移到A Cover這一側，例如ThinkPad X220、X230。但當時背蓋必須搭配PC/ABS塑膠（避免無線訊號被鎂合金的背蓋擋掉，因此無線天線就放在此位置），代價是背蓋會有一條很明顯的分隔線。後來X240的背蓋開始全部改用GFRP材質，才取消了那條尷尬的分隔線。

鎂合金使用在底殼（D Cover）的歷史比用在背蓋更早，從ThinkPad X20便開始採用了。目前T490s與T14s也是使用鎂合金材質底殼，至於X390與X13的底殼則是採用鎂鋁合金。值得一提的是，2016年推出第四代X1 Carbon時，在鎂合金材質上有所突破。Yamato Lab採用了「超級鎂合金」，在製造過程中加入了稀土金屬，不但強度增加（從傳統鎂合金的120MPa，提升為130~170MPa），厚度也降低（0.8公厘降為0.5公厘）。這讓第四代的X1 Carbon的底殼重量比前一代輕了28%，C Cover（鍵盤邊框與置腕區）也輕了21%。

2017年推出第五代X1 Carbon時，Yamato Lab再次展現了在鎂合金上的工藝突破。為了配合X1 Carbon Gen5的WWAN（4G/LTE-A）與WLAN（Wi-Fi）天線，須經由C Cover的「天線之窗」（Antenna Window）發送，但X1 Carbon的C Cover採用鎂合金材質，Yamato Lab便將鎂合金與玻璃纖維材質無縫拼接起來，讓無線訊號可透過玻璃纖維材質的「天線之窗」順利傳送，同時藉由鎂合金框架維持機體的堅固性。

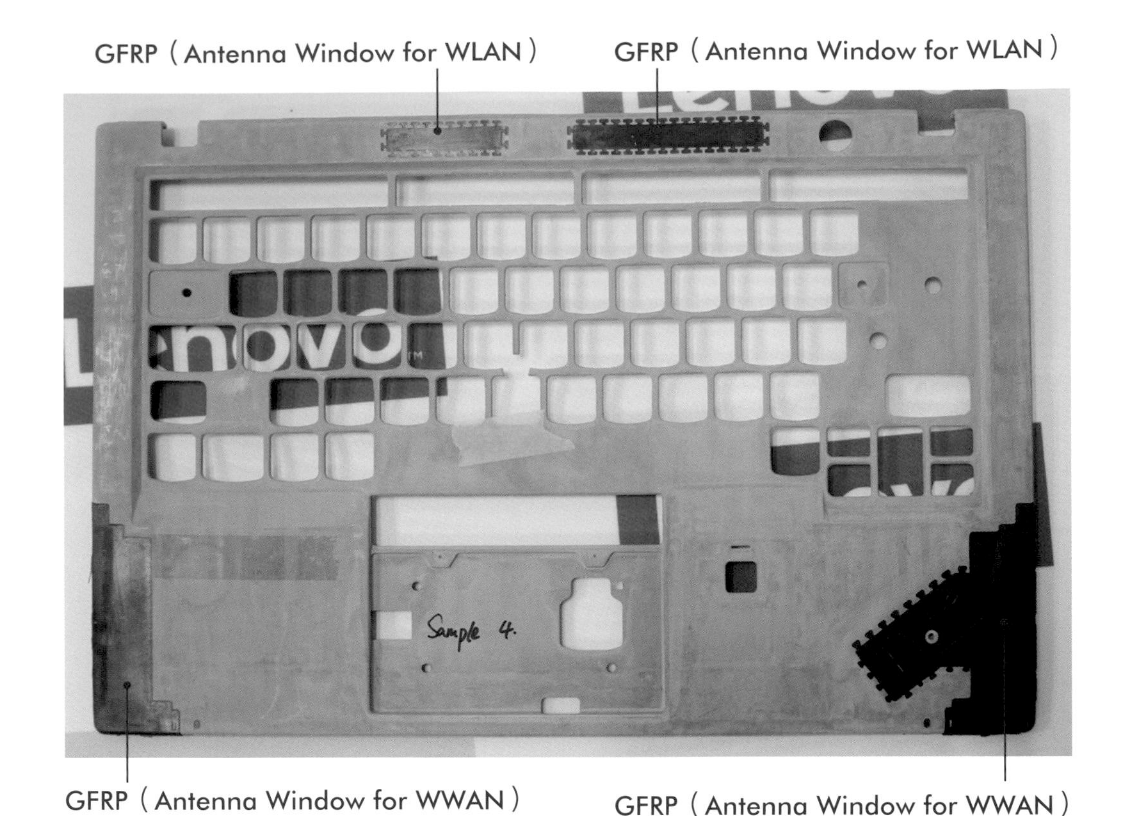

X1 Carbon Gen5在A Cover上所採用的「天線之窗（GFRP部位）」設計在2019年推出X1 Carbon Gen7時，遇到了前述會影響纖維織紋效果的兩難，此外，Yamato Lab也嘗試在無論螢幕是開啟或關閉形態下，都能維持優良的無線網路收訊效果。因此Yamato Lab推出了最新一代的「Antenna Unified Casing Design」。首先針對WWAN天線，過去WWAN天線都放置在機體內部，現在透過Mechanical Joint Structure，將一部分的天線元件直接嵌入鎂合金為主的C Cover，同時調整天線擺放位置（置腕區邊緣），新的「Side-Wall」天線設計大幅提升無線網路天線的收訊效果，也成功從A Cover取消「天線之窗（GFRP部位）」，可完整呈現纖維織紋效果。下圖為X1 Carbon Gen7的C Cover特寫。

（2）PC/ABS塑膠[Polycarbonate/Acrylonitrile-Butadiene-Styrene（PC/ABS）plastic]

PC/ABS塑膠常用於價格平實的機種，例如ThinkPad L14的全部機身便是由PC/ABS塑膠打造而成。但這並不表示其他機種就不會使用PC/ABS塑膠，而是要看所使用的部位。例如X13的B Cover螢幕邊框（LCD Bezel）也使用了PC/ABS塑膠。通常高價機種在A Cover（背蓋）以及D Cover（底殼）比較負擔得起既輕又薄的高檔材質，例如X1 Carbon或T14s使用了CFRP背蓋與鎂合金底殼。這也是為何平價機種通常比較厚重，因為在成本的考量之下，只好使用PC/ABS塑膠或GFRP等材質。

倒是大尺寸的機種，由於較不用計較機殼厚度，其實背蓋也會使用GFRP或是PC/ABS塑膠。例如高單價的P53便使用了GFRP材質背蓋，15.6吋的L580全部機身也是使用PC/ABS塑膠。

讀者倒是不用擔心PC/ABS塑膠打造的機體不夠堅固，就算全機用PC/ABS塑膠打造的L14或L15照樣能跟高階的X1 Carbon或是T14s一樣，通過美國軍規測試MIL-STD-810G（12個項目）。因此材質種類雖然攸關主機厚度、重量，但並非機體堅固性唯一的考量點。

（3）PPS（Polyphenylene sulfide，聚苯硫醚）

PPS是一種高性能工程塑膠，由於具低密度、耐熱性、材料剛性強、耐形變與耐疲勞性佳等特性，可廣泛地應用於汽車零件、車用電子、電子產品外殼等領域。最近幾年Yamato Lab開始將PPS使用在ThinkPad上。如果根據ThinkPad產品定位，PPS材質優於PC/ABS塑膠，但仍不及CFRP。

這可從同為14吋螢幕的T14與L14這兩台機種看出端倪。基本上T14的定位與定價是高於L14的，T14的背蓋材質為PPS加上50%的GF（玻璃纖維）。L14的背蓋材質其實有兩種，一種為PC/ABS，另一種為鋁合金。站長順便加入T14s共三款機種的機殼材質等資訊，以下表進行比較：

機種	背蓋材質（A Cover）	底殼材質（D Cover）	主機起始重量	主機厚度
T14s	Hybrid CFRP（Black）	Magnesium	1.28kg	16.1mm
	Aluminum（Silver）	Magnesium	1.49kg	17.2mm
T14	PPS/50% GF	PA/50% GF	1.46kg	17.9mm
L14	PC/ABS	PC/ABS	1.61kg	20.4mm
	Aluminum	PC/ABS	1.73kg	19.1mm

很明顯地，L14無論用哪種材質的背蓋，都會比T14更厚重一些。T14s只要不選擇銀色款的鋁合金背蓋版本，在重量與厚度上都能勝過T14。因此機殼材質的搭配，對於各款機種間的重量、厚度甚至成本差異，扮演了重要的角色。

最後提一下T14底殼所使用的材質「PA（Polyamide，聚醯胺）」，俗稱尼龍（Nylon），屬於半結晶熱塑材料，具備低密度、耐磨損、耐熱及耐衝擊等特性，由於成本低於鎂合金，同時在厚度、重量上又優於PC/ABS，很適合用在T14此類中價位機種上。

ThinkPad抗衝擊機構發展史

主機的抗衝擊防護並非光靠外殼材質便足夠，主機內部的架構也舉足輕重。過往ThinkPad T40系列曾發生過「晶片錫裂」事故，經調查後發現，其實晶片發生錫裂的主機外殼通常都是完好的，而是主機板受到各種外力導致彎曲，進而讓BGA封裝晶片接腳斷裂。隨著BGA腳位越來越密集，光靠傳統架構設計已經無法提供足夠的抗衝擊防護，即使外殼材質再怎麼堅硬也無法避免「內傷」。

Yamato Lab是從ThinkPad T60開始進行機構變革，大幅強化主機的抗衝擊能力。而這一切要從當年美國的大學或高中的ThinkPad學生機故障率偏高開始説起。在美國的某些學校有配發ThinkPad供學生使用，因為主機的費用已經含在學費裡面，所以學生幾乎是免費拿到機器，而非自己付錢買的，使用起來並不會太憐香惜玉。

根據當時的統計數據，ThinkPad T40或R40的硬碟、主機板、鍵盤維修率明顯高於一般企業。Yamato Lab為了探究故障原因所在，在2004年特地派遣多組人員，實地到美國校園了解學生的使用方式。結果發現ThinkPad是在非常「艱困」的情境中運作，例如學生通常都「不關機」直接把螢幕闔上之後，往背包一扔然後接上耳機，邊騎腳踏車邊聽音樂，把ThinkPad當隨身聽使用，難怪硬碟容易因為震動而發生異常（當時還沒有內建APS硬碟防震系統），或是美國學生習慣在電腦前吃零食，為了清除鍵盤上的碎屑，常不小心將鍵帽拔起導致「剪刀腳」斷裂；再者隨著南北橋以及顯示晶片的BGA封裝腳位越來越多，T40系列常發生的「晶片錫裂」自然也出現在將機器隨意摔的學生機身上，主機板維修率當然也居高不下。

凡此種種現象，如果只是一般商務使用可能不會那麼嚴重，但既然是ThinkPad就必須加以克服。為此Yamato Lab開始重新設計機構與功能，後來從T60系列全面採用Roll Cage（防滾架）強化主機抗震能力，全新設計的按鍵設計讓鍵帽能夠輕鬆地拔起並安裝回去，針對硬碟高故障率而推出APS硬碟防震系統。這些變革竟然不是來自於商務人士，而是一群「活潑好動」的美國學生。

2004年的美國校園調查啟發了許多ThinkPad新設計，例如Roll Cage防滾架、APS硬碟防震系統等，也同時提升了電腦業界的安全性，例如為了減輕Intel晶片組的錫裂問題，Yamato Lab建議Intel將南北橋晶片的四個角落把幾個BGA腳位設為「不作用」，後來Intel在「Santa Rosa」平台的筆電開始採用此項建議。所謂的Santa Rosa平台對應到ThinkPad便是T61/R61/X61系列。

ThinkPad Roll Cage防滾架設計

ThinkPad T60系列起開始導入的「Roll Cage」（防滾架）設計成為日後ThinkPad機構設計的重要元素，雖然Roll Cage的型態不斷演進，但保護主機內部元件的中心思想卻是始終不變的。「Roll Cage」這名詞源自於越野賽車所採用的防滾動金屬框架，用來保護賽車手即使遇到外力撞擊甚至翻車時，可吸收衝擊力道以提高賽車手的生還率。

Yamato Lab將此概念最早應用於ThinkPad T60與R60系列。第一次登場並應用於T60/R60系列的Roll Cage，不僅將主機板安裝在鎂合金骨架內，甚至連LCD面板都有專屬的Roll Cage保護。T60系列的主機板是先固定在Roll Cage上面，然後Roll Cage下方與D Cover底殼連接，Roll Cage上方則接上鍵盤（含側邊Bezel）與Palmrest，可視為三層式架構。這樣的Roll Cgae設計讓T60比起前一代T43減輕了40%的主機板壓力，同時增加了20%~50%的機體剛性，主機整體重量只增加約200公克。

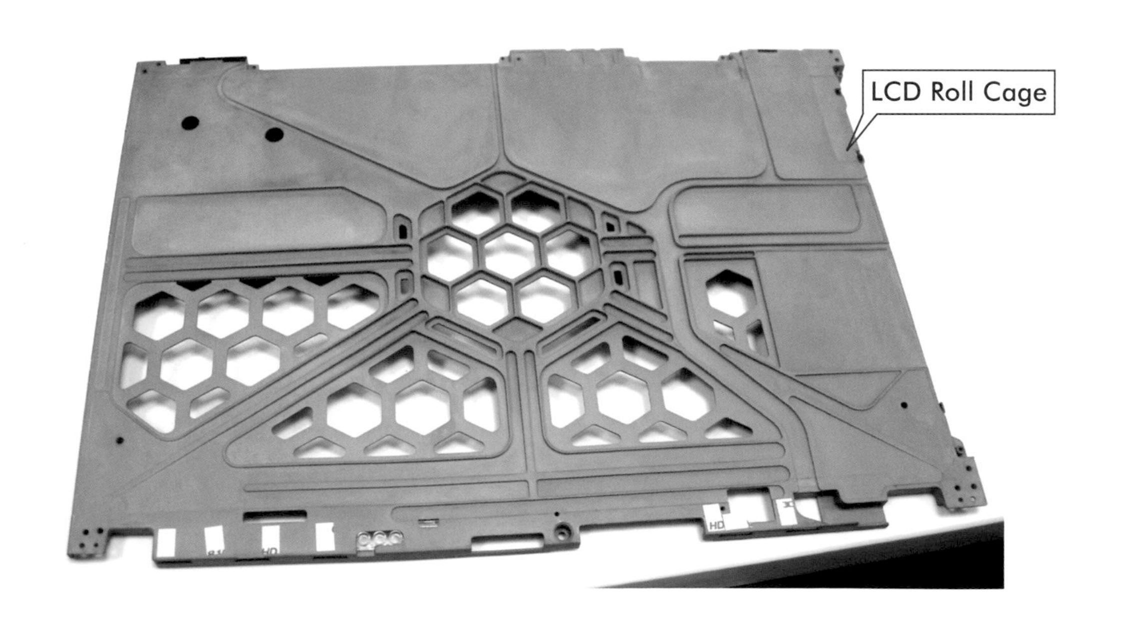

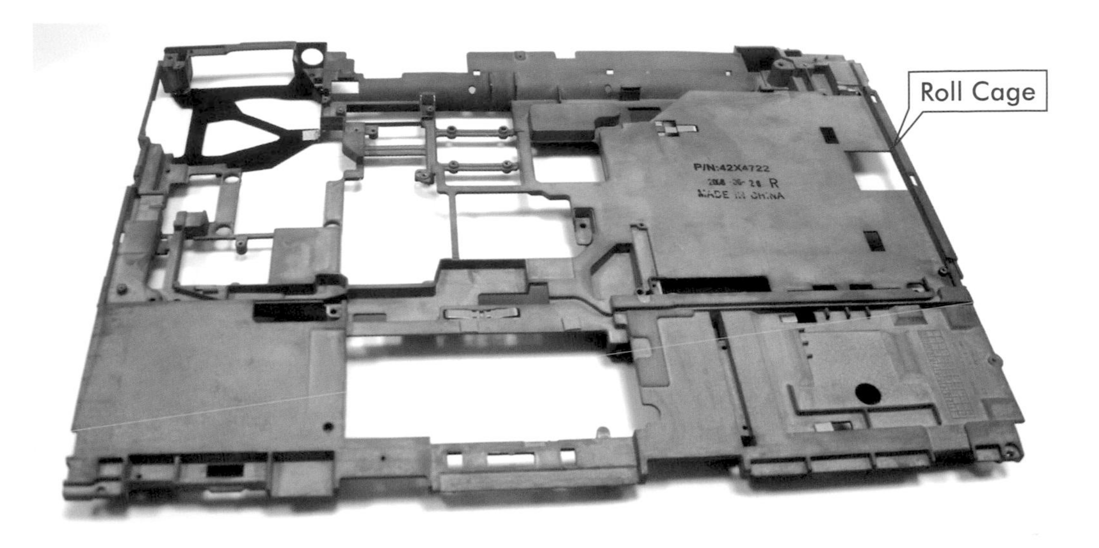

後來Yamato Lab著手開發ThinkPad X300（研發代號：Kodachi [小太刀，日本傳統兵器]），如果將傳統的Roll Cage置於X300機體內部，恐怕無法達到機體厚度的要求，於是Yamato Lab便改良Roll Cage設計，為X300量身打造出「單體（monocoque）Roll Cage」架構，將原本單一金屬骨架拆分為上下兩層，分別由C Cover與D Cover共同組成。至於LCD Roll Cage則不再使用，改用抗撞擊能力更好的第六代CFRP來取代。

「單體Roll Cage」設計影響了之後T400s系列的Roll Cage架構。例如T410s上層的Roll Cage已將鍵盤Bezel與Palmrest整合在一起，然後主機板固定在下層Roll Cage（底殼），故此項「雙層架構」，不但提供了堅固的機體架構，也成功地讓ThinkPad進一步降低機身厚度。

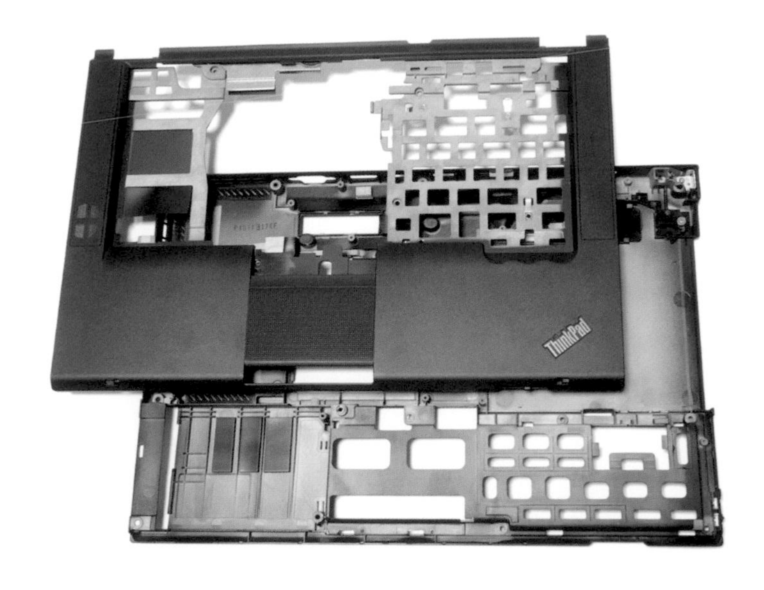

進入「Ultrabook」時代之後，Yamato Lab在機構設計上又有新的做法。過去ThinkPad的主機板通常是安裝於下層Roll Cage（底殼），而且CPU、無線網卡等晶片也是朝上放置。當Yamato Lab設計X1 Carbon時則採用了「三明治結構（Sandwich Structure）」，大幅提高了C Cover（鍵盤那一面）所扮演的角色，主機板開始安裝在C Cover（鍵盤下方），而且CPU、無線網卡等晶片都採「倒吊」（朝下）放置。三明治結構是師法單體Roll Cage進化而來，特別是C Cover（類似之前的上層Roll Cage）改由一整片的鎂合金打造，此時再搭配同樣用鎂合金材質的D Cover（類似之前的下層Roll Cage），以兩層強固的鎂合金共同保護主機板，此外A Cover則採用當時最新的CFRP材質以有效保護LCD面板，終於鍛造出史上最輕薄，同時也是最堅固的ThinkPad。

現在不只X1 Carbon採用三明治結構，其餘機種都可以看到同樣的機構設計。除了P53、P73仍使用傳統Roll Cage之外。即使是定位在平價的L14，也同樣使用三明治結構，只是材質有所不同罷了。L14的C Cover與D Cover均採用PC/ABS塑膠材質。

下圖是T490的C Cover特寫，讀者會發現鍵盤下方是一整片的鎂合金，其實Palmrest下方也是一整片的鎂合金。T490的D Cover（底殼）材質則是PA（尼龍）加上50%的玻璃纖維所構成。

美國軍規測試（MIL-STD-810G）

Yamato Lab用來檢測ThinkPad的各式驗證項目多達200餘種，但這畢竟是內部測試，不方便全數公開，而且也較難取信於客戶。既然如此，是否有一種經第三方認證，且客戶會認同的標準呢？有的，那就是在最殘酷的戰場上也能倖存下來的「軍規認證」！於是乎，從2007年開始，ThinkPad開始採用美國國防部所使用的軍規標準「MIL-STD-810」進行主機相關測試。

MIL-STD-810（環境工程考量與實驗室測試，Environmental Engineering Considerations and Laboratory Tests）是美國軍規標準（Military Standard）中「Defense Standard」類型的檢測項目，最早的版本是1962年發布，目前ThinkPad所採用的版本為2012年修正後的MIL-STD-810G，檢測產品能否在生命週期內，抵抗外在環境的影響及衝擊。2019年與之後推出的ThinkPad，均通過了12項測試項目。

要特別說明一點，MIL-STD-810G的每個項目（Method）可能會有多種測試程序（Procedure），例如514.6 Vibration（震動）此項目，內含6種測試程序，ThinkPad通過了其中2種程序。雖然坊間很多商用筆電也標榜通過MIL-STD-810G軍規認證，但實際通過的測試程序數量卻很少說明。2019年起推出的ThinkPad只要是獲得MIL-STD-810G軍規認證，均通過了高達22項測試程序。

ThinkPad所通過的12項MIL-STD-810G軍規測試項目說明如下：

軍規測試項目	內容說明	通過的測試程序數量	
ALTITUDE	500.5 Low Pressure（Altitude） 低氣壓（高海拔）	機器須能在15000英呎（4572公尺）的高度維持運作	2
HEAT	501.5 High Temperature 高溫	機器須能在攝氏30度至60度的高溫下，持續運轉超過七天（每天24小時）	2
COLD	502.5 Low Temperature 低溫	機器須能在攝氏零下20度的低溫下，連續運轉超過72小時	2
TEMP	503.5 Temperature Shock 溫度急速變化	機器在兩小時之內，會經歷三次溫度從攝氏零下20度到攝氏60度之間的劇烈變化，機器須能正常運作	2
RADIATE	505.5 Solar Radiation（Sunshine） 太陽輻射（日照）	機器須能在紫外線（UV）連續照射超過72小時環境下，仍維持正常運作	2
HUMID	507.5 Humidity 濕度	機器須能在攝氏20度至60度，相對濕度91%至98%的環境下正常運作	1
FUNGUS	508.6 Fungus 黴菌	觀察28天之內，撒在主機上的普通黴菌是否會孳生	1
DUST	510.5 Sand and Dust 沙塵及粉塵	以6小時為一個循環，持續吹送沙塵或粉塵，主機須能在多個循環測試下正常運作	2
ATEX	511.5 Explosive Atmosphere 爆炸性環境	將主機放置於充滿油氣（fuel vapor）環境中運轉，測試是否會點火導致爆炸	1
VIBE	514.6 Vibration 震動	在主機開機或是關機的狀態下，進行多次震動測試	2

SHOCK	516.6 Shock 撞擊	主機須能承受高速且連續的衝擊超過18次	4
SHIP VIBE	528 Mechanical Vibrations of Shipboard Equipment 運送設備在運送過程所產生的振動影響	以連續兩小時的4Hz到33Hz低頻震動進行測試	1

3. 散熱設計

ThinkPad的散熱設計哲學

Yamato Lab在設計ThinkPad的散熱機制時，散熱設計（Thermal Design）會從下列三點出發：

（1）品質（Quality）：

- 降低機體表面溫度，避免造成使用者困擾。
- 降低風扇噪音，減少惱人的風扇噪音。
- 提升系統效能，藉由優秀的散熱設計，讓主機的效能有所發揮。

（2）耐用度（Reliability）：管理各元件的工作溫度，讓主機可適應各種環境以及操作情境。

（3）產品壽命（Life）：提供主機足夠的使用壽命，目前ThinkPad最長可付費延長保固期為五年。

如果散熱設計不佳，不僅機體容易過熱，零組件也因為長期高溫運作，最後可能導致主機使用壽命縮短。

從上述三點進行設計時，Yamato Lab不斷思索：怎麼樣才是較好的散熱設計，而這部分必須從四個構面「同時」去考慮：

（1）效能（讓系統提供最佳效能）。

（2）溫度（內部元件的溫度以及機體表面溫度）。

（3）運轉噪音等級（攸關風扇轉速及機構設計）。

（4）散熱裝置耐用性（確保主機最大的生產力）。

如果放掉其中一個構面，散熱問題就會較容易處理，例如不顧慮風扇噪音，一味地提高風扇轉速，但這樣的主機卻無法讓使用者安靜地使用。因此最難的是要同時兼顧這四個構面。

接下來站長將介紹Yamato Lab如何在硬體與軟體層面力求創新，解決日益嚴重的散熱危機。

硬體層面的散熱設計

ThinkPad的散熱設計最早僅使用散熱片，例如早年的ThinkPad 750C（80486SL／33MHz）其CPU的TDP僅1.7W，隨著Intel的CPU運轉熱量越來越高，當Intel推出486DX4（75MHz）CPU時，TDP已暴增為3.3W。Yamato Lab為了將這顆CPU用在ThinkPad 755C而傷透了腦筋。後來決定採用熱導管（Heat Pipe）解決散熱問題。

熱導管這項沿用多年的經典設計，從對付TDP「3.3W」的CPU一直進化到用來對付TDP 35W的Intel多核心CPU，甚至高速GPU在內，顯見技術不斷的演進而未退流行。除了熱導管之外，其實散熱片本身也有進步，例如從ThinkPad 600開始在銅（導熱性佳）與鋁（重量輕）金屬中取得平衡，採用「Material Hybrid」材質組合。ThinkPad的散熱設計可以說從散熱片演進到熱導管，之後加入散熱風扇，但ThinkPad首次採用散熱風扇已經是1997年的事情了。

Yamato Lab一直到1997年推出ThinkPad 760XD時，才首次採用散熱風扇，當時所搭載的CPU是Pentium 166MHz。Yamato Lab遲遲未採用散熱風扇的原因在於可靠度以及噪音問題。為了進一步解決這兩項問題，Yamato Lab開始投入「Hydro Dynamics Bearing」（臺灣通稱為「液態軸承」）的風扇研究。終於在ThinkPad 600首次採用液態軸承的新型散熱風扇。

在所有的散熱機制中，影響ThinkPad設計最大的關鍵當屬散熱風扇。因為散熱風扇攸關主機的厚度。以ThinkPad P50系列為例，風扇的厚度就占了主機厚度的50%；X1 Carbon的風扇則是主機厚度的40%，這裡指的主機厚度包含了鍵盤、風扇、外殼以及零件所需的空隙等。

散熱風扇的傳統設計思惟是「提高馬達轉速、增大風量以壓制CPU熱度」，但此舉卻會帶來提高運轉噪音的後遺症，使用者長時間使用時往往被噪音所惱。是否有辦法降低風扇噪音，提高使用的舒適度呢？

這裡就必須先提到「Discrete tone noise（DTN）」（間斷音調噪音）。DTN是指風扇運轉中突然產生的噪音，這會讓使用者感到不舒服。造成DTN的根本原因可能來自於氣流的漩渦等。Yamato Lab致力於找出DTN的原因以及克服的方法，在2006年終於提出了第一代的解決方案「Owl Blade」（貓頭鷹羽毛造型葉片），並從ThinkPad T60開始使用此項新技術。

這項設計靈感取自貓頭鷹的羽毛造型，目的是藉由改進葉片造型，達成降低運轉噪音的目的。Yamato Lab在葉片尖端部位設置凸起物，當風扇葉片轉動時，尖端的凸起物會產生小漩渦，可以打散風扇整體所產生的大漩渦，進而減少風扇在劃過空氣時所產生的亂流，並降低噪音的發生。

貓頭鷹羽毛造型葉片的發明人是Yamato Lab的中村聰伸（Fusanobu Nakamura）先生，他並非看了探索頻道（Discovery Channel）或是國家地理頻道（National Geographic Channel）的節目而獲得靈感，而是從日本的高速鐵路（新幹線）工程師那邊聽到關於貓頭鷹羽毛的設計。

日本新幹線在研發500系列「希望號」（Nozomi）時，由於時速高達300公里，為了降低高速行駛時集電弓（Pantograph）所帶來的噪音，工程師必須解決空氣快速流過集電弓時因「卡門渦街（Karman vortex street）」現象所造成的噪音問題。

新幹線工程師仲津英治（Eiji Nakatsu）先生本身是鳥類的愛好者，他從貓頭鷹能夠靜音飛行得到啟發，進而發現貓頭鷹翅膀上的初級飛羽（Primary）羽毛前緣，有許多像梳子一樣的鋸齒狀細微羽毛，當氣流經過時，會被打散成較小的漩渦，進而降低飛行的音量。仲津英治先生便在「希望號」的集電弓上增加了稱呼為「Vortex Generator」的突起設計，終於讓「希望號」即使以時速320公里高速行駛時，音量仍低於70分貝。

Yamato Lab的中村聰伸先生從新幹線的設計得到了靈感，便試圖從風扇葉片的造型來模仿貓頭鷹的羽毛結構，最後終於在2006年成功推出「Owl Blade」（貓頭鷹羽毛造型葉片）。

Yamato Lab後續仍不斷地改進葉片設計，例如在開發X1 Carbon Gen4時，主要的特點是採用了「不規則間距」（Irregular pitch），每個葉片的間距都不同，可讓原本音量高的DTN（間斷音調噪音）分散為多個音量低的DTN，進而降低使用者聽到的機會。

在開發X1 Carbon Gen7時，由於主機厚度又比前一代更薄，同時CPU開啟Turbo Boost時的耗電量又增加了，散熱風扇勢必得再改進，才能在散熱效能、風扇音量以及主機溫度取得平衡。Yamato Lab便在X1 Carbon Gen7所使用的散熱風扇上，開發出三項新技術，有助於降低風扇音量、增加排風量，並使降熱機制更有效率。這三項技術簡述如下：

（1）新增「共振室（resonating chamber）」設計：這項設計是參考汽車引擎所使用的共振器（resonator），在散熱風扇中增加一個「共振室」，當氣流經過該室時，可降低高頻噪音的產生。

（2）新增「微擾流器（micro-spoilers）」設計：在葉片前端新增突起，用來減少風扇在劃過空氣時所產生的亂流。

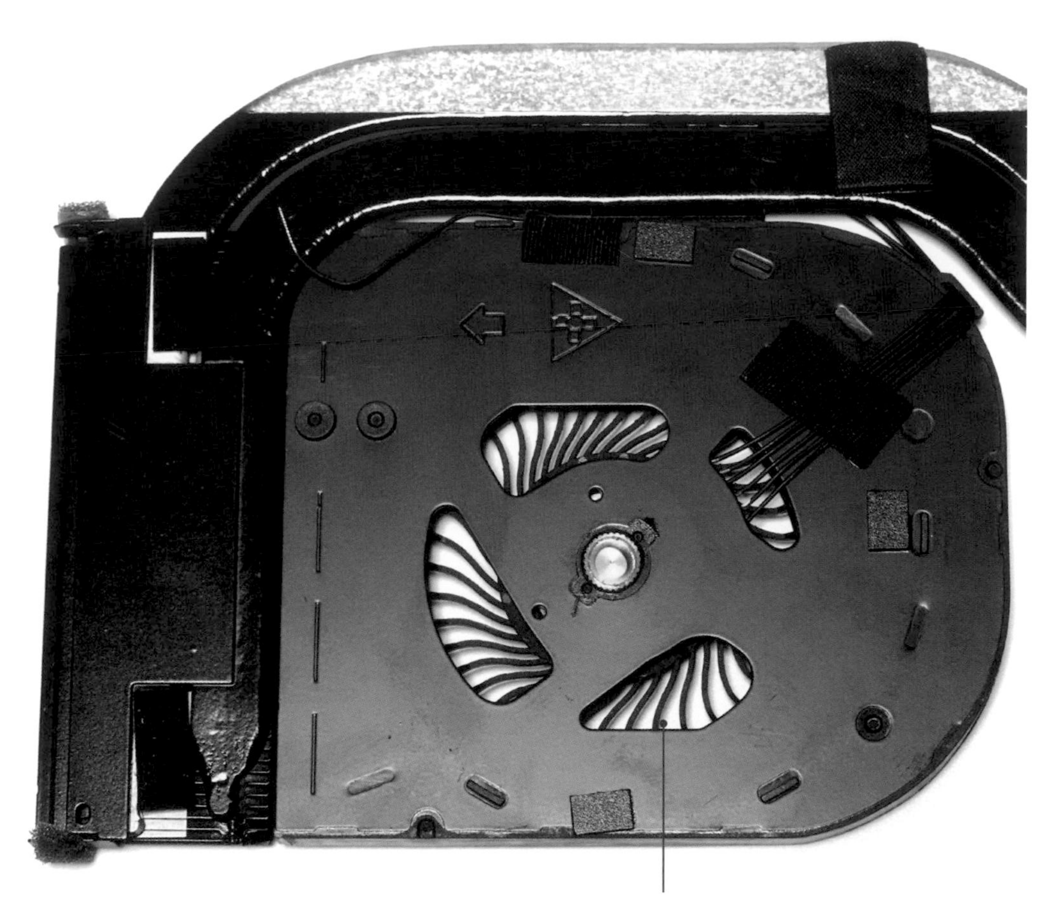

不規則間距的貓頭鷹羽毛造型葉片

（3）新增「鯊魚鰓（Shark Gill）造型」設計：在風扇外殼使用鯊魚鰓造型結構，引導熱空氣能更有效率地排出機體外，增加排風量。

隨著主機厚度不斷變薄，風扇的厚度也需要跟著變薄，但轉動風扇的軸承卻遇到「薄型化」的挑戰。以往ThinkPad的風扇使用徑向軸承（Radial Bearing），但後來的ThinkPad因朝向輕薄化發展，所搭配的風扇厚度已不利於徑向軸承，同時厚度變薄之後，軸承液壓的壓力與含量也跟著降低。此時Yamato Lab開始尋求新的風扇軸承技術。剛好許多硬碟軸承大廠位於日本，Yamato Lab便將硬碟所使用的液態軸承導入ThinkPad風扇設計，開始使用雙向推力軸承（Double Thrust Bearing），可提供更高的軸承液壓與耐用性。除了解決厚度問題之外，在耐用性方面也能夠承受超過五年的長期使用，堪稱理想的風扇軸承。

此外，傳統的風扇設計容易因為靜電而在CPU排風口累積灰塵，長時間使用之後經常看到CPU排風口積了一層厚厚的灰塵，導致排風量降低，進而折損風扇壽命，甚至無法有效降低機體溫度。Yamato Lab從2012年開始導入「抗靜電」設計，將風扇的排風口加上靜電放電功能，因此之後的ThinkPad大幅降低因靜電而引來的灰塵問題。

Yamato Lab為了降低風扇所帶來的噪音，並提高風扇的耐用性，多年來不斷地在持續研發與改進，透過以上的開發歷程，希望能讓讀者對於Yamato Lab的堅持有更進一步的了解。

軟體層面的散熱設計

除了硬體層面的散熱機制，Yamato Lab也透過軟體設計，提供智慧型冷卻（Intelligent Cooling）機制，使用者可以在Lenovo Vantage的「硬體設定/智慧型設定」選項中開啟。啟動後「智慧型冷卻」功能後，系統提供了三種模式讓使用者根據使用狀況而自行調整：（各機種數值相異）

（1）安靜模式（Quiet mode）

本模式藉由降低風扇轉速及效能，讓機體表面溫度降低（約45度以內）、風扇噪音降低（約22dB以下），進而延長電池續航力。如果使用者很在意風扇音量時，可選擇本模式。

（2）平衡模式（Balance mode）

此為預設的工作模式，提供更好一些的運算效能，同時機體表面溫度仍可維持在45度以內，風扇噪音則維持在28dB以下。本模式試著在風扇噪音與效能之間取得一個平衡。

（3）效能模式（Performance mode）

此模式可發揮最大的效能，因此提高風扇轉速，所產生的噪音控制在38dB以下，如果將筆電放置在大腿上操作時，機器的表面溫度維持在48度以內，如果是放置在桌面上，則溫度最高可達53度。

切換三種模式的方法相當容易，只需要在Windows 10的工作列右方的「通知區域」找到電池圖示，然後在上面點擊一下滑鼠左鍵，便會出現調整電源模式的滑桿。滑桿移到最左邊就是「安靜模式」；滑桿在中央就是「平衡模式」；滑桿移到最右邊就是「效能模式」。

此外，ThinkPad也提供了桌上/膝上自動偵測機制（On Desk/Lap auto detection）。此項功能會透過主機內建的G-sensor（重力感測器）偵測主機是安置在桌面上，還是放在大腿上操作。

如果ThinkPad是放置在不會搖晃的平面上（例如桌面），系統會進入全效能模式（Full performance Mode）。如果ThinkPad是放置在大腿上（主機會不時晃動），此時系統會自動切換成冷卻模式（Cool Mode），做主要的用途是降低CPU的耗電量，進而降低主機表層的溫度，避免機殼的高溫讓使用者覺得不適。ThinkPad也是業界第一個導入此項功能的筆電。

如果是具備「雙風扇」的ThinkPad P-Series（例如P53/P73，屬行動工作站性質），Yamato Lab針對智慧型冷卻機制又增加了兩項新功能。首先是「智慧型雙風扇」冷卻機制，原廠稱呼為「Flex Performance Cooling」。將CPU與獨立GPU所使用的兩個風扇相互連動運作，當CPU進行高負載運算（例如進行全系統病毒掃描），此時GPU的風扇將協助分散CPU所產生的廢熱。如果換成GPU進行高負載運算（例如執行3D遊戲或是3D CAD工程繪圖程式）。此時換CPU風扇協助分散GPU所產生的廢熱。同時，當CPU或GPU風扇其中一個故障時，系統仍可維持運作，不至於無法開機，但此時建議系統內的檔案備份完畢後，盡速送修。

第二項智慧型冷卻機制則是「動態處理器控制（Dynamic CPU Control）」，這項著重於CPU效能的提升。平常GPU進行高負載運算時，CPU仍舊可全速運轉，但當系統偵測到GPU閒置（idle）時，CPU會進入「加速模式（Boost Mode）」，此時系統會提高CPU的Turbo Boost功耗（Power Limit 1，PL1），原廠宣稱最多可提升10%的CPU效能。

上述看似軟體層面的散熱機制，其實背後都有賴完善的溫控機制。ThinkPad機體內光用於溫度控制的感測器就有多達7個，全機用於監控溫度、電壓、安全性與G-sensor的感測器數量甚至多達33個，而這些收集到的參數，都會同步送至Yamato Lab為ThinkPad開發的「ThinkEngine」控制晶片中進行分析。目前在X1/T/X/P系列機體中，都安裝了ThinkEngine晶片，用於電源管理、散熱控制、主機待命、快速甦醒等。由此也能看出中高階機種與低階機種相比時，即使主要零件都相同（CPU/RAM/SSD），但除了機體材質有所差異之外，還有很多隱藏在機殼內的細膩操作，例如ThinkEngine晶片、Modern Standby功能、抗噪遠場麥克風等、Match on Chip指紋辨識器等。

第四章

ThinkPad主機硬體升級說明

ThinkPad在官網上有提供硬體配備客製化的選項，但隨著後續ThinkPad服役時間的累積，使用者可能會感受到在儲存容量或是記憶體方面，顯得捉襟見肘。只是隨著筆記型電腦的輕薄化，其實現在能升級的零件種類越來越少，早期的的筆記型電腦甚至連CPU、獨顯晶片都有可能更換，現在則是連記憶體都焊死在主機板上，也不提供擴充插槽。儘管如此，ThinkPad仍保留了M.2 SSD的升級能力，在特定機種上，還可以自行更換記憶體模組，或是加裝WWAN網卡。

ThinkPad與坊間許多標榜「商用機種」的筆電有一點不同，就是在設計層面儘可能地方便使用者自行更換零件，同時官方也提供大量的平面、影音資訊，教導使用者自行更換M.2 SSD或記憶體模組等零件。因此在介紹升級ThinkPad三大硬體零件前，站長先說明如何取得原廠資訊，以利後續進行DIY硬體升級作業。

1. ThinkPad硬體維修資訊

許多消費用甚至號稱商用的筆記型電腦原廠，對於使用者自行更換內部零件是採取否定的態度，有的會在螺絲孔上貼上易碎標籤，如果使用者擅自更換零件甚至會喪失保固。在這種狀況下，此類原廠更不可能提供使用者有關筆電的硬體維修資訊。

ThinkPad則採取截然不同的作風，原廠將零件區分為CRU（客戶可自行更換組件，Customer Replaceable Unit）與FRU（現場更換組件，Field Replacement Unit），並提供詳細的操作說明（甚至還有影片教學），讓使用者可自行更換CRU零件，或是ThinkPad主機過保後，乾脆自行動手更換FRU零件。通常CRU零件都是更換難度較低，例如底殼、M.2 SSD或是小紅點等。FRU零件在ThinkPad保固期內故障時，建議直接送維修中心（或請工程師到府維修），因為零件更換難度很高，例如主機板、液晶面板等。但老經驗的讀者也知道，只要「藝高人膽大」，當ThinkPad保固到期之後，自行購得FRU零件進行維修、升級等作業，也是一種高手樂趣，因為可參考原廠公開的硬體維修資訊。本章節僅介紹幾項關鍵的CRU零件選購以及安裝說明，有意「深造」的讀者可以在熟讀官方資訊之後，在網路上收集更多硬體零件方面的資訊，並到各國討論區切磋。

Lenovo Vantage使用手冊

在Lenovo Vantage的「性能狀態與支援」項目中，就有提供該台ThinkPad主機的使用手冊，並提供網頁格式與PDF檔，使用者可自行選擇。

拜使用手冊提供多國語系之賜，使用者不用擔心語言隔閡，了解更換CRU零件的注意事項與操作手續。站長每次測試新問世的ThinkPad時，都會先閱讀使用手冊，藉此了解是否有新增功能的說明。

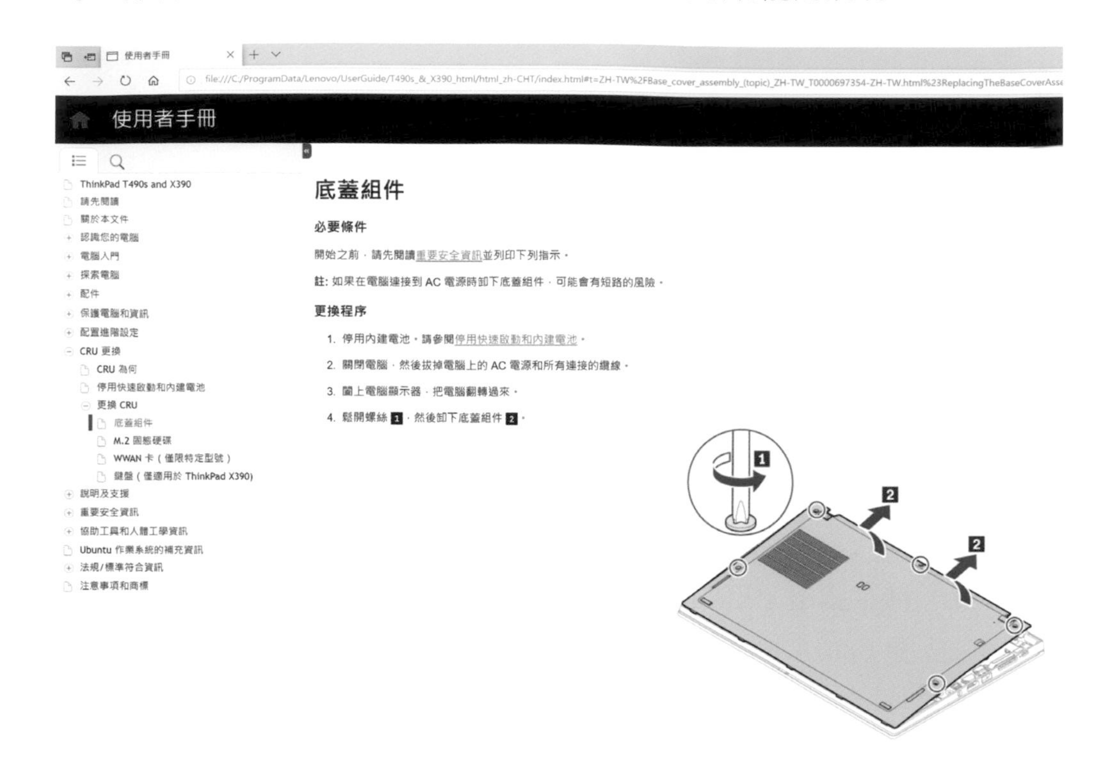

Lenovo Support官網

原廠的技術支援網站提供了相當豐富的硬體維修資訊。首先請連上聯想技術支援網站：https://support.lenovo.com/

理論上網站會自動判斷使用者的語系，但也可以手動調整。站長個人會切換為英語，避免網頁自行翻譯為繁體中文時用字不精準。

在搜尋欄中，請輸入想尋找的ThinkPad機種資訊，此時會顯示最契合的機種資訊，如範例所示，網站很快列出了T490s的機種資料，此時請先點選「手冊及使用指南」。

在「手冊及使用指南」類別中，請先點選畫面上方的「使用指南」。然後會列出許多T490s的硬體相關PDF文件，其中常用的會有兩份，分別是：

（1）**Hardware Maintenance Manual**：硬體維修手冊，這份文件是ThinkPad詳細的硬體功能、零件更換說明文件，提供給熟悉ThinkPad維修的技術人員參考。由於原廠並未提供繁體中文版，因此當網站語系設定為繁體中文時，只能下載英文版。

（2）**User Guide**：使用手冊，這份文件跟Lenovo Vantage所提供的是同一份，因此使用者如果想閱讀其他機種的繁體中文版使用手冊，可以直接從原廠的技術支援網站下載。

使用者如果只想更換M.2 SSD或WWAN網卡等CRU零件，其實下載User Guide（使用手冊）並熟讀，然後再參考官網上提供的教學影片，會更容易自行動手操作。如果立志想研究ThinkPad的FRU零件更換甚至升級，便需要再鑽研英文版的Hardware Maintenance Manual（硬體維修手冊）。

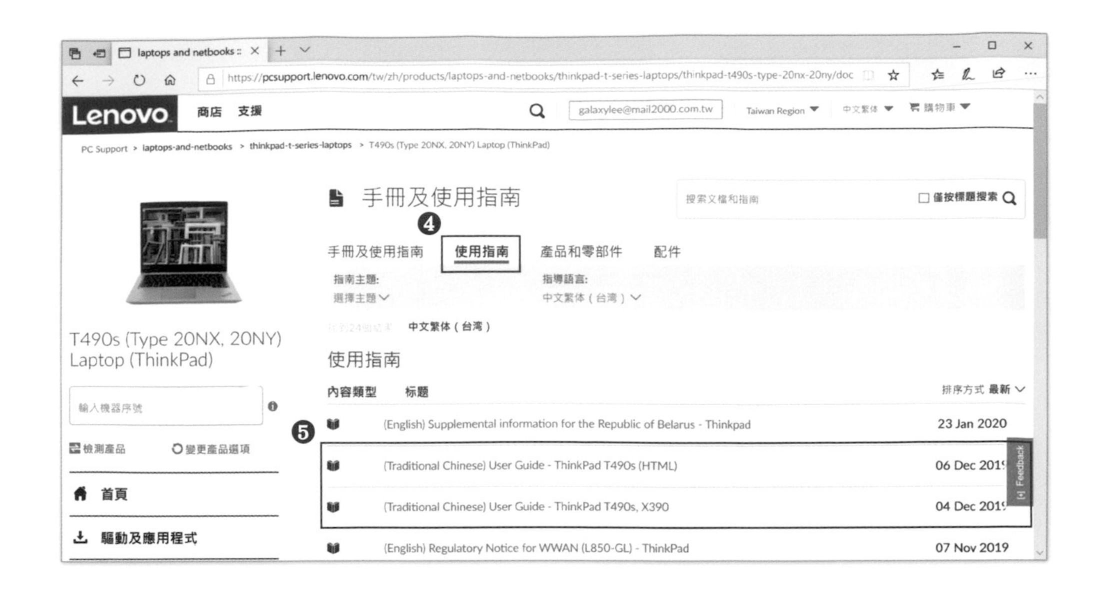

原廠的技術支援網站也很貼心地提供各機型的零件拆裝的教學影片連結。連結：https://tinyurl.com/vhqmhfe

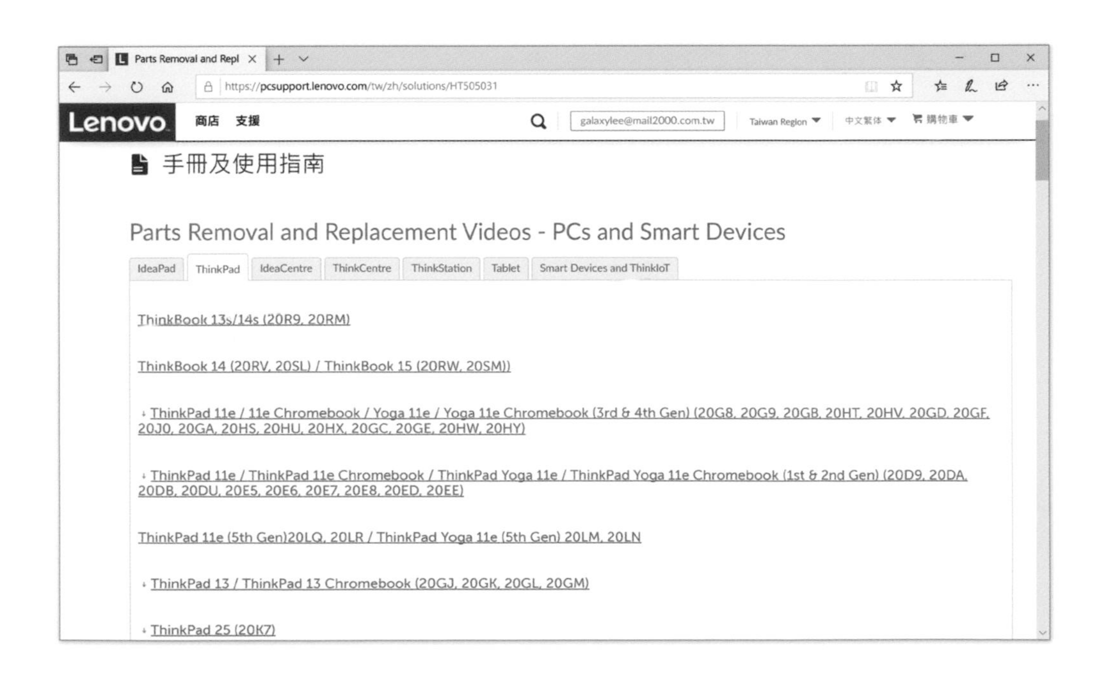

使用者可以挑選準備更換的零件，然後分別觀看移除零件，以及更換零件的教學影片，都是英文發音，並無字幕，同時配合Hardware Maintenance Manual（硬體維修手冊）或是User Guide（使用手冊）的文字敘述，應該不難理解。

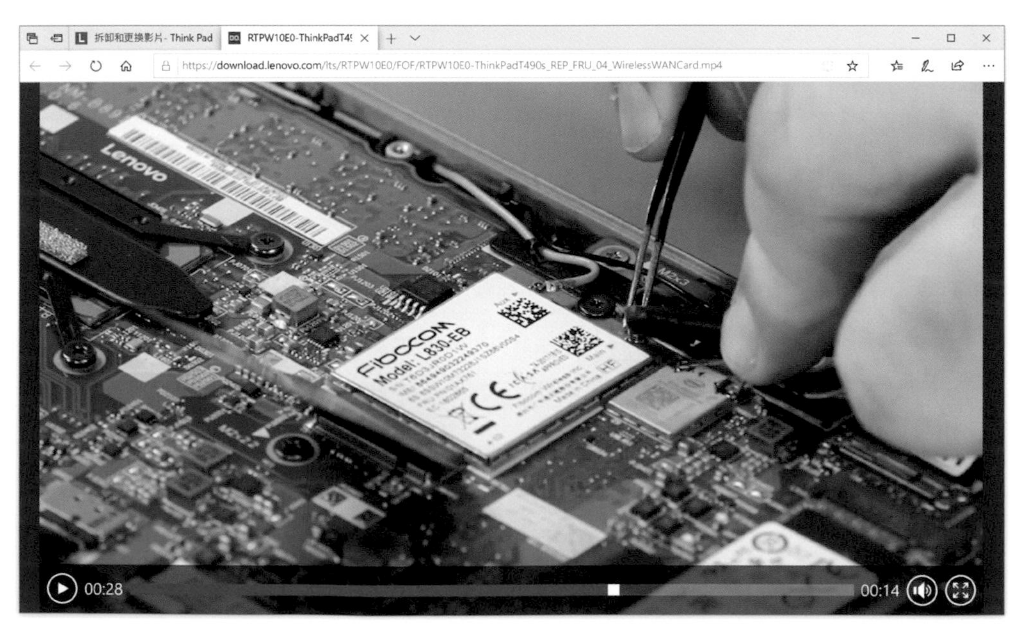

YouTube網站

官方也將ThinkPad的教學影片上傳到Youtube，請連至：

http://www.youtube.com/lenovoservice

在畫面右側的搜尋欄請輸入ThinkPad機型，接著就會顯示該機型的零件更換教學影片（而且還可開啟英文字幕）。

其實這個「LenovoSupport」頻道不僅提供ThinkPad硬體相關的教學影片，也同時提供相關的軟硬體知識教學，有興趣的讀者不妨抽空觀看。

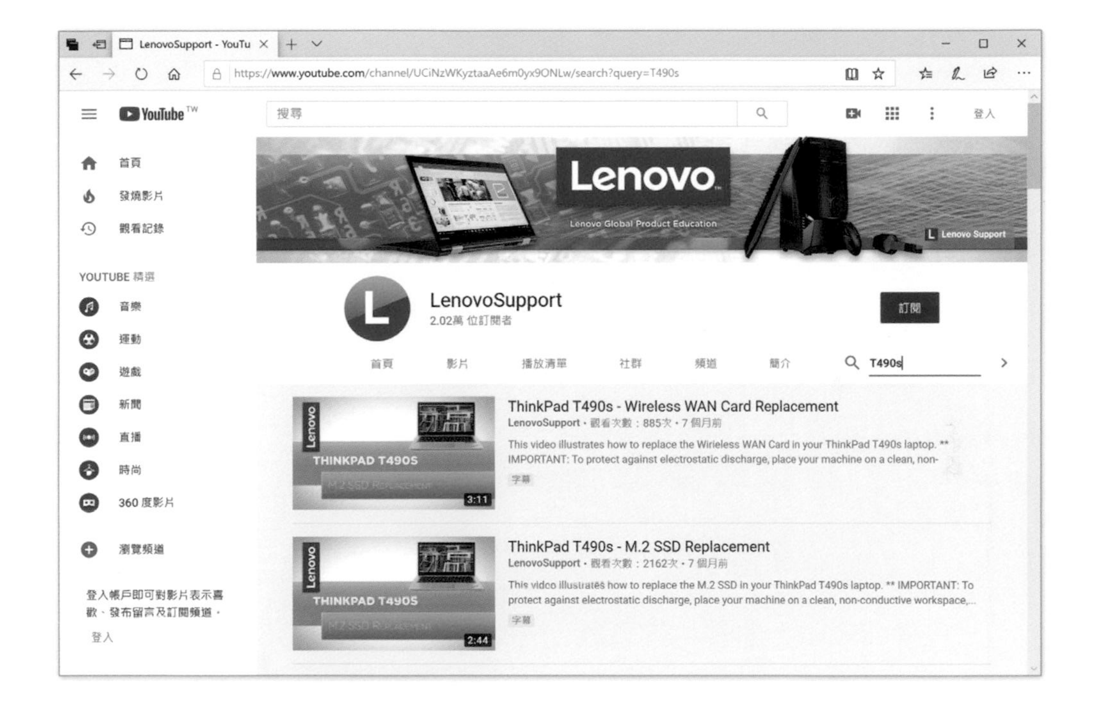

2. 更換M.2 SSD

從2019年開始，ThinkPad除了L系列、E系列部分機種仍保有傳統硬碟（HDD）安裝能力之外，主力機種的T系列、X系列都已全面改成M.2 SSD，象徵2.5吋傳統硬碟與SATA SSD時代的落幕。

M.2 SSD與以往2.5吋HDD/SSD相比，有更輕量、更高速等優點，但缺點則是每單位儲存媒體的價格仍高於傳統硬碟。只是隨著筆記型電腦不斷地輕薄化，同時使用者對於速度的渴求，即使傳統硬碟在資料保存的安全性上，仍優於基於快閃記體體的M.2 SSD，ThinkPad也一路從前期的mSATA介面SSD，最後終於導入高速的M.2 SSD。因此ThinkPad使用者在未來自行升級更大容量SSD的機會很大，本篇將向讀者說明ThinkPad主要使用的M.2 SSD規格，以及後續升級時須留意之處。

M.2 SSD規格簡述

使用者如果不確定自己的ThinkPad支援那些M.2 SSD規格，不妨先到官網查詢（http://psref.lenovo.com/）。以2019年推出的機種為例，通常都會支援下列規格：

- M.2 2280 SSD/SATA 6.0Gb/s
- M.2 2280 SSD/PCIe NVMe, PCIe 3.0×4
- M.2 2242 SSD/PCIe NVMe, PCIe 3.0×2（E系列/L系列採用）

站長詳細說明上面規格的意義。

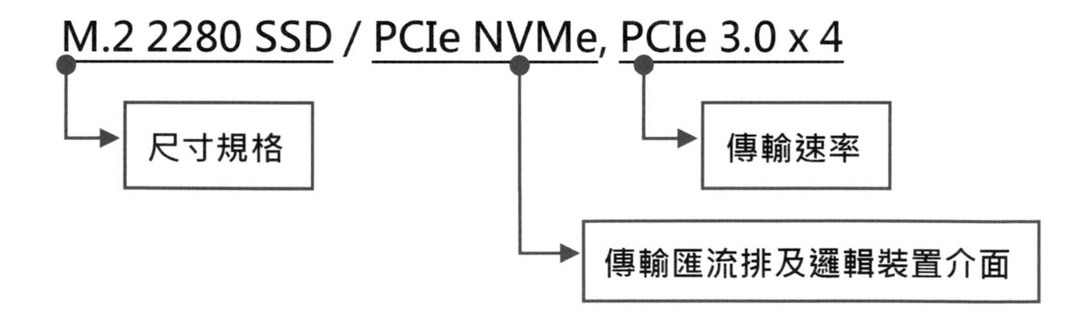

（1）尺寸規格

SSD（Solid-state Drive，固態硬碟）的外觀型態非常多樣化，從桌上型電腦適用的PCIe擴充卡形式，到後來的1.8吋或是2.5吋形式，現在ThinkPad所採用的SSD為長條形，由於搭配M.2規格的連接器，所以稱為「M.2 SSD」。

安裝在ThinkPad主機內的M.2 SSD寬度皆為22mm，長度則有42mm以及80mm兩種規格。因此在規格表上會看到「2280」或是「2242」的字樣，便是指長度為80mm的長卡SSD，或是42mm的短卡SSD。

下圖中，短的SSD就是2242尺寸，長的則是2280尺寸。

（2）傳輸匯流排及邏輯裝置介面

SSD的效能跟傳輸匯流排密切相關。SSD廠商如果今天打算推出的是一款平價的M.2 SSD，首先會選擇合適的控制器（Controller），並使用SATA-III（6Gbps）的傳輸匯流排。但如果打算推出效能更好的M.2 SSD時，除了控制器必須能負荷高速頻寬處理，傳輸匯流排勢必得採用PCIe（PCI Express），目前PCIe 3.0×4的理論最高速率為32Gbps，是SATA-III的五倍以上。

既然PCIe與SATA-III在效能上有如此巨大的差異，為何廠商都還特別標註是「NVMe的PCIe」呢？因為PCIe的M.2 SSD在發展過程中，曾經推出過使用「AHCI」邏輯裝置介面的產品，但AHCI畢竟是針對SATA傳統硬碟開發的，遇上基於快閃記憶體（NAND Flash）所構成的SSD，其實並無法完全發揮效能。因此後來才推出了針對SSD特性重新設計的新一代的邏輯裝置介面，也就是NVMe（Non-Volatile Memory Express）。

所以市面上的確存在過「PCIe AHCI」的M.2 SSD，但畢竟是過渡性產品，現已很難購得。ThinkPad目前支援的是「PCIe NVMe」的M.2 SSD。

（3）傳輸速率

如果是支援SATA-III規格的M.2 SSD，「理論」傳輸速率會是6Gbps，但實務上SSD的循序讀取的速度並不會超過600MB/s。隨著M.2 SSD開始導入PCIe NVMe架構，光理論傳輸速率就獲得大幅躍進。ThinkPad所採用的M.2 SSD有兩種傳輸速率：

- PCIe 3.0×4（理論傳輸速率為32Gbps）
- PCIe 3.0×2（理論傳輸速率為16Gbps）

在2019年的T系列、X系列等主力機種上，都有支援PCIe 3.0×4傳輸速率的PCIe NVMe 2280 M.2 SSD。至於實際的傳輸速度，端視所搭配的M.2 SSD廠牌而定。市售的高速PCIe NVMe M.2 SSD循序讀取速度都有機會超過3000MB/s，與SATA-III的M.2 SSD相比時，有著壓倒性的效能優勢。

L系列則比較特殊，L390同樣支援2280 M.2 SSD（NVMe PCIe 3.0×4），但L490與L590主機板上卻只有支援「Socket 2」的M.2插座，而且僅支援「2242」尺寸的SSD。目前販售的2242 M.2 SSD通常只支援到PCIe 3.0×2，且受限於SSD模組面積，目前儲存容量也多在512GB以內。因此L490與L590雖然可直接安裝2242尺寸的M.2 SSD，但速度被限制在PCIe 3.0×2。另一方面，L490與L590其實又支援2.5吋SSD轉接架，也就是不安裝2.5吋傳統硬碟或SSD時，可以換裝專門支援2280 M.2 SSD的轉接架，但卻又受限於轉接線的傳輸速率，頂多支援到PCIe 3.0×2。也因此原廠在文件上也載明，即使安裝了高速的

2280 PCIe 3.0×4 M.2 SSD，也會被限速在PCIe 3.0×2。E系列要等到2020年推出的E15與E14，主機終於改用Socket3 M.2插座，並支援PCIe 3.0×4的2280 M.2 SSD。

這裡既然提到M.2 SSD的插座種類，就必須一併解釋M.2 SSD的「鍵位」設計。M.2 SSD的金屬接口（俗稱金手指）上都會有一個或兩個「缺口」，其實那是特殊設計的，正式名稱為鍵位（Key），而且根據不同的傳輸匯流排以及傳輸速率，都有不同的鍵位定義。

當M.2 SSD採用PCIe 3.0×4規格時，就必須採用「M-Key」，此時主機板上所安裝的M.2插座如果同樣支援PCIe 3.0×4，便屬於「Socket 3」規格。下圖便是T490s主機板上的Socket 3 M.2插座與2280 M-Key SSD金屬接角的特寫。

對於僅支援SATA-III或是PCIe 3.0×2的中低速SSD，則會採用「B-Key」，只是實務上此類中低速M.2 SSD通常都會採用「B+M Key」的設計，也就是金屬接口會有兩個缺口，一個屬「B-Key」，另一個則屬於「M-Key」。此類設計有個好處，就是可以安裝在Socket 2或是Socket 3的M.2插座上。

下圖是L490的Socket 2 M.2插座與2242 SSD的特寫。對照上面一張2280 M-Key SSD照片，會發現由於鍵位不同，純M-Key的SSD是無法裝在僅支援B-Key的M.2插座上。

如何選購M.2 SSD

（1）2280尺寸

■參考原廠使用的廠牌型號

坊間販售的M.2 SSD廠牌、型號之多，有如過江之鯽，但安裝在筆記型電腦上的考量點就比桌上型電腦更多些，例如需要考慮到耗電量、工作溫度、產品穩定度等。ThinkPad本身所採用的零件自然是通過嚴格篩選過，因此站長會直接參考ThinkPad所使用的「1TB」容量M.2 SSD廠牌及型號。之所以會直接研究1TB高容量，而不研究512GB以下的中低容量，主要是1TB高容量定位在高階用途，迄今通過Yamato Lab嚴選的廠牌不過寥寥幾間，自然有其參考價值。

但ThinkPad所預載的M.2 SSD其實並非一般通路販售的產品，而是所謂的「OEM版」，也就是SSD廠商專門提供給筆記型電腦廠商大量出貨安裝的版本，並不會在一般通路販售。而各大SSD廠商的做法也有所不同，有的會參考OEM版SSD的規格（不見得完全相同），另外推出「零售版」，透過一般通路銷售。因此「OEM版」的SSD保固就跟著筆電主機走，如果筆電是一年保固，裡面的SSD自然只有一年保固。而「零售版」或又稱為「盒裝版」SSD的保固，就根據SSD原廠販售時所提供的保固條件，通常為三年至五年。

ThinkPad有提供原廠周邊（Options）販售服務，其中就包含了M.2 SSD，類似Lenovo自己將OEM版SSD直接打包販售給企業客戶，所以裡面所使用的都是OEM版產品，而非SSD廠商在外面賣的零售版產品。但ThinkPad原廠周邊的M.2 SSD保固只有「一年」，而且價格跟同規格的「零售版」相比也較高，所以站長就不建議讀者透過經銷商去訂購，除非是專標案需求。

那目前ThinkPad針對1TB M.2 SSD，選擇了哪幾家產品呢？目前得知的有下列四款，均取最新使用的SSD型號：

- Intel的SSD Pro 7600p
- Samsung的PM981a
- Toshiba Memory（2019公司更名為KIOXIA，中文名稱為「鎧俠」）的XG6
- Western Digital的PC SN720

這四款SSD都是高速SSD中的佼佼者，且都支援2280 M.2 NVMe PCIe 3.0x4規格，而且四大廠牌中，除了Toshiba Memory（KIOXIA）尚未提供XG6的零售盒裝版本，其餘三家都有相對應的零售盒裝版本，分別是：

- Intel的SSD 760p
- Samsung的970 EVO Plus
- Western Digital的BLACK（黑標）SN750

這三款盒裝版本的SSD也的確是各家的高效能代表作。讀者如果預算充足，想幫ThinkPad更換M.2 SSD時，可以優先考慮這三款產品。

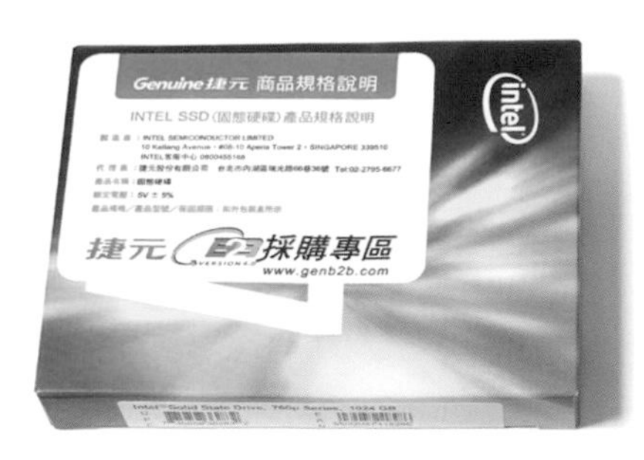

至於上述三款的M.2 SSD又該如何選擇？在比較硬體規格之前，其實可以根據使用者自己的喜好，例如很多人喜歡Intel盒裝SSD的保固，直接聯絡原廠並透過FedEx國際快遞來回收送件；有人則是從傳統硬碟時代，就是Western Digital的忠實客戶等。

如果單就效能層面，假設以1TB容量為基準，上述三款的官方循序讀取速度都超過3000MB/s，至於循序寫入速度，Intel的SSD 760p官方數值僅為1625MB/s，另外兩款的官方數值則可達3000MB/s，因Intel的SSD 760p在寫入速度上的確是趨於下風。

站長必須強調，在「科學之壁」面前，沒有「完美」的SSD，只有「最適合」使用需求的SSD。站長使用ThinkPad X390並分別安裝上述三支M.2 SSD，採用PCMark 8進行電池續航力測試，站長選擇的測試情境為「Work」（工作版基準測試），原廠說明此項目「可測量系統執行基本辦公工作任務的能力，例如編寫文檔、流覽網站、創建試算表和使用視頻聊天。工作版基準測試適合測評常見辦公室電腦系統的性能」。X390的電池續航力成績如下：

- Intel的SSD 760p：8小時13分鐘
- Samsung的970 EVO Plus：7小時48分鐘
- Western Digital的BLACK（黑標）SN750：7小時45分鐘

因此如果使用者非常在意ThinkPad電池續航力的表現，Samsung 970 EVO Plus與Western Digital BLACK SN750在開機使用時的平均耗電量約6W左右，而Intel SSD 760p的耗電量最高頂多到4.983W（3.3V/1.51A）。此時Intel SSD 760p反而更適合希望續航力更長一些的使用者，從X390的實測中也驗證了Intel SSD 760p確實較為省電。如果使用者更在意SSD的讀寫效能，此時Samsung 970 EVO Plus與Western Digital BLACK SN750則會是更好的選擇。

■市售SSD規格注意事項

M.2 SSD在市面上還有眾多廠商的產品，使用者如果想要自行選購幫愛機升級時，有幾點不妨留意一下：

A.不要買加裝散熱片的M.2 SSD

隨著NVMe M.2 SSD的盛行，高速M.2 SSD的運轉溫度並不低，甚至SSD控制器會強制降頻避免高溫持續過久。也因此坊間開始出現M.2 SSD專用的金屬散熱片，如果安裝在桌上型電腦的主機板比較沒有問題，但ThinkPad的空間非常有限，因此市售有加裝散熱片的M.2 SSD不見得能順利安裝。

如果使用者擔心M.2 SSD高熱問題，可以自行購買Thermal Pad（散熱條／導熱片）黏貼於M.2 SSD接觸主機板的那一面。但要留意Thermal Pad厚度，避免太厚的Thermal Pad影響到M.2 SSD安裝。

例如X1 Extreme Gen2的第二個M.2 SSD插槽，原廠有貼上藍色的Thermal Pad，如果將來要裝上M.2 SSD時，要記得先將黃色的保護膠帶撕掉。

B.留意M.2匯流排規格

市售的M.2 SSD的匯流排規格，若從傳輸速率規格排序：

- 高速：PCIe 3.0×4（32Gbps）
- 中速：PCIe 3.0×2（16Gbps）
- 低速：SATA-III（600Mbps）

2019年之後推出的ThinkPad，如果可直接安裝2280尺寸的M.2 SSD，都可支援PCIe 3.0×4 NVMe規格。

但2019年的L490與E490，或更早之前推出的機種（例如T480、T470），因為使用2.5吋SSD轉接架來安裝2280尺寸的PCIe NVMe M.2 SSD，受到系統的限制，即使買了PCIe 3.0×4的高速SSD，也只能以PCIe 3.0×2模式運轉。一直到2020年的L14與E14才開始支援PCIe 3.0×4的2280 M.2 SSD。

至於SATA-III的2280 M.2 SSD，站長就不建議使用者買來擴充，最主要的原因是傳輸速度太慢了，而且現在PCIe NVMe SSD都朝大容量發展，無論在容量與速度上，都比SATA-III M.2 SSD更有優勢，同時大容量的PCIe SSD價格也不再高不可攀。特別是SSD先天存在抹寫次數的限制，通常會建議使用者不要將SSD容量用太滿，至少要留30%以上的空間，

C.不建議購買QLC顆粒的SSD

目前M.2 SSD主流採用的是TLC（Triple-Level Cell）快閃記憶體，即每個儲存單元內儲存3個資訊位元（3bit/cell），前一波SSD主力是MLC（Multi-Level Cell，2bit/cell）顆粒，由於成本較高，因此目前市場上，消費型M.2 SSD大廠中只剩下Samsung的970 Pro仍使用MLC顆粒，而且售價比TLC顆粒的SSD貴上許多，但仍讓許多使用者趨之若鶩，畢竟是坊間少數能購得的高檔產品。

另一方面，快閃記憶體廠商也推出了QLC（Quad-Level Cell，4bit/cell）顆粒，雖然成本更為低廉，但缺點則抹寫壽命更短，而且讀取速率也低於TLC的SSD。

SSD的寫入壽命有許多種衡量指標，其中一項取自JEDEC工作負載標準（JESD219A）的「資料寫入總位元數（TBW，Total Bytes Written，以Tera Byte為單位）已普遍被業界所採用。TBW的數值代表在保固期內，SSD所能承受的總寫入資料量。也因此有的SSD廠商會載明，即使在保固期內SSD發生故障，如果TBW已超過原廠所保固的數值，也無法提供維修服務。

以Intel推出的660p（QLC）與760p（TLC）SSD進行比較，假設容量同為1TB，兩者的幾項規格差距如下：

循序讀取：

- 760p：3230MB/s
- 660p：1800MB/s

循序寫入：

- 760p：1625MB/s
- 660p：1800MB/s

TBW：

- 760p：576TBW
- 660p：200TBW

即使660p SSD支援PCIe 3.0×4匯流排規格，但官方宣稱的數值卻只在PCIe 3.0×2的水準，遑論短少一倍的TBW寫入數值。既然「又慢又不耐用」，因此660p的賣點轉向訴求價格低廉，比起同容量的TLC SSD，售價低滿多的。

如果使用者的ThinkPad僅能安裝單條M.2 SSD，綜合考量效能、耐用度等數值，如果使用者預算足夠，站長仍會推薦採用TLC顆粒的SSD。

（2）2242尺寸

相較於2280尺寸SSD的百花齊放，2242尺寸的SSD就顯得冷清許多，大廠中只有Toshiba Memory（KIOXIA）有推出盒裝版的NVMe SSD，型號為「RC100」。Western Digital雖然也有推出「SN520」系列的2242 NVMe SSD，但僅有OEM版，並未推出零售盒裝版。台灣的創見資訊（Transcend）也只有推出SATA-III規格的2242 M.2 SSD。

使用者如果要購買2242 M.2 SSD，可以考慮到美國AMAZON網站上挑選，網站上面的廠牌與型號較為豐富，甚至有廠商開始提供1TB容量的NVMe M.2 SSD，只是缺乏國際保固。ThinkPad原廠周邊也有提供512GB的2242 NVMe M.2 SSD產品，只是定價高達399.99美金，且保固只有一年，並不是很划算。

很多使用者想購買2242 M.2 SSD，是為了讓ThinkPad能夠內建兩個SSD。剛好ThinkPad的WWAN M.2插座屬Socket 2規格，以前可以安裝2242的M.2 SSD。但2019年的機種裡，只有E系列與L系列可支援2242 M.2 SSD，其餘的X1、T、X系列採用Intel平台的WWAN M.2插座都不支援2242 M.2 SSD。所以使用者將來在選擇2242 M.2 SSD之前，請務必先確認愛機是否能支援，以免白花錢。

如何安裝M.2 SSD

站長在本章節的第一篇「ThinkPad硬體維修資訊」，已說明如何取得各款ThinkPad硬體升級資訊，在更換M.2 SSD之前，請讀者務必熟讀文件上的指示，或是觀看官方提供的教學影片。因此站長接下來僅針對安裝M.2 SSD的作業程序，提示重點或原廠文件沒提及的注意事項。

如果使用者的ThinkPad已內建Intel混合式固態硬碟（QLC顆粒+32GB Optane），務必按照使用手冊或硬體維修手冊指示，進行停用，才能繼續換裝新的M.2 SSD作業。

（1）關閉主機內建的電池

由於現在的ThinkPad都採內建電池設計，因此使用者必須先關閉電池。做法很簡單，進入BIOS後，在「Config」項目中，點選「Power」，然後執行「Disable Build-in Battery」。

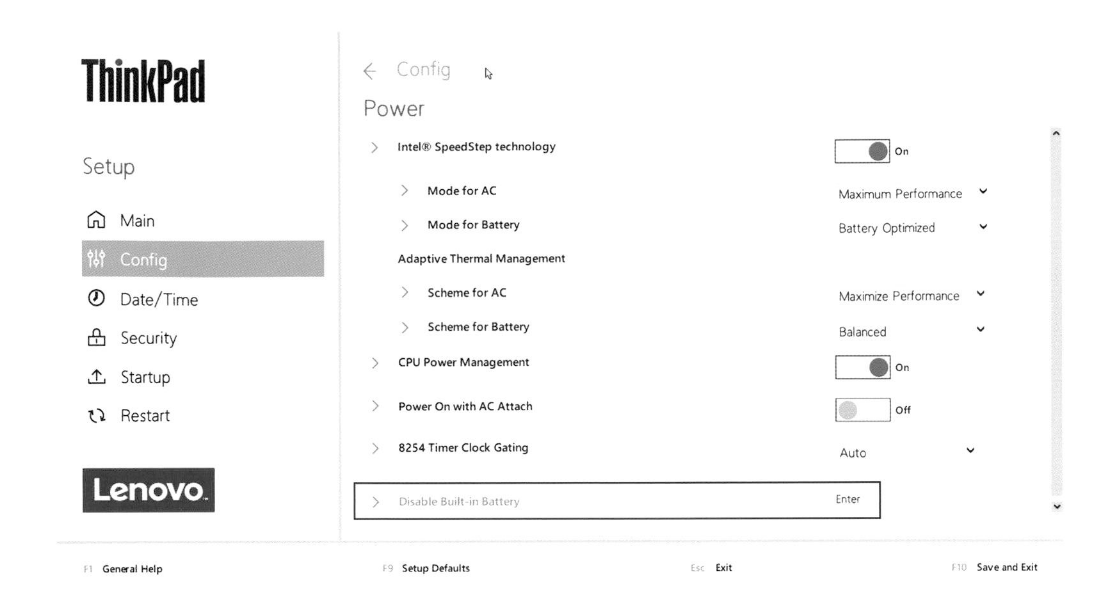

在打開底殼前，請將所有的連接線、USB外接裝置從ThinkPad主機上拔除，並且要留意ESD（Electrostatic discharge，靜電放電）可能對主機零件帶來的傷害。因此使用者可去找有接地的金屬導體，例如水龍頭，然後用手握住水龍頭，以釋放體內的靜電。

（2）打開底殼（D-Cover）

各款ThinkPad中，T系列（沒掛s結尾的）、L系列與E系列（沒掛s結尾的）這三款的底殼都非常難拆，堪稱最高五星難度，相較之下，X1系列、X系列或是有掛s結尾的T系列，拆殼難度根本只有一顆星程度。

如果使用者需要打開五星級難度機種的底殼，站長建議購買塑膠材質的拆機工具，或是自備廢棄的塑膠信用卡，有助於第一次撬開底殼解開卡榫之用。

如果遇到T490/T14此類手機SIM卡托架（Tray）剛好在主機後方的機型，在拆機前請務必將整個托架取出，以免影響到底殼拆卸。

（3）安裝M.2 SSD

請根據官方資料（使用手冊、硬體維修手冊、教學影片等）找到M.2插槽位置之後，先卸下安裝鎖孔上面的螺絲，如果主機已經安裝M.2 SSD，請將原本的M.2 SSD取下。

接著將M.2 SSD「貼產品型號標籤」的那面朝上，M.2 SSD的金屬接腳（金手指）對準M.2插槽，並以大約20度的角度，將SSD插入M.2插槽內。

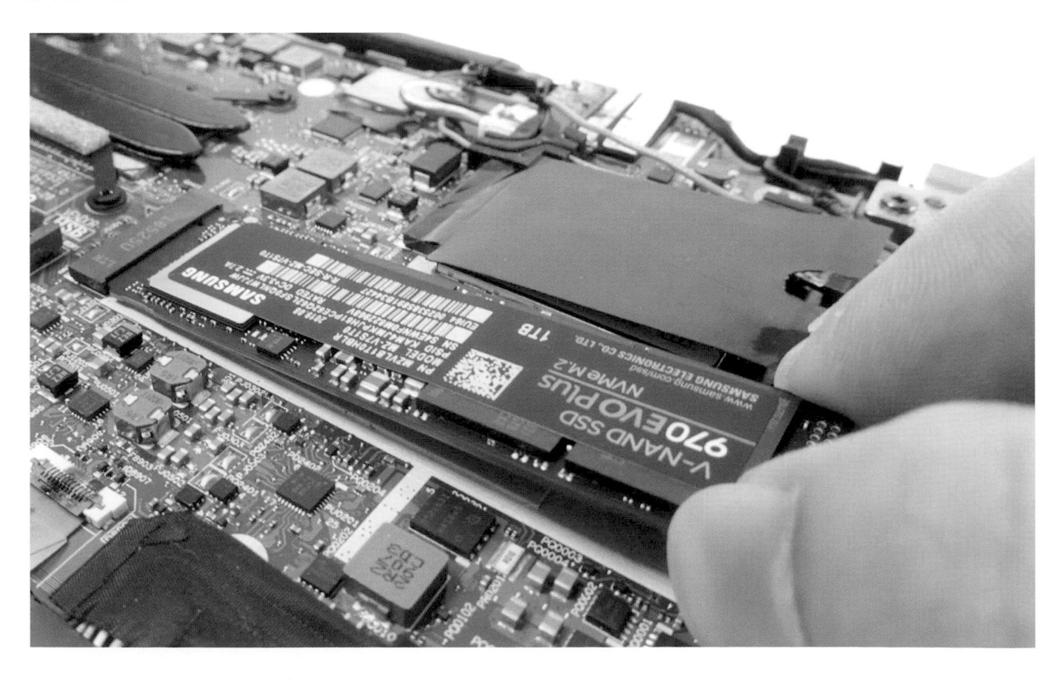

如果有順利連結，M.2 SSD另一端的半圓形缺角應該會剛好密合安裝鎖孔，最後再鎖上螺絲。接著將底殼裝上，插上變壓器並啟動電腦。

3. 更換記憶體模組

ThinkPad從2019年開始還能自行更換記憶體模組的機種，只有：

- P系列（P73/P53/P1）
- X1 Extreme系列
- T系列（沒掛s結尾的，例如：T490/T14）
- L系列（L390/L490/L14）
- E系列（E490/E490s/E14）

每台機種能安裝的記憶體模組數量也不同，例如T490主機板有直接焊上8GB或16GB記憶體顆粒，同時提供一個記憶體模組插槽，因此最大容量可達48GB（內建16GB加上單條32GB的記憶體模組）。但有兩點要留意，首先就是主機板內建的記憶體顆粒因為是焊死的，所以無法自行升級；其次就是每台ThinkPad所能支援的記憶體模組容量也不同。例如外型與T490相同，但採用AMD處理器與晶片組的T495，官方資料顯示記憶體模組單條容量最高只支援到16GB。

因此在擴充記憶體之前，建議先到官網（http://psref.lenovo.com/）查詢一下主機的記憶體插槽數量及規格，以免買錯了。

記憶體規格簡述

2019年（含）近幾年能夠擴充記憶體容量的ThinkPad，無論是焊在主機板上的記憶體顆粒，或是出廠就安裝的記憶體模組，其實都是DDR4-2666「規格」，但實際上記憶體的運作時脈，卻有所不同。以T490為例，受限於CPU內建的記憶體控制器，其實只以DDR4-2400速度在執行。至於以高效能著稱的P系列，則因採用了不同系列的CPU，因此記憶體均以DDR4-2666速度在執行。

既然ThinkPad的記憶體有可能是DDR4-2666「規格」，只是降速跑DDR4-2400速度，使用者在自行換裝記憶體模組時，建議直接購買DDR4-2666規格即可，不用刻意降規去買DDR4-2400的模組，而且兩種規格價差也不大了。

如果使用者的ThinkPad是P系列，而且搭載的是Intel Xeon E系列CPU，在升級記憶體時就必須特別留意，先進BIOS查看是否為ECC（Error Correcting Code，錯誤修正程式碼）規格的DDR4-2666記憶體。如果是的話，而且還想留用原本的ECC記憶體，就必須也購買支援ECC功能的DDR4-2666記憶體模組。除非打算全部換為非ECC功能的記憶體。

但是從2020年開始，ThinkPad配合導入Intel第十代Core處理器，除了L13、E14與E15繼續使用DDR4-2666記憶體，然後X1 Carbon Gen8也仍使用LPDDR3記憶體之外，其餘的核心機種（T14s/T14/X13/L14等），無論是焊在主機板上的記憶體顆粒，或是使用的SO-DIMM模組，都是DDR4-3200規格，只是同樣受限於CPU的記憶體控制器，仍是降速跑DDR4-2666速度。針對T14、L14、L15等機種，想要提升記憶體容量時，如果屆時買不到大廠的DDR4-3200 SO-DIMM模組，站長反而會建議不妨改買DDR4-2666記憶體模組來擴充。

如何選購記憶體模組

如果使用者打算留用原本的記憶體，或是希望配合焊在主機板上的記憶體顆粒廠牌，此時不用打開底殼，可先於重開機時按「F10」進入「Lenovo Diagnostics for UEFI」的硬體檢測程式，然後在「TOOLS」（工具程式）選項中察看記體體的廠牌與規格。

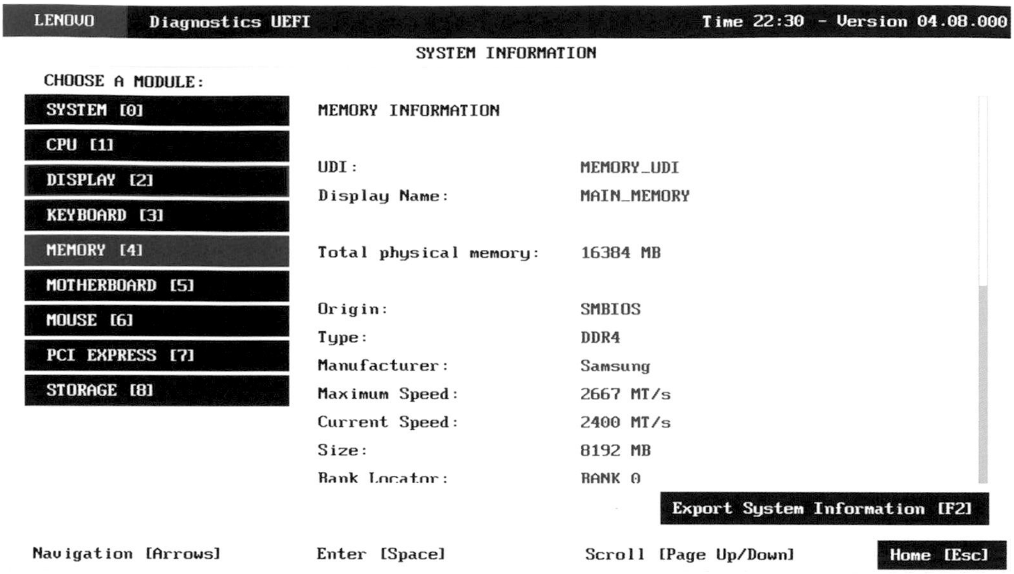

LENOVO　Diagnostics UEFI　Time 22:30 - Version 04.08.000

SYSTEM INFORMATION

CHOOSE A MODULE:

SYSTEM [0]
CPU [1]
DISPLAY [2]
KEYBOARD [3]
MEMORY [4]
MOTHERBOARD [5]
MOUSE [6]
PCI EXPRESS [7]
STORAGE [8]

MEMORY INFORMATION

UDI:	MEMORY_UDI
Display Name:	MAIN_MEMORY
Total physical memory:	16384 MB
Origin:	SMBIOS
Type:	DDR4
Manufacturer:	Samsung
Maximum Speed:	2667 MT/s
Current Speed:	2400 MT/s
Size:	8192 MB
Bank Locator:	BANK 0

Export System Information [F2]

Navigation [Arrows]　Enter [Space]　Scroll [Page Up/Down]　Home [Esc]

ThinkPad所使用的記憶體來自許多供應商，比較講究的使用者會希望加裝的記憶體，或是全部換裝的記憶體都是相同廠牌。如果ThinkPad剛好使用的是Micron（美光）或Samsung（三星）的記憶體模組或顆粒，這兩間原廠有販售自有廠牌的SO-DIMM記憶體模組。

不過三星在台灣並沒有引進盒裝版的SO-DIMM記憶體模組，又或者ThinkPad採用的是hynix（海力士）的顆粒或模組，此時可以購買坊間記憶體模組大廠且採用相同記憶體顆粒的SO-DIMM模組。例如Transcend（創見資訊）的記憶體模組經常採用Samsung的顆粒，而且從包裝上便可直接觀察是否為Samsung的記憶體顆粒（產品料號為「TS」開頭）。創見還有另一個「JetRam」系列的記憶體模組，產品料號為「JM」開頭，雖然價格較低，但記憶體顆粒上面直接標上創見的商標，而非記憶體顆粒廠牌商標，如果在意記憶體顆粒廠牌的使用者，不妨優先考慮產品料號為「TS」開頭的記憶體模組。

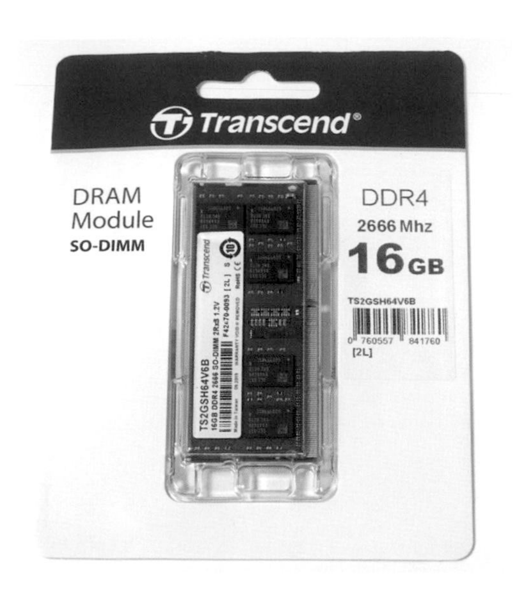

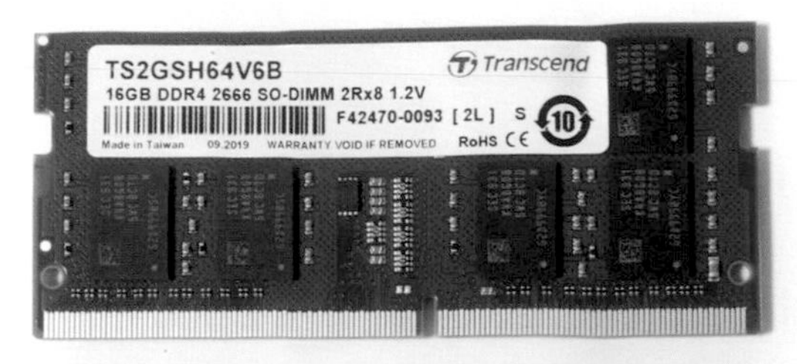

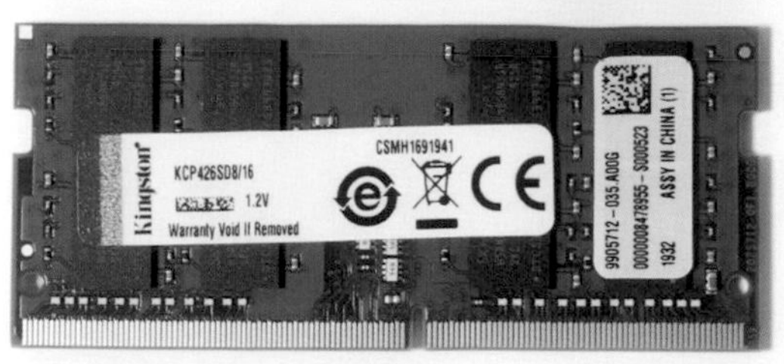

另一間國際知名記憶體模組大廠Kingston（金士頓）則多採用hynix（海力士）或美光（Micron）的記憶體顆粒。比較可惜的是，從外包裝上無法判斷SO-DIMM所使用的記憶體顆粒廠牌。此外，金士頓有推出「品牌專用筆記型電腦記憶體」，售價會比同廠牌的ValueRAM系列高一點。站長購買的便是品牌專用款，拆開包裝後，便可看到記憶體顆粒廠牌的商標（採用Hynix顆粒）。

2019年推出的ThinkPad有的機種可支援單條32GB記憶體模組，目前除了在Lenovo官網購買時加購之外，無論是Kingston（金士頓）或是Transcend（創見資訊）都尚未販售零售版的32GB SO-DIMM記憶體模組。

2020年推出的ThinkPad將大量採用DDR4-3200記憶體（雖然實際上只跑DDR4-2666），但截至本書付梓前，有推出DDR4-3200 SO-DIMM記憶體模組的大廠不多，Transcend（創見資訊）尚未開賣，Kingston（金士頓）的ValueRAM版本坊間還沒鋪貨，只有Crucial（Micro美光旗下品牌）的盒裝版DDR4-3200 SO-DIMM模組能在零售通路購得。

如何安裝記憶體模組

在加裝或更換SO-DIMM記憶體模組之前，請務必熟讀文件上的指示，或是觀看官方提供的教學影片。之前已詳述過如何更換M.2 SSD，安裝記憶體模組也是三個步驟：

（1）關閉主機內建的電池

（2）打開底殼（D-Cover）

（3）安裝記憶體模組

請根據官方資料（使用手冊、硬體維修手冊、教學影片等）先找到記憶體插槽位置。有的機種在記憶體插槽上方會覆蓋一層黑色的聚酯膠膜（Mylar）片，請先翻開黑色膠膜片。

如果主機內已事先安裝SO-DIMM記憶體模組，此時需要將舊的記憶體取出。方法是同時向外拉動模組兩側的金屬卡榫（Latch），此時記憶體模組會解鎖向上彈起，直接取出即可。

記憶體插槽有防呆設計，因此DDR4 SO-DIMM記憶體模組的金屬接口（俗稱金手指）會有對應的缺口。當安裝記憶體模組時，將金屬接口對準記憶體插槽，並以大約20度的角度，將記憶體模組裝入插槽內。接著再將記憶體模組向下按壓，如果安裝程序正確，此時模組兩側的金屬卡榫（Latch）會自動扣住。最後才將底殼裝上、插上變壓器並啟動電腦。

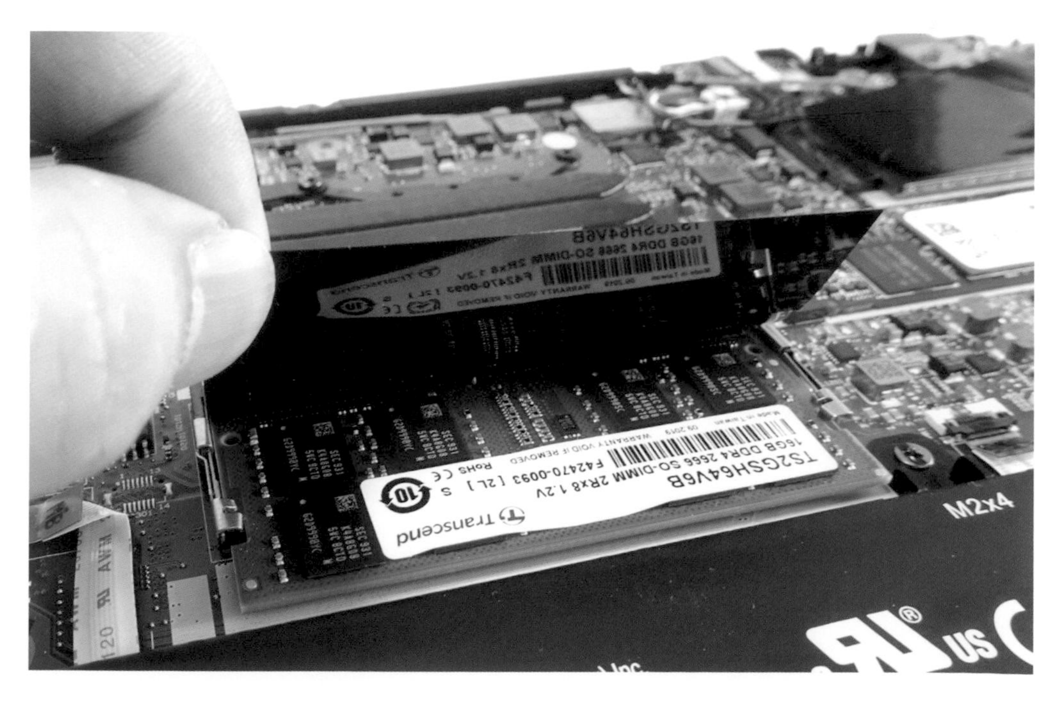

4. 加裝WWAN網卡

ThinkPad與坊間許多消費型筆電，或是自稱為商用筆電的差別點之一，在於ThinkPad提供內建WWAN（Wireless wide area network）連網功能。ThinkPad的WWAN功能從過去的WiMAX或3G行動通信，現在已經提升為4G行動通信。

要讓ThinkPad能夠直接透過4G SIM卡網卡，在主機這邊有三要件必須符合：

- 需內建WWAN天線
- 需內建WWAN網卡
- 需內建SIM卡插槽（包含SIM卡托架）

其實最快擁有完整WWAN功能的方式，就是直接到官網透過客製化方式訂購新主機，並將WWAN功能加進去；或是透過經銷商購入內建WWAN功能的機種。

但有的ThinkPad在出廠時已經安裝好WWAN天線，主機板也有內建SIM卡插槽，此時只差一張WWAN網卡，此類型態的ThinkPad被稱為「WWAN Ready」，客戶可以自行加裝該型號專用的4G網卡，讓主機搖身一變具備隨時可4G上網的狀態。

WWAN網卡規格簡述

ThinkPad所使用的WWAN網卡係安裝於M.2插槽，尺寸為2242或3042，但都同樣為B-Key設計，能夠插入Socket 2規格的M.2插座上。某些ThinkPad機種還可以將WWAN網卡的M.2插槽改安裝2242規格的M.2 SSD。

2018年起推出的ThinkPad開始使用Fibocom公司的WWAN網卡，主力網卡型號為L850-GL（使用Intel XMM 7360平台），支援LTE-A Cat9與3CA規格，LTE FDD下載理論最高速率可達450Mbps，上傳理論最高速率則為50Mbps。無論是出廠時預載或是做為原廠零售的選購周邊，都可以見到Fibocom L850-GL。

2019年時ThinkPad特別針對X1 Carbon Gen 7與T490這兩款機種，

提供了更高速的WWAN選擇，在官網客製化或透過經銷商訂購時，有機會選擇Fibocom公司的L860-GL（使用Intel XMM 7560平台）WWAN網卡，不但支援LTE-A Cat16與5CA規格，下載理論最高速率更可達1Gbps，上傳理論最高速率則為150Mbps（Cat13與2CA規格）。但真正能發揮L860-GL速率的其實是T490，因為主機內建了4x4 MIMO天線，而X1 Carbon Gen 7只有2x2 MIMO天線。比較可惜的是，原廠並沒有開放L860-GL網卡作為零售周邊，因此只能在出廠時就預先配置好。

2020年時，原廠終於將L860-GL WWAN網卡提供給其他機種使用，除了原本的X1 Carbon Gen8、T14之外，還增加了T14s、X13、X13 Yoga與T15，但必須是出廠時就預先安裝妥，原廠尚未販售盒裝版的L860-GL WWAN網卡。

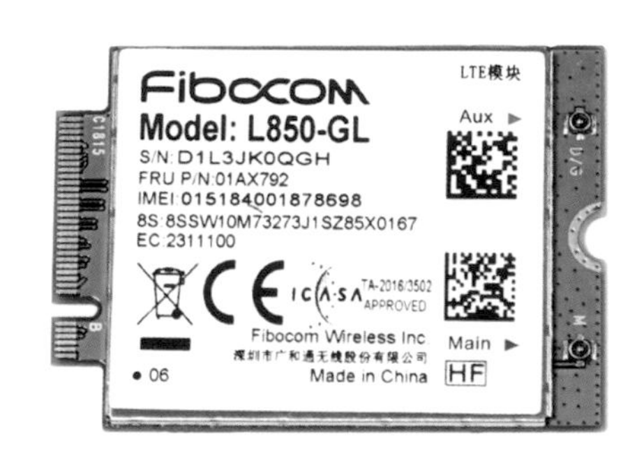

其實ThinkPad過去也曾提供過Fibocom公司的L830-EB（使用Intel XMM 7262平台）WWAN網卡，但由於僅支援LTE Cat6規格，且支援的頻段數量較少，雖然有開放周邊零售，但與規格更完整的L850-GL相比時，就較為遜色了。L830-EB在2020年也逐漸被L850-GL取代。

如何選購WWAN網卡

在加裝WWAN網卡前，使用者最好先確認主機是否已內建WWAN天線，免得白花錢了。由於從外觀上或作業系統中，無法判斷是否有內建WWAN天線，因此最保險的作法仍是直接打開機殼親自確認。

使用者先根據官方資料（使用手冊、硬體維修手冊、教學影片等）確認WWAN M.2插槽位置後，請檢視是否預留橘紅色與藍色的WWAN天線，如果有便代表該主機可以加裝WWAN網卡。曾有網友詢問，如果沒有，是否能自行加裝WWAN天線。站長並不建議使用者自行加裝

WWAN天線，主要原因是原廠並沒有以周邊設備的形式販售WWAN天線，使用者缺乏正常的購入管道；其次則是WWAN天線如果安裝於LCD上方，安裝手續會非常複雜。但如果使用者是基於個人興趣，不妨熟讀原廠硬體維修手冊後，想辦法購入WWAN的天線與網卡，這也是ThinkPad的進階DIY醍醐味之一。

除了要留意主機是否已預埋WWAN天線之外，WWAN網卡也是ThinkPad所有硬體周邊中，限制最嚴格的。如果安裝了型號不正確的WWAN網卡，開機就會出現錯誤訊息，提醒使用者主機正安裝一張未經認證過的網卡，必須關機並移除後，才能順利進入作業系統。

```
1802: Unauthorized network card is plugged in - Power off and remove the network
 card (8086/7360/1CF8/8521).

System is halted
```

因此曾有網友購買了其他廠牌的WWAN網卡，雖然使用的晶片與ThinkPad網卡相同，但並非ThinkPad原廠網卡，因此同樣會被系統拒絕。然而即使是ThinkPad所使用的不同款原廠WWAN網卡，仍有相容性限制。基本上每台ThinkPad能支援的WWAN網卡都採白名單方式進行管控，必須是支援列表上的原廠網卡才能順利安裝並啟用。

針對2018年之後推出的ThinkPad「WWAN Ready」機種，原廠以周邊設備（Options）形式發售了幾款WWAN網卡，其中最常見的就是「ThinkPad Fibocom L850-GL CAT9 WWAN Module」，產品料號為「4XC0R38452」。從產品名稱便能了解這是一張Fibocom L850-GL的WWAN網卡。雖然還有另一張採用Fibocom L830-EB的網卡周邊，但規格稍弱，故較不推薦。

「ThinkPad Fibocom L850-GL CAT9 WWAN Module」網卡只能支援下列機種，至於2020年推出的WWAN Ready機種是否也能支援，本書付梓前尚無法確認。

（1）L系列	（2）P系列	（3）T系列	（4）X系列
• L480 • L490 • L570 • L580 • L590	• P43s • P51s • P52 • P52s • P53 • P53s	• T480s • T490 • T490s • T580 • T590	• X280 • X380 Yoga • X390 • X390 Yoga • X395 • X1 Carbon 6th

比較特殊的是ThinkPad X1 Carbon Gen 7，雖然支援Fibocom L850-GL與L860-GL兩張網卡，但原廠並沒有提供Fibocom L860-GL零售版網卡，所以當ThinkPad X1 Carbon Gen 7是WWAN Ready機種時，就只能安裝Fibocom L850-GL。但不知何故，原廠特別為ThinkPad X1 Carbon Gen 7推出專用的Fibocom L850-GL盒裝版周邊，名稱為「ThinkPad Fibocom L850-GL CAT9 WWAN Module II」，產品料號為「4XC0V98510」

如果故意將另一張原廠盒裝版的Fibocom L850-GL（產品料號：4XC0R38452）裝入ThinkPad X1 Carbon Gen 7，開機仍會出現警告畫面，必須拆除網卡後才能進入作業系統。

如果使用者的WWAN Ready機種剛好是T490s、X390或X395，除了要加裝WWAN網卡之外，Nano SIM卡的托架可能也需要更換。由於T490s、X390或X395的Nano SIM卡與Micro SD記憶卡共用同一個插槽，但WWAN Ready機種所附上的托架只保留Micro SD記憶體卡的空間，另一側的Nano SIM卡位置則是被填滿的。此時就需要加購「ThinkPad Slim Try for WWAN Card」（產品料號：4XF0X58466），其實就是一個二合一拖架，可同時擺放Nano SIM卡與Micro SD記憶卡。

Fibocom L850-GL網卡主要提供給2018年之後的機種使用，至於2017年之前的ThinkPad，目前原廠仍持續販售供WWAN Ready機種升級的網卡是「ThinkPad EM7455 4G LTE Mobile Broadband」（產品料號：4XC0M95181）。這張網卡支援LTE Cat4 2CA規格，下載理論最高速為300Mbps，上傳理論最高速為50Mbps。

「ThinkPad EM7455 4G LTE Mobile Broadband」網卡只能支援下列機種：

（1）L系列	（2）P系列	（3）T系列
• L460 • L470 • L560 • L570	• P50 • P50s • P51 • P51s • P70 • P71	• T460 • T460p • T460s • T470 • T470p • T470s • T560 • T570 • TP25（Retro ThinkPad）

（4）X系列	（5）A系列	
• X260 • X270 • X1 Carbon Gen4 • X1 Carbon Gen5	• A475	

如何安裝WWAN網卡

站長同樣提醒一下，在加裝WWAN網卡之前，請讀者務必熟讀文件上的指示，或是觀看官方提供的教學影片。安裝WWAN網卡也是三個步驟：

（1）關閉主機內建的電池

（2）打開底殼（D-Cover）

（3）安裝WWAN網卡

請使用者根據官方資料（使用手冊、硬體維修手冊、教學影片等）先找到WWAN插槽位置。通常上方會覆蓋一層黑色的聚酯膠膜（Mylar）片，請先翻開黑色膠膜片。

接著卸下鎖孔的螺絲，並將橘紅色及藍色的天線從黑色膠帶上取出，同時拔除天線接頭上面的塑膠保護套。

然後將WWAN網卡（有天線接頭那面朝上）以大約20度角插入M.2插槽內。完成後將網卡向下壓，如果有順利連結，WWAN網卡的半圓形缺角應該會剛好密合安裝鎖孔，接著請鎖上螺絲。最後則是接上天線，請務必將橘紅色天線的接頭連接到WWAN網卡上的「Main」（主天線）接頭；藍色天線的接頭則接到「Aux」（輔助）接頭，網卡上有標示橘紅色與藍色箭頭，方便使用者判別。

WWAN網卡安裝完成後，請將底殼裝上。最後一個步驟則是取出Nano SIM卡托架，並將Nano SIM卡安裝妥後，將拖架放回主機內。曾有網友購買了網拍上面的ThinkPad原廠網卡，但並非盒裝零售版，而是散裝從別的主機上拆下來的。雖然都可以順利開機、進入作業系統，但安裝了自己的4G SIM卡後，就是無法順利透過4G門號上網。主要原因是，那張原廠WWAN卡有「鎖定特定電信公司的SIM卡」，例如AT&T或Verizon等，自然無法支援網友自備的SIM卡。所以站長仍建議購買原廠盒裝零售版的WWAN網卡才保險。

關於上網SIM卡，原廠曾發布「HT509499號」技術文件，提醒使用者，如果ThinkPad有安裝SIM卡時，在進行系統映像檔備份或還原作業時，「務必」先將SIM卡取出，避免備份過程中，WWAN網卡驅動程式試圖下載SIM卡所屬電信業者的專屬版本韌體，但備份中途系統一但強制重開機，會導致WWAN網卡韌體更版作業中斷，接著WWAN網卡就變成磚塊了……。這點還請網友多加留意。

第五章

ThinkPad擴充周邊介紹

消費型筆電與商用筆電的其中一項差別點，在於商用筆電的「擴充周邊」相當多樣化。如果將消費型筆電比喻為一艘郵輪，那商用筆電搭配各式周邊的陣容，幾乎堪比「航母戰鬥群」了。ThinkPad身為商用筆電的王者，自然也有非常多種的擴充周邊供客戶選購。由於全部品項種類太多了，站長挑選了幾項具代表性的周邊配備向讀者介紹。

1. 擴充底座（Dock）

ThinkPad推出的各項周邊裝置中，「Dock/Docking Station」（擴充底座，也稱為擴充基座、擴充塢等）無疑是與主機運作最息息相關，甚至可說是商務筆電的代表性周邊。可能有讀者不清楚擴充底座的用途，主要有兩項：

（1）提供更豐富的連接埠，例如目前ThinkPad主機通常配備兩個USB 3.1 Type-A與兩個USB 3.1 Type-C接頭，而且其中一個Type-C接頭還得拿來接變壓器，再加上主機越來越輕薄，內建RJ45乙太網路孔的機種也越來越少。如果使用者經常需要在定點（辦公室、家裡、宿舍）使用ThinkPad，同時還需要外接多項周邊裝置時，添購一個擴充底座可有效增加各式連接埠數量。

（2）擔任「集線器」的角色，假設使用者需要經常將ThinkPad從公司或家裡攜出，每次回到座位上就必須再將電源線、網路線、音源線、各種USB連接線逐一插回主機，等到下次要將ThinkPad帶走時又要通通拔掉，非常麻煩、費時。透過擴充底座，上述的各種線材只需要全部接到底座上，將ThinkPad往擴充底座輕鬆一放，就完成過去繁瑣的接線動作。要將主機帶走時也可輕鬆將ThinkPad從擴充底座上取走，省去拔掉各種線材的時間。

早期的個人電腦架構由於外接式連接埠的傳輸速度有限，同時為了節省空間，ThinkPad一開始便採用位於機體底部的特殊接頭，以主機在上、Dock在下的模式相互連接，現在我們稱呼此類的Dock為「Mechanical Dock」（機械式擴充底座）。然而隨著筆電的日益追求輕薄化，同時外接式連接埠也開始高速化發展，僅使用一條傳輸線與主機相連的「Cable Dock」（纜線式擴充底座）開始普及起來。本章節將介紹三款機械式底座與四款纜線式底座。

擴充底座在商用筆電的世界中由來已久，對於商務人士甚至是一般使用者都是非常便利。只是設計一款能夠支援擴充底座的筆電，需要考慮的事項很多，特別是機械式底座，還牽涉到接頭設計、機身強度等。所以現在只有ThinkPad仍堅持持續研發機械式底座，其他商用筆電原廠不是改用纜線式底座（例如USB-C Dock或是Thunderbolt 3 Dock），就是僅販售舊一代的機械式底座。

坊間也不乏其他廠商推出的纜線式底座，跟ThinkPad推出的原廠底座相比時，原廠的纜線式底座，甚至是機械式底座有下列兩項優勢：

（1）擴充底座的電源鈕可與ThinkPad連動：當ThinkPad螢幕闔上時（無法按ThinkPad主機上的電源鍵），此時只要按下擴充底座的電源鍵，就可同步啟動ThinkPad電源（螢幕闔上時也無法使用Palmrest上的指紋辨識器，所以原廠有另外推出搭載指紋辨識器的外接滑鼠）。很多使用者回到座位，將ThinkPad連上擴充底座之後，ThinkPad螢幕都沒有打開過，因為完全靠擴充底座外接螢幕、鍵盤跟滑鼠，等於將ThinkPad當成「Desktop Replacement」桌機替代品來使用。隨著Thunderbolt 3 Dock的推出，現在甚至可以外接獨立顯示卡，讓ThinkPad擁有前所未有的繪圖效能擴充彈性。

（2）支援ThinkPad網卡MAC（Media Access Control）address的Pass Through功能：每張網路卡都會有自己的MAC address位置，當企業在管理內部網路時，有時候會透過網卡上的MAC address進行一些政策管理。擴充底座上面也有內建網路晶片，自然也有自己的MAC address，但ThinkPad在BIOS裡面可以啟動網卡MAC address的「pass through」功能，此時擴充底座宣告的網卡MAC address就會是ThinkPad主機上的，而不是擴充底座本身網卡的。所以很明顯地，這是針對企業客戶所提供的功能，而非消費客戶。

Mechanical Dock（機械式底座）

在USB 3.1 Gen2日益普及的時代，ThinkPad是唯一的商用筆電，可支援內建USB 3.1 Gen2（10Gbps）高速連接埠的機械式底座。以往的ThinkPad機械式底座採用「垂直合體」的運作形式，並且需要在主機底部提供專用的底座連接器。然而隨著主機厚度越來越薄，已經沒有足夠的厚度可相容舊式底座的設計，畢竟傳統的機械式底座連接器高度，已經無法適應現在筆電機身厚度。在這樣的脈絡下，「Side Docking」（側邊連接底座）機構便應運而生。

2018年推出的CS18（Cleansheet 2018）世代三款機械式底座均採用側邊連接設計，其中一個好處就是讓超薄機種，例如讓X1 Carbon Gen6也終於能夠支援機械式底座了。第二個好處就是ThinkPad主機底部不用再開孔保留給底座連接器使用，所以主機底部的外觀也能夠顯得更簡潔。此外，新的底座連接器均使用主機上的USB Type-C以及乙太網路接頭，此時主機不需要額外提供專屬的底座接頭，這對於節省主機側邊空間幫助很大。

CS18世代的三款機械式底座屬「Common Dock（各機種共用）」設計，可同時給T/X/X1/L-Series使用，且包含12.5吋、13.3吋、14吋或是15.6吋的機種。但也由於各機種的尺寸不同，導致與機械式底座連接時，角度會有所不同。此時底座的連接器就必須配合各機種，進行5度至8度的角度調整。

為了避免ThinkPad連上底座時，被使用者不慎硬拔起來，原廠在CS18世代的機械式底座加入了「閂（Kannuki）」崁合結構，在不影響主機底部內側的零件排列下，可將底座鎖住主機的底殼（D-Cover），並且承受一定的拉拔施力。

CS18世代的三款機械式底座在外型上都雷同，主要的差異點還是在連接埠的種類及數量。接下來分別介紹三款底座的功能與規格：

（1）ThinkPad Basic Docking Station

產品介紹：

ThinkPad Basic Docking Station是三款機械式底座中的入門基本版，提供了四個USB接頭（兩個是USB 3.1 Gen1，另外兩個是USB 2.0），以及兩個顯示器接頭（一個是DisplayPort，另一個為VGA，但只能擇一輸出）。

如果使用者需要外接的USB周邊數量不多，而且僅需要外接一台電腦螢幕時，ThinkPad Basic Docking Station便可滿足需求。透過DisplayPort仍可輸出4096x2160@60Hz高解析度畫面。

ThinkPad Basic Docking Station包裝盒內會提供一個90W變壓器（採用方形電源接頭），當擴充底座幫ThinkPad充電時，系統會視為以65W變壓器充電中。

ThinkPad Basic Docking Station左側雖然有保留鑰匙鎖頭（Key Lock）的安裝孔位，但鎖頭與鑰匙並未附上需另外購買，原廠稱為「ThinkPad Docking Station Master Key Lock」，產品料號為「4XE0Q56388」。

擴充底座上支援Always-on功能的USB接頭，其功用是讓擴充底座即使未連接上ThinkPad主機，也能幫行動裝置充電。

由於ThinkPad Basic Docking Station仍未內建HDMI接頭，使用者如果想從DisplayPort轉接為HDMI時，請記得購買主動式（Active）DisplayPort to HDMI Adapter轉接器，或是購買原廠推出的「Lenovo DisplayPort to HDMI 2.0b Adapter」轉接線（產品料號為4X90R61023）。

產品名稱	ThinkPad Basic Docking Station
產品料號	40AG0135TW（台灣版）
產品尺寸	・長度：378.0mm ・寬度：159.0mm ・高度：54.1mm
產品重量	0.74kg
產品支援網址	https://support.lenovo.com/us/en/solutions/pd500172

連接埠介紹：

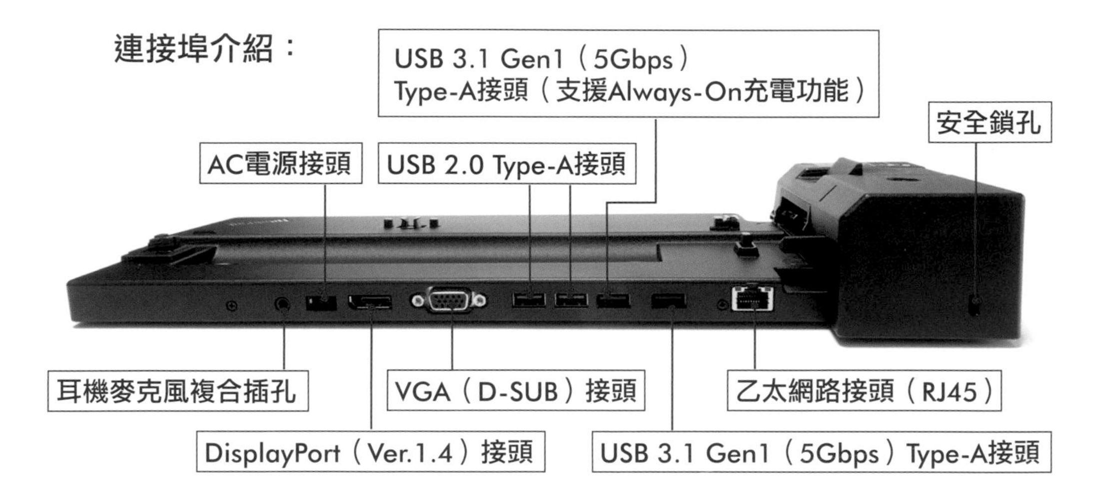

視訊接頭	1×DisplayPort 1.4 1×VGA
USB接頭	2×USB 3.1 Gen1（5Gbps）Type-A，其中一個支援Always-on充電功能） 2×USB 2.0 Type-A
音訊接頭	1×3.5 mm耳機麥克風複合插孔
網路接頭	1×RJ45（Gigabit Ethernet）

外接螢幕解析度矩陣表：

	DisplayPort	VGA
外接一台螢幕	4096*2160@60Hz	
		2048*1536@85Hz

（2）ThinkPad Pro Docking Station

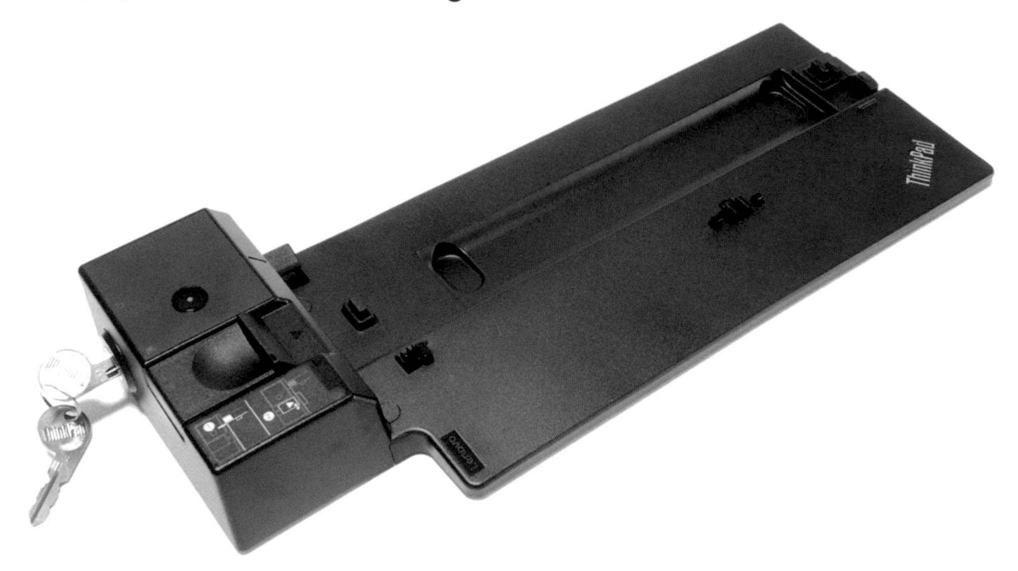

產品介紹：

ThinkPad Pro Docking Station相較於Basic Docking Station，提供了更多的USB接頭數量與種類（共六個）。雖取消了VGA接頭，但改提供兩個DisplayPort，且可同時輸出畫面。因此Pro Docking Station適合USB周邊數量較多，或是需要同時外接兩台螢幕的使用者。

只是ThinkPad Pro Docking Station在三款機械式底座中，屬於中階產品，因此在規格上仍與最高階的「ThinkPad Ultra Docking Station」有所區隔。例如Pro Docking Station仍不支援USB 3.1 Gen2（10Gbps）高速傳輸。

ThinkPad Pro Docking Station開始提供一個USB 3.1 Gen1 Type-C接頭，同時還內建三個USB 3.1 Gen1 Type-A接頭（其中一個支援Always-on充電功能），與兩個USB 2.0 Type-A接頭。如果使用者並無支援USB 3.1 Gen2規格的高速周邊，Pro Docking Station的USB接頭數量仍是夠用的。Pro Docking Station的USB 3.1 Gen1 Type-C接頭僅提供資料傳輸之用，無法用來輸出影像資料，也不支援USB Power Delivery協定而無法擔任電源接頭。

ThinkPad Pro Docking Station包裝盒內改提供一個135W變壓器（採用方形電源接頭），當擴充底座幫ThinkPad充電時，系統會視為以85W變壓器充電中。此外，包裝盒內也會提供兩把鑰匙，搭配擴充底座左方的鑰匙鎖。

ThinkPad Pro Docking Station也沒有內建HDMI接頭，使用者如果想從DisplayPort轉接為HDMI時，不用刻意購買主動式（Active）轉接器。根據站長實測，ThinkPad Pro Docking Station不支援原廠推出的「Lenovo DisplayPort to HDMI 2.0b Adapter」轉接線（產品料號為4X90R61023），使用者可改購其他廠商推出的DisplayPort轉HDMI的轉接線。

雖然ThinkPad Pro Docking Station提供兩個DisplayPort接頭，但只能在外接「一台」螢幕時可以輸出4096×2160@60Hz，同時連接兩台螢幕時，每台只能輸出4096×2160@30Hz。但至少可以同時輸出2560×1440@60Hz，這能夠滿足大多數辦公室的外接螢幕解析度與更新率。

產品名稱	ThinkPad Pro Docking Station
產品料號	40AH0135TW（台灣版）
產品尺寸	・長度：378.0mm ・寬度：159.0mm ・高度：54.1mm
產品重量	0.765kg
產品支援網址	https://support.lenovo.com/us/en/solutions/pd500174

連接埠介紹：

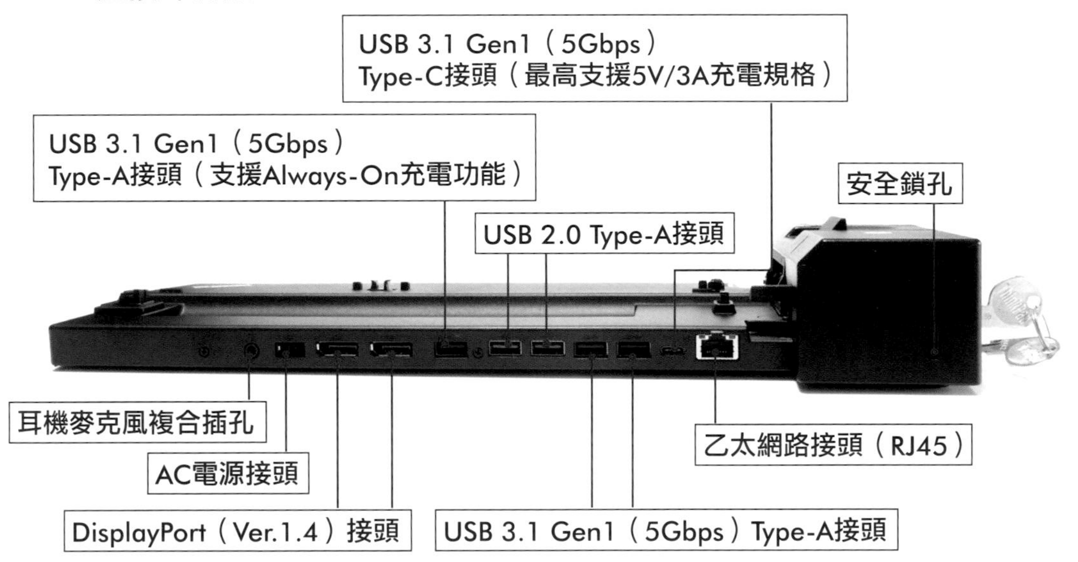

視訊接頭	2×DisplayPort 1.4
USB接頭	1×USB 3.1 Gen1（5Gbps, 5V/3A power）Type-C 3×USB 3.1 Gen1（5Gbps）Type-A，其中一個支援Always-on充電功能） 2×USB 2.0 Type-A
音訊接頭	1×3.5 mm 耳機麥克風複合插孔
網路接頭	1×RJ45（Gigabit Ethernet）

外接螢幕解析度矩陣表：

	DisplayPort	DisplayPort
外接一台螢幕	4096*2160@60Hz	
		4096*2160@60Hz
外接兩台螢幕	4096*2160@30Hz	4096*2160@30Hz

（3）ThinkPad Ultra Docking Station

產品介紹：

ThinkPad Ultra Docking Station作為CS18世代三款機械式底座中的最高階機種，不僅融合了前兩款的接頭種類，同時將USB傳輸速率提升為USB 3.1 Gen2（10Gbps），使得Ultra Docking Station擁有最多的接頭數量、種類，也是融合了支援USB 3.1 Gen2與三螢幕輸出的集大成之作。

ThinkPad Ultra Docking Station捨棄了傳統低速的USB 2.0接頭，直接配備四個USB 3.1 Gen2 Type-A接頭（其中一個支援Always-on充電功能），以及兩個USB 3.1 Gen2 Type-C接頭。這代表Ultra Docking Station內建的六個USB接頭均為10Gbos高速傳輸規格。

Ultra Docking Station的USB 3.1 Type-C接頭僅支援資料傳輸功能，無法用來傳輸影像資料，或擔任電源輸入接頭。

ThinkPad Ultra Docking Station比起其他兩款機械式底座，增加了HDMI 2.0接頭，因此除了兩個DisplayPort接頭之外，當外接一台螢幕時，也可以直接透過HDMI接頭輸出4096×2160@60Hz。但ThinkPad Ultra Docking Station並非支援HDMI 2.0b規格，故無法支援HDR螢幕。

雖然ThinkPad Ultra Docking Station最多支援同時外接三台螢幕，但無法達成三台都是4096×2160@60Hz。而且同時外接兩台螢幕時，也只能達成4096×2160@30Hz。所以目前的CS18世代機械式底座仍無法突破同時輸出兩台螢幕4096×2160@60Hz的限制。根據實測，Ultra Docking Station同時外接兩台非4K解析度螢幕時，兩台螢幕解析度最高可達2560×1440@60Hz。

ThinkPad Ultra Docking Station包裝盒內提供一個135W變壓器（採用方形電源接頭），當擴充底座幫ThinkPad充電時，系統會視為以65W變壓器充電中。此外，包裝盒內也會提供兩把鑰匙，搭配擴充底座左方的鑰匙鎖。

產品名稱	ThinkPad Ultra Docking Station
產品料號	40AJ0135TW（台灣版）
產品尺寸	・長度：378.0mm ・寬度：159.0mm ・高度：54.1mm
產品重量	0.81kg
產品支援網址	https://support.lenovo.com/us/en/solutions/PD500173

連接埠介紹：

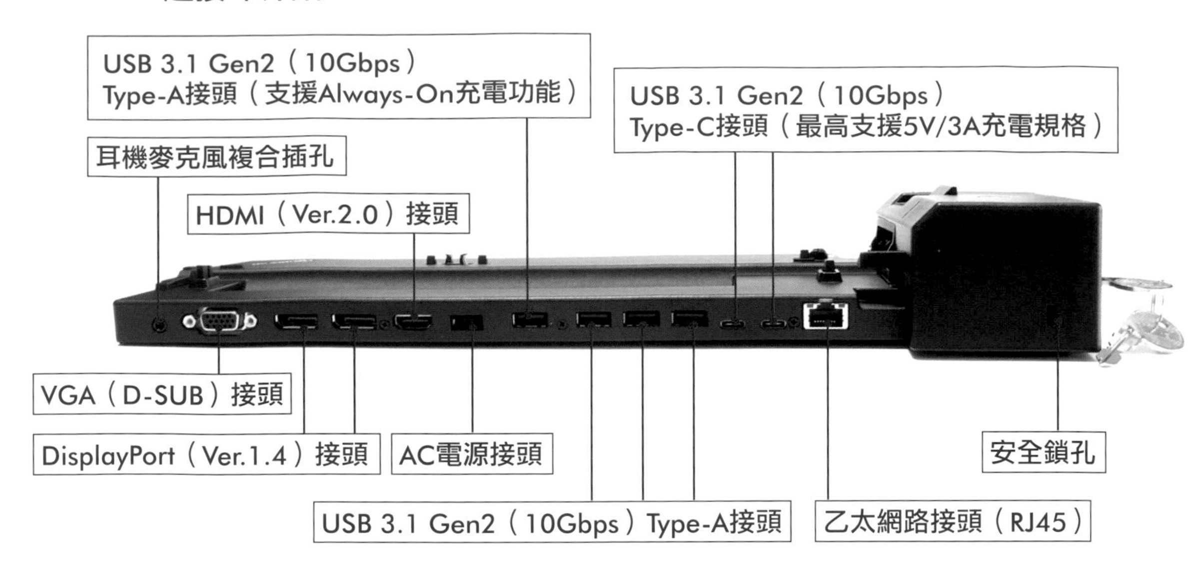

視訊接頭	2×DisplayPort 1.4 1×HDMI 2.0 1×VGA
USB接頭	2×USB 3.1 Gen2（10Gbps, 5V/3A power）Type-C 4×USB 3.1 Gen2（10Gbps）Type-A，其中一個支援Always-on充電功能）
音訊接頭	1×3.5mm耳機麥克風複合插孔
網路接頭	1×RJ45（Gigabit Ethernet）

外接螢幕解析度矩陣表：

	DisplayPort	HDMI	DisplayPort	VGA
外接一台螢幕	4096*2160 @60Hz			
		4096*2160 @60Hz		
			4096*2160 @60Hz	
				2048*1536 @85Hz
外接兩台螢幕	4096*2160 @30Hz	4096*2160 @30Hz		

	4096*2160 @30Hz		4096*2160 @30Hz	
	4096*2160 @60Hz			2048*1536 @85Hz
		4096*2160 @30Hz	4096*2160 @30Hz	
		4096*2160 @60Hz		2048*1536 @85Hz
			4096*2160 @60Hz	2048*1536 @85Hz
外接三台螢幕	4096*2160 @60Hz	1920*1080 @60Hz	1920*1080 @60Hz	
	4096*2160 @30Hz	4096*2160 @30Hz		2048*1536 @85Hz

Thunderbolt 3 Dock

Thunderbolt 3高速傳輸埠的推出，為筆記型電腦的高速擴充性開啟了全新的境界。憑藉著理論最高速40Gbps的威力（USB 3.1 Gne2僅10Gbps），以往難以企及的外接高速SSD RAID或是外接高速顯示卡，如今透過Thunderbolt 3都已可實現。ThinkPad並未推出支援Thunderbolt 3的機械式底座，而是改以「Cable Dock」（纜線式底座）的形式，推出專用的Thunderbolt 3擴充底座。下面將介紹的兩款Thunderbolt 3纜線式底座的本體其實是同一台，差別在於連接線的種類以及變壓器的數量。

（1）ThinkPad Thunderbolt 3 Dock Gen 2

產品介紹：

ThinkPad Thunderbolt 3 Dock Gen 2，從名稱上便能發現這是第二代（2nd Generation）的Thunderbolt 3 Dock。第一代的產品料號是「40AC」開頭，第二代則改為「40AN」開頭，例如Thunderbolt 3 Dock Gen2台灣版產品料號是「40AN0135TW」。

ThinkPad Thunderbolt 3 Dock Gen 2前方提供了兩個高速連接埠，分別是一個Thunderbolt 3（相容USB 3.1 Gen2，故使用USB Type-C接頭），與一個USB 3.1 Gen2 Type-A接頭。相較於機械式底座的USB Type-C接頭只能單純傳輸資料，ThinkPad Thunderbolt 3 Dock Gen 2前方的Thunderbolt 3接頭除了傳輸資料之外，還可輸出影像至外接螢幕，但螢幕也必須內建USB Type-C接頭才行，或是另購USB Type-C轉DisplayPort的轉接線。但持平而論，使用Thunderbolt 3接頭外接螢幕，實在太浪費了，畢竟ThinkPad Thunderbolt 3 Dock Gen 2只有提供一個可外接高速周邊的Thunderbolt 3接頭，主機後方的Thunderbolt 3接頭則是專門用來連接ThinkPad之用。

ThinkPad Thunderbolt 3 Dock Gen 2後方提供了四個USB 3.1 Gen2 Type-A接頭（其中一個支援Always-on充電功能），以及四個影像輸出接頭（兩個DisplayPort與兩個HDMI，但其中一個DisplayPort與HDMI只能二選一，所以最多只能同時外接三台螢幕）。

雖然ThinkPad Thunderbolt 3 Dock Gen2的確支援全速（40Gbps）規格，但由於每款ThinkPad的Thunderbolt 3速度不同，例如T系列與X系列主機上的Thunderbolt 3僅支援半速（20Gbps）規格，即使連接上ThinkPad Thunderbolt 3 Dock Gen2，也不會變成40Gbps規格。旗艦機種的X1系列（例如X1 Carbon或X1 Yoga）才有配備全速的Thunderbolt 3。另一方面，L系列（例如L14、L13）與E系列（例如E14、E15）雖然沒有搭載Thunderbolt 3功能，但ThinkPad Thunderbolt 3 Dock Gen2仍可支援這兩個系列機種，只是僅透過USB 3.1 Type-C方式，而非Thunderbolt 3功能了。

ThinkPad Thunderbolt 3 Dock Gen2根據ThinkPad是否搭載Thunderbolt 3連接埠，而有不同的多螢幕輸出解析度。站長以T490為例，這台的確有Thunderbolt 3連接埠，但在主機螢幕開啟的狀態下，是無法做到同時外接兩台4K@60Hz螢幕的，如果刻意外接兩台4K螢幕，此時螢幕更新率只有30Hz。但站長另外使用X1 Carbon Gen6實測時，發現只要其中一台螢幕使用USB-C訊號輸入（也就是從ThinkPad Thunderbolt 3 Dock Gen2前方的Thunderbolt 3連接埠連接到螢幕），是可以實現兩台外接螢幕都是4K@60Hz，而且此時主機螢幕也是開啟的。站長也發現，即使是有內建Thunderbolt 3的T490，如果Thunderbolt 3 Dock Gen2接到T490機身左側的USB 3.1 Type-C Gen1連接埠，此時所外接的兩台螢幕，只能有一台是4K@60Hz，另一台最高階析度只能到Full HD。

市售電腦螢幕要能夠支援USB-C輸入較為罕見，而且會占用到Thunderbolt 3 Dock Gen2唯一的Thunderbolt 3連接埠，其實實用性偏低。如果使用者非常需要外接兩台4K@60Hz螢幕，反而購買接下來會介紹到的ThinkPad Hybrid USB-C and USB-A Dock，可能是更理想的選擇，因為就算是T490也可以只靠ThinkPad Hybrid USB-C and USB-A Dock上面的兩個DisplayPort而外接4K@60Hz螢幕。

Thunderbolt 3 Dock Gen2在支援Thunderbolt 3的ThinkPad上，可以實現同時外接三台螢幕（但此時主機螢幕要關閉），而且都是Full HD@60Hz。這點的確是ThinkPad Hybrid USB-C and USB-A Dock所不及的。

產品名稱	ThinkPad Thunderbolt 3 Dock Gen 2
產品料號	40AN0135TW（台灣版）
產品尺寸	・長度：220mm ・寬度：80mm ・高度：30mm
產品重量	0.525kg
產品支援網址	https://support.lenovo.com/us/en/solutions/pd500265

連接埠介紹：

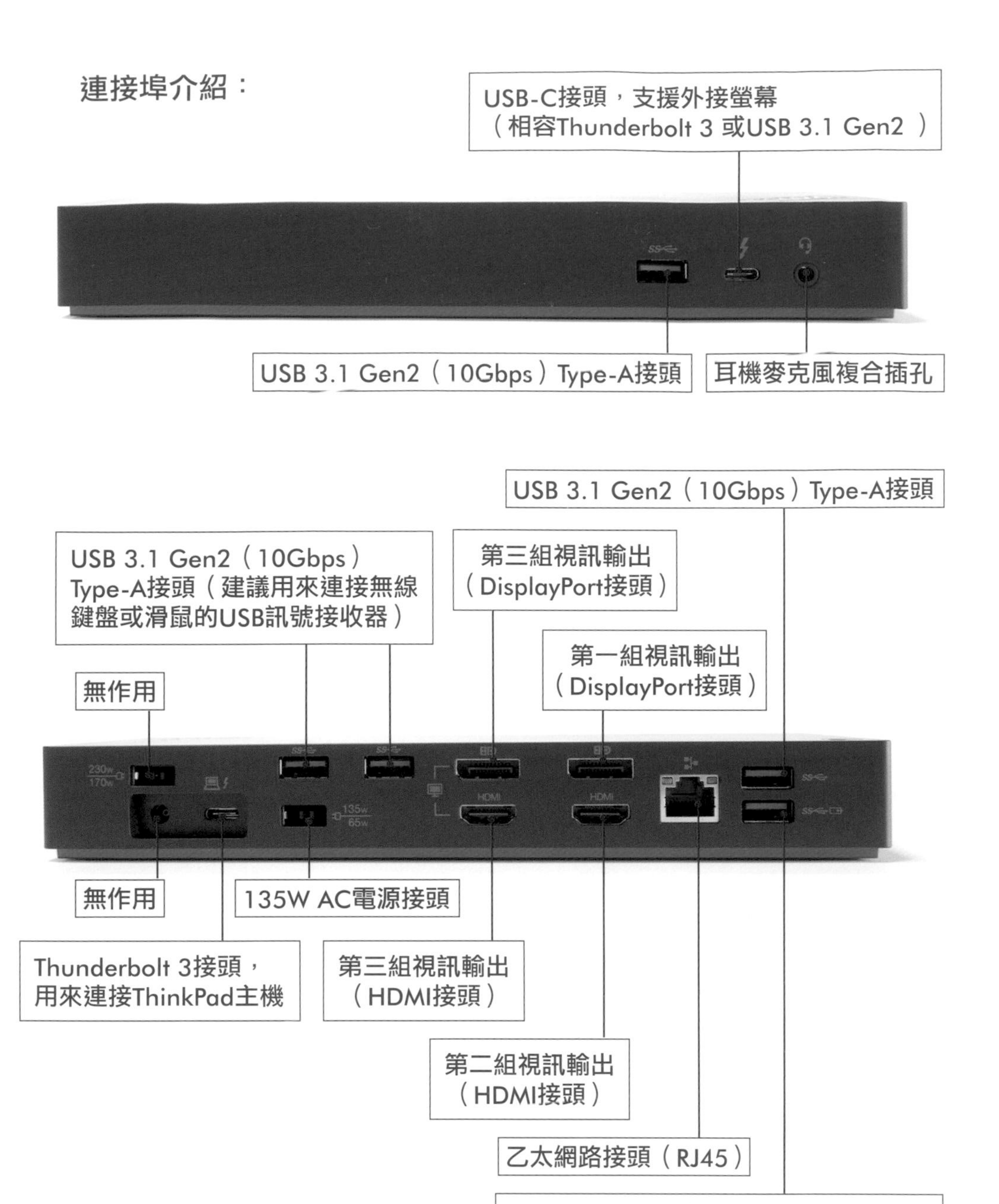

Thunderbolt 3 Dock Gen2的本體跟「ThinkPad Thunderbolt 3 Workstation Dock」其實是一樣的，差別只在於「ThinkPad Thunderbolt 3 Workstation Dock」必須同時安裝「兩個變壓器」，並使用特製的傳輸線用來連接P-Series。而Thunderbolt 3 Dock Gen2出廠只會附上一個135W變壓器，並且只需透過一條Thunderbolt 3傳輸線連到ThinkPad即可。

Thunderbolt 3 Dock Gen2背面的左邊，上方有一個AC變壓器接頭，旁邊有標示「230w/170w」，但站長要特別提醒一點，如果將Thunderbolt 3 Dock Gen2的135W變壓器接在這個插頭是無效的。

230w/170w AC變壓器接頭下方有一個圓孔，那個就是給P-Series專用的供電孔，因為USB-C的PD供電規格最高只到100W，而P-Series卻有可能使用到135W/170W/230W供電。所以「ThinkPad Thunderbolt 3 Workstation Dock」隨機附上的連接線，其實就是用一個特製的複合接頭，同時連接（圓形）電源接孔，以及Thunderbolt 3接頭。

Thunderbolt 3 Dock Gen2背面左邊的USB-C（Thunderbolt 3）接頭就是用來連接ThinkPad的Thunderbolt 3連接埠，此時要留意的是，一定要用Thunderbolt 3傳輸線。如果網友覺得原廠附的70公分傳輸線不夠長，想購買1.5公尺或是2公尺的Thunderbolt 3時，要特別留意是支援40Gbps或是20Gbps。因為長距離的Thunderbolt 3傳輸線還有傳輸速度的規格限制。

Thunderbolt 3 Dock Gen2背面的USB-C（Thunderbolt 3）接頭右邊是第二個AC變壓器接頭。這個接頭其實才是135W電壓器真正要接的。站長曾測試過，將170W變壓器接在第一個接頭上，然後再將90W變壓器接在第二個接頭上，此時ThinkPad會判定Thunderbolt 3 Dock Gen2「供電不足」（因為第二個變壓器接頭只供電90W，而非135W）而無法幫ThinkPad充電。因此TB3 Dock Gen2使用在一般ThinkPad時，只要使用135W以上的變壓器，而且一定要接在第二個變壓器接頭，不需要去學Thunderbolt 3 Workstation Dock，故意接兩個變壓器。

視訊接頭	2×DisplayPort 2×HDMI 1×Thunderbolt 3（可另擔任資料傳輸用途）
USB接頭	5×USB 3.1 Gen2（10Gbps）Type-A，其中一個支援Always-on充電功能）
音訊接頭	1×3.5mm耳機麥克風複合插孔
網路接頭	1×RJ45（Gigabit Ethernet）

外接螢幕解析度矩陣表：

■搭配內建Thunderbolt 3接頭的ThinkPad機種時：

	筆電內建螢幕	第一組視訊輸出（DisplayPort）	第二組視訊輸出（HDMI）	第三組視訊輸出（DP或HDMI）	Thunderbolt 3	備註
單螢幕顯示	關閉	3840*2160 @60Hz				
	關閉			DP: 3840*2160 @60Hz 或 HDMI: 3840*2160 @60hz		
	關閉		3840*2160 @60Hz			
	關閉				3840x2160 @60hz或5K	僅支援X1 Carbon Gen5或是X1 Yoga Gen2之後的機種，且須使用主機上的TB3接頭
雙螢幕顯示	開啟	3840*2160 @60Hz				
	開啟			DP: 3840*2160 @60Hz 或 HDMI: 3840*2160 @60hz		
	開啟		3840*2160 @60Hz			
	開啟				3840x2160 @60hz	
	關閉	3840*2160 @30Hz		3840*2160 @30Hz		
	關閉		3840*2160 @30Hz	3840*2160 @30Hz		
	關閉	3840*2160 @30hz	3840*2160 @30Hz			

三螢幕顯示	關閉		3840*2160@60Hz		3840*2160 @60Hz	僅支援X1 Carbon Gen5或是X1 Yoga Gen2之後的機種，且須使用主機上的TB3接頭
	關閉		3840*2160 @30Hz	3840*2160 @30hz	3840*2160 @60hz	
	關閉	3840*2160 @30Hz		3840*2160 @30Hz	3840*2160 @60Hz	
	關閉	2560*1600 @60hz	1920*1080 @60hz	1920*1080 @60hz		
	關閉	3840*2160 @30Hz	1920*1080 @60Hz	1920*1080 @60Hz		
	開啟	3840*2160 @30Hz		3840*2160 @30Hz		
	開啟		3840x2160 @30Hz	3840*2160 @30Hz		
	開啟	3840*2160 @30hz	3840x2160 @30Hz			

■搭配僅支援USB Type-C接頭的ThinkPad機種時：

	筆電內建螢幕	第一組視訊輸出（DisplayPort）	第二組視訊輸出（HDMI）	第三組視訊輸出（DP或HDMI）	Thunderbolt 3
單螢幕顯示	關閉	3840*2160 @30Hz			不支援
	關閉			DP: 3840*2160@30Hz或 HDMI: 3840*2160@30hz	
	關閉		3840*2160 @30Hz		
	關閉				
雙螢幕顯示	開啟	3840*2160 @60Hz			
	開啟			DP:3840*2160@30Hz或 HDMI: 3840*2160@30hz	
	開啟		3840*2160 @30Hz		
	關閉	1920*1080 @60Hz		1920*1080 @60Hz	
	關閉		1920*1080 @60Hz	1920*1080 @60Hz	
	關閉	1920*1080 @60Hz	1920*1080 @60Hz		

三螢幕顯示	開啟	1920*1080 @60Hz		1920*1080 @60Hz	
	開啟		1920*1080 @60Hz	1920*1080 @60Hz	
	開啟	1920*1080 @60Hz	1920*1080 @60Hz		

（2）ThinkPad Thunderbolt 3 Workstation Dock Gen2

產品介紹：

ThinkPad Thunderbolt 3 Workstation Dock Gen2如名稱所示，係針對ThinkPad的繪圖工作站而推出的，但身為第二代的Workstation Dock，適用範圍其實已經延伸到其他有配備Thunderbolt 3的ThinkPad，不再侷限於繪圖工作站了。

第一代的ThinkPad Thunderbolt 3 Workstation Dock有推出兩種版本，分別是提供230W變壓器，與170W變壓器的版本。第二代的ThinkPad Thunderbolt 3 Workstation Dock則只有一款，搭配的是230W的變壓器。

無論是第一代或第二代的ThinkPad Thunderbolt 3 Workstation Dock（文後簡稱為ThinkPad TB3 W/S Dock），設備本體在外觀上其實跟ThinkPad Thunderbolt 3 Dock Gen 2（文後簡稱為ThinkPad TB3 Dock Gen2）完全相同。而第二代的TB3 W/S Dock台灣機種的產品料號為「40ANY230TW」

ThinkPad TB3 W/S Dock與ThinkPad TB3 Dock Gen2的差別在於變壓器數量以及所使用的連接線種類。第一代的ThinkPad TB3 W/S Dock使用時必須同時連接「兩個」變壓器，無論是230W或是170W版本，都需要再接上一個65W變壓器，不然無法使用。第二代的ThinkPad TB3 W/S Dock只提供一個230W的變壓器，並搭配特製的電源轉接線：「Slim Tip Y Cable」，一端接230W變壓器，另一端的則分出兩個電源插頭，分別連接Dock主體上的兩個電源接頭。

ThinkPad TB3 W/S Dock另一方面使用特製的連接線，一端連上底座上的特製電源接頭與Thunderbolt 3接頭，另一端則用來同時連接ThinkPad主機上的電源接頭與Thunderbolt 3接頭。第一代ThinkPad TB3 W/S Dock所使用的特製連接線，在ThinkPad主機端只能提供給P系列專用，因為現在的X1/T/X/L/E系列都沒有採用方形電源接頭了。但到了第二代的ThinkPad TB3 W/S Dock，採用了方形電源插頭與Thunderbolt 3插頭可分離的設計（新的連接線稱為：Thunderbolt Split Cable），大幅提升了ThinkPad TB3 W/S Dock Gen2的泛用性。

ThinkPad TB3 W/S Dock Gen2所使用的Thunderbolt Split Cable，在ThinkPad這端的方形電源插頭與Thunderbolt 3插頭靠磁鐵吸力結合，如果要給X1/T/X/L/E系列使用，可輕鬆撥開兩個插頭，並使用Thunderbolt 3進行供電。雖然ThinkPad TB3 W/S Dock Gen2主要訴求是Thunderbolt 3連接能力，但畢竟骨子裡還是一台USB-C Dock，因此並未配備Thunderbolt 3，但有支援USB-C的ThinkPad，在2019年推出的機種（例如E490、L390等）仍可使用ThinkPad TB3 W/S Dock Gen2。

如果使用者不慎遺失了ThinkPad TB3 W/S Dock Gen2的特製電源線或訊號線，也或者是想多買一條，原廠有提供單獨販售，產品料號為：

- ThinkPad Thunderbolt 3 WorkStation Dock Split Cable：4X90U90616
- ThinkPad Workstation Dock Slim Tip Y Cable：4X90U90620

產品名稱	ThinkPad Thunderbolt 3 Workstation Dock Gen2
產品料號	40ANY230TW（台灣版）
產品尺寸	・長度：220mm ・寬度：80mm ・高度：30mm
產品重量	0.525kg
產品支援網址	https://support.lenovo.com/us/en/solutions/pd500333

連接埠介紹：

USB-C接頭，支援外接螢幕（相容Thunderbolt 3 或USB 3.1 Gen2 ）
USB 3.1 Gen2（10Gbps）Type-A接頭
耳機麥克風複合插孔

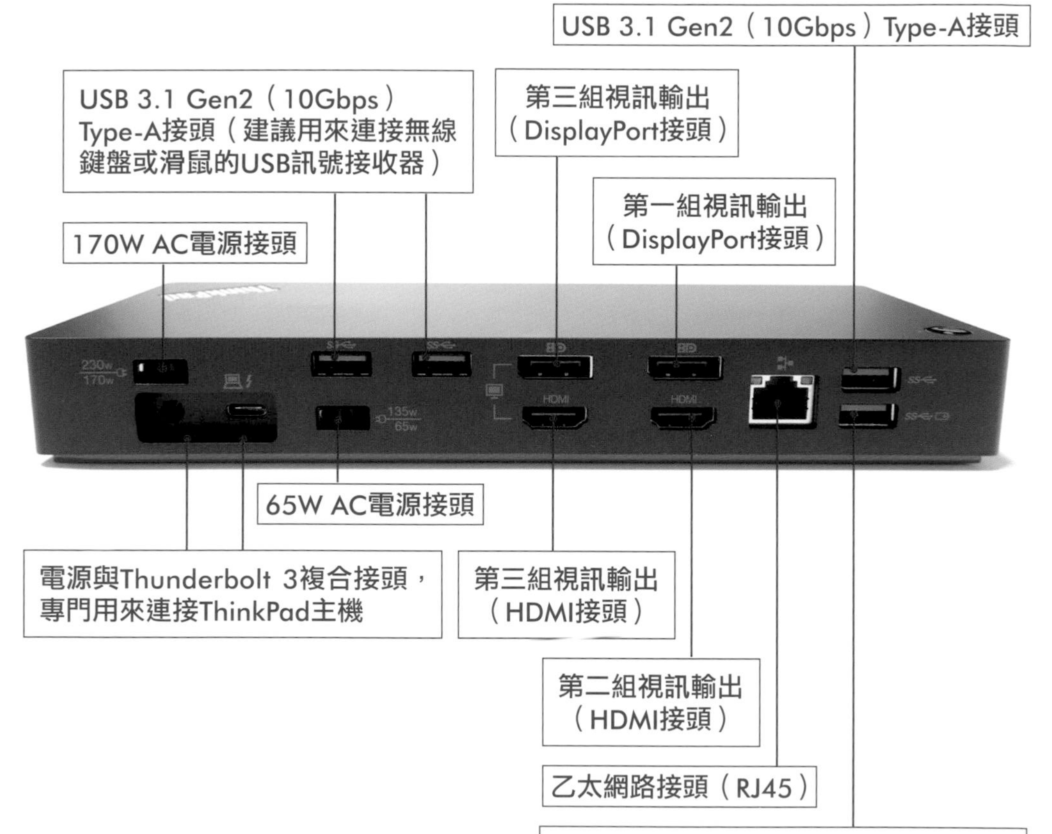

USB 3.1 Gen2（10Gbps）Type-A接頭
USB 3.1 Gen2（10Gbps）Type-A接頭（建議用來連接無線鍵盤或滑鼠的USB訊號接收器）
第三組視訊輸出（DisplayPort接頭）
第一組視訊輸出（DisplayPort接頭）
170W AC電源接頭
65W AC電源接頭
電源與Thunderbolt 3複合接頭，專門用來連接ThinkPad主機
第三組視訊輸出（HDMI接頭）
第二組視訊輸出（HDMI接頭）
乙太網路接頭（RJ45）
USB 3.1 Gen2（10Gbps）Type-A接頭（支援Always-On充電功能）

視訊接頭	2×DisplayPort 2×HDMI 1×Thunderbolt 3（可另擔任資料傳輸用途）
USB接頭	5×USB 3.1 Gen2（10Gbps）Type-A，其中一個支援Always-on充電功能）
音訊接頭	1×3.5mm耳機麥克風複合插孔
網路接頭	1×RJ45（Gigabit Ethernet）

外接螢幕解析度矩陣表：

下表中的資料主要供P系列參考，如果是X1/T/X/L/E系列，請參考ThinkPad Thunderbolt 3 Dock Gen2的規格表。

	筆電內建螢幕	第一組視訊輸出（DisplayPort）	第二組視訊輸出（HDMI）	第三組視訊輸出（DP或HDMI）	Thunderbolt 3	備註
單螢幕顯示	關閉	3840*2160 @60Hz				
	關閉			DP: 3840*2160@60Hz 或 HDMI: 3840*2160@60hz		
	關閉		3840*2160 @60Hz			
	關閉				3840x2160 @60hz 或 5K@60hz	
雙螢幕顯示	開啟	3840*2160 @60Hz				
	開啟			DP: 3840*2160@60Hz 或 HDMI: 3840*2160@60hz		
	開啟		3840*2160 @60Hz			
	開啟				3840x2160 @60hz	
	關閉	3840*2160 @60Hz		3840*2160@60Hz		
	關閉		3840*2160 @60Hz	3840*2160 @60Hz		

	關閉	3840*2160 @60hz	3840*2160 @60Hz			
	關閉	3840*2160@60Hz			3840*2160 @60Hz	
三螢幕顯示	關閉	3840*2160@60hzx1+2560×1440@60Hzx1			3840*2160 @60hz	
三螢幕顯示	關閉	3840*2160 @60Hz	3840*2160 @30Hz	3840*2160 @30Hz		
三螢幕顯示	開啟	2×3840*2160@60Hz				
三螢幕顯示	開啟	3840*2160@60Hz			3840x2160 @60Hz	
四螢幕顯示	關閉	1×3840*2160@60Hz+2×1920*1080@60Hz 或 3×2560*1440@60Hz			3840*2160 @60hz	NVIDIA獨顯機種專用模式
四螢幕顯示	開啟	3840*2160@60Hzx1+3840*2160@30Hzx2				NVIDIA獨顯機種專用模式
四螢幕顯示	開啟	3840*2160@30Hzx2			3840*2160 @60hz	NVIDIA獨顯機種專用模式

USB-C Dock

雖然機械式底座是根據ThinkPad量身訂做，但如果使用者需要使用USB 3.1 Gen2功能，就必須購買最高階的Ultra Docking Station，或是想要同時輸出兩台外接螢幕4K@60Hz時，目前的三款機械式底座卻都辦不到。此時原廠推出的兩款USB-C Dock可分別滿足使用者在預算與功能上的不同需求。

在使用USB-C Dock時，為了發揮最大傳輸效能，務必連接上ThinkPad的USB 3.1 Gen2接頭。因為2019年起採用Intel平台的ThinkPad T、X、L系列雖然主機左側都有兩個USB-C接頭，但靠近機體後方的USB-C僅支援USB 3.1 Gen1（5Gbps）規格；靠近機體前方的USB-C才有支援USB 3.1 Gen2（10Gbps）規格。反倒是2019年起採用AMD平台的ThinkPad T、X系列（例如T495/X395），機體上的兩個USB-C接頭均為USB 3.1 Gen2規格了。

（1）ThinkPad USB-C Dock Gen 2

產品介紹：

ThinkPad USB-C Dock Gen 2，從名稱上便能發現這是第二代（2nd Generation）的USB-C Dock。前後兩代的USB-C Dock最大的不同點在於，第二代開始支援USB 3.1 Gen2（10Gbps）規格，第一代只支援到USB 3.1 Gen1（5Gbps）規格，在視訊輸出埠的種類上也有所不同。第一代的產品料號是「40A9」開頭，第二代則改為「40AS」開頭，例如台灣版是「40AS0090TW」。

ThinkPad USB-C Dock Gen 2最大的賣點就是提供了四個USB 3.1 Gen2連接埠（三個為Type-A，一個為Type-C），而且也是三款Cable Dock中價格最低的，適合「沒有同時外接兩台4K@60Hz解析度需求」，也「沒有外接Thunderbolt 3高速裝置」需求的使用者購買。

ThinkPad USB-C Dock Gen 2前方提供了兩個高速連接埠，分別是一個USB 3.1 Gen2 Type-C接頭，與一個USB 3.1 Gen2 Type-A接頭。但前方的USB 3.1 Type-C連接埠只能做為資料傳輸之用，或是幫其他裝置充電，但無法用來輸出影像，也無法當作電源輸入接頭。

ThinkPad USB-C Dock Gen 2後方提供了四個USB接頭，其中兩個是低速的USB 2.0（480Mbps）Type-A規格，專門連接鍵盤、滑鼠等低速裝置。另外兩個則是USB 3.1 Gen2（10Gbps）Type-A規格。ThinkPad USB-C Dock Gen 2也提供了三個影像輸出接頭（兩個DisplayPort與一個HDMI），但實務上外接兩台螢幕是比較可行的。

ThinkPad USB-C Dock Gen 2包裝盒內附一個90W的變壓器，透過USB-C傳輸線接到ThinkPad時，系統會視為60W的功率輸入。因此使用者將來想自行更換USB-C傳輸線時，務必確認支援60W（20V@3A）供電規格，而且須能符合USB 3.1 Gen2（10Gbps）高速傳輸規格，免得買錯了線，造成供電不足、速度不夠等狀況發生。

另外值得一提的是，ThinkPad USB-C Dock Gen 2在多款纜線式底座中，跟ThinkCentre M90n-1超迷你桌上型電腦的相容性是最好的，同樣支援底座電源開關與主機連動。

產品名稱	ThinkPad USB-C Dock Gen 2
產品料號	40AS0090TW（台灣版）
產品尺寸	・長度：171.0mm ・寬度：80.0mm ・高度：30.75mm
產品重量	0.325kg
產品支援網址	https://support.lenovo.com/us/en/accessories/acc500106

連接埠介紹：

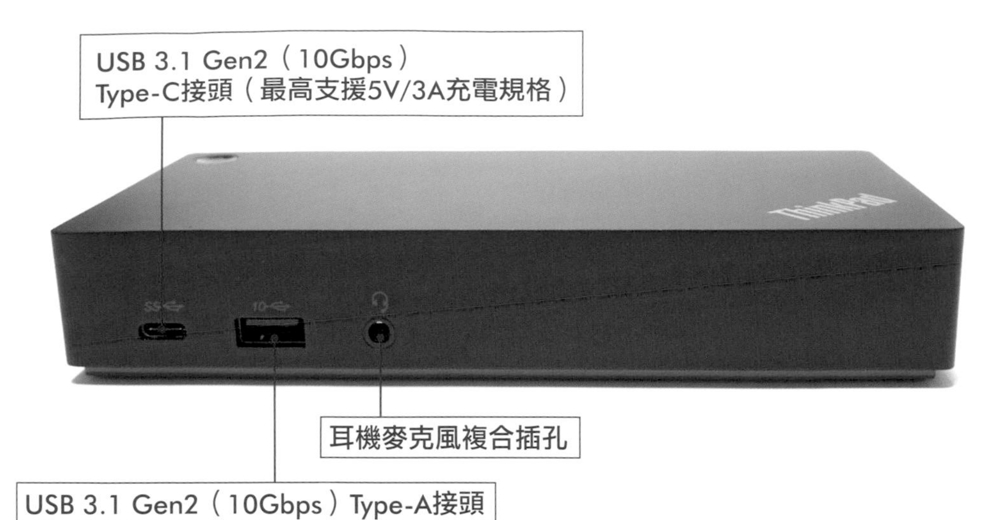

USB 3.1 Gen2（10Gbps）
Type-C接頭（最高支援5V/3A充電規格）
ThinkPad
耳機麥克風複合插孔
USB 3.1 Gen2（10Gbps）Type-A接頭

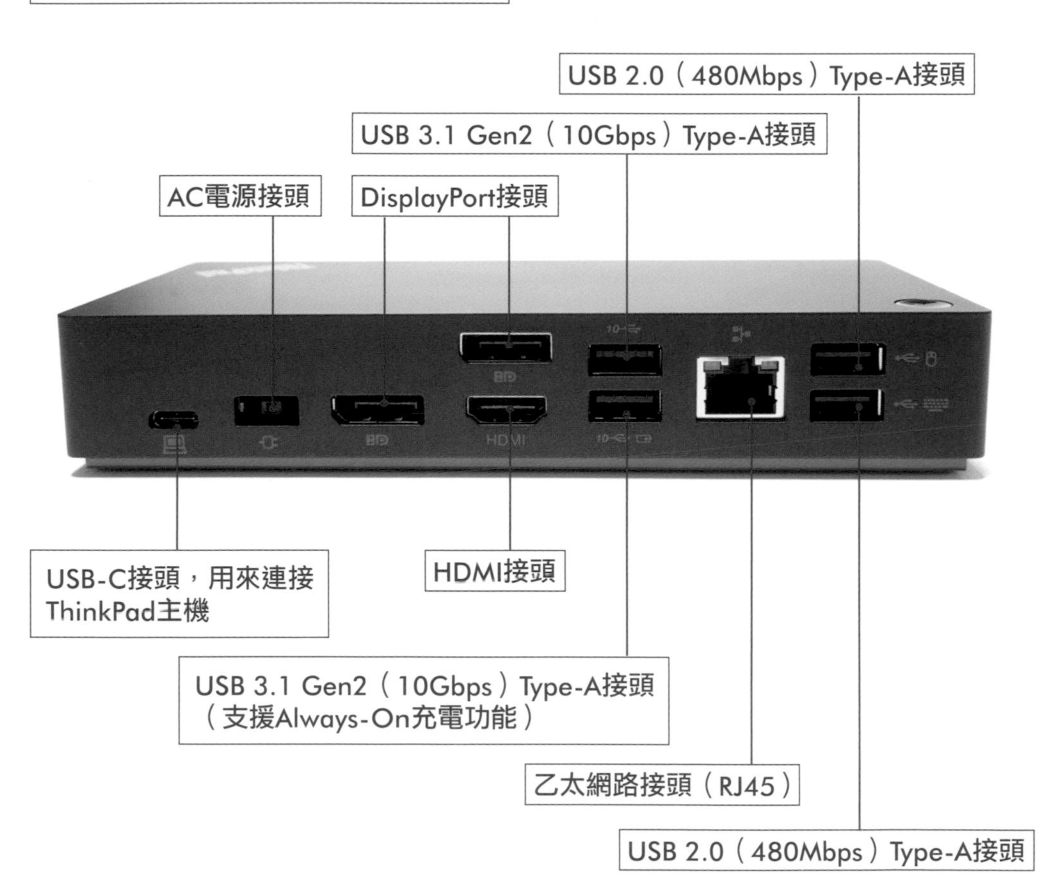

USB 2.0（480Mbps）Type-A接頭
USB 3.1 Gen2（10Gbps）Type-A接頭
AC電源接頭
DisplayPort接頭
HDMI
USB-C接頭，用來連接
ThinkPad主機
HDMI接頭
USB 3.1 Gen2（10Gbps）Type-A接頭
（支援Always-On充電功能）
乙太網路接頭（RJ45）
USB 2.0（480Mbps）Type-A接頭

視訊接頭	2×DisplayPort 1×HDMI
USB接頭	1×USB 3.1 Gen2（10Gbps，5V/3A power）Type-C 3×USB 3.1 Gen2（10Gbps）Type-A，其中一個支援Always-on充電功能） 2×USB 2.0（480Mbps）Type-A
音訊接頭	1×3.5mm耳機麥克風複合插孔
網路接頭	1×RJ45（Gigabit Ethernet）

外接螢幕解析度矩陣表：

按照Lenovo原廠提供的ThinkPad USB-C Dock Gen 2螢幕解析度矩陣表，的確可以達成4K@60Hz輸出，但前提是有支援DisplayPort 1.4規格的P72/P52/P1等高階機種。如果都已經買到上述移動工作站機種了，大概也不會刻意來買入門款的ThinkPad USB-C Dock Gen 2吧。

反觀其他款僅支援DisplayPort 1.2規格的ThinkPad，例如站長使用T490與X1 Carbon Gen6進行測試，在使用ThinkPad USB-C Dock Gen 2並外接一台4K解析度螢幕（ThinkVision P27u或DELL UP2718Q）時（此時ThinkPad螢幕仍有顯示畫面），正如原廠所公布的數據，都無法達成4K@60Hz，只能到4K@30Hz。如果在開啟ThinkPad內建螢幕的狀況下，同時外接兩台非4K解析度螢幕，兩台螢幕的最高解析度均為1920×1080@60Hz。

使用者如果現階段沒有使用4K超高解析度螢幕的需求，ThinkPad USB-C Dock Gen 2憑藉著4個USB 3.1 Gen2高速埠以及至少可輸出單台2560×1600@60Hz的能力，足以應付大多數辦公室需求。ThinkPad USB-C Dock Gen 2雖然可以故意外接三個螢幕，但此時僅支援1024×768@60Hz解析度，在現在這個時代其實已經不具實用性了。

■搭配支援DisplayPort 1.4規格的ThinkPad機種時：

	DisplayPort-1	DisplayPort-2	HDMI	備註
外接一台螢幕	3840x2160 @60Hz			僅適用於有支援DisplayPort 1.4的機種，例如：P53/P73/P1 Gen2等機種
		3840x2160 @60Hz		
			3840x2160 @60Hz	
外接兩台螢幕	3840x2160 @30Hz	3840x2160 @30Hz		
		3840x2160 @30Hz	3840x2160 @30Hz	
	3840x2160 @30Hz		3840x2160 @30Hz	
	2560x1600 @60Hz	2560x1600 @60Hz		
		2560x1600 @60Hz	2560x1600 @60Hz	
	2560x1600 @60Hz		2560x1600 @60Hz	
外接三台螢幕	1920x1080 @60Hz	1920x1080 @60Hz	1920x1080 @60Hz	

■搭配支援DisplayPort 1.2規格的ThinkPad機種時：

	DisplayPort-1	DisplayPort-2	HDMI	備註
外接一台螢幕	3840x2160 @30Hz			2018至2020年推出的T/X/L/E系列，均只支援DisplayPort 1.2規格
		3840x2160 @30Hz		
			3840x2160 @30Hz	
外接兩台螢幕	1920x1080 @60Hz	1920x1080 @60Hz		
		1920x1080 @60Hz	1920x1080 @60Hz	
	1920x1080 @60Hz		1920x1080 @60Hz	
外接三台螢幕（關閉筆電的內建螢幕）	1024x768 @60Hz	1024x768 @60Hz	1024x768 @60Hz	

（2）ThinkPad Hybrid USB-C and USB-A Dock

產品介紹：

ThinkPad Hybrid USB-C and USB-A Dock採用了「DisplayLink」技術，因此不限定USB-C的機種才能使用。如果使用者需要同時外接兩台4K@60Hz螢幕（ThinkPad主機螢幕同時開啟），ThinkPad Hybrid USB-C with USB-A Dock無疑地是本書介紹的幾款纜線式底座中的首選。

ThinkPad Hybrid USB-C with USB-A Dock可視為ThinkPad USB-C Dock Gen 2的「放大版」，兩者在連接埠的功能與數量上幾乎一樣，不同之處在於ThinkPad Hybrid USB-C with USB-A Dock搭載了135W的變壓器，以及一個USB-C轉USB-A的特製連接線。ThinkPad Hybrid USB-C with USB-A Dock的產品料號為「40AF」開頭，例如台灣版是「40AF0135TW」。

ThinkPad Hybrid USB-C with USB-A Dock裝盒內有一個135W的變壓器，透過USB-C傳輸線接到ThinkPad時，系統會視為90W的功率輸入。這代表了ThinkPad Hybrid USB-C with USB-A Dock用來連接ThinkPad的傳輸線，不但要能支援（USB 3.1 Gen2 10Gbps）速率，還必須具備最大可達20V@5A也就是100W的供電能力，100W也是USB-PD（USB-Power Delivery）」最大供電上限了。

因此如果使用者想自行購買USB傳輸線給ThinkPad Hybrid USB-C with USB-A Dock使用時，除了購買原廠線材之外，坊間零售的各式USB傳輸線務必要符合USB 3.1 Gen2以及支援PD 100W供電這兩項條件。站長同時也拿ThinkPad Thunderbolt 3 Dock Gen 2出廠搭配的70公分被動式（Passive）Thunderbolt 3傳輸線，也可以正常在ThinkPad Hybrid Dock上使用。但使用2公尺的Thunderbolt 3主動式（Active）傳輸線時，傳輸速度降到USB 2.0規格，這是主動式傳輸線的限制，所以千萬不要買錯USB-C的傳輸線，雖然接頭長相都完全一樣。

ThinkPad Hybrid USB-C with USB-A Dock不僅能提供給現役內建USB-C連接埠的ThinkPad使用，其實也可以提供給其他僅配備USB Type-A的ThinkPad甚至其他廠牌的筆電使用。關鍵在於ThinkPad Hybrid USB-C with USB-A Dock採用了Displaylink傳輸技術，同時搭配了一條特製的傳輸線，就是多了一個「USB Type-C轉成USB Type-A的轉接頭」。這條傳輸線名稱為「Lenovo Hybrid USB-C with USB-A Cable」，產品料號為4X90U90618。

產品名稱	ThinkPad Hybrid USB-C with USB-A Dock
產品料號	40AF0135TW（台灣版）
產品尺寸	．長度：210mm ．寬度：80.0mm ．高度：30mm
產品重量	0.475kg
產品支援網址	https://support.lenovo.com/us/en/solutions/PD500180

連接埠介紹：

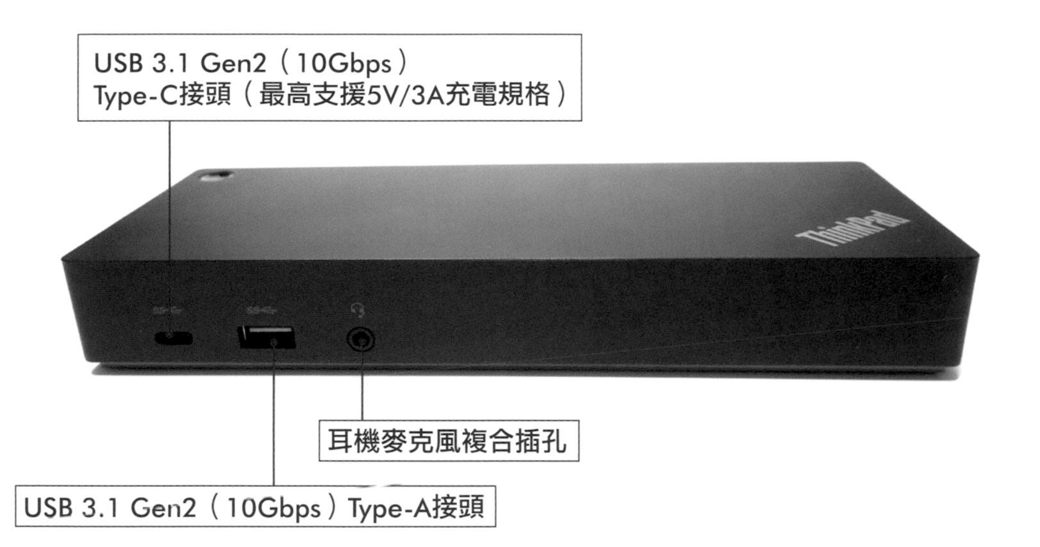

視訊接頭	2×DisplayPort 2×HDMI
USB接頭	1×USB 3.1 Gen2（10Gbps，5V/3A power）Type-C 2×USB 3.1 Gen2（10Gbps）Type-A，其中一個支援Always-on充電功能） 2×USB 2.0（480Mbps）Type-A
音訊接頭	1×3.5mm耳機麥克風複合插孔
網路接頭	1×RJ45（Gigabit Ethernet）

外接螢幕解析度矩陣表：

ThinkPad Hybrid USB-C with USB-A Dock雖然提供了4個視訊輸出埠，但正如主機上的圖示所提醒，其實是分成兩群，同一群內只能在

DisplayPort與HDMI擇一。相較於ThinkPad USB-C Dock Gen 2提供了沒有多大意義的外接三螢幕輸出功能，ThinkPad Hybrid USB-C with USB-A Dock卻可以輕鬆地做到透過兩個DisplayPort輸出4K@60Hz畫面至兩台螢幕，而且此時ThinkPad內建的螢幕仍有畫面。

ThinkPad Hybrid USB-C with USB-A Dock合併兩個DisplayPort時，最高可輸出5K@60Hz解析度，下表為ThinkPad Hybrid USB-C with USB-A Dock外接螢幕矩陣表，並未將ThinkPad本身螢幕計算在內。按此表説明，ThinkPad Hybrid USB-C with USB-A Dock可同時外接兩台4K@60Hz螢幕，站長實測的結果也確認無誤。站長透過ThinkPad Hybrid USB-C with USB-A Dock的兩個DisplayPort連接兩台27吋4K解析度螢幕，主機搭配T490，此時兩台螢幕均為4K@60Hz，同時T490的主機螢幕也是開啟的（Full HD@60Hz）。因此讀者如果有需要同時外接兩台4K螢幕，ThinkPad Hybrid USB-C with USB-A Dock會是很合適的選擇。

	第一組視訊輸出		**第二組視訊輸出**	
	DisplayPort-1	**HDMI-1**	**DisplayPort-2**	**HDMI-2**
外接一台螢幕	5120x2880@60Hz，需同時連接DP1&DP2至螢幕			
外接一台螢幕	4096x2160 @60Hz			
		4096x2160 @60Hz		
			4096x2160 @60Hz	
				4096x2160 @60Hz
外接兩台螢幕	3840x2160 @60Hz		3840x2160 @60Hz	
		3840x2160 @60Hz		3840x2160 @60Hz
	3840x2160 @60Hz			3840x2160 @60Hz
		3840x2160 @60Hz	3840x2160 @60Hz	

Lenovo Docking Station Mounting Kit

原廠針對纜線式底座（Cable Dock）推出了「Lenovo Docking Station Mounting Kit」，這個收納套件是專門用來搭配ThinkVision螢幕（P/T系列），可以將纜線式底座（例如USB-C Dock、Thunderbolt 3 Dock）掛在螢幕支撐架旁邊。

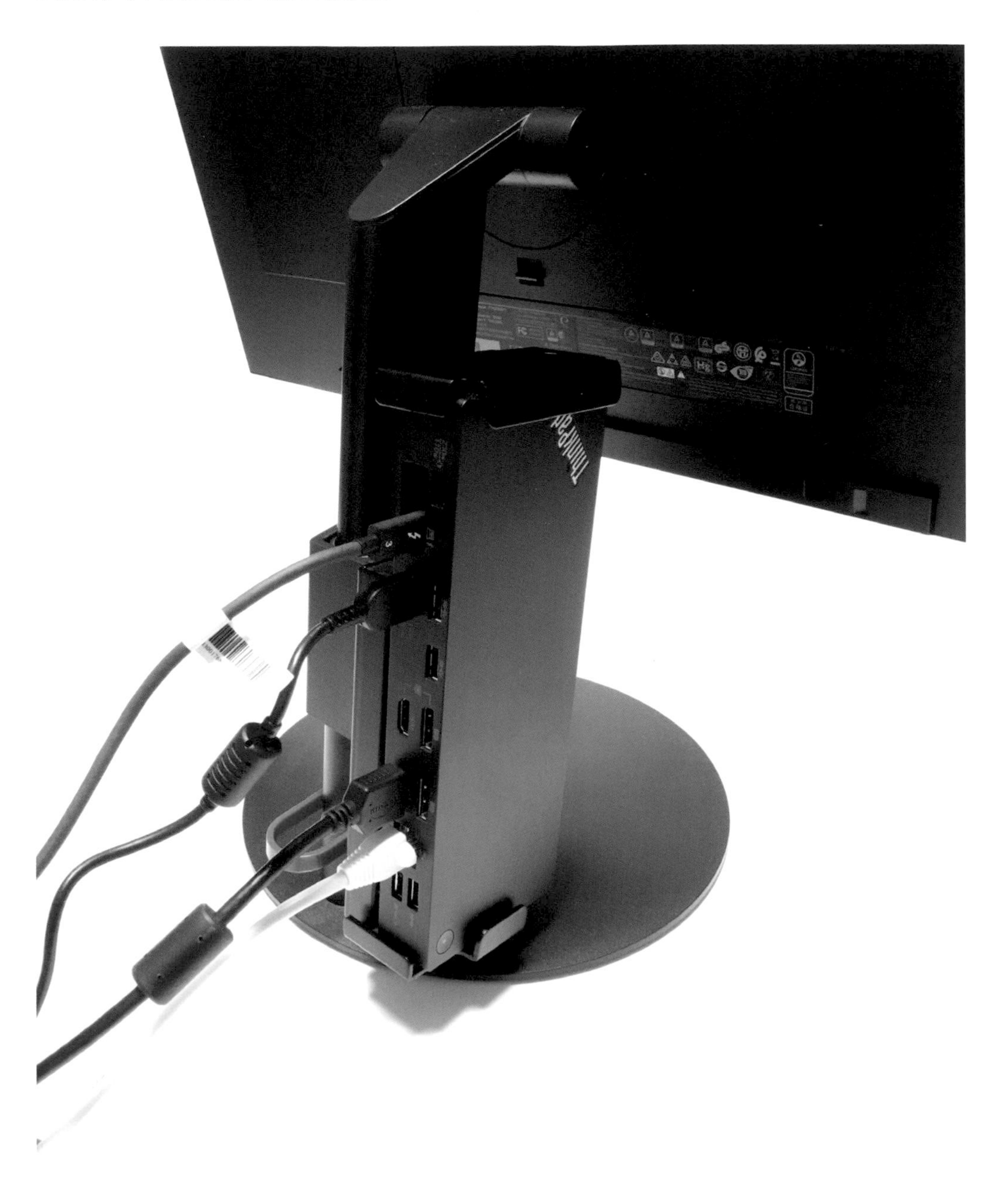

Lenovo Docking Station Mounting Kit內含三個零件，分別是：

（1）Docking bracket（擴充底座托架）

（2）Monitor-stand bracket（顯示器支撐架托架）

（3）Cable management clip（纜線管理夾）

用來安裝纜線式底座的「擴充底座托架」其實是可以伸縮的，用來適應不同長度的各款纜線式底座。然後再將「顯示器支撐架托架」安裝在特定型號的ThinkVision螢幕支撐架上，最後將「擴充底座托架」掛上去便完成了。原廠還附上「纜線管理夾」方便整線。

Lenovo Docking Station Mounting Kit除了安裝在螢幕支撐架上，同時也支援鎖在木頭桌子下方的空間。

產品名稱	Lenovo Docking Station Mounting Kit
產品料號	4XF0S99497
產品尺寸	•Docking bracket ・長度：245.0mm ・寬度：87.0mm ・高度：55.0mm •Monitor-stand bracket ・長度：80.0mm ・寬度：80.0mm ・高度：50.0mm •Cable management clip ・長度：55.0mm ・寬度：40.0mm ・高度：10.0mm
產品重量	0.316kg
產品支援網址	https://support.lenovo.com/tw/en/solutions/acc500083

2. Lenovo Powered USB-C Travel Hub

產品介紹：

原廠推出的小型USB Hub，正式名稱為「Lenovo Powered USB-C Travel Hub」。從產品名不難理解這是一款讓人隨身攜帶的USB Hub。Powered USB-C Travel Hub的USB-C傳輸線採收納式設計，平常不用時，可收納於機體凹槽內。

Powered USB-C Travel Hub之所以產品名稱有掛「Powered」，就是因為它可以另外接上AC變壓器，然後幫主機充電。ThinkPad會將其視為56W的電力供應。Powered USB-C Travel Hub包裝盒內並沒有附上變壓器，原廠建議最好搭配65W或以上的USB-C變壓器。但Powered USB-C Travel Hub並沒有強制使用變壓器，而是當它接上變壓器時，可以反過來幫ThinkPad主機供電而已。

Powered USB-C Travel Hub可擴充ThinkPad主機的連接功能，例如RJ45網路孔、VGA（D-Sub）這些傳統連接埠，方便使用者在出差、外出開會時仍可連接投影機或是乙太網路線。即使在定點使用，當使用者將網路線、螢幕HDMI線與AC變壓器等接上Powered USB-C Travel Hub時，其實已經類似「mini Dock」的概念。甚至Powered USB-C Travel Hub的網路接頭還支援Mac address pass through功能，可直接連接ThinkPad主機的網卡Mac address。

關於Powered USB-C Travel Hub的HDMI螢幕輸出解析度，原廠宣稱支援4K@60Hz，但站長使用X1 Carbon或是T490，都只能達成4K@30Hz，這是怎麼回事呢？原來要支援DisplayPort 1.4規格的主機才可以，所以站長將Powered USB-C Travel Hub接上X1 Extreme Gen1時，果然就可以達成4K@60Hz。但老實講，如果都買到X1 Extreme/P1這種等級的主機了，大概也不會用到Powered USB-C Travel Hub來刻意輸出4K@60Hz畫面了。

使用者如果有使用無線滑鼠（非透過藍牙傳輸，而是需要另外接USB無線訊號收發器），原廠建議USB無線訊號收發器請直接安裝在ThinkPad主機的USB連接埠上，不要安裝在Powered USB-C Travel Hub的兩個USB連接埠上。

如果使用者準備連接USB的鍵盤或滑鼠，原廠建議使用Powered USB-C Travel Hub上面的USB 2.0接頭。

產品名稱	Lenovo Powered USB-C Travel Hub
產品料號	4X90S92381
產品尺寸	・長度：130mm ・寬度：53mm ・高度：17mm
產品重量	0.112kg
產品支援網址	https://support.lenovo.com/us/en/accessories/acc500082

連接埠介紹：

Powered USB-C Travel Hub提供了六個連接埠，參照下圖，由左而右分別是：

- VGA（D-sub）接頭，最高解析度1080p@60Hz。
- HDMI 2.0接頭，支援4K解析度以及HDR&HDCP2.2。VGA接頭與HDMI接頭無法同時使用。
- Gigabit ethernet RJ45網路孔（支援Mac address pass through功能）。
- USB 3.1 Gen1（5Gbps）Type-A接頭。
- USB 2.0（480Mbps）Type-A接頭。
- USB-C電源插頭（用來連接USB-C變壓器）。

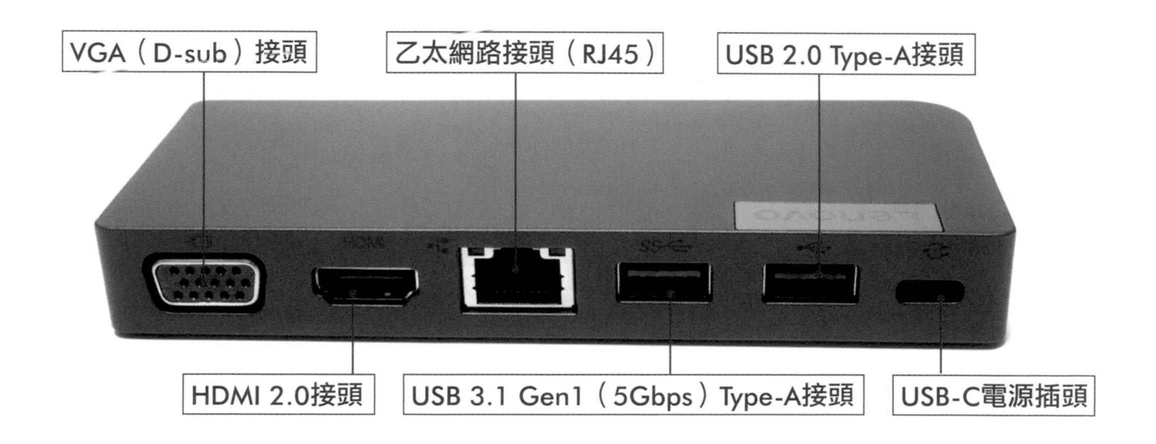

3. Lenovo USB-C Mini Dock

產品介紹：

原廠後來推出「加長型」的USB-C Hub，且出貨時直接附上65W變壓器並命名為「USB-C Mini Dock」。兩者相比，USB-C Mini Dock多了一個USB Type-C Gen1（5Gbps）連接埠，以及一個音源接孔。USB-C Mini Dock的USB-C傳輸線同樣採收納式設計，平常不用時，可收納於機體凹槽內。

USB-C Mini Dock附上的雖然是65W變壓器，但供電給ThinkPad時則為45W（不支援快充功能）。USB-C Mini Dock的HDMI埠宣稱支援「4K@60Hz, HDR&HDCP2.2」，但站長實測發現只有在X1 Extreme此類支援DP 1.4的主機上才能輸出4K@60Hz，其餘的ThinkPad只有4K@30Hz。此外，MIni Dock上的VGA埠與HDMI埠只能二擇一，無法同時輸出影像。USB-C Mini Dock的網路接頭同樣支援Mac address pass through功能，可直接連接ThinkPad主機的網卡Mac address。

產品名稱	Lenovo USB-C Mini Dock
產品料號	40AU0065TW
產品尺寸	・長度：215mm ・寬度：100mm ・高度：65mm
產品重量	0.565kg
產品支援網址	https://support.lenovo.com/tw/en/accessories/pd500304

連接埠介紹：

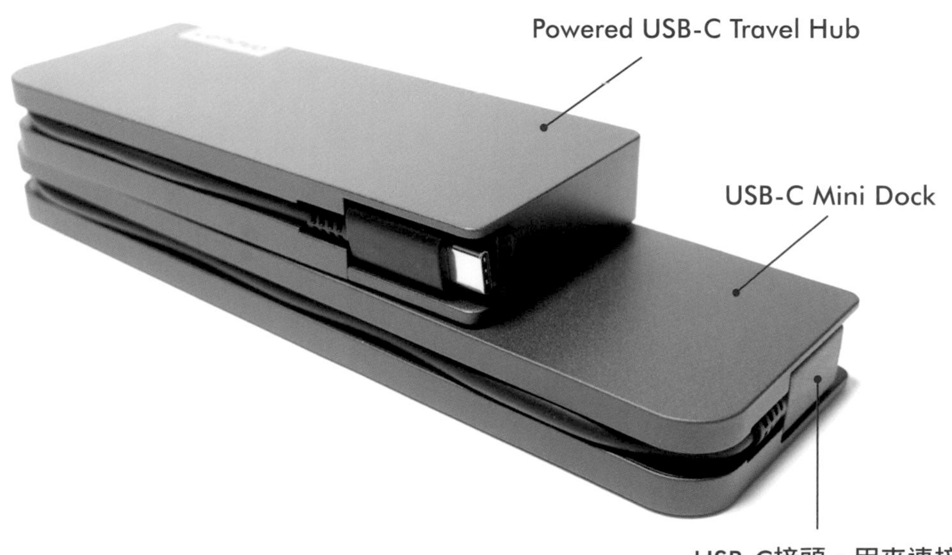

USB-C Mini Dock提供了八個連接埠，參照下圖，由左而右分別是：

- 3.5mm耳機麥克風複合接孔。
- USB 2.0（480Mbps）Type-A接頭。
- VGA（D-sub）接頭，最高解析度1080p@60Hz。
- HDMI 2.0接頭，支援4K解析度以及HDR&HDCP2.2。VGA接頭與HDMI接頭無法同時使用。
- Gigabit ethernet RJ45網路孔（支援Mac address pass through功能）。
- USB 3.1 Gen1（5Gbps）Type-A接頭。
- USB 3.1 Gen1（5Gbps）Type-C接頭。
- USB-C電源插頭（用來連接USB-C變壓器）。

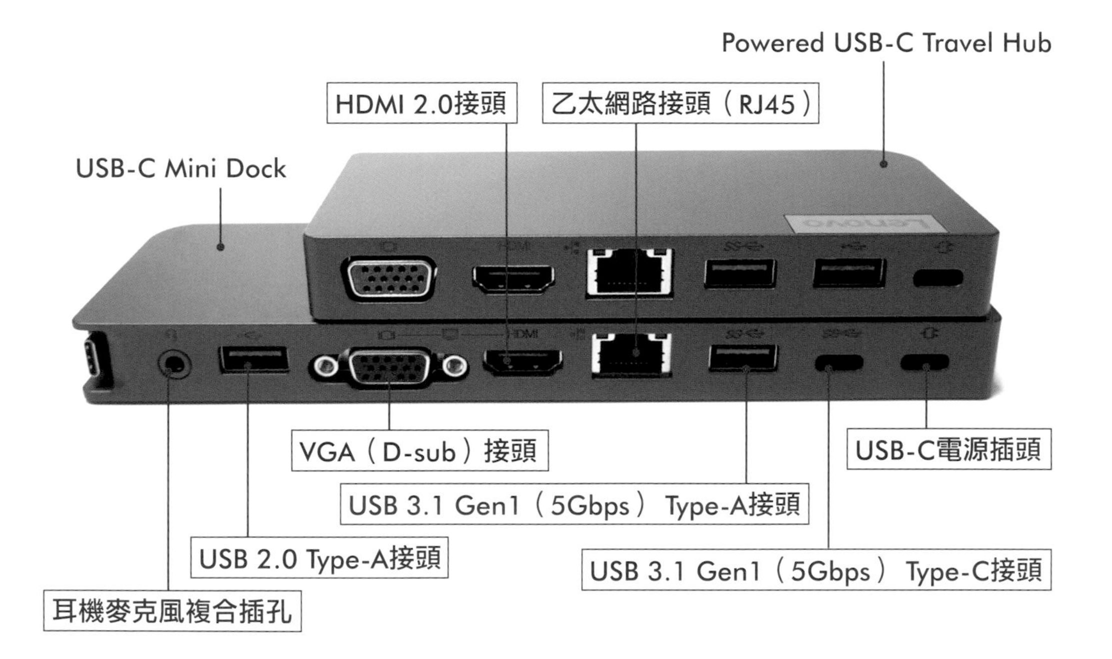

4. 行動電源

產品介紹：

隨著主機內建鋰電池蔚為主流，使用者無法自行更換大容量電池，同時配合主機開始採用USB-C擔任電源接頭，原廠也順勢推出了可跨機種使用的行動電源，型號為「Lenovo USB-C Laptop Power Bank 14000mAh」。

原廠推出的這款行動電源內建四顆3500mAh電量的鋰電池，總電量達14000mAh（48Wh），而重量僅316g，並且提供一個USB Type-C與兩個USB Type-A接頭，最多可同時幫三個裝置充電。讓站長感到驚喜的是，包裝盒內除了提供一條USB-C傳輸線用來充電之外，還提供了一條轉接線，能夠將USB Type-C轉成ThinkPad方形電源接頭，換言之，原廠推出的行動電源除了支援透過USB-C充電的筆電，也可幫以往採用方形接頭的ThinkPad充電，例如T470、X260等，但請留意一點，由於原廠行動電源的電源輸出為45W，因此只能搭配原本搭配45W或65W變壓器的機種使用。

原廠行動電源內建方形電源接頭（Slim-tip）與圓形電源接頭（Round-tip），其功用在於幫行動電源充電，同時也是物盡其用，因為使用者可能還有ThinkPad方形接頭或是Lenovo圓形接頭的AC變壓器，便可以使用這些舊款的變壓器幫行動電源充電。

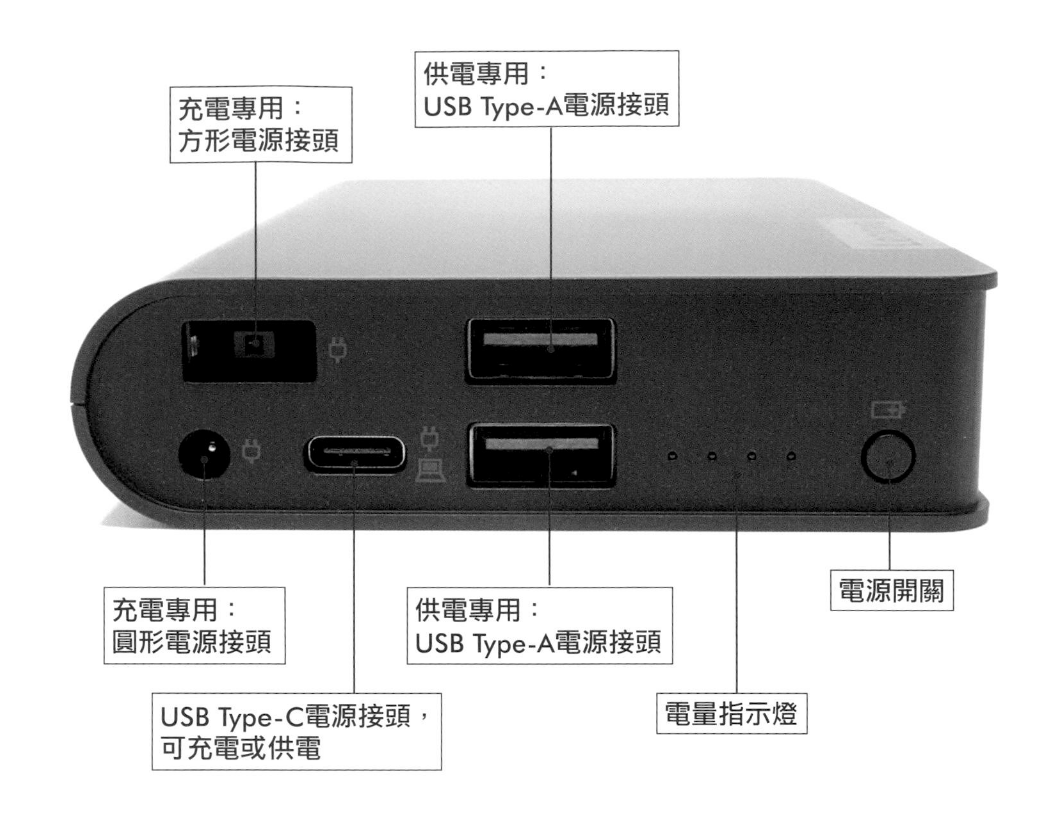

原廠行動電源用來幫筆電、行動裝置充電時，則是透過內建的一個USB Type-C接頭，或是另外兩個USB Type-A接頭，最多可同時幫三個裝置充電。行動電源的USB Type-C接頭其實是雙重用途，除了幫筆電充電之外，也能連接USB Type-C的變壓器幫行動電源充電。USB Type-C接頭支援PD 3.0協定，最大可供電45W（20V/2,25A）。至於兩個USB Type- A 接頭共可輸出10W（5V/2A）電力。

當原廠行動電源正在供電給筆電或其他裝置時，也可以同時透過方形或圓型的電源接頭補充電力。如果使用者家裡還有ThinkPad方形接頭的變壓器便可拿來使用，如果手邊只有ThinkPad USB-C變壓器也沒關係，可以透過包裝盒內附上的「USB-C轉方形接頭」轉接線，同樣透過行動電源上的方形接頭補充電力。

原廠行動電源也提供了電量指示燈號，共四個燈號，代表25%至100%。使用者如果想知道剩餘電量，只需要按一下旁邊的電源開關，便會亮燈顯示。

產品名稱	Lenovo USB-C Laptop Power Bank 14000mAh
產品料號	40AL140CTW（台灣版）
產品尺寸	・長度：124mm ・寬度：83mm ・高度：23mm
產品重量	0.316kg
產品支援網址	https://pcsupport.lenovo.com/us/en/accessories/ACC500013

5. 變壓器

ThinkPad的變壓器主要區別在於接頭種類與供電瓦數。從2018年起，ThinkPad除了P系列或X1 Extreme之外，都使用USB Type-C作為電源接頭，而且原廠提供的USB-C變壓器提供兩種瓦數，分別是45W與65W。P系列或X1 Extreme由於使用135W、170W甚至230W變壓器，這都已經超出USB-C PD供電功能的100W上限，所以135W（含）以上的變壓器仍採用傳統的方形接頭。本篇將為讀者介紹四款具代表性的變壓器。

ThinkPad 65W Slim AC Adapter（USB Type-C）

產品介紹：

ThinkPad有支援電池快充功能（Rapid Charge），原廠宣稱可在一小時內，將電量從0%充飽至80%。但快充功能有先決條件，就是必須使用65W變壓器才可進行快速充電（此處指採用USB-C接頭的機種，並非指方形電源接頭機種）。由於原廠出貨的變壓器有可能是45W，此時並無法支援電池快充，使用者必須額外購買一個65W的變壓器才行。

除了ThinkPad可使用標準型65W的USB-C變壓器之外，Powered USB-C Travel Hub、USB-C Mini Dock以及原廠行動電源都很適合搭配65W的USB-C變壓器。只是原廠推出的標準型65W AC變壓器以現在的觀點來看，也顯得笨重了。後來原廠終於推出新一代縮小版的65W AC變壓器，並取名為「ThinkPad 65W Slim AC Adapter（USB Type-C）」。

新一代的薄型65W變壓器的輸入電壓為100V至240V；50/60 Hz 1.8A，輸出電壓如下：20V/3.25A、15V/3A、9V/3A、5V/3A。同時支援USB PD 3.0供電規範。

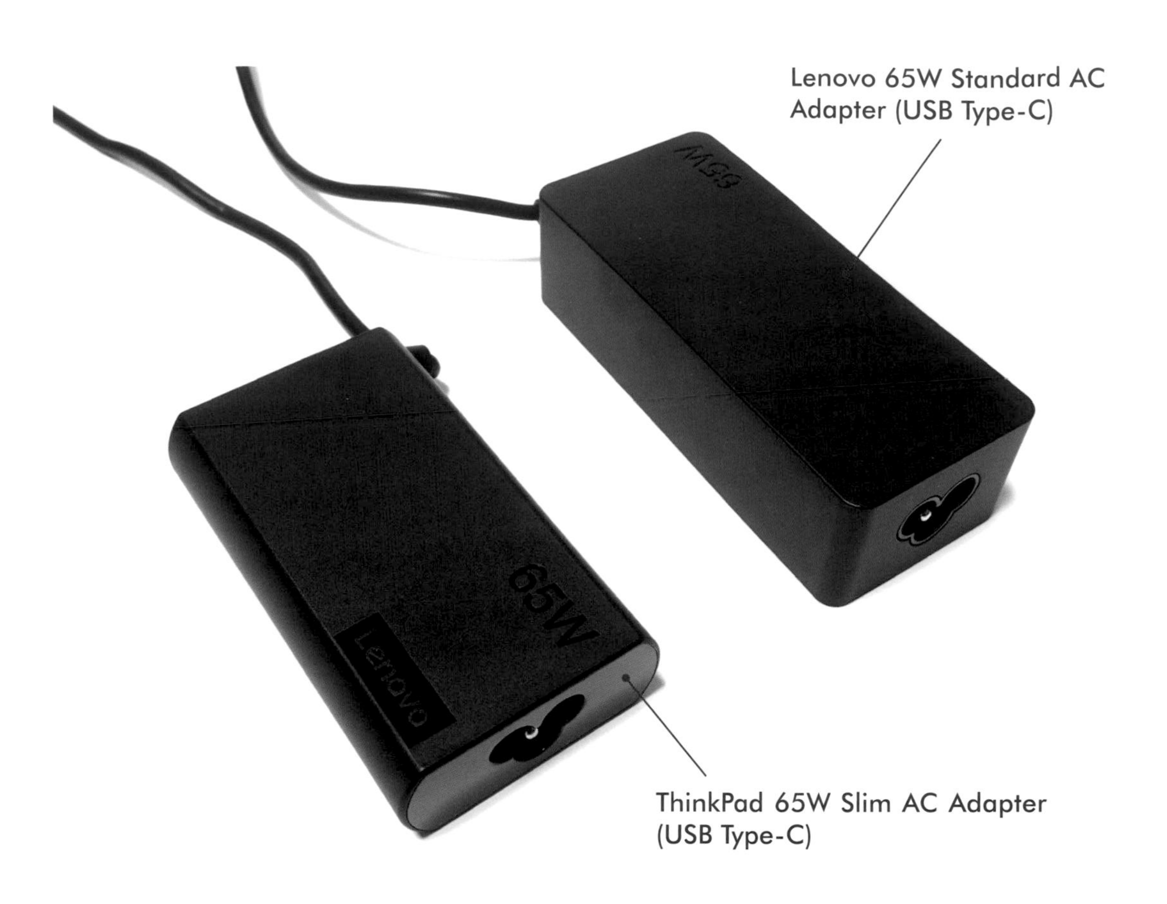

產品名稱	ThinkPad 65W Slim AC Adapter（USB Type-C）
產品料號	4X20V24688（台灣版）
產品尺寸	・長度：88mm ・寬度：51mm ・高度：22mm
產品重量	0.200kg
產品支援網址	https://accessorysmartfind.lenovo.com/#/products/4X20V24688

Lenovo 65W USB-C DC Travel Adapter

產品介紹：

隨著ThinkPad開始改用USB-C電源接頭，原廠也推出USB-C接頭的車載充電器：「65W USB-C DC Travel Adapter」，由於提供65W供電能力，所以可支援快充（Rapid Charge）功能。

原廠USB-C車充可從車輛DC供電12V或24V，同時支援PD 3.0/2.0規格，可輸出5/9/15V@3A與20V@3.25A，除了幫ThinkPad充電之外，也可幫其他支援USB-C接頭的平板電腦或手機充電。原廠USB-C車充所使用的保險絲規格是8A/250V。

產品名稱	Lenovo 65W USB-C DC Travel Adapter
產品料號	40AK0065WW
產品重量	0.210kg
產品支援網址	https://accessorysmartfind.lenovo.com/#/products/40AK0065WW

Lenovo 45W USB-C AC Portable Adapter

產品介紹：

ThinkPad的45W USB-C變壓器除了標準的「Lenovo 45W Standard AC Adapter」之外，原廠先前也曾推出過體積更小的「Lenovo USB-C 45W AC Adapter」，與標準型的差別在於電源插頭直接做在電壓器上。

這次要介紹的則是原廠推出的第三款45W USB-C變壓器，進一步將體積縮小化，非常便於外出攜帶，如果使用者沒有快速充電的需求，可考慮使用這款迷你的「Lenovo 45W USB-C AC Portable Adapter」。

如果ThinkPad有搭載獨立顯示晶片，同樣也可使用迷你45W USB-C變壓器，只是當主機進行高負載運算時，電池充電的速度會比較緩慢，如果主機耗電量超過45W，此時甚至會開始消耗掉電池的電量，必須等系統進入低負載時，才會繼續充電。

迷你45W USB-C變壓器的電源線採分離式設計，包裝盒內會附上一條1.8m的USB-C電源線，用來連接變壓器與ThinkPad。此外，迷你USB-C 45W變壓器的輸入電壓為100V至240V；50/60 Hz 1.2A，輸出電壓為：20V/3.25A、15V/3A、9V/2A、5V/3A，因此也可以使用在手機、平板電腦等支援USB-C充電的行動裝置上。

產品名稱	Lenovo 45W USB-C AC Portable Adapter
產品料號	GX20U90488
產品尺寸	・長度：53.5mm ・寬度：48.5mm ・高度：28mm
產品重量	92g
產品支援網址	https://support.lenovo.com/us/en/solutions/acc500127

Lenovo Slim 135W AC Adapter（slim tip）

產品介紹：

原廠推出超薄型行動工作站系列「P1」與「X1 Extreme」時，為搭配輕量化的機身，特別推出了新款的薄型135W變壓器。新舊款的135W變壓器最大的差別在於體積大小，新款變壓器在外觀上明顯變薄，而且重量也從舊款的500g降為432g。

因此使用者如果希望加購一個135W變壓器，新款的薄型135W變壓器（支援方形電源接頭）會是不錯的選擇。

產品名稱	Lenovo Slim 135W AC Adapter（slim tip）
產品料號	4X20Q88553（台灣版）
產品尺寸	・長度：118mm ・寬度：77mm ・高度：21mm
產品重量	0.432kg
產品支援網址	https://accessorysmartfind.lenovo.com/#/products/4X20Q88553

6. 鍵盤

產品介紹：

原廠推出許多款桌上型鍵盤，但其中跟ThinkPad關係最密切的當屬「ThinkPad Compact USB Keyboard with TrackPoint」無疑，本款暱稱為小紅點鍵盤。從IBM時代開始，原廠也曾推出過許多款式的「小紅點鍵盤」，這次介紹的「ThinkPad Compact USB Keyboard with TrackPoint」則是ThinkPad全面六列鍵盤化後所推出的版本，與前面幾代最大的差別，在於採用六列「孤島式」按鍵。雖然本款六列小紅點鍵盤除了USB有線版本之外，另有支援藍牙無線傳輸的版本，但站長實際使用過無線版小紅點鍵盤後，畢竟是2013年推出的產品，僅支援藍牙3.0規格，在無線傳輸的距離與穩定性上還有改進的空間，故本書僅先介紹USB有線版本。2020年原廠將另外推出新版的「ThinkPad TrackPoint Keyboard II」無線鍵盤，支援藍牙5.0規格或2.5GHz無線傳輸，值得期待。

有線版的六列小紅點鍵盤也是在2013年問世，歷經了Windows 8與Windows 10，同時也是目前少數驅動程式可支援Windows 7至Windows 10的周邊設備。在這麼多款桌上型鍵盤中，六列小紅點鍵盤因為內建小紅點（TrackPoint）與「Fn功能鍵」，在操縱上最接近ThinkPad的使用習慣，因此許多ThinkPad甚至機房的使用者非常喜歡使用外接的小紅點鍵盤。

有線版本的六列小紅點鍵盤內建Micro USB接頭，包裝盒內會附上一條1.5m長的USB傳輸線，並透過USB Type-A接頭連接至電腦。第一次拿到六列小紅點鍵盤的使用者可能會被重量嚇一跳，因為鍵盤本體僅370g，而且非常薄，十分適合攜帶。

六列小紅點鍵盤的底部共有五個圓形防滑墊，以及左右兩側的腳架。使用者可以展開腳架，將鍵盤撐起來，以獲得更舒適的鍵打舒適度。

六列小紅點鍵盤所使用的小紅點為「Low Profile」版本的「Soft Dome」造型，同樣可自行更換。關於「Low Profile」版小紅點的產品資訊，可參閱本章節的第七篇介紹。

六列小紅點鍵盤與一般外接鍵盤不同之處，在於內建「Fn功能鍵」以及F1鍵至F12鍵各項功能鍵。只是六列小紅點鍵盤已經推出一段時間，在功能鍵的設定上也跟目前的ThinkPad有所出入。如果跟X1 Carbon Gen7的鍵盤進行比較，F1鍵至F9鍵的功能都相同，六列小紅點鍵盤的F10鍵為啟動搜尋功能；F11鍵為切換已開啟的應用程式；F12鍵為檢視所有安裝的應用程式。如果使用者發現功能鍵無法作用，記得按下「Fn鍵+Esc鍵」啟動功能。

當使用者將六列小紅點鍵盤連接到ThinkPad主機，並進入作業系統後，第一次使用時系統會詢問是否要下載「ThinkPad Keyboard Suit」程式，當使用者同意下載、安裝並重新開機之後，在「控制台」的「滑鼠」項目中，便會出現「外接鍵盤」的設定頁面，在此可設定小紅點的移動速度，並針對小紅點按鍵的「中鍵」進行設定。在設定畫面中有一項功能可勾選「ThinkPad首選滾動（ThinkPad Preferred Scrolling）」，意指勾選之後，使用者如果要捲動網頁內容，必須一直按著中鍵，然後才能上下、左右捲動網頁。

如果取消勾選該項功能，後續在捲動網頁時，只需要按一下中鍵，此時畫面會出現一個圓形圖案，接著只要推動小紅點便能上下捲動網頁，不用一直按著中鍵，但捲動速度較難控制。

TP非官方情報站

超迷你電腦ThinkCentre M9
ThinkVision M14簡測心得

▼隨著Mobile CPU的效能不斷提升，同時先天具備低功耗
（Desktop PC）非得用一般電壓版CPU的態勢也開始轉變
「NUC」迷你桌機，Lenovo的ThinkCentre多年來頂多使用
降為35W），今年ThinkCentre終於針對TDP僅15W的Mobil
桌上型電腦：M90n-1 Nano（文後簡稱M90n）。

產品名稱	ThinkPad Compact USB Keyboard with TrackPoint
產品料號	0B47195（台灣版）
產品尺寸	・長度：305.5mm ・寬度：164mm ・高度：13.5mm
產品重量	370g
產品支援網址	https://support.lenovo.com/us/en/solutions/pd026745

7. 小紅點（TrackPoint）

ThinkPad小紅點的橡膠帽（Cap）屬於耗材，長年使用之後容易汙損、磨平，進而影響使用者操縱小紅點的流暢處。雖然使用者可以帶主機到台灣聯想的維修中心更換小紅點，但為了換一顆橡膠帽還得特別跑一趟也是頗麻煩。此時可以考慮購買原廠推出的盒裝版小紅點橡膠帽來自行更換，每盒內附10顆「Soft Dome」造型的小紅點橡膠帽。

目前小紅點的橡膠帽共有三種款式，雖然都是「Soft Dome」造型，但高度卻有所不同。各款盒裝的名稱與規格說明如下：

ThinkPad Low Profile TrackPoint Cap Set

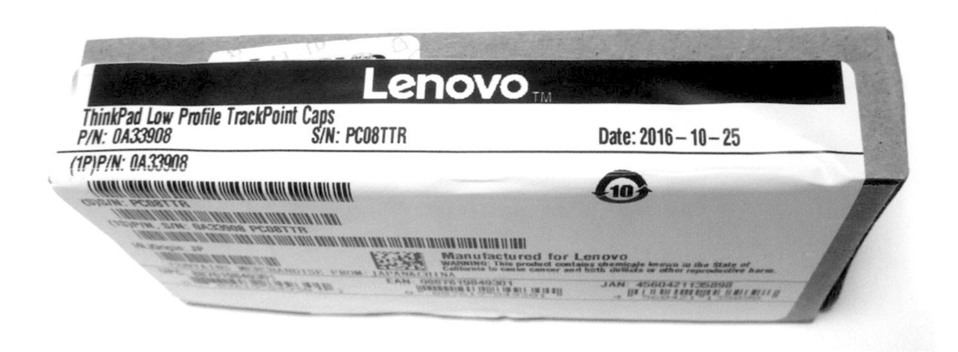

產品介紹：

自從ThinkPad全面導入六列孤島鍵盤後，按鍵深度也開始降為2.0mm，也因此2018年與先前推出的ThinkPad主要搭配「Low Profile」規格的橡膠帽。這是因為小紅點須配合按鍵深度而設計最合適的橡膠帽高度，而Low Profile橡膠帽高度為5.07mm。

目前Low Prifile的橡膠帽僅販售「Soft Dome」造型，並可使用在T480、X270、T450s等主機上，以及六列小紅點鍵盤上。包裝盒內附10顆Low Profile橡膠帽。

產品名稱	ThinkPad Low Profile TrackPoint Caps
產品料號	0A33908
產品尺寸	・直徑：8.03mm ・高度：5.07mm
產品重量	2g
產品支援網址	https://support.lenovo.com/mx/en/accessories/acc100322

ThinkPad Super Low Profile TrackPoint Cap Set

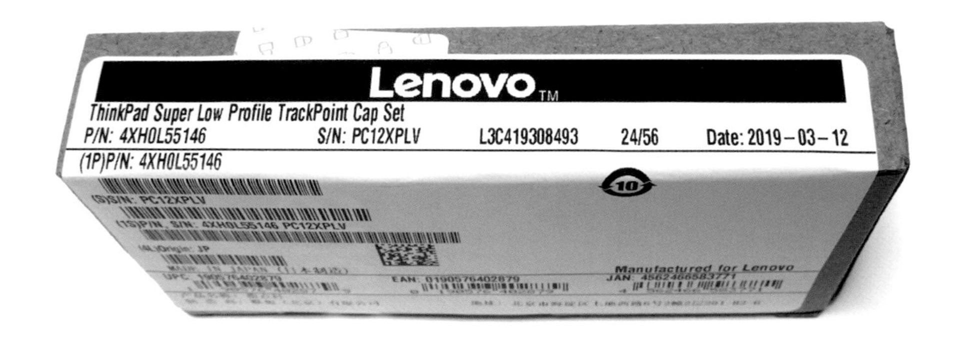

產品介紹：

Yamato Lab為了將ThinkPad X1 Carbon的厚度進一步降低，在2016年設計第四代X1 Carbon時，將鍵深降為1.8mm，同時為了因應新版的按鍵高度，也推出了高度更低的「Super Low Profile」小紅點，橡膠帽高度進一步降為4mm。

2018時T460s、X280、L480甚至P52也開始改用Super Low Profile橡膠帽，到了2019年時，T490也終於採用Super Low Profile橡膠帽，至此，ThinkPad除了少數機種外，幾乎都採用Super Low Profile的橡膠帽，因此網友在購買橡膠帽時，必須清楚自己的愛機使用哪種高度的橡膠帽。

產品名稱	ThinkPad Super Low Profile TrackPoint Cap Set
產品料號	4XH0L55146
產品尺寸	・直徑：7.6mm ・高度：4mm
產品重量	2g
產品支援網址	https://support.lenovo.com/us/en/solutions/acc100302

ThinkPad Ultra Low Profile TrackPoint Cap Set

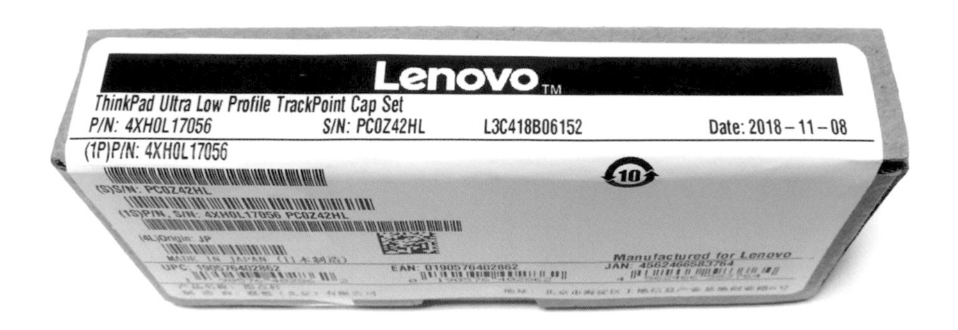

產品介紹：

Yamato Lab在設計ThinkPad X1 Tablet時，為了進一步降低分離式鍵盤的厚度，便將鍵深降為1.5mm，當時也為了配合創新低的按鍵高度，推出了目前高度最低的「Ultra Low Profile」小紅點，橡膠帽高度降到只有2.15mm。

2019年推出第七代X1 Carbon與第四代X1 Yoga時，由於主機厚度更為輕薄，因此鍵深也降為1.5mm。但要留意的是，此時的小紅點高度降到約3mm，所以不適用Ultra Low Profile的橡膠帽。至本書付梓之時，這款高度介於「Super Low Profile」與「Ultra Low Profile」之間的新款小紅點，已開放零售。

產品名稱	ThinkPad Ultra Low Profile TrackPoint Cap Set
產品料號	4XH0L17056
產品尺寸	・直徑：7.6mm ・高度：2.15mm
產品重量	2g
產品支援網址	https://support.lenovo.com/us/en/solutions/acc100302

8. 滑鼠

Lenovo原廠推出過許多款滑鼠，其中有著紅色滾輪以及黑色塗裝的「小黑鼠」系列便曾推出過許多款有線、無線款式。站長在此則介紹兩支功能特殊的滑鼠以饗讀者。

Lenovo Fingerprint Biometric USB Mouse（指紋生物辨識有線滑鼠）

產品介紹：

許多使用者會將ThinkPad搭配擴充底座、外接鍵盤滑鼠及螢幕等，將ThinkPad打造成「Desktop Replacement」用來取代傳統桌機。通常此時會將ThinkPad螢幕闔上以節省空間，再加上原廠擴充底座的電源開關與ThinkPad連動，因此通常不會需要刻意打開螢幕。但使用者如果有設定Windows的登入密碼，且習慣使用ThinkPad的指紋辨識器時，還是得打開螢幕才能使用主機上的指紋辨識器。此時，便可考慮購入Lenovo Fingerprint Biometric USB Mouse（指紋生物辨識有線滑鼠）。

原廠推出的這支指紋辨識滑鼠搭載了Synaptics公司的Viper2（FS4300系列）的指紋辨識模組，而指紋辨識器便位於滑鼠頂端，採按壓式感應。

Lenovo的指紋辨識滑鼠支援256位元加密，並採用「Match-on-Host」技術，意指指紋辨識器完成收集指紋資料的任務後，直接傳送至電腦系統以驗證使用者身份，因此已通過微軟的Windows Hello認證，使用者在Windows 10系統中搭配這支滑鼠時，不但可節省登入系統輸入密碼的手續，如果再搭配其他廠商推出的密碼管理程式（Password Manager），還可以簡化其他程式、網站的登入手續。但要留意的是，如果在ThinkPad BIOS啟動「Power-On」開機密碼，此時仍須依賴ThinkPad主機上的指紋辨識器，無法透過外接的指紋辨識滑鼠執行解鎖動作。

從滑鼠的角度來檢視時，Lenovo指紋辨識滑鼠也是相當稱職，內建的雷射感應器提供1600 DPI的掃描解析度，造型設計則適合左手或右手操作，當然還有招牌的紅色滾輪與黑色塗裝。不過Lenovo指紋辨識滑鼠並沒有使用皮革觸感塗裝，滾輪也不支援左右捲動功能。

產品名稱	Lenovo Fingerprint Biometric USB Mouse
產品料號	4Y50Q64661
產品尺寸	・長度：100mm ・寬度：62mm ・高度：24mm
產品重量	120g
產品支援網址	https://support.lenovo.com/tw/en/accessories/acc500030

ThinkPad X1 Presenter Mouse（簡報無線滑鼠）

產品介紹：

Lenovo針對商務人士簡報的需求，推出了融合了簡報筆與無線滑鼠的二合一產品：「ThinkPad X1 Presenter Mouse」，這款簡報無線滑鼠具有雙重用途，當調整成「V字形」時，便是滑鼠模式；當調整回平放狀態時，則是簡報筆模式，關鍵在於這支簡報無線滑鼠有一個轉軸，可旋轉調整「變形」型態。

X1簡報無線滑鼠支援兩種無線傳輸模式，第一種是透過藍牙5.0，而且支援微軟的藍牙快速配對（Swift Pair）功能，並可向下相容於支援藍牙4.0的筆電。第二種則是使用滑鼠內附的微型USB訊號接收器，並透過2.4GHz傳輸訊號。

使用者可透過X1簡報無線滑鼠上面的開關進行切換。此外，滑鼠已內建鋰電池，透過USB-C接頭進行充電，約需1.5小時將電充滿後，原廠宣稱之後可使用兩個月。

當X1簡報無線滑鼠調整為「滑鼠模式」時，比較特殊的是兩項功能，第一項是網頁的捲動功能，直接將手指在長方形的中鍵上面進行上下滑動，類似滾輪的操作方式；或是在中鍵的最上方按一下，則會啟動視窗捲動模式，此時只要移動滑鼠，畫面便會跟著捲動，而不用一直按著中鍵。

第二項功能則是可調整滑鼠的掃瞄DPI值，在中鍵最下方按第一下，此時下方的ThinkPad標示的「小紅點」會閃爍一下，表示設定為800 DPI；接著再按一下時，小紅點會閃爍兩下，表示已設定為1200 DPI；最後再按一次，此時小紅點將閃爍三下，表示已設定為1600 DPI。

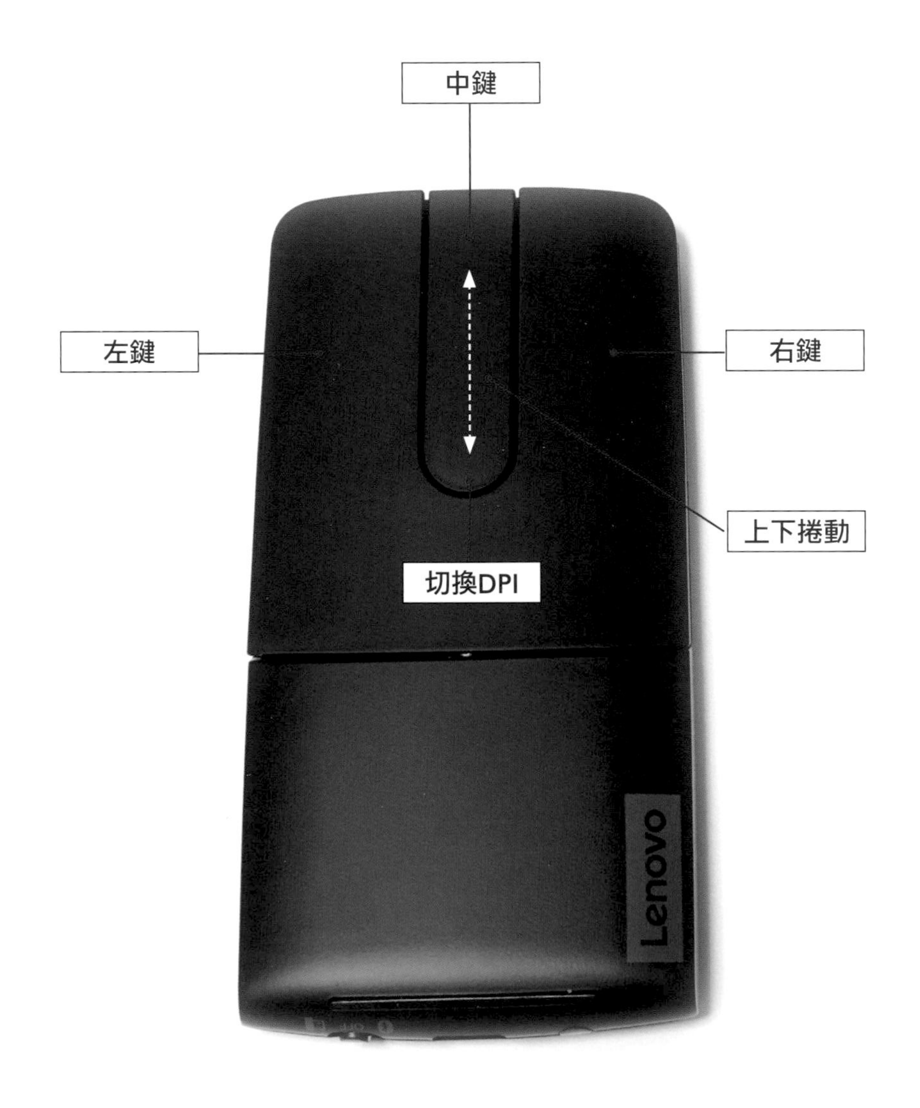

使用者將原本「V字形」的滑鼠調回平放型態時，便進入簡報筆模式。原廠建議使用者下載程式，才能完整發揮功能，網站連結為：https://support.lenovo.com/tw/en/accessories/x1_presenter

X1簡報無線滑鼠內建陀螺儀，因此設定為簡報筆模式之後，按住中鍵的下方便可啟動滑鼠游標，在空中揮舞滑鼠時，游標隨之移動。但對於簡報主講者來說，更為實用的或許是中鍵的上方，按住不放便可啟動虛擬雷射筆或是放大鏡功能，連續按兩下便可切換為虛擬雷射筆或是放大鏡功能。

原廠表示X1簡報無線滑鼠的簡報撥放功能，支援微軟的PowerPoint、Google的Slides以及PDF檔案。不過PDF檔案就不支援撥放簡報、結束簡報功能了。經站長實測，在作業系統中，放大鏡與虛擬雷射筆仍可正常使用，並不侷限於簡報撥放程式。

產品名稱	ThinkPad X1 Presenter Mouse
產品料號	4Y50U45359
產品尺寸	・長度：111mm ・寬度：57mm ・高度：14mm
產品重量	65g
產品支援網址	https://pcsupport.lenovo.com/us/en/products/accessory/mouse/thinkpad-x1-presenter-mouse/accessories/acc500115

9. 轉接線

隨著ThinkPad主機的日益輕薄化，許多接頭都從新主機上消失，因此近來原廠推出了一系列的轉接線，目的是擴充原本主機所欠缺的功能，使用者可以視需求購買所需的轉接線。

Lenovo USB-C to HDMI 2.0b Adapter

產品介紹：

ThinkPad主機內建的HDMI接頭通常為1.4b規格，最高解析度僅為4096x2160@24Hz，只有X1 Extreme或是P系列的行動工作站才內建HDMI 2.0，並且支援4096x2160@60Hz。因此使用者如果需要透過HDMI傳輸線，輸出4K@60Hz畫面，或是因為播放4K藍光影片而需要HDCP 2.2授權保護時，便可以考慮購買原廠推出的「USB-C to HDMI 2.0b Adapter」。

本條轉接線支援2017年（含）起推出的ThinkPad（例如T470/X270等），透過ThinkPad主機上的USB-C接頭，轉接為HDMI接頭，以便連接支援HDMI 2.0b輸入的電視機或是電腦螢幕。由於支援HDMI 2.0b規格的緣故，本條轉接線支援3840x2160@60Hz解析度，以及HDCP 2.2、HDR、WCG與HLG這些與4K超高畫質相關的版權保護或廣色域影片顯示規格。

產品名稱	Lenovo USB-C to HDMI 2.0b Adapter
產品料號	4X90R61022
產品尺寸	・長度：240mm ・寬度：29mm ・高度：13mm
產品重量	34g
產品支援網址	https://support.lenovo.com/us/en/solutions/pd500273

Lenovo DisplayPort to HDMI 2.0b Adapter

產品介紹：

ThinkPad主機早已不內建標準尺寸的DisplayPort，本次介紹的「Lenovo DisplayPort to HDMI 2.0b Adapter」主要是提供給ThinkCentre桌上型電腦使用，或是用來搭配「ThinkPad Basic Docking Station」。雖然機械式底座有三款，但站長實測的結果，只有ThinkPad Basic Docking Station可正常使用這條DisplayPort to HDMI 2.0b Adapter，並且順利撥放Ultra HD（4K藍光）影片。

Lenovo DisplayPort to HDMI 2.0b Adapter支援HDMI 2.0b規格，故最高解析度可達3840x2160@60Hz，同時支援HDCP 2.2、HDR、WCG與HLG這些與4K超高畫質相關的版權保護或廣色域影片顯示規格。

產品名稱	Lenovo DisplayPort to HDMI 2.0b Adapter
產品料號	4X90R61023
產品尺寸	・長度：225mm ・寬度：29mm ・高度：13mm
產品重量	39g
產品支援網址	https://accessorysmartfind.lenovo.com/#/products/4X90R61023

Lenovo USB-C to DisplayPort Adapter

產品介紹：

ThinkPad主機上的螢幕輸出接頭主要是USB-C以及HDMI。如果使用者需要輸出4K@60Hz解析度時會遇到兩個問題：

（1）支援USB-C輸入的螢幕尚未普及。

（2）ThinkPad大多數主機僅支援HDMI 1.4a，只能輸出4K@30Hz。

此時除了使用上述介紹過的「USB-C to HDMI 2.0b Adapter」，如果使用者並無撥放Ultra HD（4K藍光）影片需求，而且螢幕有支援DisplayPort輸入，此時可考慮使用原廠推出的「USB-C to DisplayPort Adapter」，透過USB-C轉接線，將訊號轉成DisplayPort。

Lenovo USB-C to DisplayPort Adapter本身支援DisplayPort 1.2a規範，最高輸出解析度為3840x2160@60Hz。不過這裡需強調的是，本條轉接線所連接的USB-C接頭必須有支援影像輸出功能（Alt mode），2017年起推出的ThinkPad都符合這項要求，或是最新推出的ThinkCentre M90n-1超迷你桌機也可使用。原廠也特別提到，請勿再將本轉接線搭配DisplayPort轉HDMI或是DisplayPort轉DVI的其他轉接線使用。

產品名稱	Lenovo USB-C to DisplayPort Adapter
產品料號	4X90Q93303
產品尺寸	・長度：200mm ・寬度：27.8mm ・高度：11.4mm
產品重量	32g
產品支援網址	https://accessorysmartfind.lenovo.com/#/products/4X90Q93303

Lenovo USB-C to VGA Adapter

產品介紹：

ThinkPad從2016年開始逐漸取消主機內建VGA（D-sub）接頭，目前在商業場合上仍會使用VGA接頭的用途是連接投影機。許多公司的投影機仍僅支援VGA輸入，此時便可使用「Lenovo USB-C to VGA Adapter」，本條轉接線最高可支援WUXGA解析度（1920x1200@60Hz）

產品名稱	Lenovo USB-C to VGA Adapter
產品料號	4X90M42956
產品尺寸	・長度：222mm ・寬度：27mm ・高度：12mm
產品重量	44g
產品支援網址	https://support.lenovo.com/tw/en/accessories/ACC100340

ThinkPad Ethernet Extension Cable

產品介紹：

ThinkPad Ethernet Extension Cable早在2014年便推出，用途是搭配當年發表的第二代ThinkPad X1 Carbon，因為主機厚度太薄，無法置入標準的RJ45網路孔。而對應這條轉接線的乙太網路擴充接頭設計一直沿用到第五代的ThinkPad X1 Carbon。

隨著第六代的X1 Carbon開始導入CS18機械式底座接頭，原本站長以為這條乙太網路轉接線可能就此退役了，沒想到後來原廠推出了X1 Extreme與P1這兩款超輕薄行動工作站，因為用電量超過USB-PD的100W

供電上限，再加上超薄機身設計，也無法置入RJ45網路孔，因此Yamato Lab便讓乙太網路擴充接頭設計在全新一代的工作站機種上服役。另一方面，L380與L390這兩款入門機種，也因為不支援CS18機械式底座接頭，故也使用乙太網路擴充接頭設計。

ThinkPad定位在商用筆電，因此主機板一定內建乙太網路晶片，只是受限於主機厚度，不見得有內建標準的RJ45孔。這條乙太網路轉接線的功用就是引出ThinkPad主機上的乙太網路訊號，因此所使用的網卡Mac Address一定屬於主機板上的乙太網路晶片。在使用乙太網路轉接線時也不需額外安裝驅動程式。

乙太網路轉接線有附上一個紅色蓋子，當轉接線連接上ThinkPad時，可以將紅色蓋子裝在轉接線的後方。

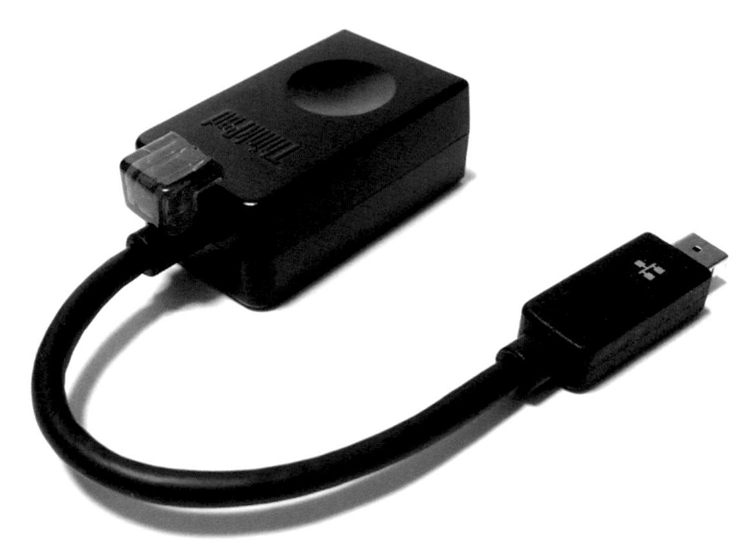

產品名稱	ThinkPad Ethernet Extension Cable
產品料號	4X90F84315
產品尺寸	・長度：190mm ・寬度：90mm ・高度：10mm
產品重量	35g
產品支援網址	https://support.lenovo.com/tw/en/solutions/pd031644

ThinkPad Ethernet Extension Adapter Gen 2

產品介紹：

2018年起原廠推出「ThinkPad Ethernet Extension Adapter Gen 2」，從名字上可看出是為了跟前面介紹過的「ThinkPad Ethernet Extension Cable」有所區隔，因此命名為第二代的乙太網路轉接線。

2018年起推出的ThinkPad，如果主機支援CS18世代的機械式底座，無論主機本體有沒有內建RJ45網路孔，都可使用這條第二代的乙太網路轉接線。但針對已內建RJ45網路孔的機種，要特別留意，如果主機接上乙太網路轉接線，此時主機上的RJ45孔將無法運作，必須將乙太網路轉接線拔掉。只要ThinkPad在作業系統中已安裝好乙太網路晶片的驅動程式，使用乙太網路轉接線時，就不需要額外安裝驅動程式了。

倒是主機上的乙太網路擴充接頭與USB-C接頭太靠近了，偏偏第二代的乙太網路轉接線的接頭較大，一旦連上主機時，會排擠到隔壁的USB-C空間，造成此時只能用靠近主機後方的另一個USB-C接頭。因此，一旦使用了第二代的乙太網路轉接線，就無法同時使用主機左側的兩個USB-C接頭，這點的確頗為不便。

產品名稱	ThinkPad Ethernet Extension Adapter Gen 2
產品料號	4X90Q84427
產品尺寸	纜線長度：80mm
產品重量	32g
產品支援網址	https://accessorysmartfind.lenovo.com/#/products/4X90Q84427

ThinkPad Workstation Dock Slim Tip Y Cable

產品介紹：

本條Y型轉接線是ThinkPad Thunderbolt 3 Workstation Dock Gen2的專用周邊。之前第一代的ThinkPad Thunderbolt 3 Workstation Dock（Gen1）出貨時會附上兩個變壓器，分別是230W（或170W）與65W，而且必須同時接上兩個變壓器後，才能正常使用。然而對於原本僅使用135W或是170W變壓器的ThinkPad而言，其實用不到230W+65W這麼大的供電量，而且底座搭配兩個變壓器，其實非常占空間。

因此第二代的ThinkPad Thunderbolt 3 Workstation Dock（Gen2）改成使用230W變壓器，並配備這條Y型電源轉接線，一方面連接上230W變壓器，然後再將轉接線上的兩個電源接頭分別接入ThinkPad Thunderbolt 3 Workstation Dock的兩個電源插孔內。就不需要再另外接65W變壓器了。

站長實測過，在第一代的ThinkPad Thunderbolt 3 Workstation Dock（Gen1）上面，只要搭配230W變壓器，同樣可使用這條Y型電源轉接線。

產品名稱	ThinkPad Workstation Dock Slim Tip Y Cable
產品料號	4X90U90620
產品尺寸	長度：153mm
產品重量	25g
產品支援網址	https://accessorysmartfind.lenovo.com/#/products/4X90U90620

Lenovo Dual Slim-tip Adapter

產品介紹：

Lenovo Dual Slim-tip Adapter專門提供給ThinkPad Hybrid USB-C and USB-A Dock，以及仍使用方形電源接頭的ThinkPad使用。通常纜線式底座都會透過USB-C傳輸線供電給ThinkPad主機，但如果是較早推出的ThinkPad，可能不支援USB-Power Delivery功能，故當使用ThinkPad Hybrid USB-C and USB-A Dock時，除了透過USB Type-A接頭連接Hybrid Dock之外，還得另外接方形電源接頭的變壓器。

因此原廠特別推出了「Lenovo Dual Slim-tip Adapter」，只需使用原本Hybrid Dock附的135W變壓器，便能透過這條轉接線，同時幫Hybrid Dock以及ThinkPad充電。轉接線中纜線長度較短的方形電源接頭，是用來連接Hybrid Dock，另一個纜線長度較長的方形電源接頭則用來連接ThinkPad。

不過有兩件事要留意，第一件是Lenovo Dual Slim-tip Adapter必須使用135W或是更大供電量的變壓器，至於連接的ThinkPad也必須是原本適用65W或45W變壓器的機種才行；第二件事則是Lenovo Dual Slim-tip Adapter僅能負責電源輸送，USB訊號仍須靠獨立的傳輸線處理，例如Hybrid Dock內附的Lenovo Hybrid USB-C with USB-A Cable（產品料號為4X90U90618）。

產品名稱	Lenovo Dual Slim-tip Adapter
產品料號	4X20W69154
產品尺寸	ThinkPad主機纜線長度：1200mm Hybrid Dock主機纜線長度：50mm
產品重量	70g
產品支援網址	https://accessorysmartfind.lenovo.com/#/products/4X20W69154

Lenovo USB-C to Slim-tip Cable Adapter

產品介紹：

有鑑於USB-C變壓器已經成為近幾年出貨的標準裝備，但很多使用者手邊仍有採用傳統方形電源接頭的ThinkPad，如果臨時想用USB-C變壓器幫忙充電還真有困難。於是原廠便推出一條將USB-C接頭轉成方形電源接頭的轉接線「USB-C to Slim-tip Cable Adapter」，如此一來便能讓舊一代的主機，也可以使用USB-C變壓器充電。

另一個使用情境則是原廠推出的行動電源「USB-C Laptop Power Bank 14000mAh」，同樣支援從方形電源接頭充電，假設使用者手邊只有一個USB-C變壓器，便可以先透過「USB-C to Slim-tip Cable Adapter」幫行動電源從方形電源接頭充電，同時再透過USB-C接頭與傳輸線，幫另一台ThinkPad充電。

不過USB-C to Slim-tip Cable Adapter供電只有45W（20V/2.25A），但不影響搭配65W的USB-C變壓器。本條轉接線只適用於原本採用45W或65W方形電源接頭變壓器的ThinkPad。

產品名稱	Lenovo USB-C to Slim-tip Cable Adapter
產品料號	4X90U45346
產品尺寸	長度：180mm
產品重量	15.2g
產品支援網址	https://support.lenovo.com/us/en/accessories/acc500104

10. 傳輸線

ThinkPad所使用的USB-C接頭除了支援USB 3.1 Gen1（5Gbps）或Gen2（10Gbps），甚至有可能對應Thunderbolt 3（40Gbps），另一方面，ThinkPad的電源接頭也改以USB-C為主，這衍生了另一個問題，就是USB-C傳輸線必須符合USB-PD的供電規範。隨著智慧型手機也開始大量採用USB-C接頭，導致市面上充斥各種USB-C傳輸線。如果誤將手機用的低速率、低供電USB-C傳輸線使用在ThinkPad上，都會影響後續正常使用。Lenovo原廠有推出各式USB-C傳輸線以確保主機可正常運作，站長在此也介紹給讀者參考。

Lenovo USB-C Cable 1m

產品介紹：

原廠推出的一公尺長度USB-C傳輸線不僅支援USB-C Gen2（10Gbps）速度，供電更可達100W（20V@5A），無論用在高速資料傳輸、搭配USB-C纜線式底座進行快速充電，或是連接4K超高畫質螢幕都能夠輕鬆應付。

坊間許多USB-C傳輸線主要擔任手機的充電線使用，因此對於傳輸速度並不講究，有的甚至僅支援USB 2.0（480Mbps）速度，而且供電規格還標示不清，此類線材用在手機、平板、遊樂器上或許還沒問題，但如果是準備連接到ThinkPad主機上，務必選擇規格正確的USB-C傳輸線。

只是到線上商城或是實體賣場，面對各式各樣的USB-C傳輸線，一時間真的不知道該買哪種才合適。Lenovo原廠乾脆直接推出規格滿檔的全功能版USB-C傳輸線，基本上買這條就不用擔心選購到錯誤規格的傳輸線了。

產品名稱	Lenovo USB-C Cable 1m
產品料號	4X90U90619
產品尺寸	長度：1000mm
產品重量	55g
產品支援網址	https://accessorysmartfind.lenovo.com/#/products/4X90U90619

Lenovo USB-C to USB-C Cable 2m

產品介紹：

當支援USB-C的設備愈來越普及時，使用者會需要長度更長的USB-C傳輸線，例如使用在纜線式底座、USB-C變壓器或是外接螢幕等。Lenovo原廠也順勢推出了兩公尺長度的USB-C傳輸線。

原廠的這條2公尺傳輸線最高供電規格為60W（20V@3A）。關於傳輸速率，雖然官方規格為USB 3.1 Gen1（5Gbps），但站長使用兩款外接式SSD進行實測，均可達USB 3.1 Gen2（10Gbps）的水準。

產品名稱	Lenovo USB-C to USB-C Cable 2m
產品料號	4X90Q59480
產品尺寸	長度：2000mm
產品支援網址	https://accessorysmartfind.lenovo.com/#/products/4X90Q59480

Lenovo Thunderbolt 3 Cable 0.7m

產品介紹：

原本USB-C傳輸線規格已經夠琳瑯滿目，後來又加了「Thunderbolt 3」規格進來之後，更讓人眼花撩亂。Thunderbolt 3同樣使用USB Type-C的接頭，所以從外觀上很難區分，但通常Thunderbolt 3的傳輸線接頭會特別標上「閃電」標誌，方便使用者辨識。

由於Thunderbolt 3的傳輸線又根據傳輸速率以及長度，而區分為「主動式」與「被動式」兩種。如果要兼顧各種傳輸速度與功能（不僅用於Thunderbolt 3周邊，還可以使用在USB 3.1裝置上，或是連接顯示器等），就必須選擇被動式傳輸線，但40Gbps的傳輸線長度必須控制在80公分以內，這也為何Lenovo原廠的Thunderbolt 3傳輸線長度僅70公分的緣故。

原廠推出的被動式Thunderbolt 3傳輸線不僅支援40Gbps，也同時可傳輸電力，最大供電達100W（20V@5A）。

	被動式（Passive）			主動式（Active）	
Thunderbolt3 支援速率	20Gbps	20Gbps	40Gbps	40Gbps	40Gbps
纜線長度	1m	2m	0.5~0.8m	1m	2m
Thunderbolt3	✓	✓	✓	✓	✓
DisplayPort 1.2	✓	✓	✓		
USB 3.1 Gen2	✓	✓	✓		
USB 3.1 Gen1	✓	✓	✓		
USB2.0	✓	✓	✓	✓	✓

曾有使用者抱怨ThinkPad Thunderbolt 3 Dock Gen2附的Thunderbolt 3傳輸線太短，但從上面列出的傳輸線規格對照表便知道，由於ThinkPad Thunderbolt 3 Dock Gen2有使用Alt Mode傳送DisplayPort 1.2訊號，如果傳輸線要長於一公尺，速度會降至20Gbps。但要特別留意的是，雖然改購入主動式Thunderbolt 3傳輸線，長度可達2公尺，但由於不支援Alt Mode，因此使用於Thunderbolt 3 Dock Gen2時，會發生無法顯示外接螢幕的問題。使用者如果要搭配Thunderbolt 3底座使用時，請勿購買主動式傳輸線。但如果連接的是儲存媒體等周邊，便可考慮長度較長的主動式傳輸線。

產品名稱	Lenovo Thunderbolt 3 Cable 0.7m
產品料號	4X90U90617
產品尺寸	長度：700mm
產品支援網址	https://accessorysmartfind.lenovo.com/#/products/4X90U90617

11. 外接行動螢幕

產品介紹：

為滿足企業客戶外出時對於輔助螢幕的需求，Lenovo特別在ThinkVision產品線推出了14吋的行動螢幕，用途是便於攜帶，在外擔任ThinkPad的輔助螢幕，這款名為「ThinkVision M14」的行動螢幕採用了霧面面板，規格如下：

- 原生解析度：1920×1080
- 亮度：300 cd/m2
- 對比：700:1
- 反應時間：6ms（開啟Over Drive功能）
- 色域：72% NTSC
- 色深：號稱8bit（原廠載明是6bit+FRC抖色）
- 不支援觸控功能

M14螢幕重量僅約570公克，外出攜帶時也不會太費力，同時在造型上也採左右窄邊框設計，搭配這兩年推出的ThinkPad使用時，不會太突兀。

M14可說是USB-C普及之後的產物，可以跟同樣配備了USB-C的電腦協同運作。M14在主機兩側都各有一個全功能的USB-C連接頭，所謂的全功能代表同時支援PD充電/供電與DP Alt Mode螢幕訊號傳輸用途。當M14搭配ThinkPad使用時，M14本身可以不用外接變壓器，直接透過USB傳輸線，從ThinkPad的USB-C接頭獲得電力供應，並傳送螢幕訊號。另一方面，當M14接上65W的USB-C變壓器時，M14反而可以透過USB-C傳輸線幫ThinkPad充電，同時擔任ThinkPad的輔助螢幕。此時ThinkPad會視M14為45W的供電來源（M14無法順利供電給缺乏內建鋰電池的ThinkCentre M90n迷你桌機使用）。

在ThinkPad上面使用M14是很愜意的，因為只要從ThinkPad的USB-C連接埠拉一條傳輸線到M14，就可以讓M14通電運作。如果要調整亮度或對比值，可使用機身左側的功能鍵。如果直接按有著「加號」或「減號」的功能鍵，此時的功用為調整螢幕亮度。如果壓住「加號」四秒以上再放開，就會進入調整螢幕對比值模式。

M14也增加了「低藍光」功能，當按下主機左側的藍光功能鍵時，會啟動低藍光模式，此時畫面會明顯偏黃。如果按住低藍光功能鍵四秒以上，就會進入Over Drive設定模式，使用者此時可用旁邊的兩個亮度功能鍵，來選擇是否要啟動Over Drive功能。Over Drive是透過提高電壓的方式，加速面板的反應時間，原廠宣稱啟動後，反應時間為6ms。

由於M14的機身非常薄，無法使用Kensington傳統「T-bar」上鎖機制的鋼纜鎖，因此改用Kensington迷你安全鎖孔（Mini Security Slot），搭配新一代的「Cleat」上鎖機制。此時使用者需要購買Kensington的MiniSaver系列鋼纜鎖，Lenovo也有推出同名的周邊產品「Kensington MiniSaver Cable Lock from Lenovo」。

M14不僅能搭配PC或筆電使用，還可以搭配高階手機上的USB-C連接埠。但如果M14並沒有另外接變壓器，手機本身就必須支援USB-C的PD 2.0供電能力。例如站長使用三星的Galaxy Note 10+，就可僅靠一條USB-C傳輸線，供電給M14，並啟動DeX桌面功能。

M14包裝盒內會附上一條一公尺長的USB-C傳輸線，如果使用者想要另購傳輸線，記得要能支援5A（安培）供電規格的才行，甚至原廠還要求傳輸線須具備E-Mark晶片。使用者也可以直接購入原廠推出的兩公尺USB-C傳輸線（Lenovo USB-C to USB-C Cable 2m）。

M14的主機底部有一個支架，拉開時可用來抬高螢幕高度，以配合各款ThinkPad的螢幕高度。M14是除了ThinkPad機械式底座外，近幾年少數為了ThinkPad匹配性而特別設計的周邊產品。

考量M14的攜帶特性，包裝盒內同時附上保護包，下圖是按照原廠說明，建議使用者將M14主機折疊起來後，面板朝內，再置入保護包內。

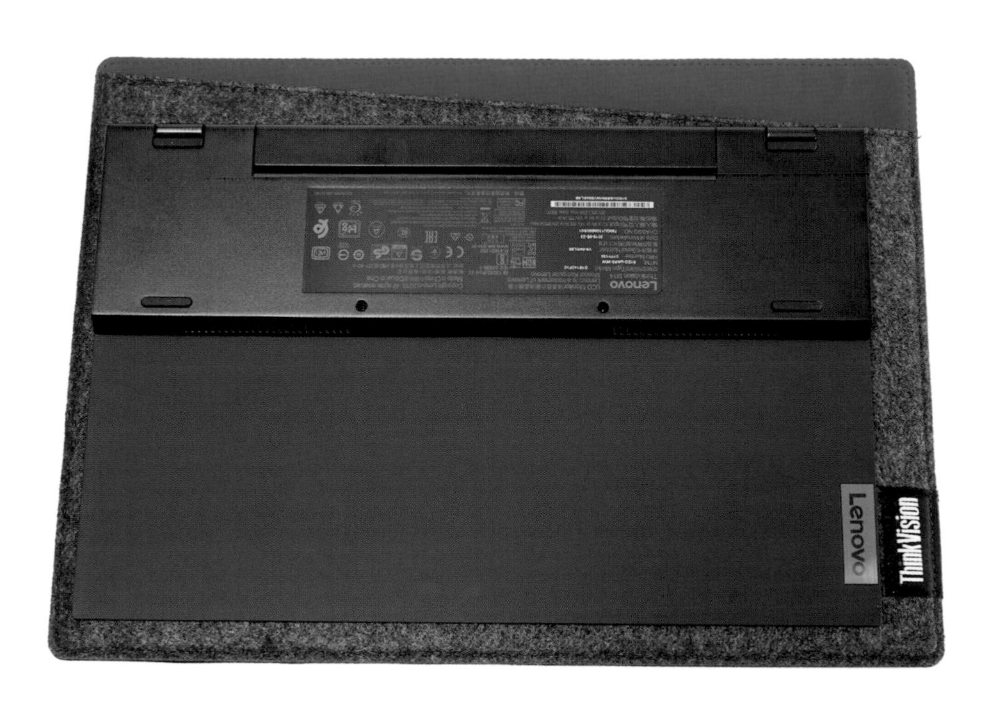

產品名稱	ThinkVision M14 14-inch FHD LED Backlit LCD Monitor
產品料號	61DDUAR6WW
產品尺寸	長度：323.37mm 寬度：220.03mm 高度：96.54mm
產品重量	570g
產品支援網址	https://accessorysmartfind.lenovo.com/#/products/61DDUAR6WW

第六章

ThinkPad BIOS與預載軟體介紹

如果要發揮ThinkPad的整體戰力，使用者一定要熟悉UEFI（BIOS）的功能調整以及「Lenovo Vantage」的軟體設定。坊間零售桌上型電腦主機板的UEFI（BIOS）都設計得非常華麗，並提供許多效能上的調校設定，初次接觸ThinkPad的使用者看到的卻是純文字介面，可能會非常不適應，但裡面其實包含了許多權限方面的設定，這是商用筆電的特色之一。此外，ThinkPad近幾年也大幅精簡出廠預載的程式，除了微軟的相關軟體之外，會預載的Lenovo原廠程式就是「Lenovo Vantage」這套ThinkPad設定程式，許多Windows作業系統層面的設定都必須依賴Lenovo Vantage。本章將為讀者介紹UEFI（BIOS）與Lenovo Vantage的功能及設定方式。

1. BIOS設定

嚴格講UEFI（Unified Extensible Firmware Interface）已經取代了老舊的BIOS（Basic Input/Output System），而且ThinkPad也早就導入UEFI。但在Lenovo官方文件中，仍習慣稱呼為BIOS，或是寫成UEFI BIOS。使用者也沒有太大疑問，可能是ThinkPad的UEFI BIOS一直維持純文字介面，並且只能透過鍵盤操作，大家並沒有發覺到其實已經是UEFI世代了。

從2019年起，ThinkPad的UEFI BIOS終於開始導入圖形化介面，並且支援滑鼠或是觸控面板操作。只是圖形介面BIOS僅適用2019年發表的機種，2018年與之前推出的機種仍未提供圖形介面，需使用鍵盤操作純文字介面的BIOS。

本書仍照慣例稱呼「BIOS」，且使用ThinkPad T490s的圖形化BIOS為範例。如果尚未升級為圖形化BIOS的使用者也不用擔心，因為純文字版與圖形化BIOS的對應功能都完全一樣，差別點只在於畫面呈現方式，以及輸入方式（滑鼠或鍵盤）。

本章所介紹的BIOS功能，有的僅限2019年推出的機種才有提供，所以使用者如果發現自己的ThinkPad沒有該項功能，可能就是由於出廠年份或是機種差別的關係，而不支援該項功能。

如何進入BIOS

許多使用者從Windows 7直接改用Windows 10時，可能會發現怎麼BIOS很難進入？這是因為Windows 10預設啟用快速啟動（Fast Boot）功能，當使用者電腦關機後，再按電源鍵重開機時，按「F1」快速鍵進入BIOS這招竟無效了。除了關閉「快速啟動」功能之外，還有另外三種方式可進入BIOS。

（1）透過F1鍵或Enter鍵

先將ThinkPad重新啟動（重開機，非關機），當開機畫面出現原廠標誌時，下方會出現一行小字「To interrupt normal startup, press Enter」，此時請按住「F1」鍵，便可直接進入BIOS。

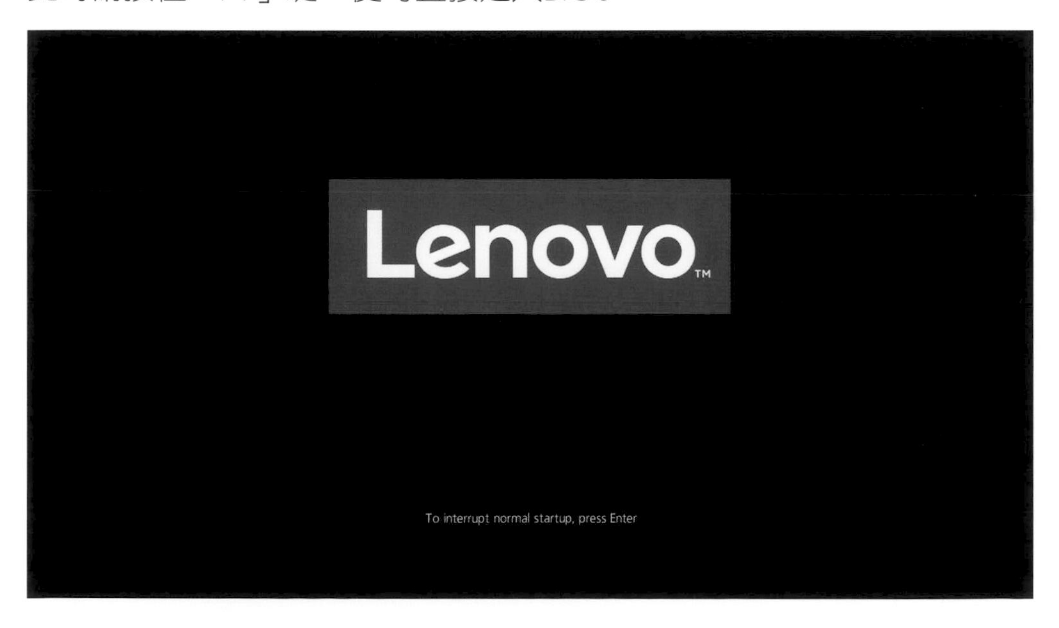

如果是按住「Enter」鍵，會先出現「Starup Interrupt Menu」，此時再按「F1」鍵，可同樣進入BIOS。

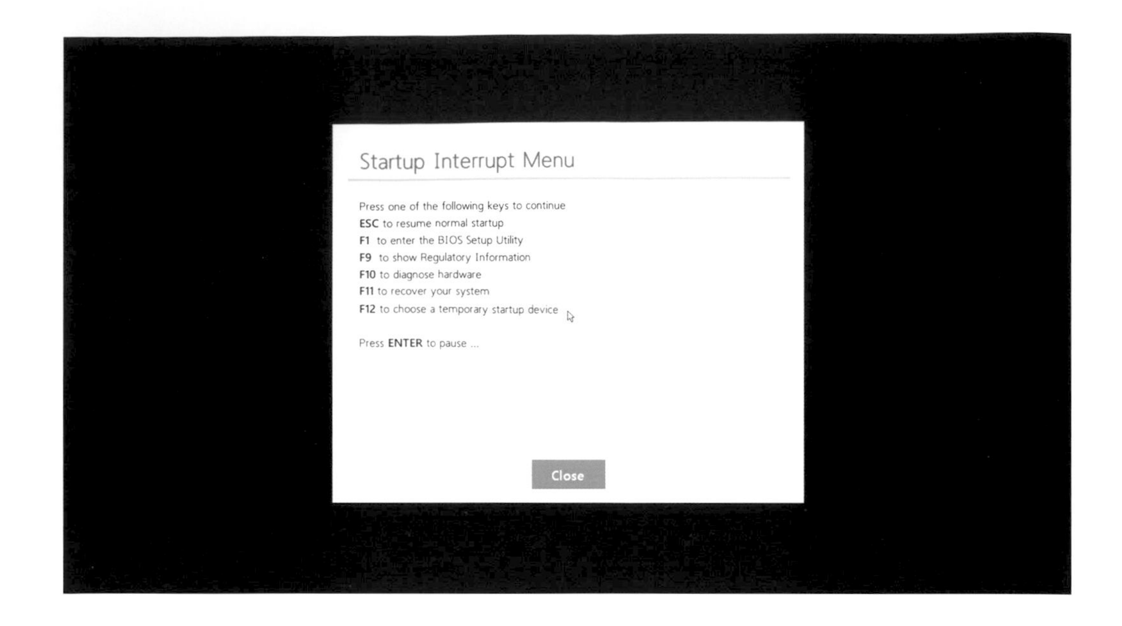

（2）透過Windows 10進入

如果使用者覺得重開機後按F1的時間不好掌握，可改透過Windows 10的功能選單，保證可進入BIOS，只是程序稍微複雜了些。

首先請點擊桌面左下角的「開始」鈕，然後選擇齒輪圖案的「設定」鈕。

或是直接按下鍵盤的「F9鍵」，如果沒反應，請改按「Fn鍵+F9鍵」，以便進入「Windows設定」頁面。但此招只對2019年（含）之前推出的機種有效。2020年之後的ThinkPad鍵盤F9鍵改成其他功能。

在「Windows」設定頁面中，點選「更新與安全性」

Windows 設定

尋找設定

裝置
藍牙、印表機、滑鼠

電話
連結您的 Android、iPhone

網路和網際網路
Wi-Fi、飛航模式、VPN

應用程式
解除安裝、預設值、選擇性功能

帳戶
您的帳戶、電子郵件、同步設定、工作、家庭

時間與語言
語音、地區、日期

輕鬆存取
朗讀程式、放大鏡、高對比

隱私權
位置、相機

❸ 更新與安全性
Windows Update、復原、備份

進入「更新與安全性」設定頁面後，點選「復原」，然後在右側畫面點選「立即重新啟動」。

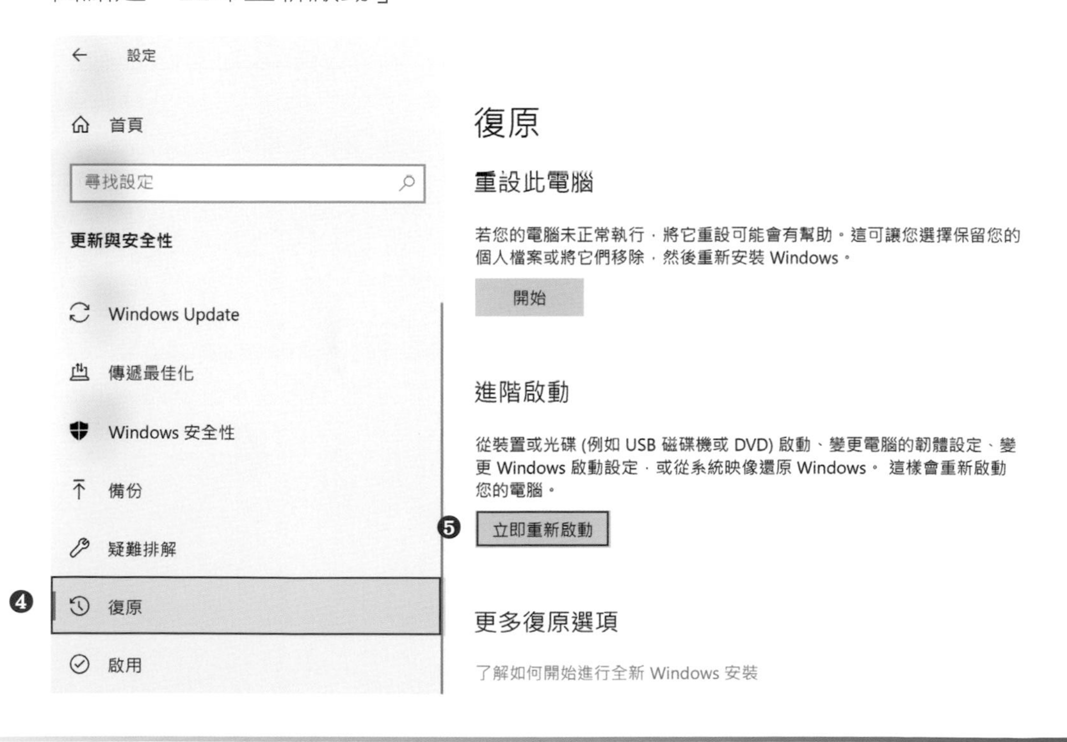

接著進入「選擇選項」，請點選「疑難排解」。

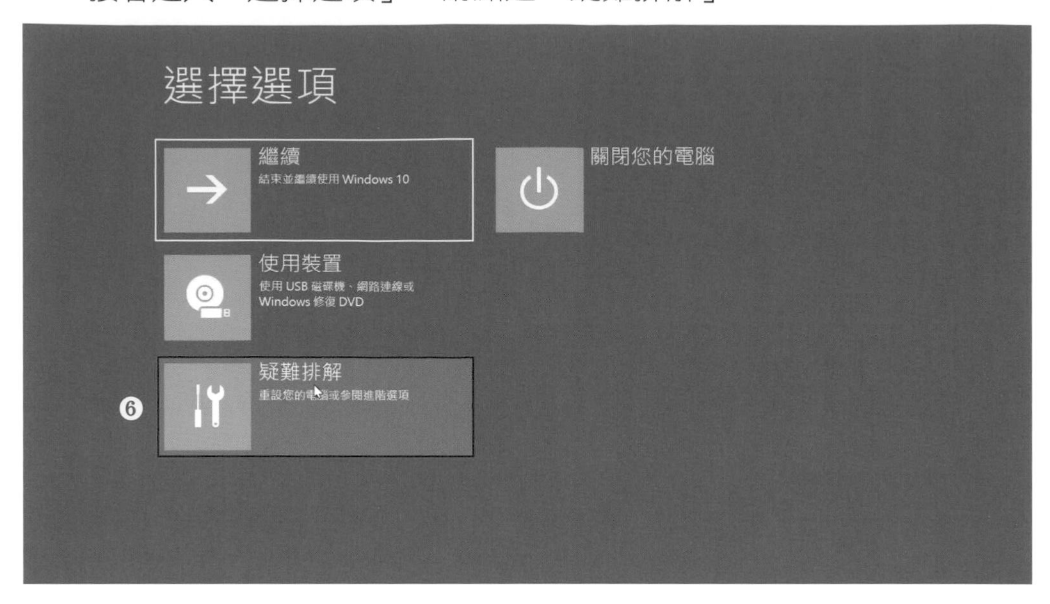

進入「疑難排解」後，請點選「進階選項」。

進入「進階選項」內，請點選「UEFI韌體設定」。

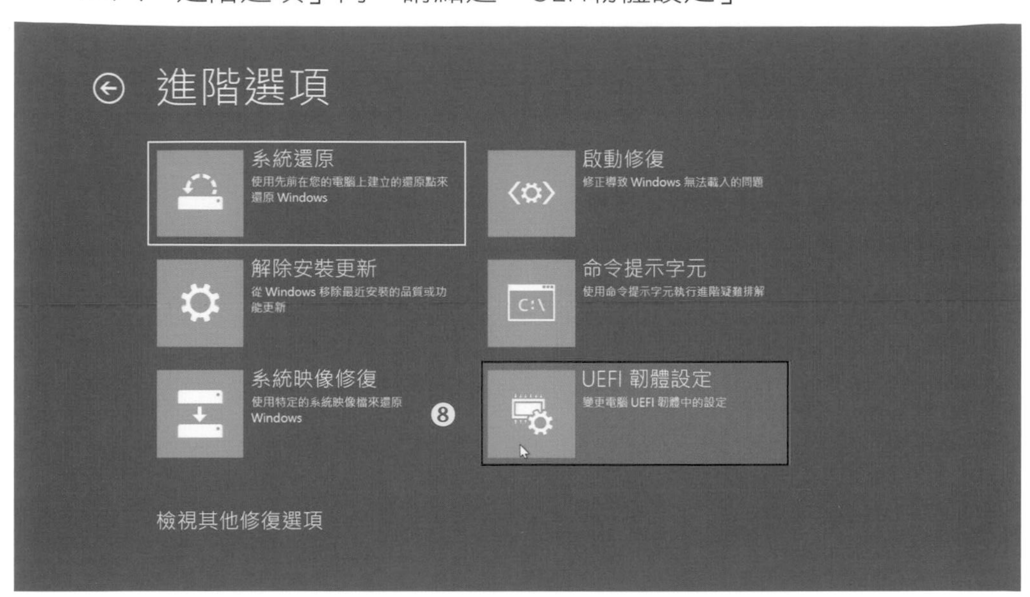

最後在「UEFI韌體設定」頁面，點選「重新啟動」，接著ThinkPad重開機後，便會直接進入BIOS畫面。

（3）重開機後快速進入「選擇選項」

前面兩個步驟，一個時機不好掌握，另一個手續太複雜，是否能有折衷的方法呢？有的，只要按住「Shift」鍵並重開機，便可以快速進入「選擇選項」畫面。但本方法不見的適用每台ThinkPad，故最後介紹給讀者。

首先，同樣將系統進行重開機，只是請先壓住「Shift鍵」不放，然後再點選「重新啟動」。

接著會直接進入「選擇選項」畫面，請點選「疑難排解」，之後的程序與前述均相同。

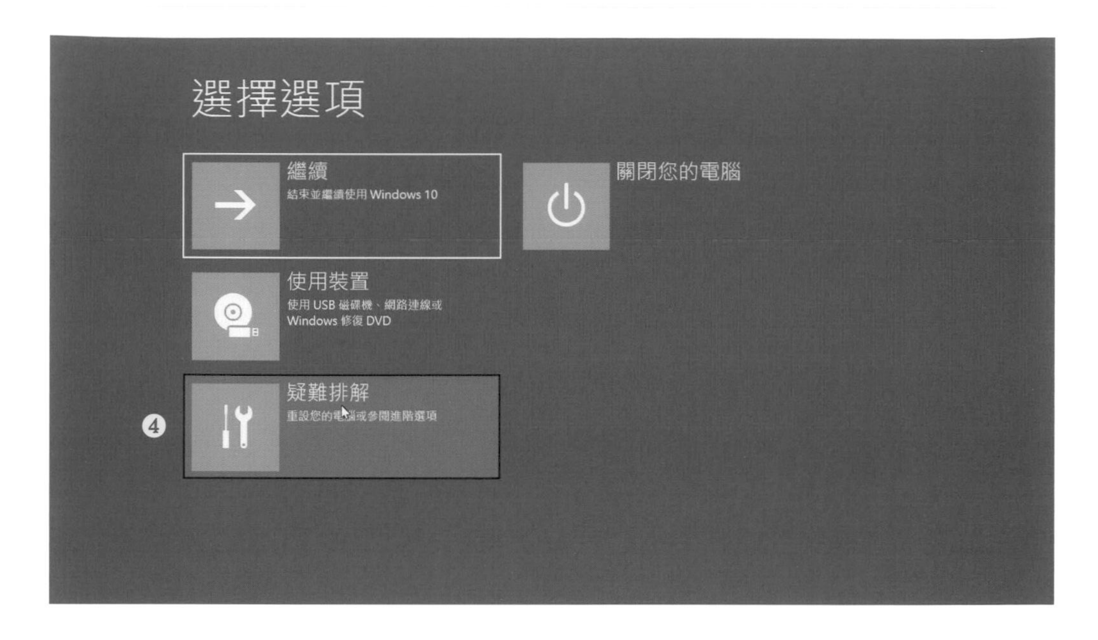

BIOS細部設定

接下來站長將針對BIOS的六大設定功能進行詳細說明，由於2019年款的ThinkPad已經開始導入圖形化介面，站長便以圖形版BIOS向讀者說明。

無論是純文字版或是圖形版BIOS，對應的功能都一樣，使用者可以自行切換習慣的BIOS介面。切換的選項在「Config」項目中的「Setup UI」，有「Simple Text（純文字）」與「Graphical（圖形化）」兩種選擇。選妥後，請按「F10」存檔並重開機，下次進入BIOS時就會是新選擇的介面版本。

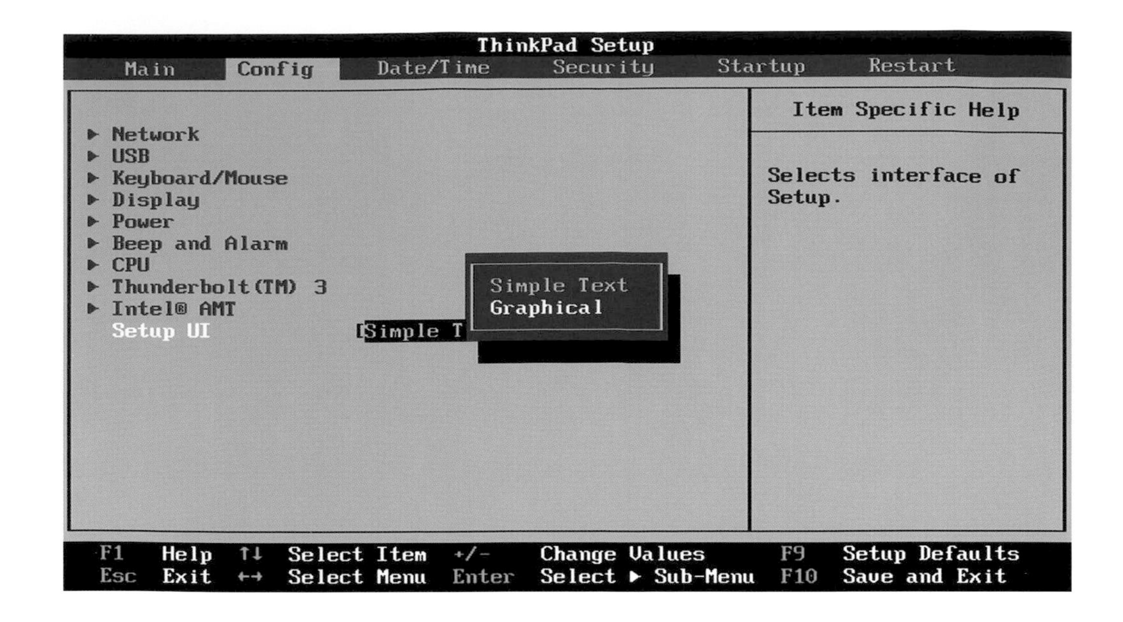

（1）Main（主畫面）

登入圖形化BIOS之後，映入眼簾的便是新一代的設定畫面，而第一個顯示的是「Main」（主畫面）。在此畫面會將ThinkPad的主要硬體規格、序號等資訊完整呈現。

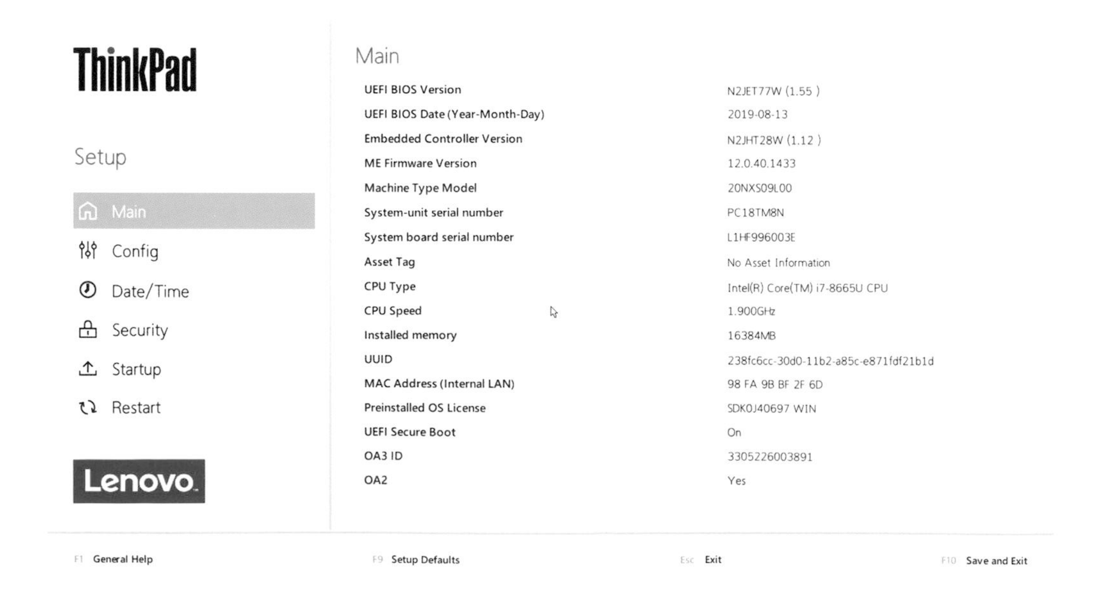

使用者可以很快查到這台ThinkPad的重要資訊，例如：

- BIOS版本：UEFI BIOS Version
- 機型：Machine Type Model
- 序號：System-unit serial number
- 處理器型號：CPU Type
- 處理器時脈：CPU Speed
- 已安裝記憶體容量：Installed memory
- 主機網卡的Mac Address：Mac Address（Internal LAN）

（2）Config（設定）

圖形化介面的BIOS在圖示上有其特殊含意，以「Config」頁面為例，長箭頭（→）代表還有第二層設定畫面；短箭頭（>）代表該設定項目的標題，如果在短箭頭上點一下，原本朝右的箭頭會朝下，並出現說明文字，幫助使用者瞭解該設定項目的功能。Config設定畫面中最多提供十個項目供使用者修改。站長接下來會針對各項目中，常用或是需留意的設定選項加以介紹。

在操作圖形化BIOS時，如果突然發現小紅點不太靈光，不妨改用觸控板來操作，反之亦然。

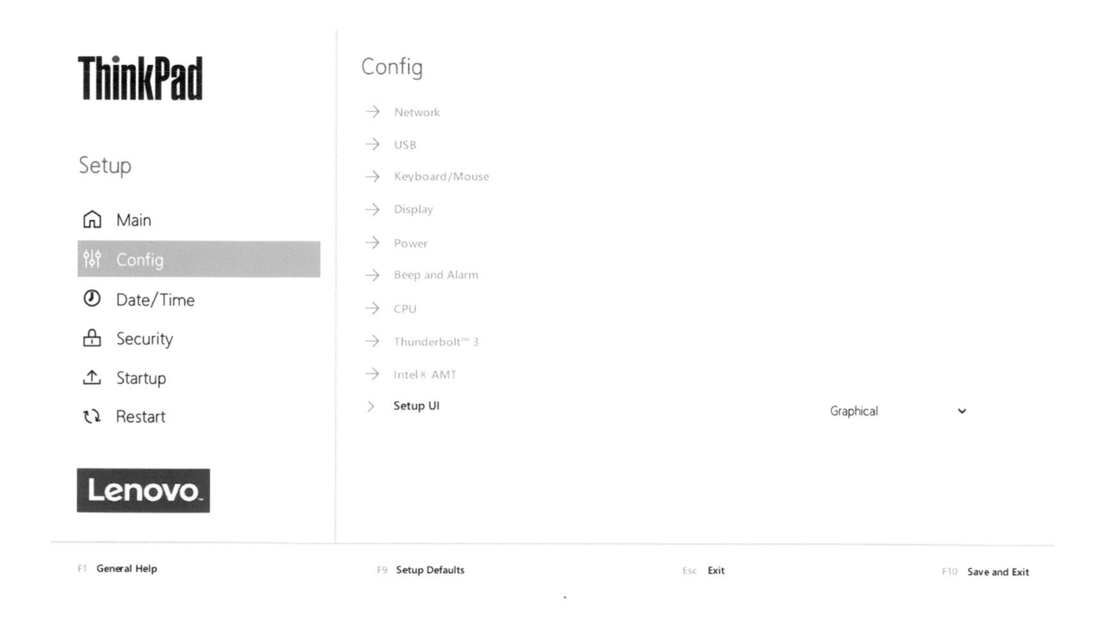

■Network（網路）

首先是「Network（網路）」設定項目。

如果使用者有透過網路喚醒ThinkPad的需求，便需要在此頁啟動「Wake On LAN」功能。

此外，雖然ThinkPad已經導入IPv6的網路連線能力，但目前即使是網路服務提供商（ISP）也是透過Dual Stack雙協定方式，在同一條寬頻電路上，同時配發IPv4與IPv6兩種IP，所以本頁中的IPv6功能可維持不動。

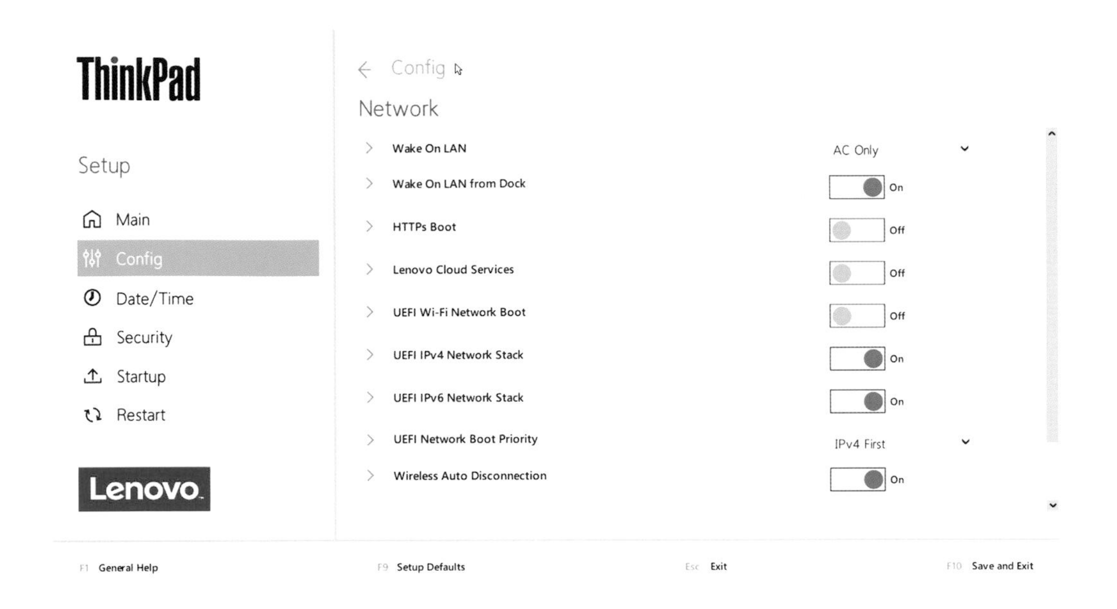

本頁中還提供的「Wireless Auto Disconnection（無線網路自動斷接）」功能，當啟動這項功能時，只要ThinkPad有連上乙太網路（使用主機內建的RJ45孔，或是乙太網路轉接線，或是機械式/纜線式擴充底座），系統會自動將Wireless LAN（Wi-Fi）無線網路功能關閉，並切換至有線網路。但本項功能不會關閉Wireless WAN（4G/LTE）無線網路功能。

此項功能是為了讓ThinkPad在接取有線的乙太網路時，自動透過乙太網路連線，以配合商務人士的連網行為。例如當使用者回到辦公室，透過乙太網路線便能直接連通公司OA內網，不用再刻意從WLAN的外網切換為公司的OA內網。但要留意的是，本項功能並不支援USB介面的乙太網路卡。

另一項在企業環境會用到的功能就是本頁提供的「Mac Address Pass Through」。如果使用者有使用纜線式底座等內建網路晶片的裝置，為避免連網時，如果網管系統會檢查是否為已註冊的電腦Mac Address，此時就無法使用周邊設備的Mac Address，必須透過Mac Address Pass Through功能，直接使用ThinkPad主機上的網路晶片Mac Address。

Wireless Auto Disconnection

On

Enable/Disable Wireless Auto Disconnection feature when Ethernet cable is connected to Ethernet LAN on system. If Enabled, Wireless LAN radio is automatically turned off whenever Ethernet cable is connected.
Note that Ethernet attached by USB is not supported by this feature.

MAC Address Pass Through — Internal MAC Address

MAC Address Pass through function when dock is attached.
[Internal MAC Address] Dock Ethernet uses same MAC Address as Internal LAN.
[Second MAC Address] Dock Ethernet uses same MAC Address as Second MAC Address.
[Disabled] Dock Ethernet uses its own MAC Address.

MAC Address — 98 FA 9B BF 2F 6D

■USB

ThinkPad主機都會提供至少一個支援「Always On」充電功能的USB接頭，隨著透過USB充電的周邊越來越多，ThinkPad便透過「Always On」USB接頭，讓ThinkPad即使在關機、休眠等狀態時，也能幫其他周邊充電，最高可供電至2A（安培）。本頁提供兩個調整選項，站長説明如下：

（1）Always On USB

當啟動本項功能，「Always On」USB接頭會根據主機電力來源而有下列幾種運作模式：

A. 主機由變壓器供電

- 睡眠（Standby）時仍可幫周邊充電
- 休眠（Hibernate）時仍可幫周邊充電
- 關機（Power-off）時仍可幫周邊充電

B. 主機靠自身電池供電

- 僅睡眠（Standby）時可幫周邊充電

（2）Charge in Battery Mode

啟動本項功能後，ThinkPad如果正使用電池供電，即使系統進入休眠或關機，仍可繼續幫周邊充電。

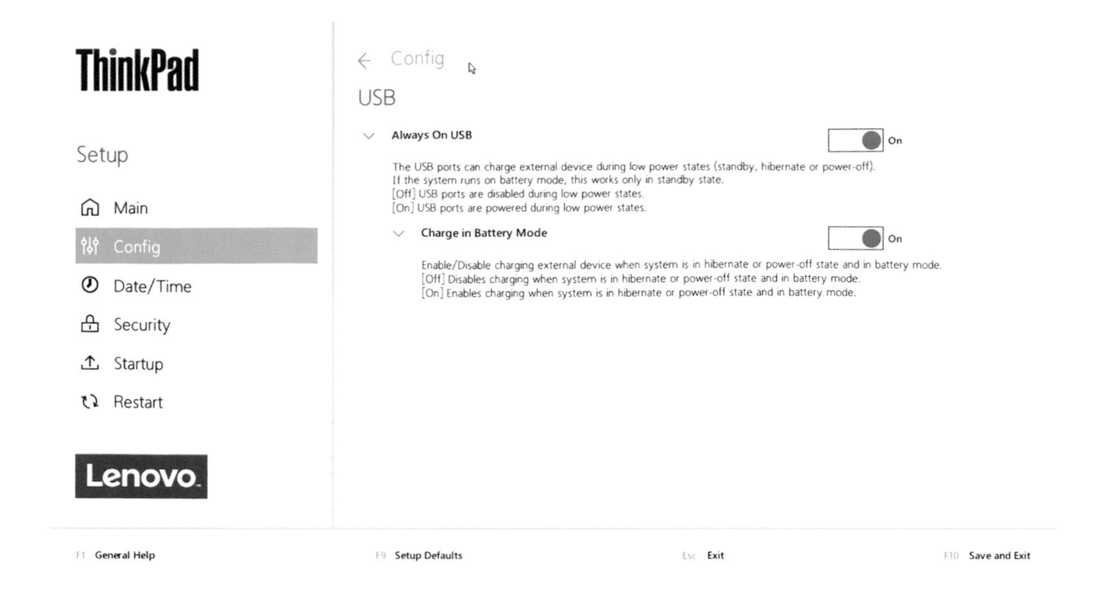

■Keyboard/Mouse

ThinkPad的鍵盤與指向裝置（小紅點、觸控板）均在此進行設定，本頁共提供五項調整選項，說明如下：

（1）TrackPoint（小紅點）

如果使用者不習慣小紅點，可以在此關閉小紅點。但如果使用者是因為剛接觸ThinkPad，不會使用而想關閉就太可惜了，不妨參考一下本書〈第一章：認識ThinkPad〉，裡面有說明如何使用小紅點，多練習幾次就能上手哦！

（2）TrackPad（軌跡板）

很多ThinkPad老用戶購入新機時，第一件事就是先到BIOS將觸控板（軌跡版）關閉，避免將來操作時誤觸。其實現在的觸控板已經加入了多指手勢的動作，適合瀏覽文件時使用。但如果仍想要關閉觸控板，便可在此設定。

（3）Fn and Ctrl swap

此項功能主要提供給其他廠牌的筆電使用者。因為ThinkPad的Fn鍵都位於鍵盤左下角，但其他廠牌筆電的鍵盤左下角通常是Ctrl鍵，導致許多從其他廠牌筆電轉換來的新使用者非常不適應。因此ThinkPad特別提供了Fn與Ctrl鍵互換的功能。啟用本項功能之後，ThinkPad鍵盤左下角的按鍵就會是Ctrl鍵（雖然鍵帽上仍印著Fn字樣），而右邊的按鍵則是Fn鍵。

（4）Fn Sticky Key（Fn相黏鍵）

本項功能是用來簡化Fn組合鍵的使用，透過Fn鍵按一下，或是按兩下，達成不同的效果。站長詳細說明如下：

A. 當F1鍵到F12鍵預設功能為Windows 10或應用程式所定義（例如在瀏覽器按F5鍵，網頁會重新載入）

- 按一下Fn鍵：此時「Esc鍵」上的「FnLock」燈號會亮起，然後按F1鍵到F12鍵，會執行ThinkPad所定義的特殊功能，例如按F5鍵，就會是調低面板亮度。但此時效果只有一次，因為按了F1鍵到F12鍵之後，「Esc鍵」上的「FnLock」燈號會熄滅，代表F1鍵到F12鍵恢復為作業系統或應用程式所定義的功能。
- 按兩下Fn鍵：此時「Esc鍵」上的「FnLock」燈號會恆亮，F1鍵到F12鍵無論按幾次，都會是ThinkPad所定義的特殊功能，例如可多按幾次F6鍵以調高螢幕亮度。如果要解除「FnLock」恆亮，只需要再按一下Fn鍵，F1鍵到F12鍵就會恢復為作業系統或應用程式所定義的功能。

B. 當F1-F12預設功能為ThinkPad所定義（例如F1為靜音）

- 按一下Fn鍵：此時「Esc鍵」上的「FnLock」燈號會亮起，然後按F1鍵到F12鍵，會執行Windows 10或應用程式所定義，例如在瀏覽器按F5鍵，網頁會重新載入。但此時效果只有一次，因為按了F1鍵到F12鍵之後，「Esc鍵」上的「FnLock」燈號會熄滅，代表F1鍵到F12鍵恢復為ThinkPad所定義的特殊功能。

C.按兩下Fn鍵：此時「Esc鍵」上的「FnLock」燈號會恒亮，F1鍵到F12鍵無論按幾次，都會是作業系統或應用程式所定義的功能。如果要解除「FnLock」恒亮，只需要再按一下Fn鍵，F1鍵到F12鍵就會恢復為ThinkPad所定義的特殊功能。

在沒啟用「Fn相黏鍵」功能前，使用者可以透過「Fn鍵+Esc鍵」組合鍵來手動開啟或關閉「FnLock」燈號。如果只是一次性的開啟Fn Lock功能，其實只要用「Fn鍵＋F1~12鍵」的組合鍵即可。

（5）F1-F12 as Primary Function

本項目就是用來設定F1至F12鍵的「預設功能」為何。當啟用本項功能時，預設功能就是由Windows 10或應用程式所定義（例如在瀏覽器按F5鍵，網頁會重新載入）。

如果關閉本項功能，F1至F12鍵的預設功能就會是ThinkPad所定義的特殊功能（例如F1鍵為靜音）。

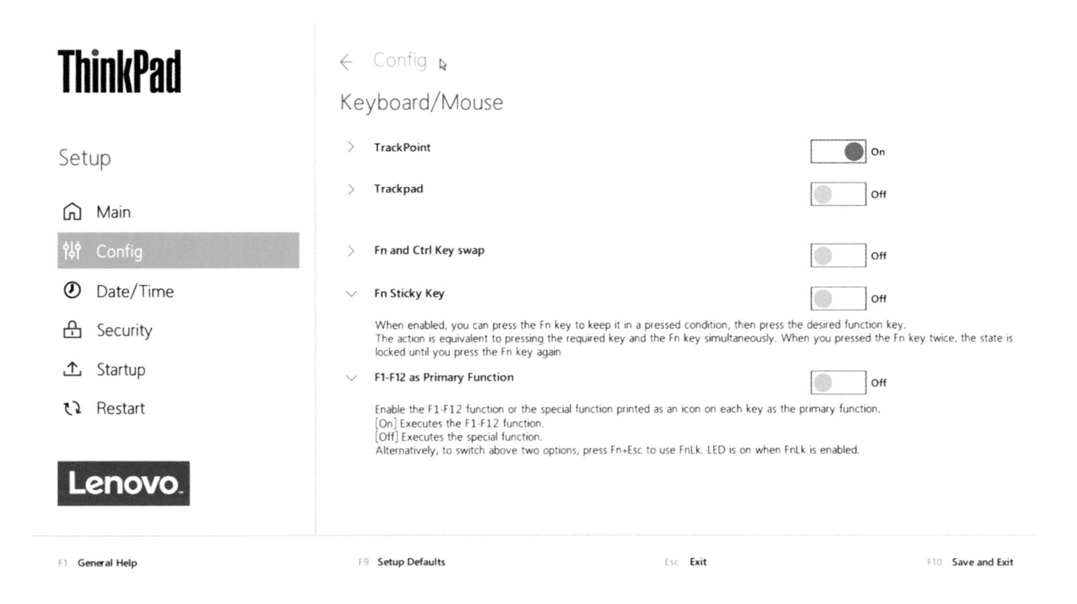

■Display

雖然站長使用T490s（並無配備獨立顯示晶片）作為BIOS介紹範例，但比對過有配備獨顯的T490之後，兩台主機在本頁的調整選項都相同。只有X1 Extreme或P系列會多一項，可設定是否僅使用獨立顯示晶片。

（1）Boot Display Device

如果使用者有外接螢幕，在此可選擇按下電源開機後的開機畫面要在哪呈現，可以選擇在ThinkPad本身的LCD螢幕，或是外接螢幕。

（2）Shared Display Priority

如果主機後方USB-C接頭與HDMI接頭共用同一個DisplayPort輸出通道時，就會出現本選項，因為這兩個接頭只能擇一輸出畫面，如果刻意同時接兩台螢幕時，系統預設會從USB-C接頭顯示畫面。使用者可在本選項設定預設從HDMI接頭輸出畫面。

（3）Total Graphics Memory

本選項是針對Intel處理器的整合式顯示晶片（內顯）調整顯示記憶體大小。有256MB與512MB兩種選擇。

（4）Boot Time Extension

當外接螢幕時，可能會遇到在開機階段，系統無法馬上偵測到外接螢幕，此時可考慮延長開機的時間，本選項最長可延長10秒鐘。

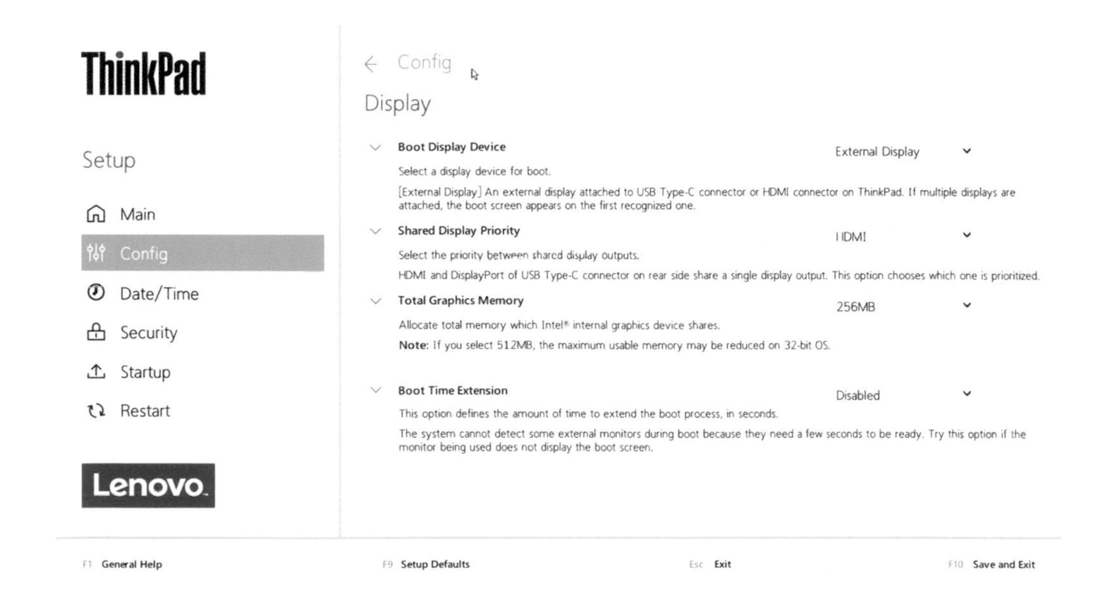

■Power

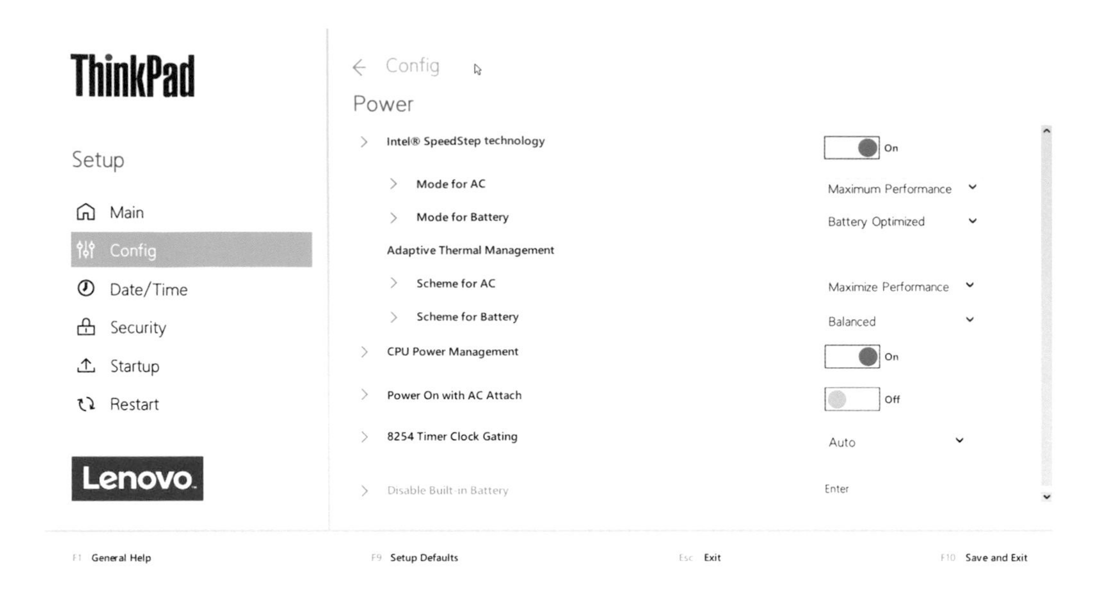

Power（電源管理）裡面針對使用AC變壓器與電池的情境提供許多調整項目，但除非使用者有特殊用途，通常建議維持系統預設即可。倒是有兩項功能讀者不妨留意一下：

（1）Power On with AC Attach

啟動本項功能之後，當ThinkPad處於關機或是休眠狀態時，只要接上AC變壓器，主機就會自動開機，或是從休眠中醒來。但如果使用者接上變壓器只是想幫主機充電而不想開機時，請勿啟動本項功能。

（2）Disable Built-in Battery

現在的ThinkPad幾乎都是內建鋰（聚合物）電池，因此在打開底殼更換零件前，已無法像從前一樣，拔除外接式電池即完成斷電的程序。相反地，須執行內建電池斷電程序。

執行本選項時，系統會詢問是否要執行，請點選「Yes」。

■Beep and Alarm

本頁提供兩個警示音的選項：

（1）**Password Beep**

如果啟動本項目，而且在BIOS有設定開機密碼、硬碟密碼或是管理員密碼，在輸入正確密碼或錯誤密碼時，便會發出不同的警示音，以提醒使用者。

（2）**Keyboard Beep**

鍵盤輸入時如果同時按太多鍵，此時會發出警示音提醒使用者。

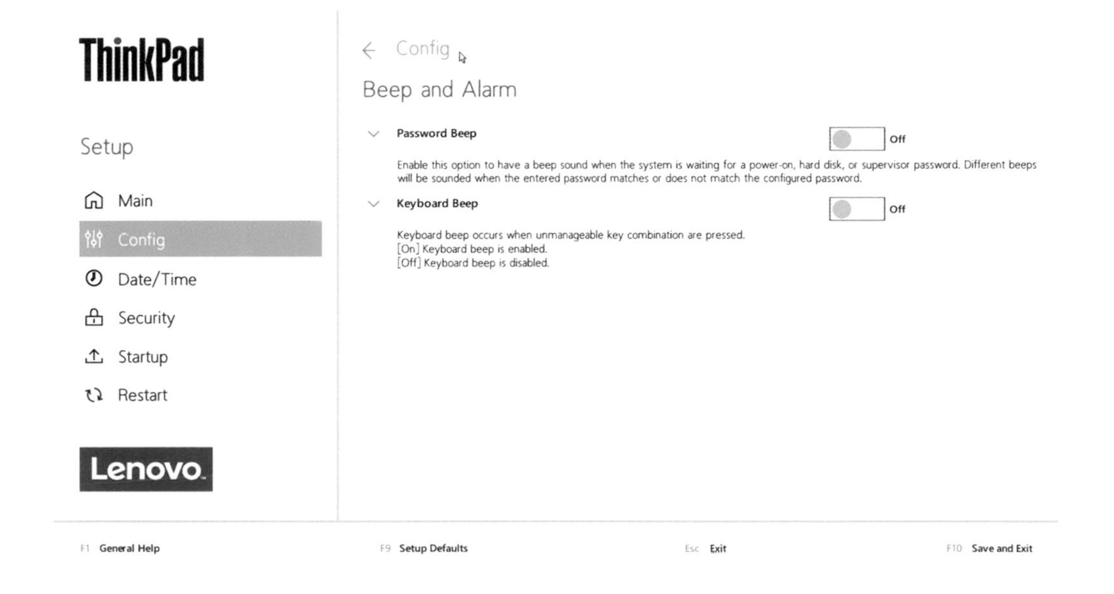

■CPU

在本頁中提供了「Hyper-Threading」（超執行緒）功能的開關。如果使用者的ThinkPad CPU有支援超執行緒功能，建議維持開啟狀態，避免影響運算效能。

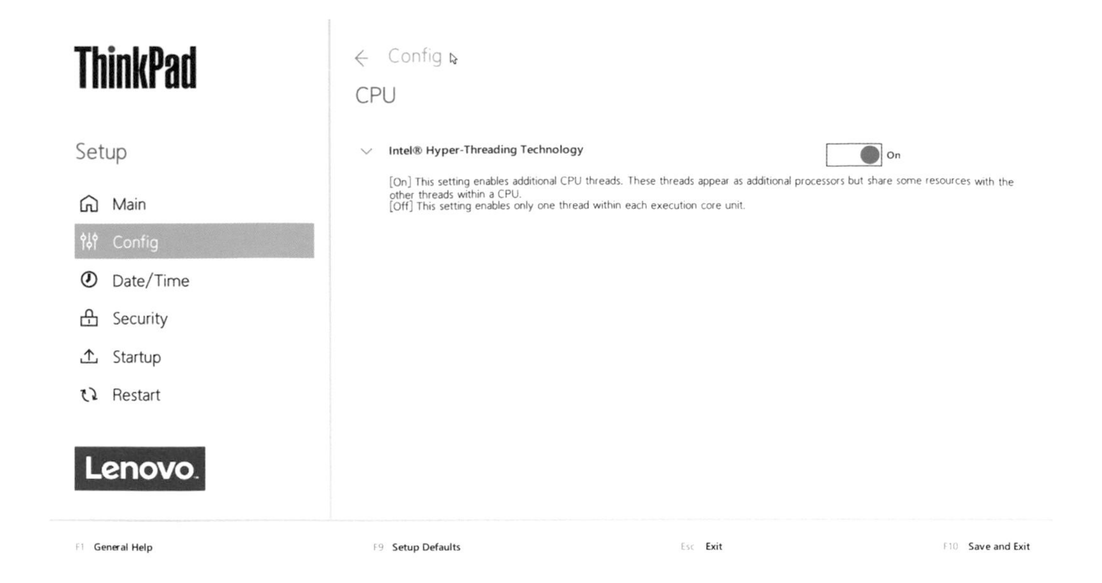

■Thunderbolt™ 3

如果使用者在「Thunderbolt™ 3」項目中，發現功能選項都變成灰色，表示預設受到「Kernel DMA Protection」的保護，必須到「Security」項目中手動關閉該項保固功能。

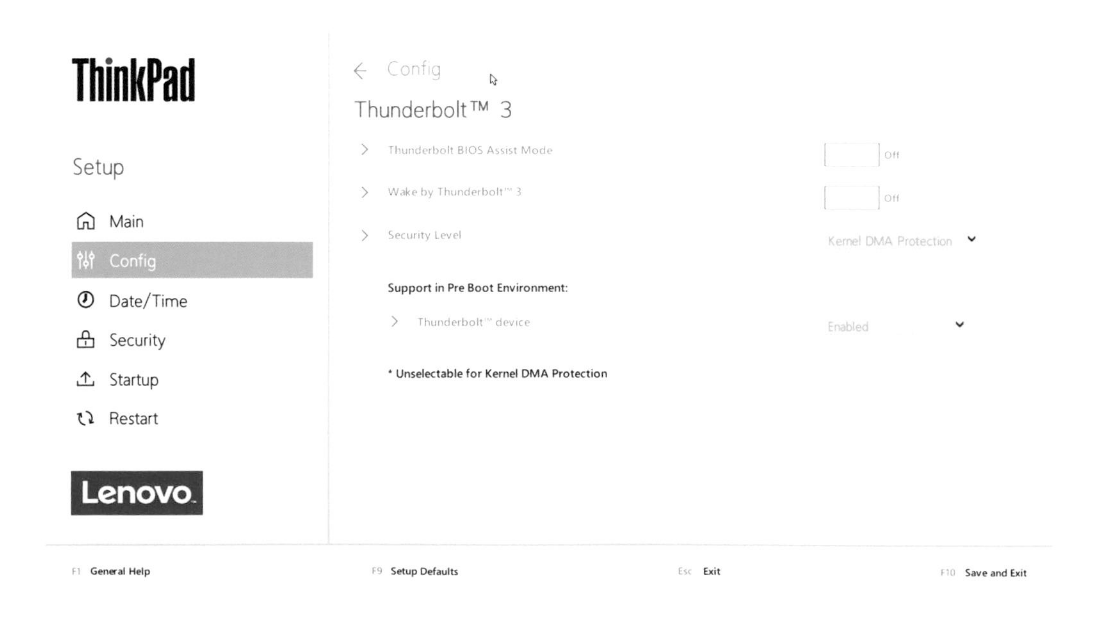

如欲解除保護，請至畫面左側的「Security」項目中，選擇「Virtualization」，並將「Kernel DMA Protection」功能關閉。

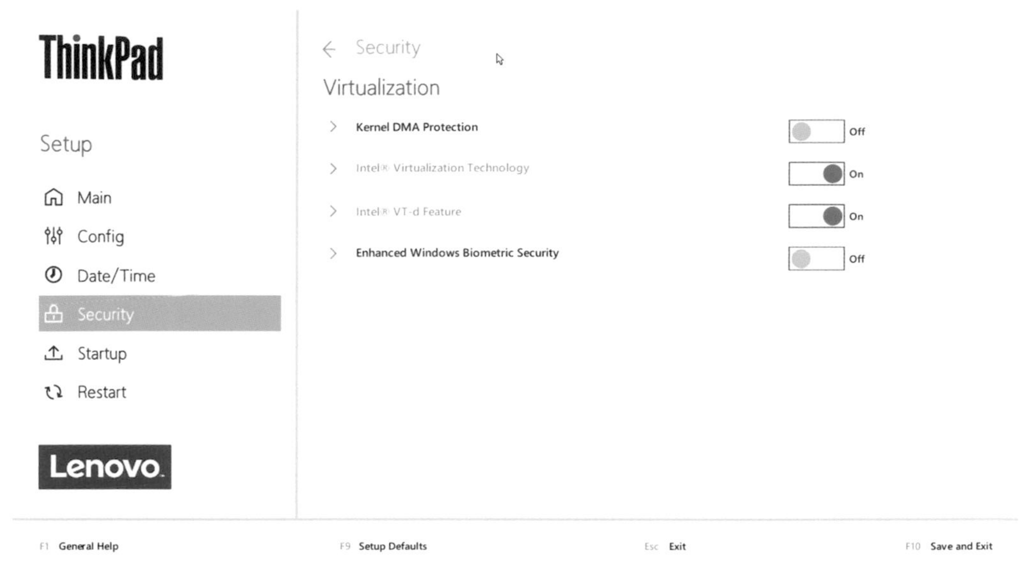

設定完成後再回到「Thunderbolt™ 3」選項，此時發現功能可以自行修改。不過其中三項除非使用者確認有其需要，不然建議維持關閉狀態，分別是：

（1）Thunderbolt BIOS Assist Mode

（2）Wake by Thunderbolt™ 3

（3）Support in PreBoot Environment

至於「Security Level」則提供四種等級，茲說明如下：

（1）No Security：自動允許Thunderbolt 3設備連結使用。

（2）User Authorization：使用者核准後（Windows 10內的ThunderboltTM控制中心），Thunderbolt 3設備才能連結使用。

（3）Secure Connect：允許Thunderbolt 3設備使用已儲存，且經使用者核准的金鑰進行連接。

（4）Display Port and USB：僅允許DisplayPort相容設備與USB設備連結使用，不允許連接使用Thunderbolt 3設備。

雖然系統預設安全等級是「User Authorization」，但在ThinkPad Thunderbolt 3 Dock Gen2的操作手冊中，則建議使用者設為「No Security」，畢竟是搭配自家的Thunderbolt 3 Dock。

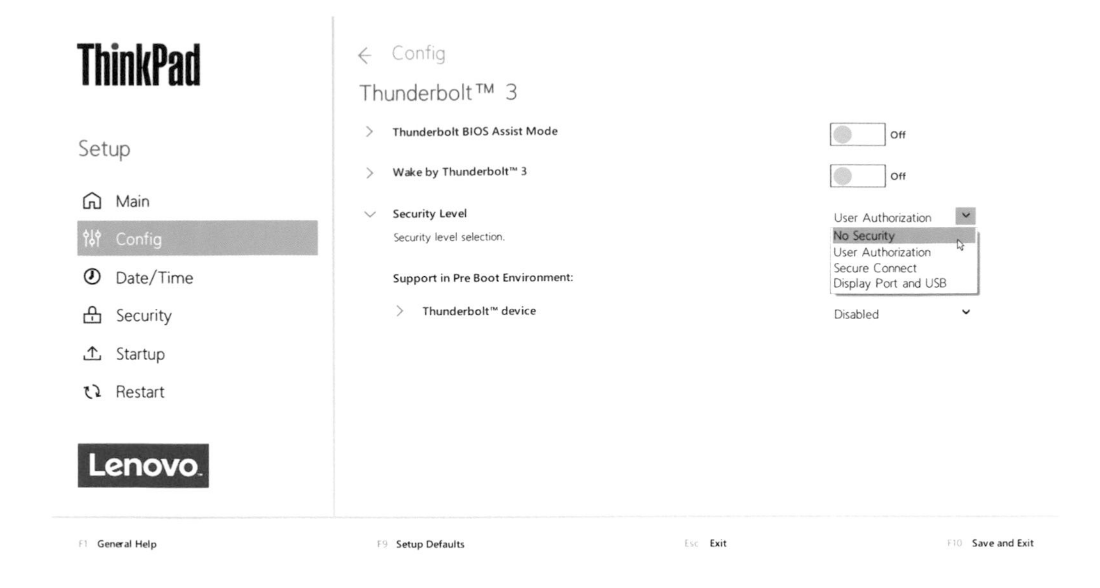

■Intel® AMT

「Intel® AMT」功能必須是ThinkPad的CPU有搭載「vPRO」功能才會出現，因此不是每台ThinkPad都有此項功能。

Intel的「AMT」（主動管理技術，Active Management Technology）可讓大型企業的網管人員，透過遠端連線的方式，對於公司內支援AMT功能的電腦設備進行盤點、管理或修復。由於此項功能屬大型企業應用，一般使用者不需要在此項目進行設定。

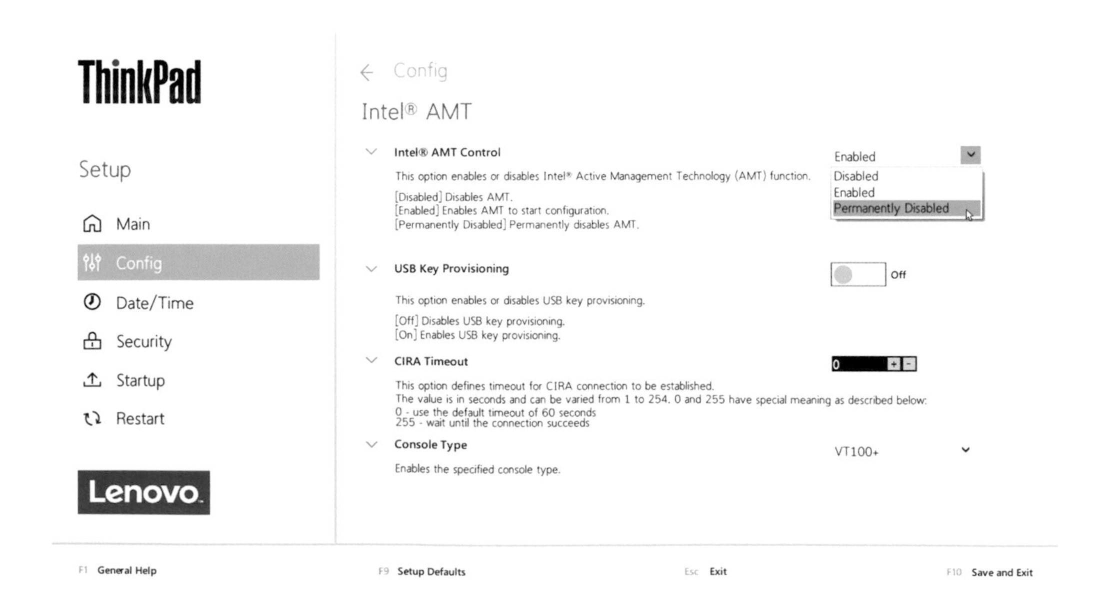

■Setup UI

最後一個「Setup UI」功能便是切換「Simple Text（純文字）」與「Graohical（圖形化）」兩種介面。選妥後，請按「F10」存檔並重開機，下次進入BIOS時就會是新選擇的介面版本。

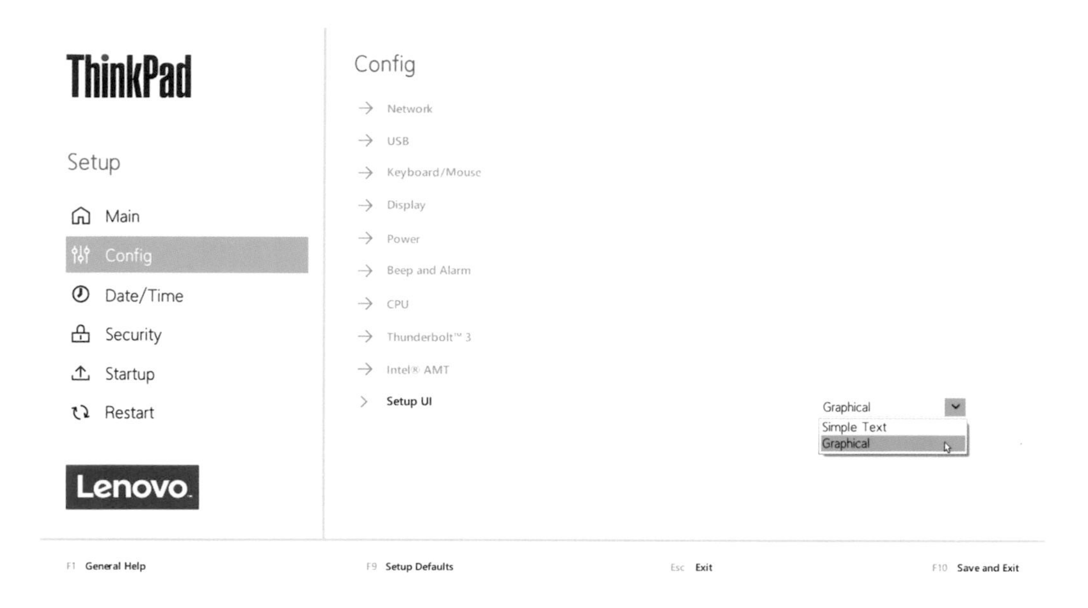

（3）Date/Time（日期／時間）

在BIOS主選單六大項目中，第三項就是設定時間與日期，使用者檢查無誤後，本項目便可挑過。

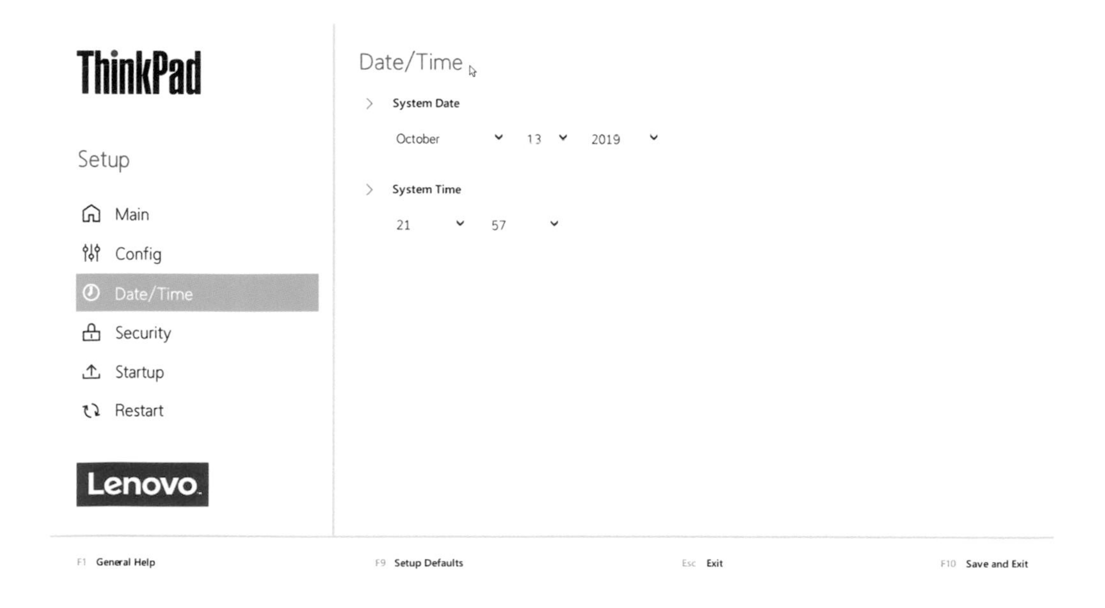

(4) Security

2019年推出的ThinkPad在BIOS的「Security」項目增加許多新的資安相關功能。但由於許多屬於特殊的企業應用，故站長僅針對「Security」項目中，八個常用或是需留意的選項向讀者介紹。

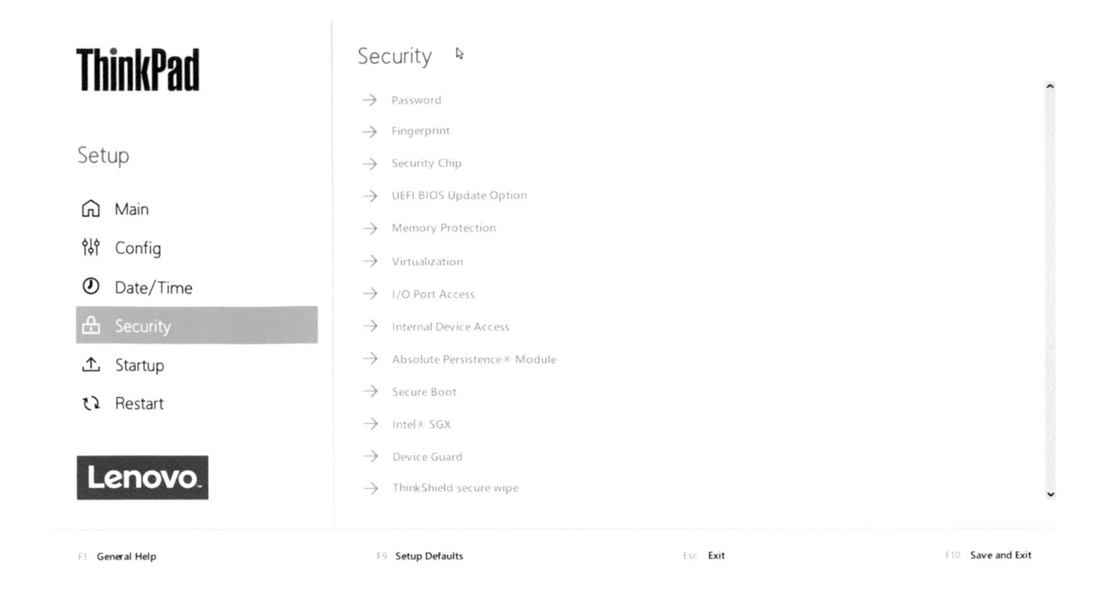

■Password

以往ThinkPad的密碼有三種，分別是：

- Supervisor Password（SVP，管理員密碼），管控ThinkPad BIOS設定權限，一旦忘記密碼，只能自費換掉整張主機版！
- Hard Disk Password（硬碟或SSD密碼），避免硬碟或SSD遺失後資料外洩，然而一旦忘記密碼，也只能自費換掉整台硬碟或SSD！
- Power-On Password（開機密碼），避免ThinkPad遭人開機使用，如果不慎忘記密碼，可送回維修中心處理。

但隨著企業應用環境的日益複雜，在具備完整權限的Supervisor密碼之下，有設立權限較低，以進行有限度管理BIOS功能的權限需求，因此從2019年開始，ThinkPad增加了「System Management Password」（SMP，系統管理密碼）。使用者可以視需求設定上述四種密碼，但要特別留意密碼遺失的風險與代價。

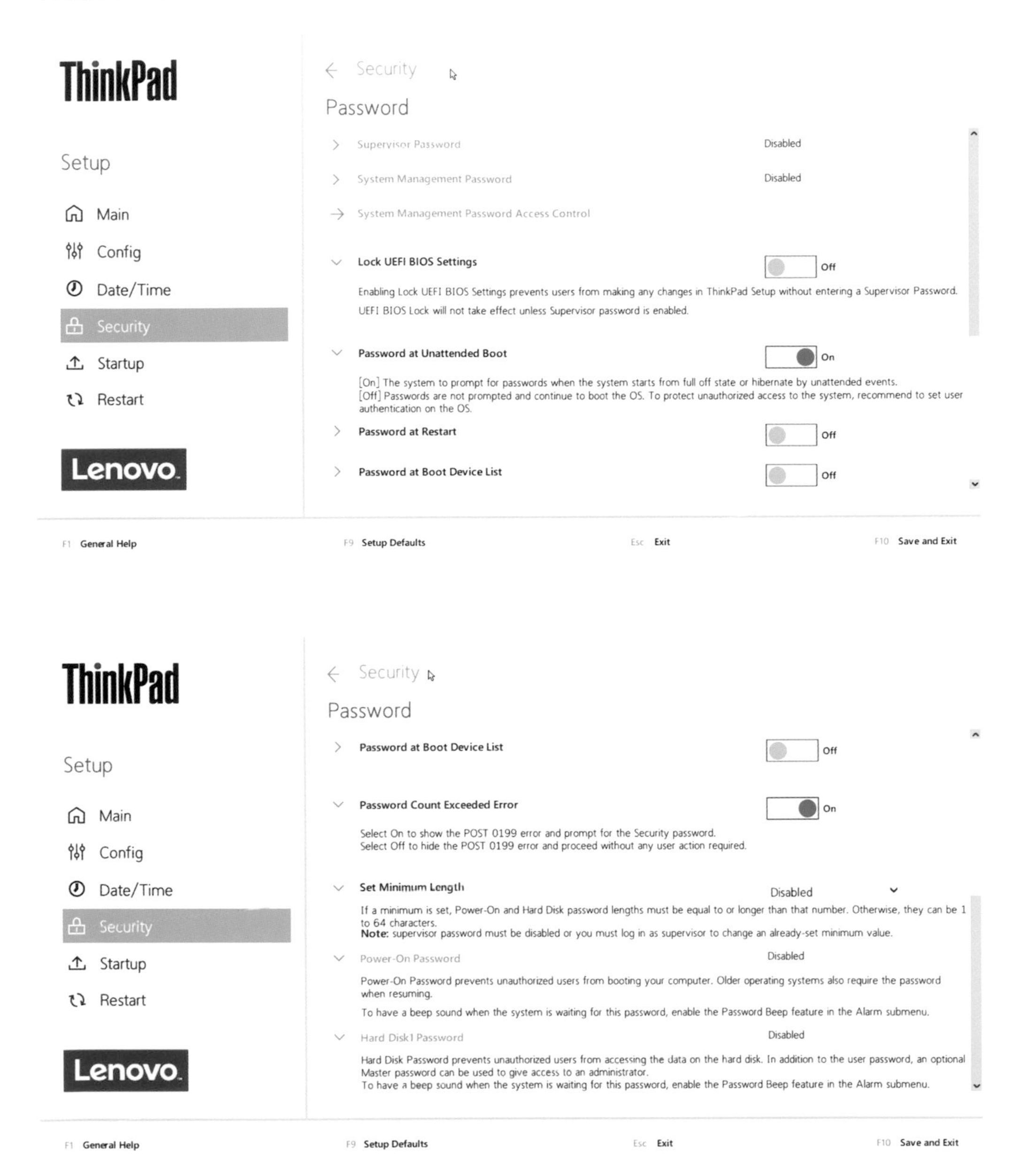

關於硬碟（或SSD）密碼，設定時會詢問，只設「User」（使用者自己）密碼，或是「User＋Master」（使用者自己+主管人員）'兩組密碼。會有Master Password的設計是出於企業環境運用。假設ThinkPad屬於公司資產，雖然筆電持用人須配合公司資安政策，設立一組自己用的硬碟/SSD密碼，但同時公司的IT部門也有必要另設一組Master Password，確保在必要時刻能隨時存取公司電腦的硬碟或SSD。

在「Password」選項中的各種密碼，如果要取消，只需要在新密碼設定欄位中，維持空白（甚麼都不填），存檔後便會取消該項密碼。

ThinkPad的BIOS密碼在每次開機時，只有三次輸入機會，如果三次密碼都錯誤，系統就會鎖死。但此時不用驚慌，直接按電源鍵強行關機就是，然後再重新開機並想辦法輸入正確的密碼。

■Fingerprint

Fingerprint（指紋辨識）的功能項目並非在所有配備指紋辨識器的機種上都有，例如L490即使有搭載指紋辨識器，但在BIOS中就沒有指紋辨識的設定項目。這代表原廠對於各機種之間的產品定位與功能差異仍有所區別。

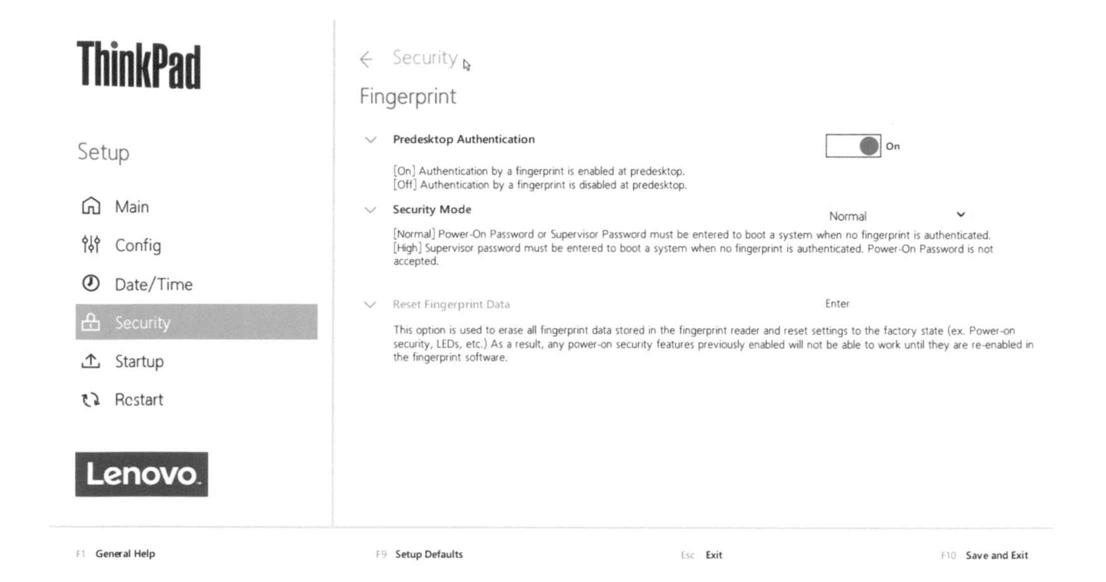

舉例來說，在指紋辨識項目中開啟「Predesktop Authentication」功能，當使用者後續在Windows 10的「登入選項」有設定「Windows Hello指紋」時，使用者如果有在BIOS設定Power-On Password（開機密碼），或是Hard Disk Password（硬碟或SSD密碼），抑或兩者都設定，之後都可以完全靠指紋辨識器登入。

在設定妥Windows Hello指紋之後，第一次開機進入系統時，畫面仍會提示輸入開機密碼或HDD/SSD密碼，使用者輸入正確後，往後開機當出現指紋辨識提示畫面時，只要輕鬆往指紋辨識器一按，無論是開機、HDD/SSD、Windows 10登入密碼，通通一氣呵成，相當便利。

但這樣的「一指通關」卻只支援T系列、X系列等機種，反而L系列無福消受。L系列的使用者必須自行輸入BIOS密碼。

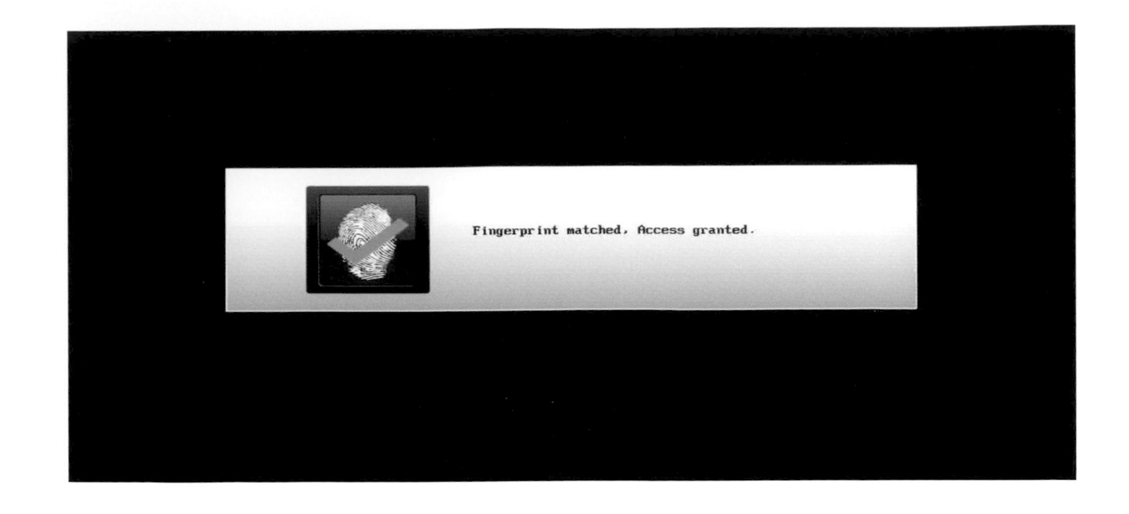

■UEFI BIOS Update Option

在「UEFI BIOS Update Option」功能中，提供了三個選項：

（1）Flash BIOS Updating by End-Users

如果使用者有設定管理員（Supervisor）密碼，並希望每次更新BIOS時，都需要輸入管理員密碼，就可以關閉本項功能。如無此需要，建議開啟本項功能。

（2）Secure RollBack Prevention

本項功能是為了避免BIOS「降版」，因此開啟本項功能後，無法安裝舊版的BIOS。不過使用者如果將來需要自行更換ThinkPad開機畫面時，需要執行BIOS更新程式，如果沒有關閉本項功能，即使BIOS版本相同，系統仍會拒絕執行。因此如果有更換ThinkPad開機畫面需求，或是想將BIOS降版的使用者，可關閉本項功能。

（3）Windows UEFI Firmware Update

ThinkPad的UEFI BIOS更新程式已經可以在Windows系統中執行（但仍會重開機以進行更新程序），如果使用者不希望在Windows內執行更新程式，可關閉本項功能。

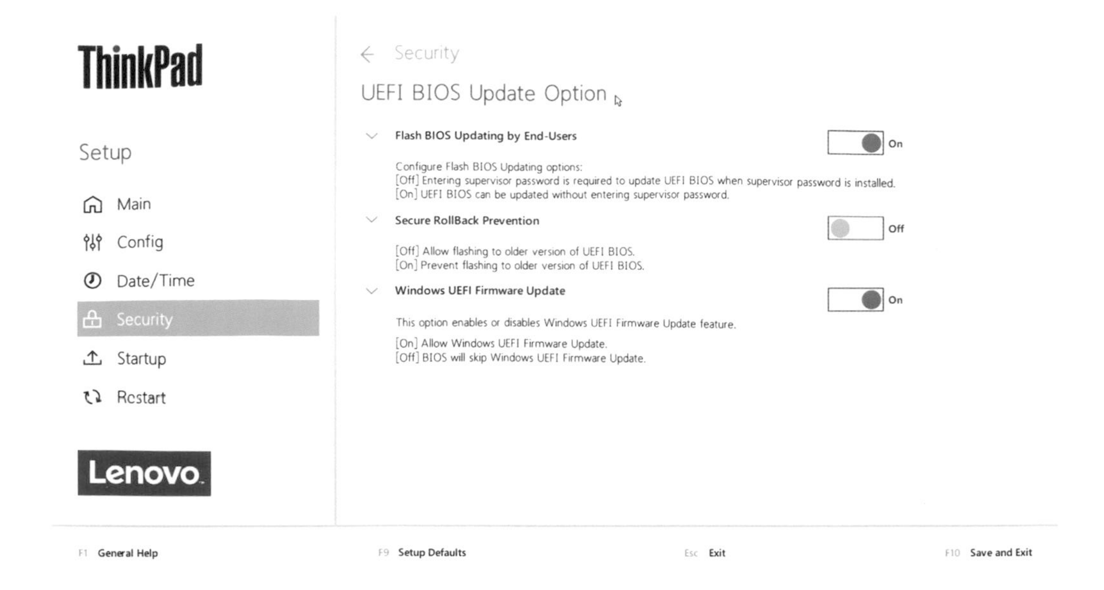

■Memory Protection

從Windows XP Service Pack 2開始，微軟的作業系統便開始支援Data Execution Prevention（DEP，資料執行保護）安全性功能。本項功能在ThinkPad BIOS是預設開啟，除非將來遇到程式因故無法執行，必須手動關閉DEP功能，才需要關閉本項功能。

■Virtualization

不同機種的BIOS選項會略有差異。以「Virtualization」（虛擬化）為例，T490s在此頁有四個選項，但沒有搭載Thunderbolt 3功能的L490就沒有「Kernel DMA Protection」此一項目。

前面在介紹Thunderbolt 3選項時也已提過，如果「Kernel DMA Protection」功能有開啟，Thunderbolt 3的功能就無法設定。

此外，使用者如果有執行虛擬主機，請於本頁開啟處理器所支援的虛擬化功能。

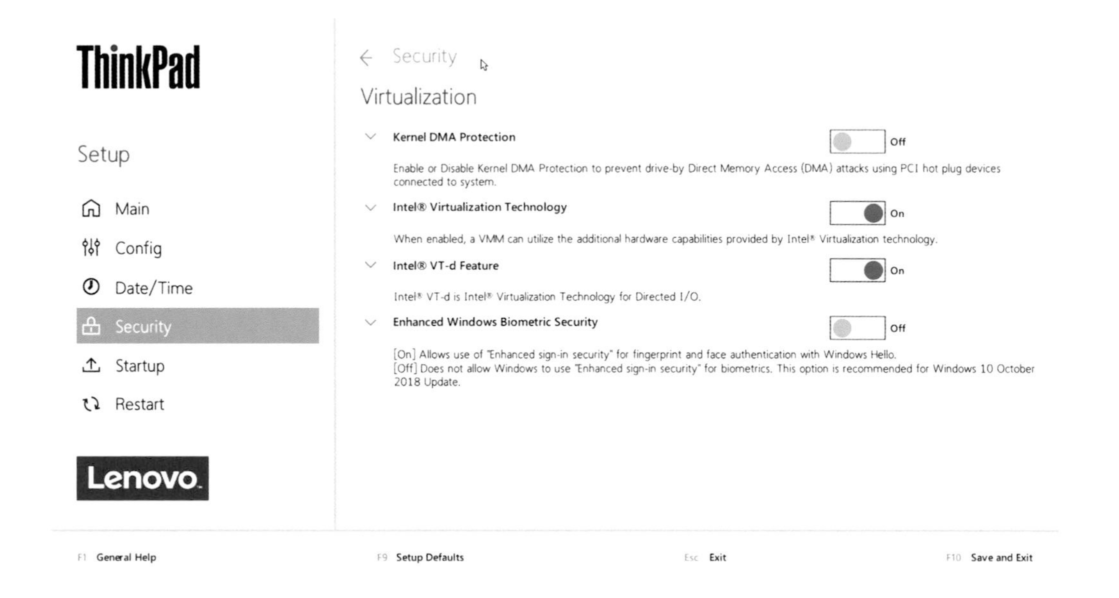

■I/O Port Access

本頁詳細列舉了ThinkPad所有的I/O連接埠等功能，現在連音效功能也列入。如果基於公司資安政策，需要關閉USB或是所有的無線網路功能，可先將ThinkPad設定Supervisor（管理員）帳號並登入後，將相關功能關閉。

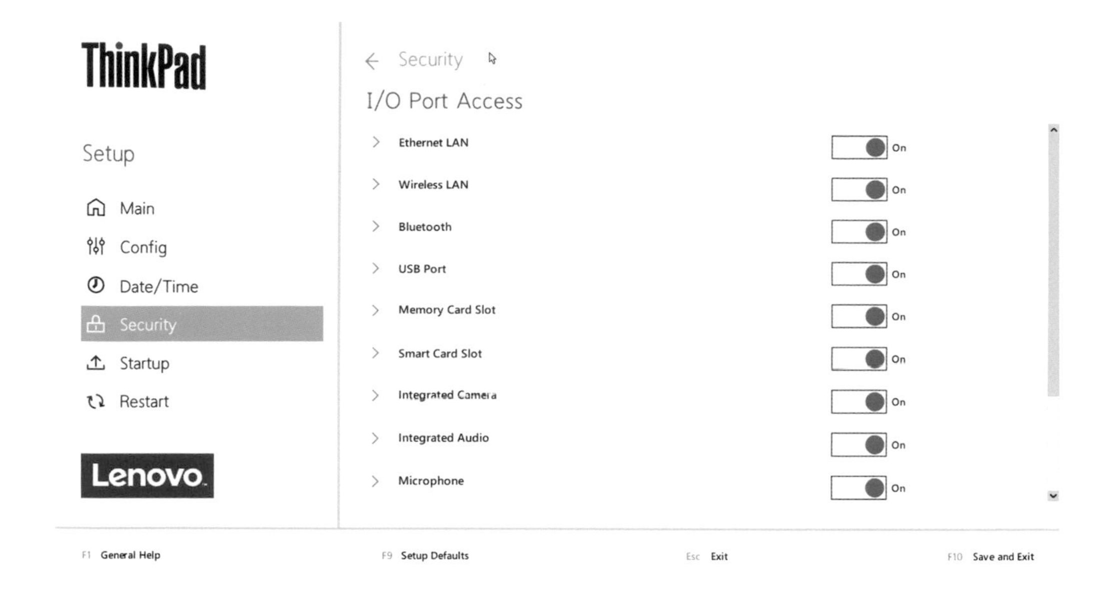

■Internal Device Access

為避免有人私自打開ThinkPad底殼，或是取走儲存媒體，ThinkPad設置了底殼撬開偵測機制，以及內部儲存媒體拔取偵測機制。

但啟動「Bottom Cover Tamper Detection」（底殼撬開偵測）功能之前，必須先設置管理員（Supervisor）密碼，因為一旦系統偵測到底殼被打開了，就必須輸入管理員密碼才能開機。

至於「Internal Storage Tamper Detection」（內部儲存媒體拔取偵測）功能啟動時，當內部的儲存媒體在系統進入睡眠（Sleep）狀態時被拔走，當喚醒系統時，系統會強制關機。

使用者如果擔心ThinkPad的硬碟或SSD被偷走，有公司資料外洩之虞時，可以考慮設定Hard Disk Password（硬碟或SSD密碼）。

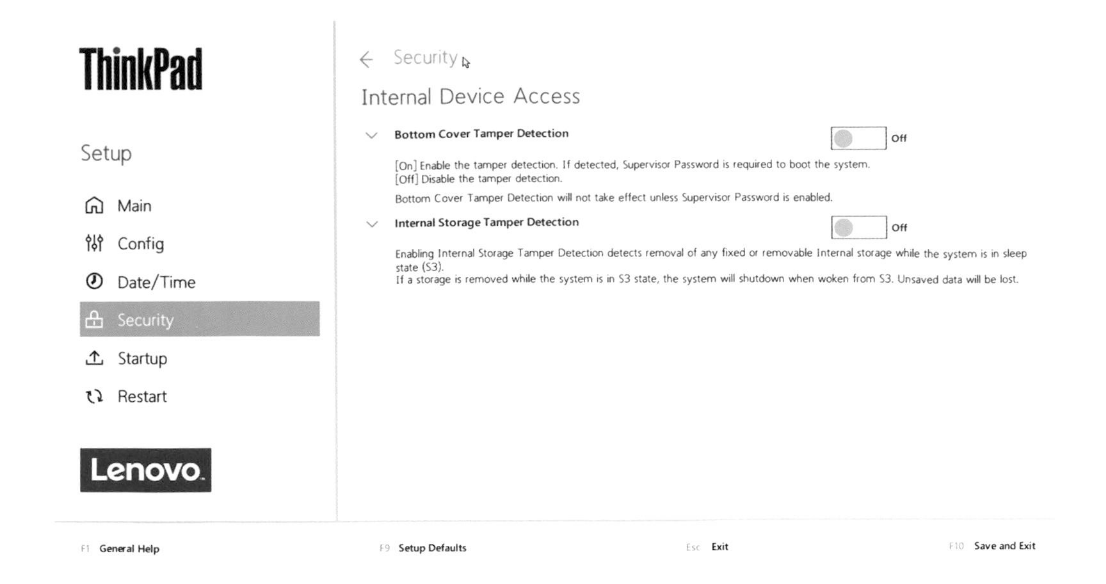

■Secure Boot

如果ThinkPad已經預載Windows 10作業系統，本頁並無設定的必要。但如果需要另外自行安裝作業系統時，才需要在此選擇是否開啟Secure Boot，或是變更「Platform Mode」等。

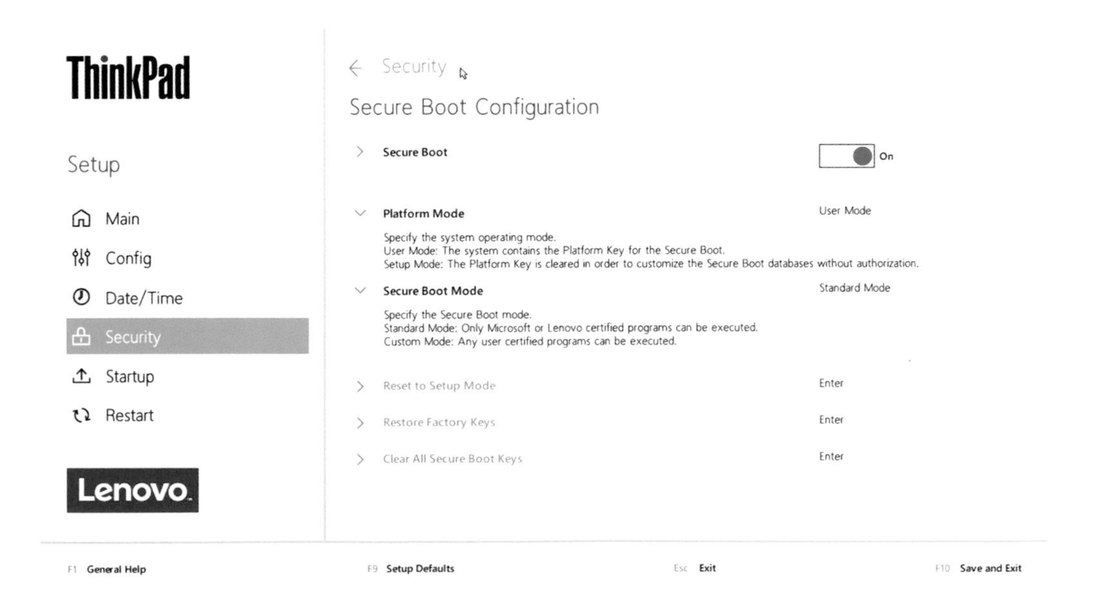

■ThinkShield secure wipe

從2019年款的ThinkPad開始，BIOS開始內建「ThinkShield secure wipe」資料抹除功能。這項功能可將傳統硬碟或SSD上儲存的所有資料通通清除掉。但使用此項功能的方式，則是在開機選單「App Menu」中啟動。所以本頁便是設定，是否要在App Menu中顯示ThinkShield secure wipe功能。

（5）Startup（啟動）

使用者如果需要修改ThinkPad的開機順序，便在「Startup」設定功能的「Boot」項目中設定。

如果需要安裝其他作業系統而需要解除UEFI Boot設定時，需要先至「Security」設定功能中，將「Secure Boot」功能關閉後，才能在本頁啟動「Legacy Only」，或是啟動「CSM Support」功能。

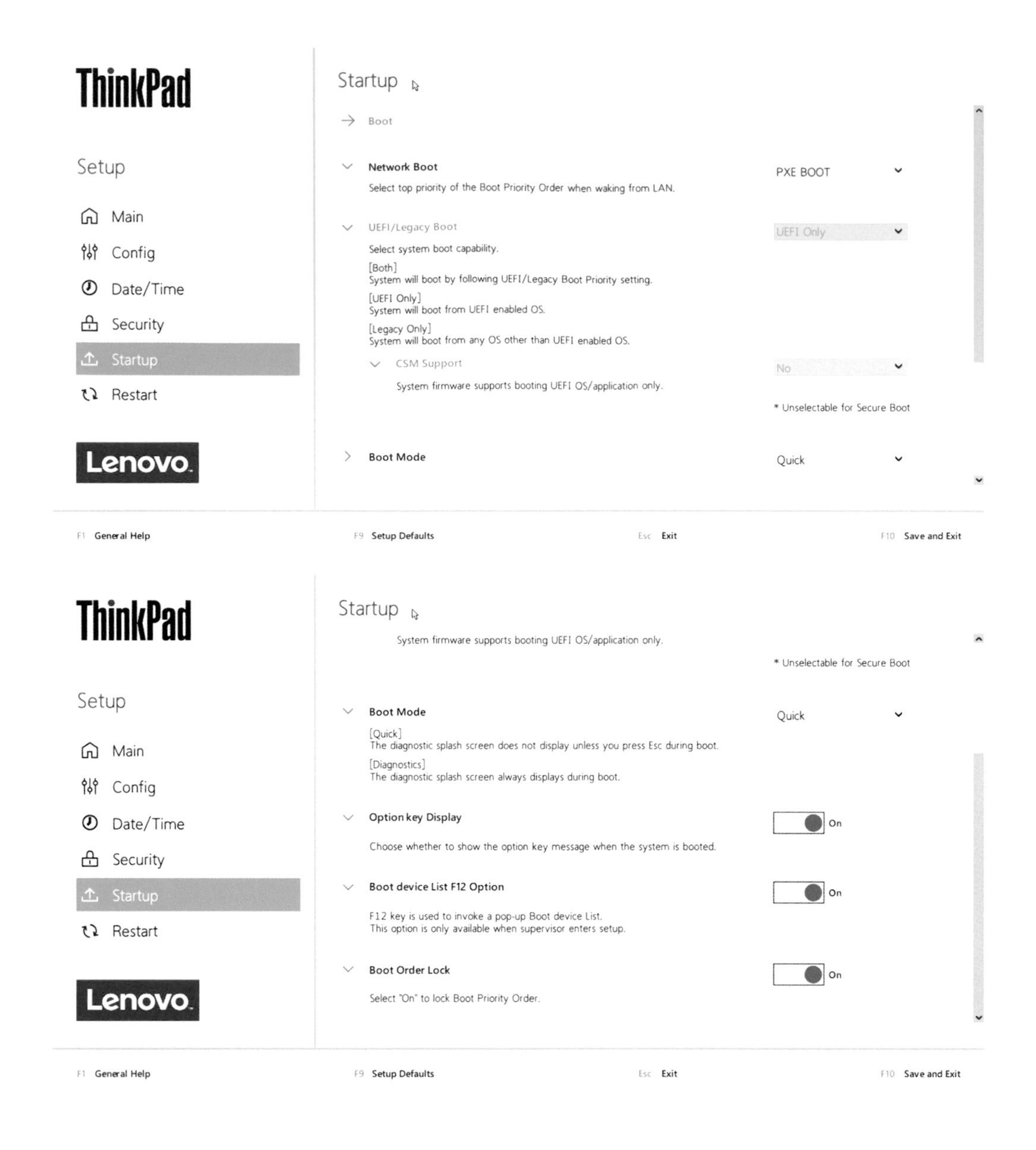

在「Startup」設定功能中點選「Boot」項目，便可編輯開機順序。拜圖形化BIOS之賜，開機順序畫面不但多了圖示，而且可以直接使用滑鼠以拖拉的方式操作。

2019年推出的機種在開機順序中出現了「LENOVO CLOUD」選項，但目前尚未開放。照原廠的講法，此一功能就是將來可以直接從雲端下載系統還原檔案，重新安裝作業系統。不過此為提供給大型企業的付費服務，並非取代現有還原光碟或是自製還原隨身碟的機制。

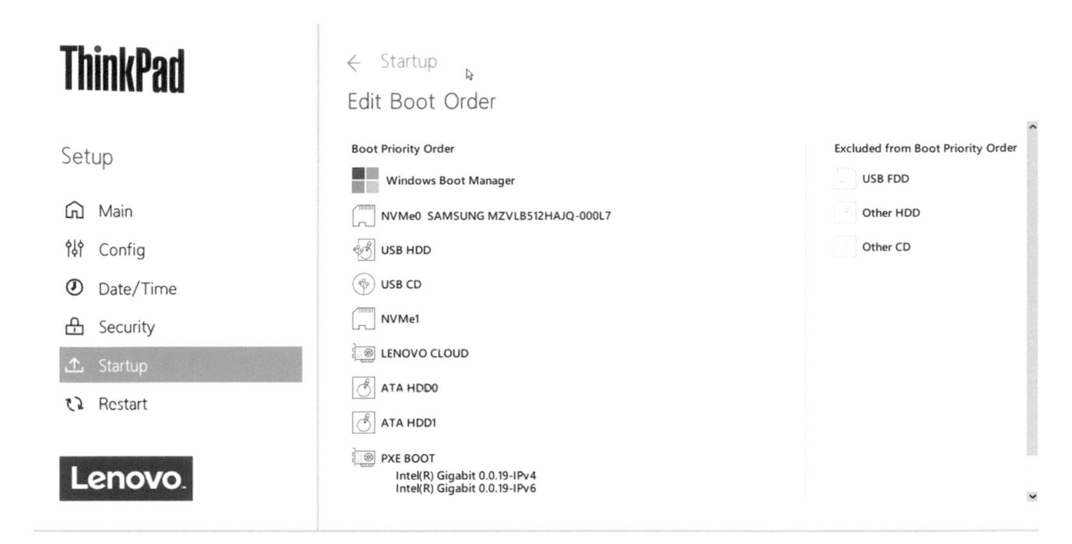

（6）Restart（重新開機）

使用者在離開BIOS前，可在「Restart」的設定項目中決定是否要存檔。如果要存檔並離開BIOS，點選「Exit Saving Changes」即可；如果不想存檔，就點選「Exit Discarding Changes」。

在回覆BIOS系統預設值「Load Setup Defaults」功能裡有個子項目：「OS Optimized Defaults」，如果系統已經預載Windows 10作業系統，該功能預設也會是開啟的，除非使用者需要安裝其他作業系統，才需要特別去關閉。

熟練的使用者也可以直接按快速鍵：

- F10= Exit Saving Changes
- F9= Load Setup Defaults

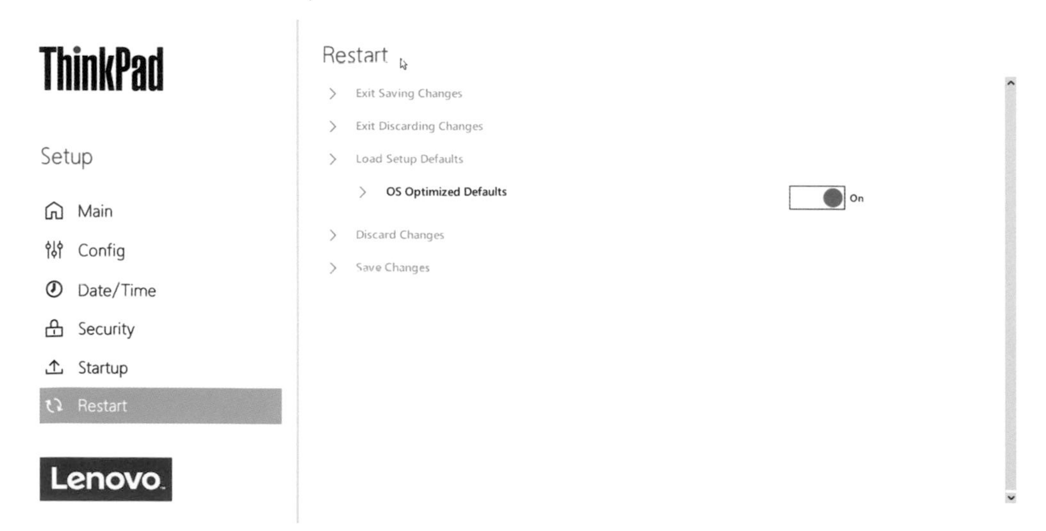

2. Startup Interrupt Menu說明

當使用者將ThinkPad重新開機，等到原廠（Lenovo）標誌的開機畫面出現時，下方會出現一行小字「To interrupt normal startup, press Enter」，此時如果按下「Enter」鍵，就會出現「Startup Interrupt Menu」（啟動中斷選單）。

首先「Startup Interrupt Menu」預設會倒數15秒，如果15秒內沒有按下特定的按鍵或Enter鍵，系統會繼續執行原本的開機動作並進入作業系統。

當使用者在15秒內按下「Enter」鍵時，倒數便會取消，使用者可以仔細看一下「Startup Interrupt Menu」所列出的快速鍵以及相對應的功能。不過讀者請勿以為必須先按Enter鍵呼叫出「Startup Interrupt Menu」，才能再按這些快速鍵，其實開機後出現Lenovo標誌時，就可以直接按下快速鍵，例如按下F1鍵即進入BIOS；按下F12鍵會直接進入開機順序選單。

Esc鍵

按下Esc鍵之後，系統會繼續原本的開機動作，並進入作業系統。

F1鍵

按下F1鍵就能夠進入UEFI BIOS設定畫面。

F9鍵

按下F9鍵會顯示ThinkPad通過的相關法規資訊。如果要離開此畫面，請按下「Enter」鍵，系統會重開機。

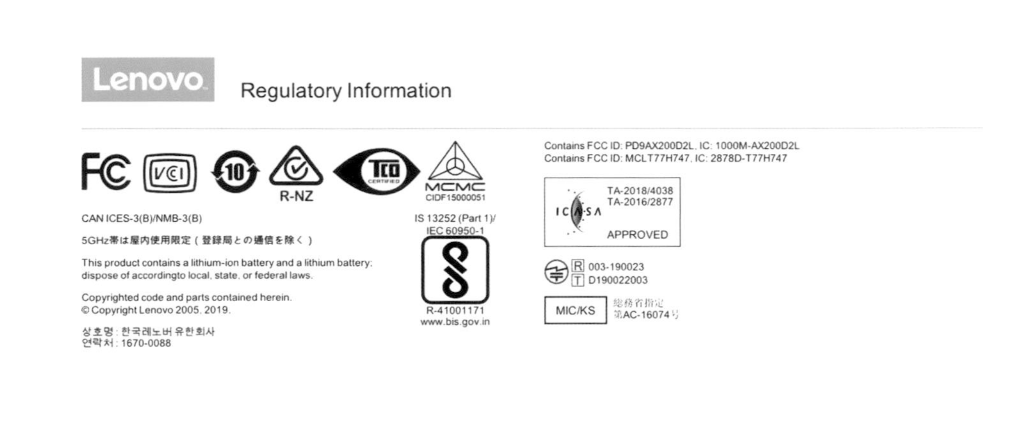

F10鍵

按下F10鍵會進入硬體檢測程式。ThinkPad其實內建一套硬體檢測程式，能夠在不受作業系統影響的狀況下，檢查硬體是否正常。由於屬純文字介面，只能透過鍵盤操作。

這套名為「Lenovo Diagnostics for UEFI」的硬體檢測程式，在不同機種上，也會有不同的檢測項目。進入檢測程式之後，會發現有兩大項目，分別是「DIAGNOSTICS」（檢測項目）以及「TOOLS」（工具程式）。

使用者可以透過鍵盤的方向鍵選擇需要檢測的項目，或直接按每個檢測項目後面的數字，例如想測試記憶體，可直接按數字「4」。

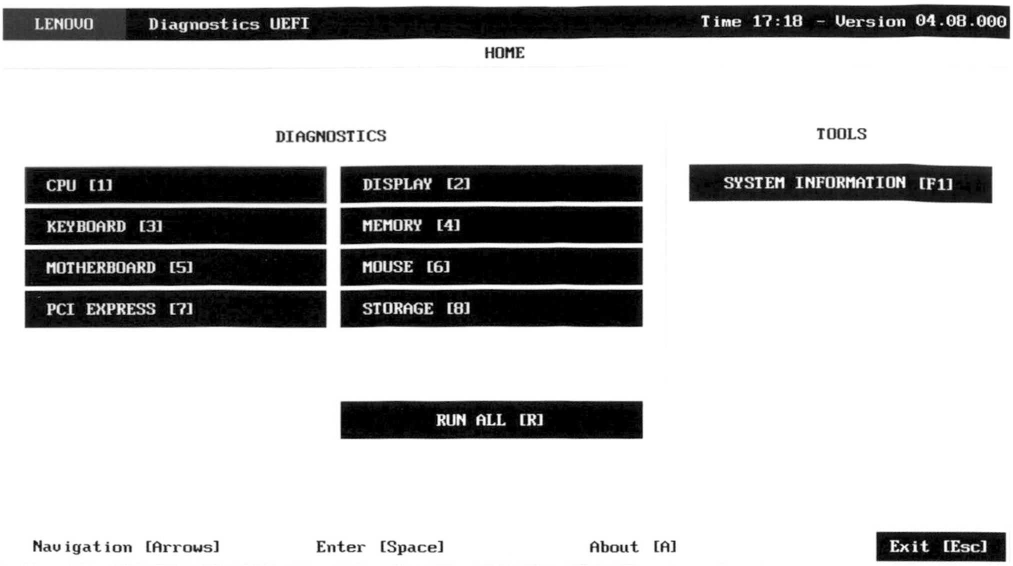

LENOVO Diagnostics UEFI Time 17:18 - Version 04.08.000

HOME

DIAGNOSTICS

CPU [1] DISPLAY [2]
KEYBOARD [3] MEMORY [4]
MOTHERBOARD [5] MOUSE [6]
PCI EXPRESS [7] STORAGE [8]

TOOLS

SYSTEM INFORMATION [F1]

RUN ALL [R]

Navigation [Arrows] Enter [Space] About [A] Exit [Esc]

站長就不逐一介紹每個測試項目，倒是「DISPLAY」（顯示器）的測試項目中，提供了紅、藍、綠、黑、白這五色的全螢幕顯示項目，如果使用者需要檢測螢幕壞點時，可直接使用硬體檢測程式內建的測試項目，非常方便。

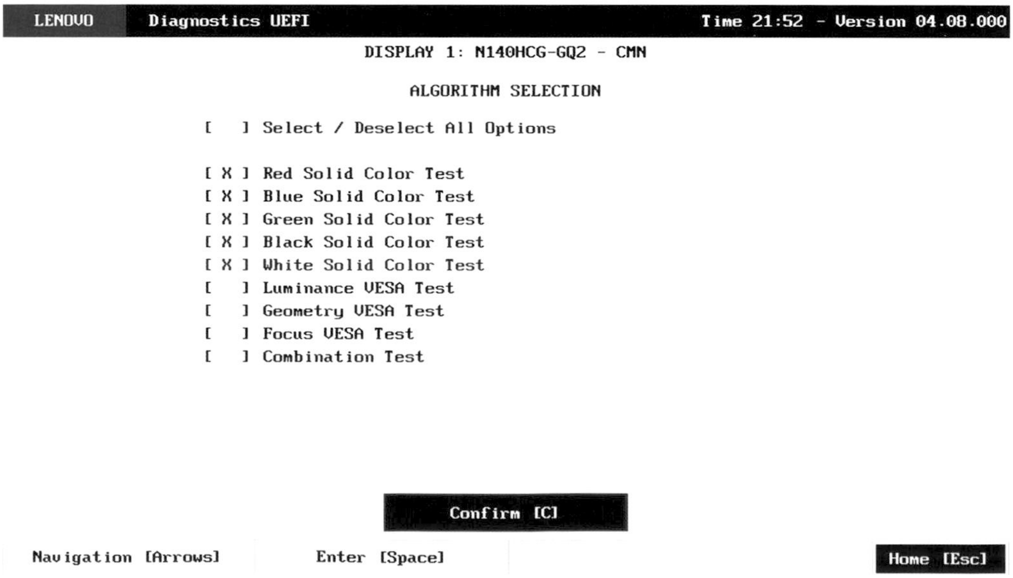

LENOVO Diagnostics UEFI Time 21:52 - Version 04.08.000

DISPLAY 1: N140HCG-GQ2 - CMN

ALGORITHM SELECTION

[ ] Select / Deselect All Options

[X] Red Solid Color Test
[X] Blue Solid Color Test
[X] Green Solid Color Test
[X] Black Solid Color Test
[X] White Solid Color Test
[ ] Luminance VESA Test
[ ] Geometry VESA Test
[ ] Focus VESA Test
[ ] Combination Test

Confirm [C]

Navigation [Arrows] Enter [Space] Home [Esc]

在檢測程式的另一項功能「TOOLS」（工具程式）中，提供了完整的系統資訊，使用者可以挑選需要查看的項目。例如在「MEMORY」（記憶體）項目中，詳細列出了這台T490s所內建的記憶體廠牌與運作時脈。雖然T490s無法再擴充記憶體，但對於T490、L490等還可以擴充記憶體的機體而言，使用者不但知道內建記憶體所使用的廠牌，也知道雖然記憶體本身是DDR4-2666規格，但實際上卻受限於處理器內建的記憶體控制器，只以DDR4-2400模式運作。後續在購買記憶體模組準備自行升級時，便可尋找合適的產品。

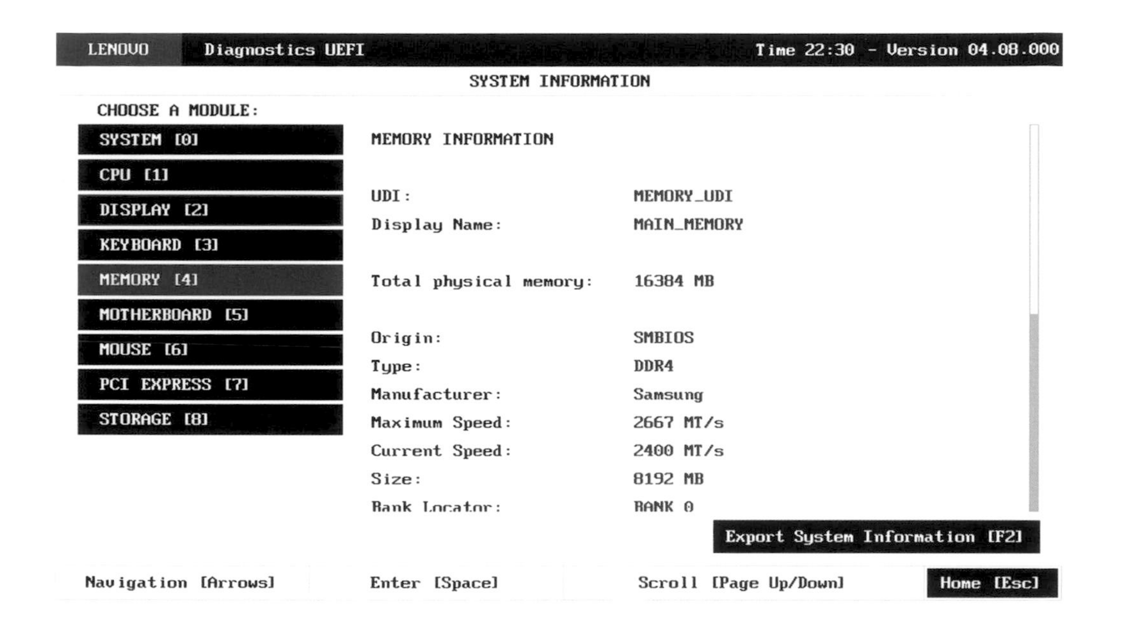

F11鍵

按下F11鍵，接著會進入Windows 10的「選擇選項」，如果繼續點選「疑難排解」中的「進階選項」，就會看到更多還原或是修復作業系統的選項。

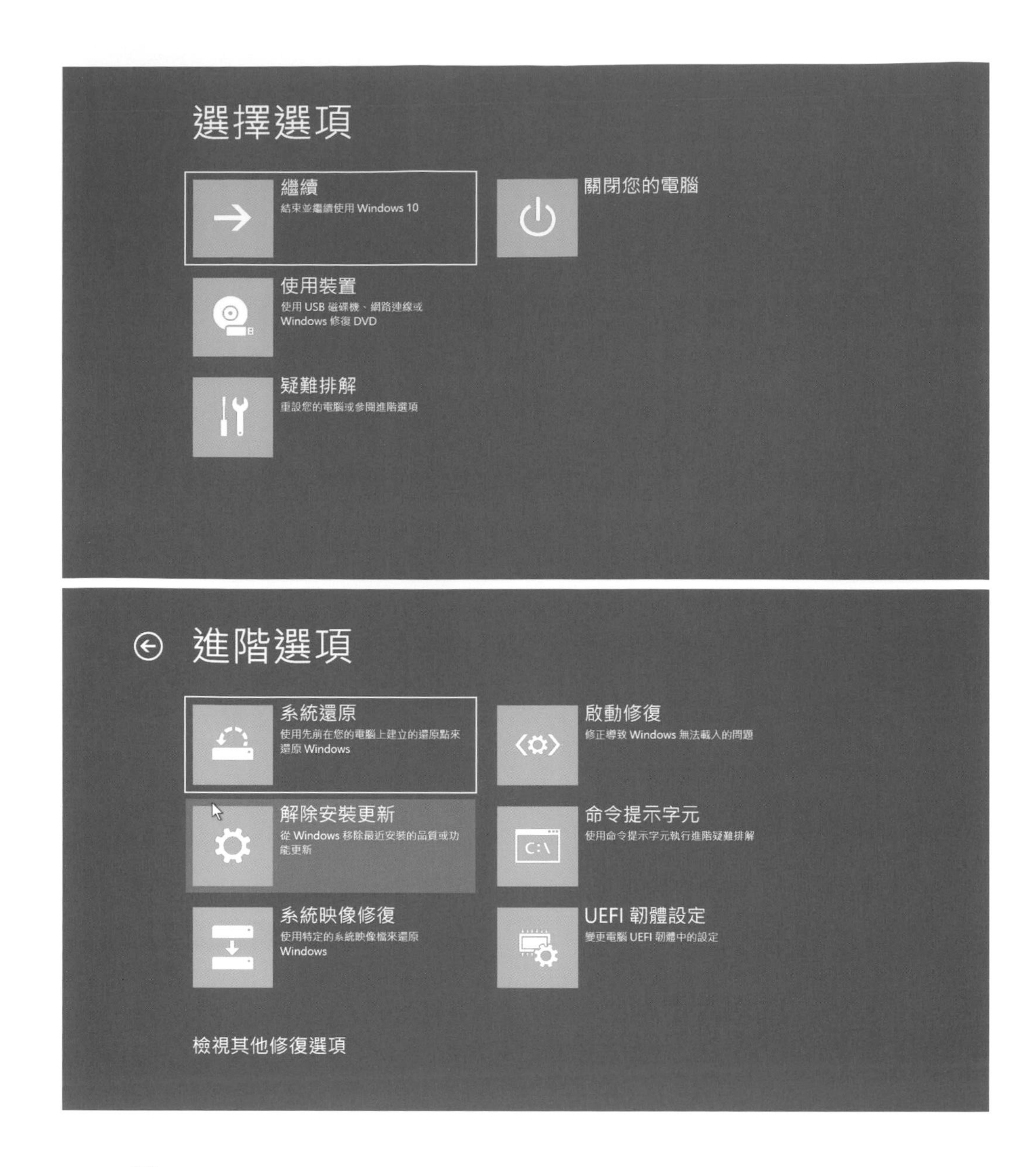

F12鍵

按下F12鍵後，會先進入「Boot Menu」（開機選單），使用者可在此臨時選擇開機裝置，例如USB隨身碟或是外接式光碟機等。

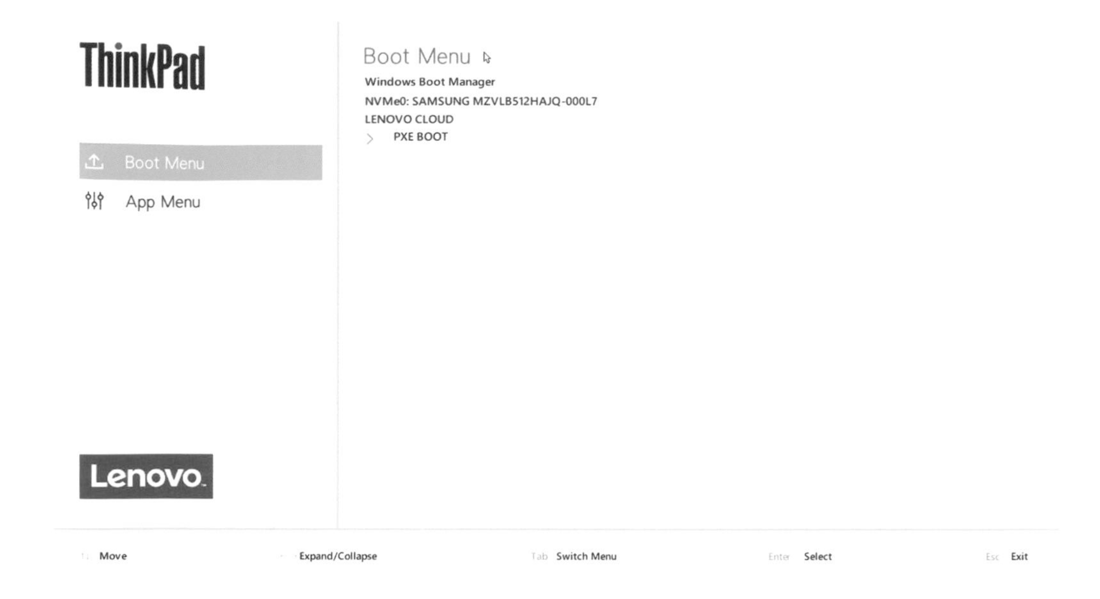

Ctrl+P複合鍵

ThinkPad只有處理器可支援vPro功能時，才會在出現「Ctrl+P」的提示說明，啟動之後會出現「Intel Management Engine BIOS Extension」設定畫面。所以不是每台ThinkPad都支援。

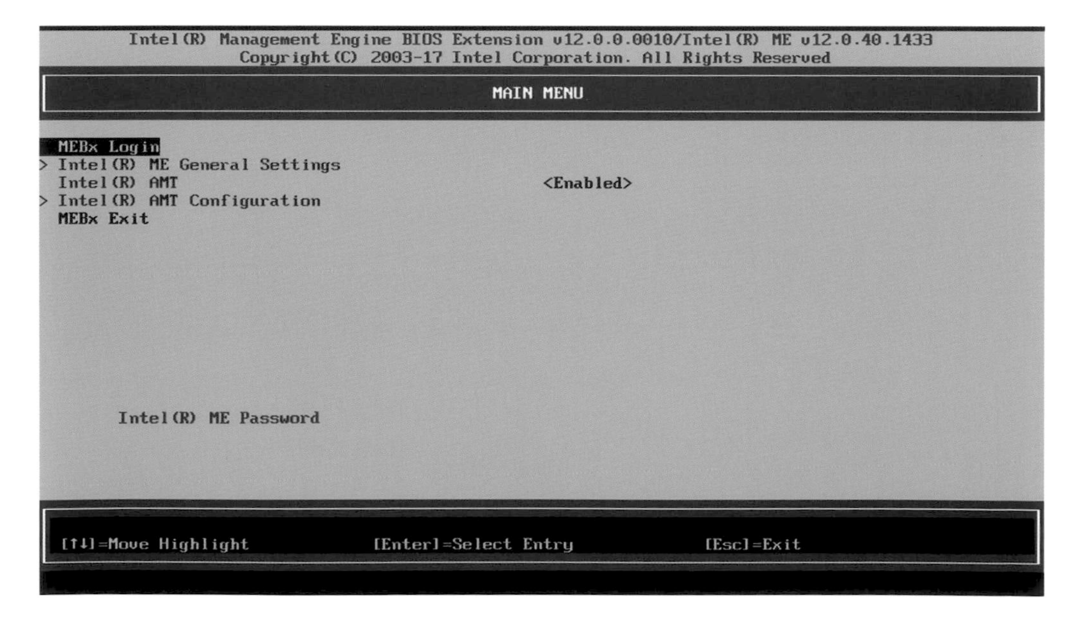

Enter鍵

按下Enter鍵後，可停止「Startup Interrupt Menu」的倒數計時。

3. Boot Menu & App Menu說明

當使用者將ThinkPad重開機，出現原廠標誌的開機畫面出現時，下方會出現一行小字「To interrupt normal startup, press Enter」，此時如果按下「F12」鍵，就會出現「Boot Menu」（開機選單）。

在Boot Menu中，使用者可以直接點選想要從哪個裝置開機。雖然在BIOS裡面可以調整開機裝置的順序，但如果臨時想要從USB隨身碟，或外接光碟機開機時，其實重開機時直接按F12鍵，然後直接點選即可。

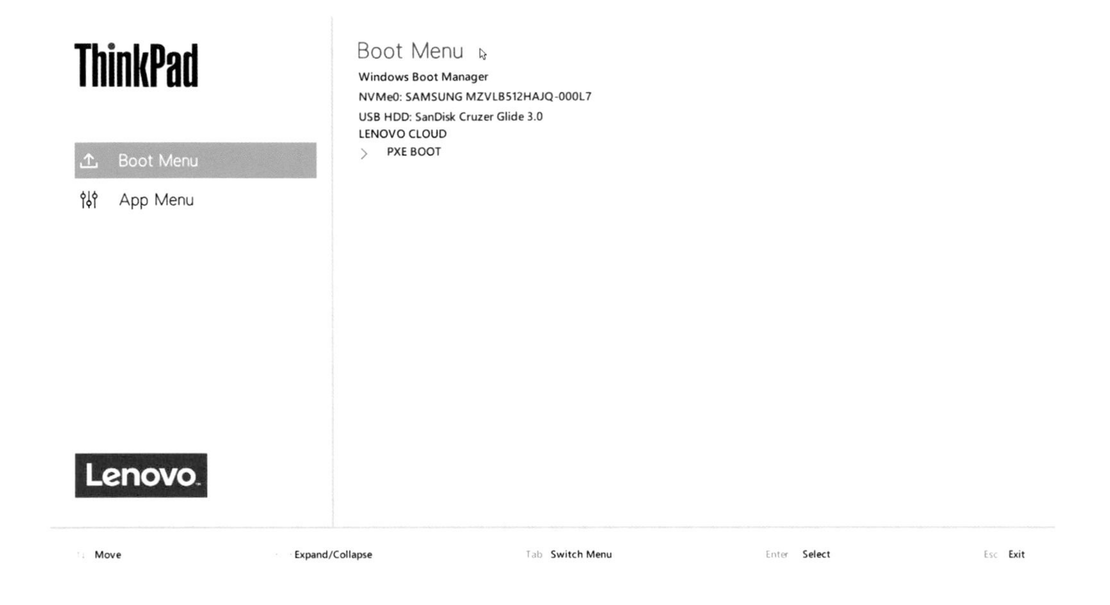

使用者按「Tab」鍵可切換到「App Menu」（應用程式選單），提供了幾項功能讓使用者點選，站長說明如下，但針對先前已提過的功能，站長就不重複貼出畫面截圖了。

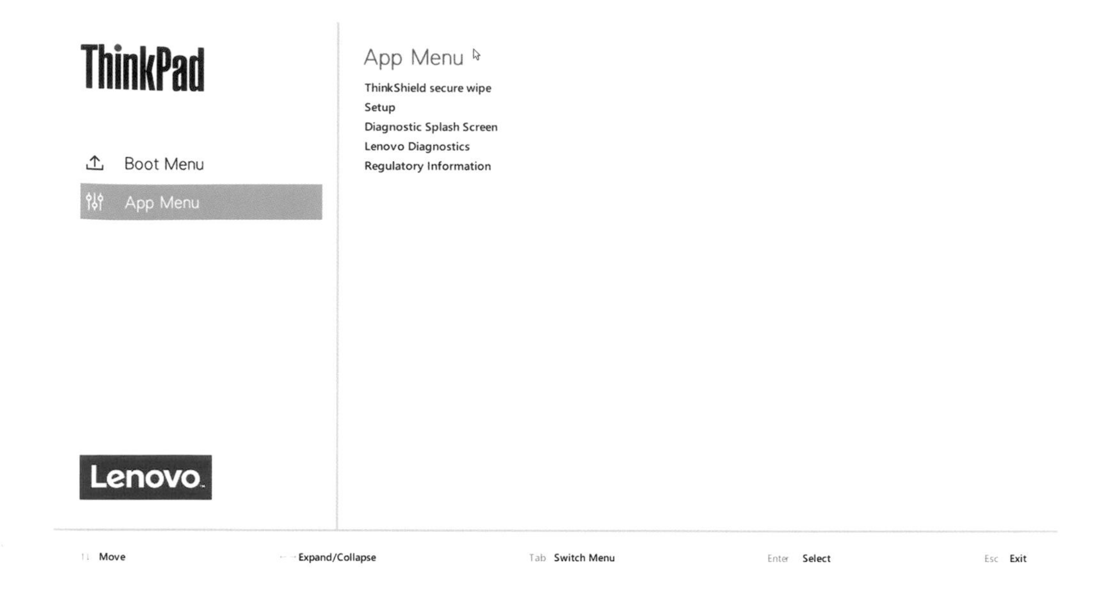

ThinkShield secure wipe（HDD/SSD資料抹除功能）

如果使用者要更換HDD/SSD，為避免裡面的資料外流，或是SSD使用一段時間之後，寫入速度大幅降低，有需要執行「Secure Erase」時，都可以直接使用ThinkPad系統內建的ThinkShield secure wipe。但由於這套程式會將HDD/SSD的資料全部抹除，因此操作前務必確認作業系統或資料已經備份，以免事後後悔。

如果要離開ThinkShield secure wipe畫面，請用滑鼠點擊畫面右上方的「X」。

Setup（UEFI BIOS設定畫面）

Diagnostic Splash Screen

現在電腦的開機畫面除非刻意設定，不然越來越難看到本項目所呈現的文字式診斷畫面了。但對於曾經歷過老一代PC的讀者而言，可能會覺得頗為懷念。本畫面會呈現系統自我診察後的硬體設備資訊。要離開本頁，按鍵盤任一鍵即可返回APP Menu。

```
Phoenix SecureCore Technology(TM) for ThinkPad
Copyright 1985-2019 Phoenix Technologies Ltd.
All Rights Reserved
COPYRIGHT LENOVO 2005-2019 All RIGHTS RESERVED
Build Time: 08/13/19

CPU = Intel(R) Core(TM) i7-8665U CPU @ 1.90GHz
16384 MB System RAM Passed
1024 KB L2 Cache
System BIOS shadowed
Video BIOS shadowed
BIOS Version: N2JET77W (1.55 )
NVMe Device: LENSE10256GMSP34MEAT2MA


Press any Key to Exit.
```

Lenovo Diagnostics（Lenovo Diagnostics for UEFI的硬體檢測程式）

Regulatory information（顯示ThinkPad通過的相關法規資訊）

4. 修改開機畫面（含BIOS更新）教學

目前ThinkPad的開機畫面都是紅底白字的Lenovo商標，原廠其實在BIOS更新程式中，提供自行更換開機畫面的程式，使用者只要自備符合規格的圖檔，便能自己動手讓ThinkPad顯得與眾不同。

先說明自備開機圖檔的規格限制：

- 檔案容量：必須小於60KB。
- 檔案格式：只接受BITMAP（.BMP）、JPEG（.JPG）、GIF（.GIF），這三種檔案格式。
- 檔案尺寸：最好小於或等於螢幕原生解析度的40%，以1920×1080為例，圖檔尺寸建議在768×432以內。
- 檔案名稱：一律命名為「LOGO」，因此檔名為LOGO.bmp、LOGO.jpg或LOGO.gif。

接下來便是到官網下載最新版BIOS，並執行圖檔更新程式。但在此之前，請確認兩件事：

- ThinkPad已連上AC變壓器，同時電池的電量至少還有25%。
- BIOS裡面的「Security」設定功能中，在「UEFI BIOS Update Option」項目裡面，請將「Secure RollBack Prevention」此項功能關閉。

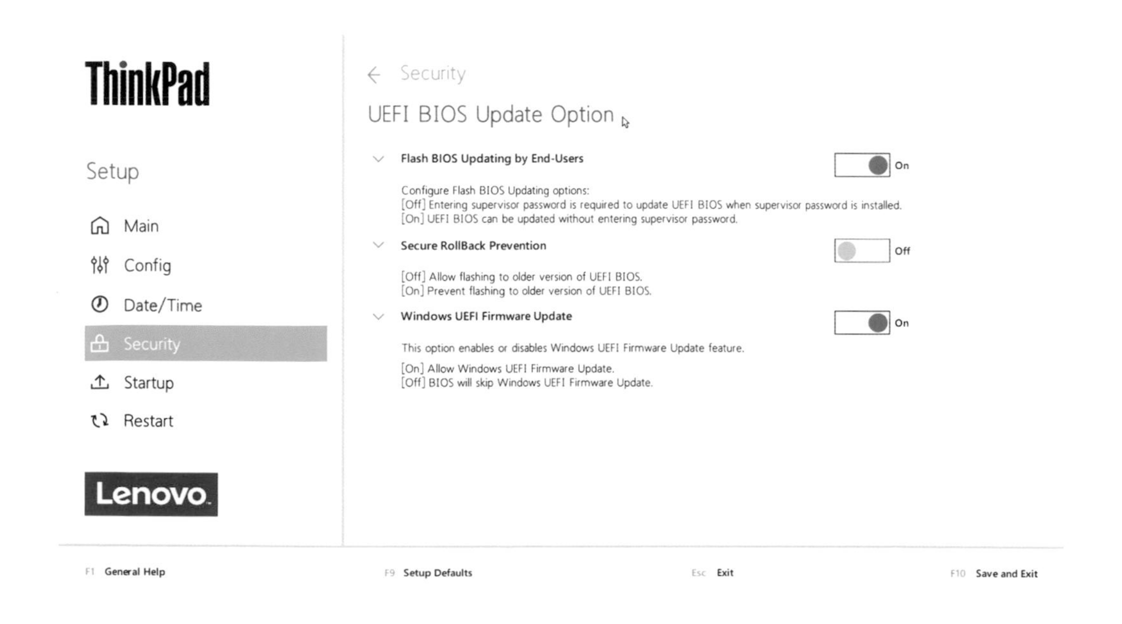

站長以ThinkPad T490為例，詳細示範如何自行更新開機畫面。第一個步驟是下載最新版BIOS。

請連上「https://support.lenovo.com/」並在網頁上方的搜尋對話框中輸入「T490」，此時會出現建議搜尋結果，站長根據手邊的T490機型，點選了T490（Type 20N2, 20N3）的「下載」（Downloads）連結。

原廠網站的設計非常便利，可迅速導引使用者下載驅動程式，或是操作手冊。讀者可根據自己的ThinkPad機種在原廠支援網站尋找相關資源。

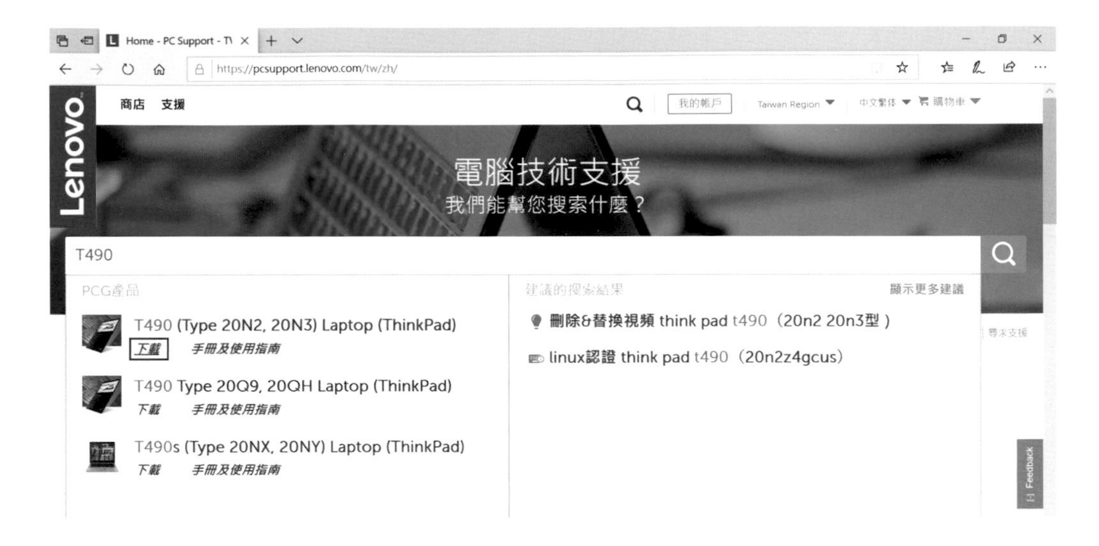

接著會進入「自動驅動程式更新」（Automatic Driver Update），但我們只需要下載BIOS，所以請點選左邊的「Manual Update」（手動更新），預設已提供Windows 10（64-bit）版本的驅動程式，請點選「BIOS」圖示。

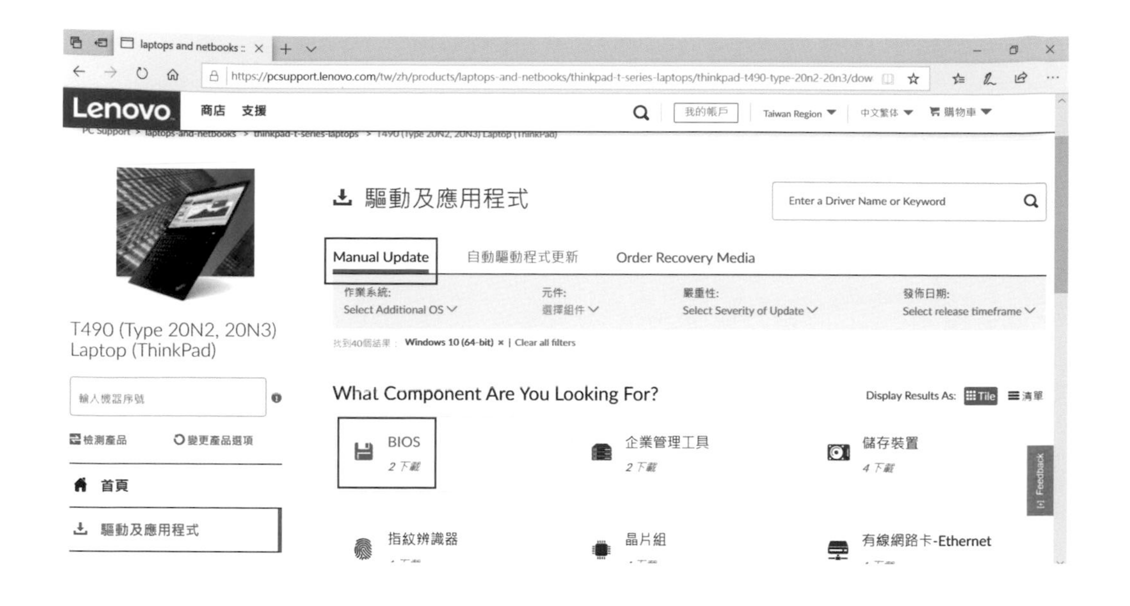

在BIOS下載區，有兩個項目可選擇，分別是：

- BIOS Update（Utility & Bootable CD） for Windows 10（64-bit）and Linux
- ThinkPad Setup Settings Capture/Playback Utility for Windows

目前只需要用到「BIOS Update」功能，所以請點選第一個項目，接著會展開許多個檔案可下載。

ThinkPad的BIOS更新檔案提供兩種安裝方式，第一種是燒錄成光碟片，但此方法不但需要將ISO檔製作成光碟片，同時還得準備USB光碟機，太費工了。除非遇到公司的資安軟體會阻止BIOS更新檔執行，不然先跳過這招。

請下載可在Windows 10內可執行的「BIOS Update Utility（Windows）」，請勿下載到Linux版。下載方式是直接點選最右邊的下載圖示。

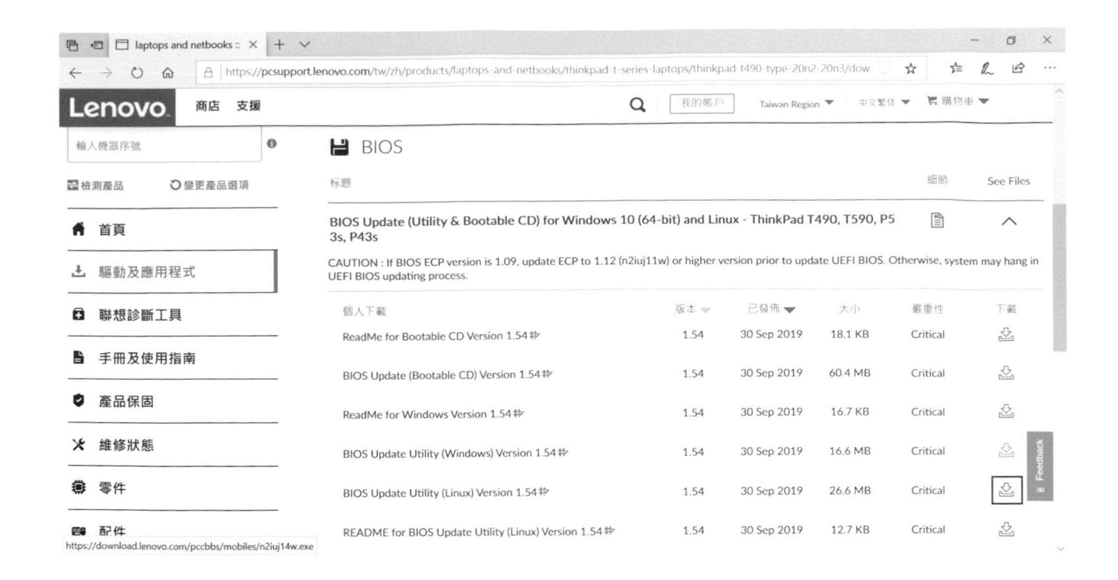

下載完成後，請執行BIOS更新程式。進入BIOS更新程式之後，請按「Next >」。

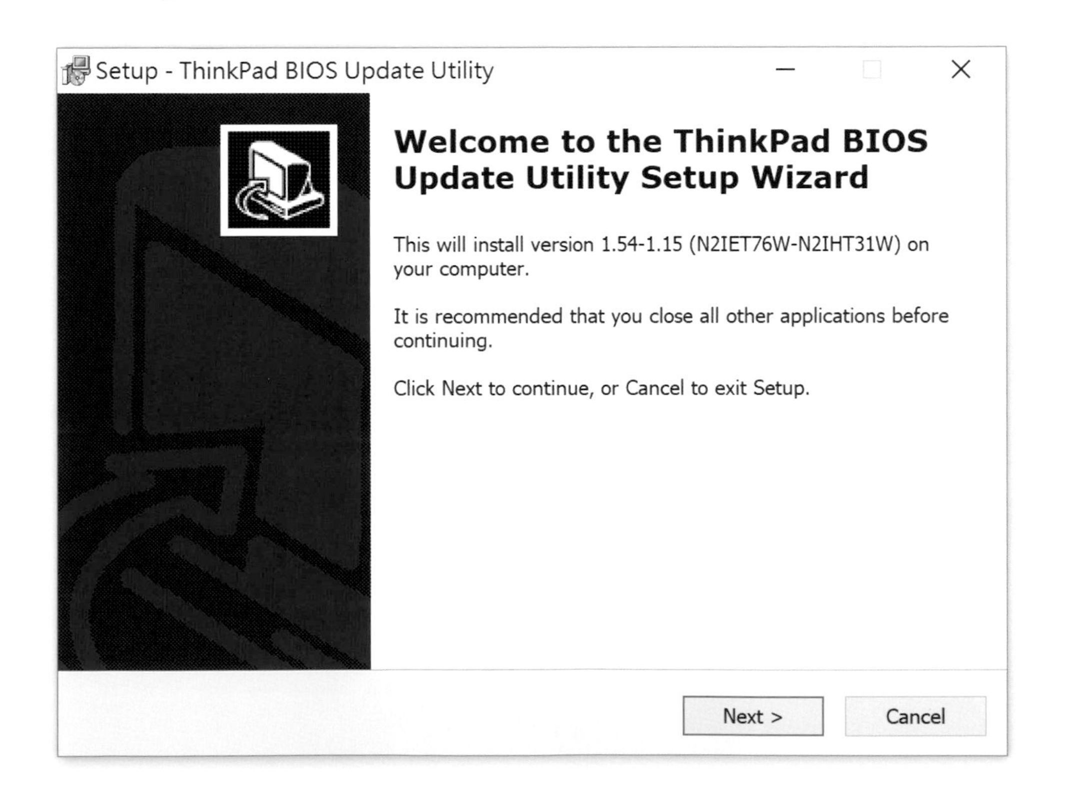

接著出現版權宣告，點選「I accept the agreement」後，按「Next >」。

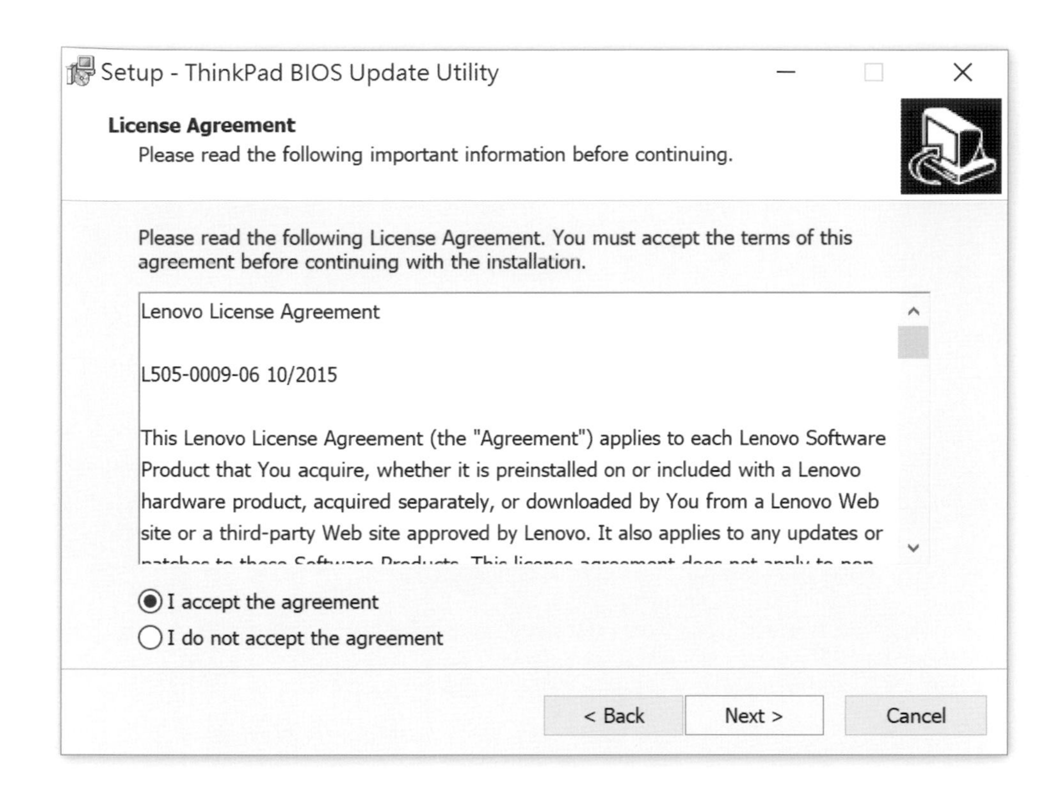

由於BIOS更新檔案需要解壓縮到一個資料夾內，系統預設的路徑是：「C:\DRIVERS\FLASH」，使用者可以在FLASH資料夾中找到該次解壓縮後的BIOS資料夾。無論使用系統預設的路徑，或是自行指定存放路徑，請務必記住位置，因為等會需要將新的開機圖檔存放進去，並執行特定程式。

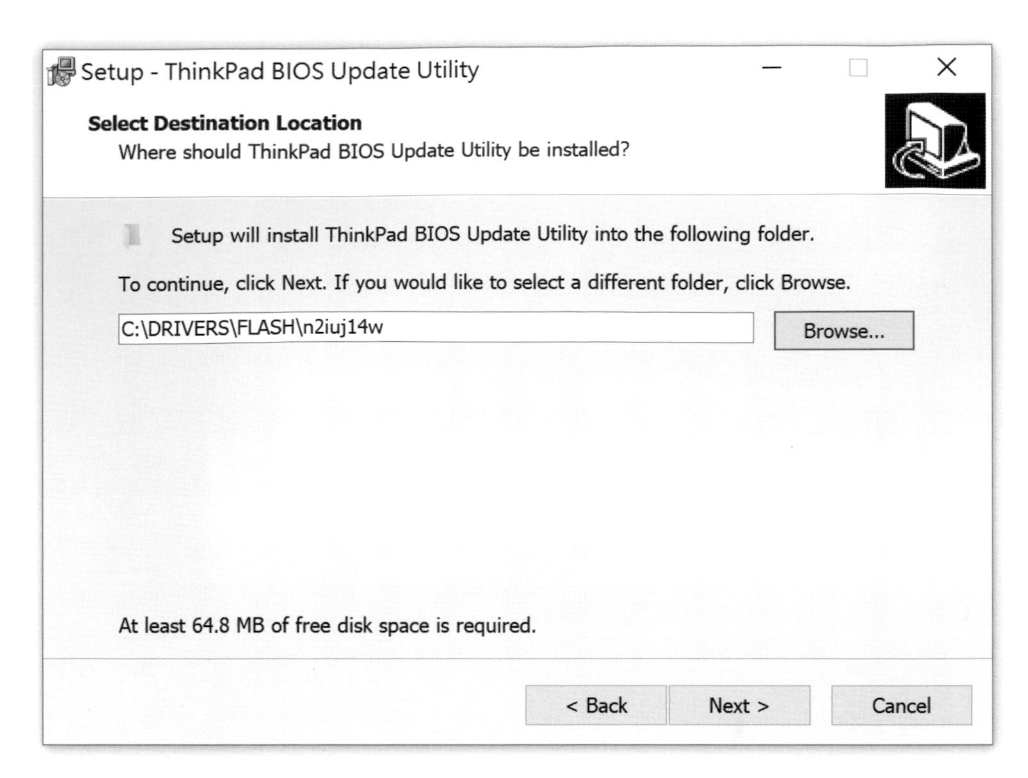

選妥解壓縮路徑後，便可按「Install」鈕。站長為了方便查找，所以直接在C槽設立了一個新的資料夾「BIOS」，用來存放解壓縮後的BIOS更新檔案。

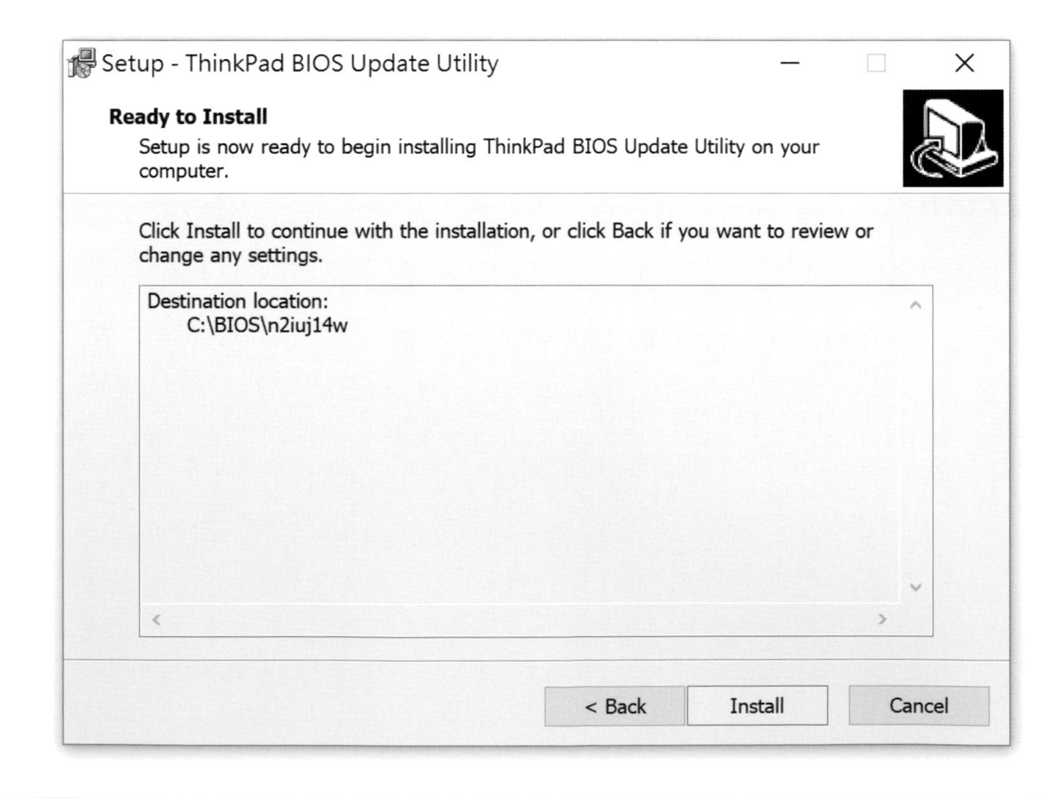

解壓縮完成後，如果使用者接著只想要更換開機畫面，請「不要」勾選畫面中的「Install ThinkPad BIOS Update Utility now」，因為勾選後按「Finish」鈕就真的會進行BIOS更新程序。因此只需要更新開機畫面的使用者，此時請不要勾選該選項，僅點選「Finish」鈕完成解壓縮程序即可。

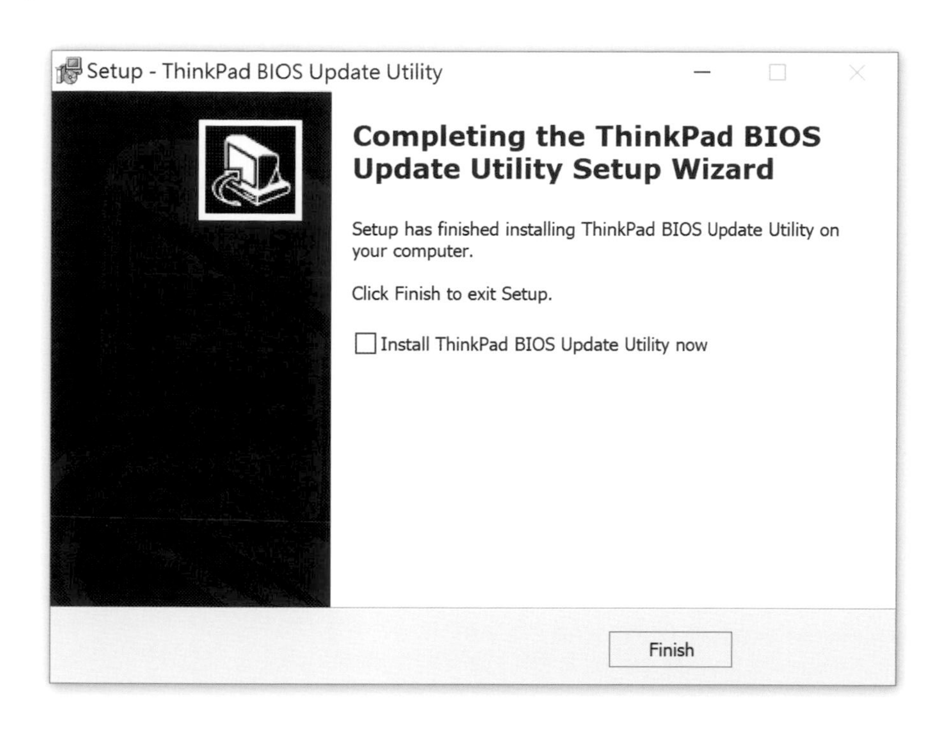

取得最新版BIOS之後，我們就可以進到BIOS更新程式的資料夾內，去執行開機圖檔更新程式。在此之前，請將自備的圖檔複製到BIOS更新程式的資料夾內，請留意檔名必須為「LOGO」，且僅支援BMP/GIF/JPG三種格式，且檔案大小不超過60KB。

在介紹更新圖檔程序前，站長先提一下如何製作「BIOS升級隨身碟」。其實BIOS更新程式的資料夾內，除了圖檔更新程式外，同時也附上了「BIOS升級隨身碟」製作程式以及文字操作說明。由於需搭配DOS指令操作，適合資深的使用者嘗試，站長簡述製作方式如下：

首先須準備USB隨身碟，並以FAT16或FAT32重新格式化，不支援exFAT或NTFS。然後以系統管理員身分執行「命令提示字元」（站長常稱為「DOS BOX」），並使用DOS指令進入BIOS更新程式所在的資料夾，接著下達指令：「mkusbkey.bat [Drive]」，假設隨身碟位於D槽，指令就是「mkusbkey D:」。

完成製作「BIOS升級隨身碟」之後，重開機時按「F12」直接選擇從隨身碟開機，並按照畫面指示。以上就是隱藏在資料夾中的第三種更新BIOS的方法。雖然由於直接在Windows裡面升級BIOS方便許多，但站長仍介紹給有需要的讀者參考。

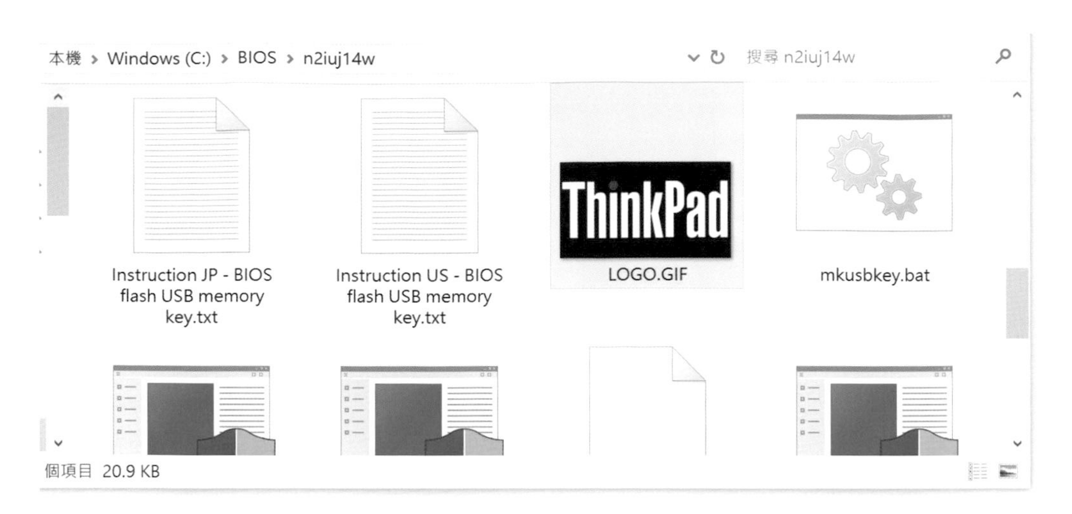

接下來在BIOS更新程式的資料夾內，找到「WINUPTP64.EXE」這程式，並以系統管理員身分執行。如果使用者的電腦是安裝32位元版的Windows，請改執行「WINUPTP.EXE」。

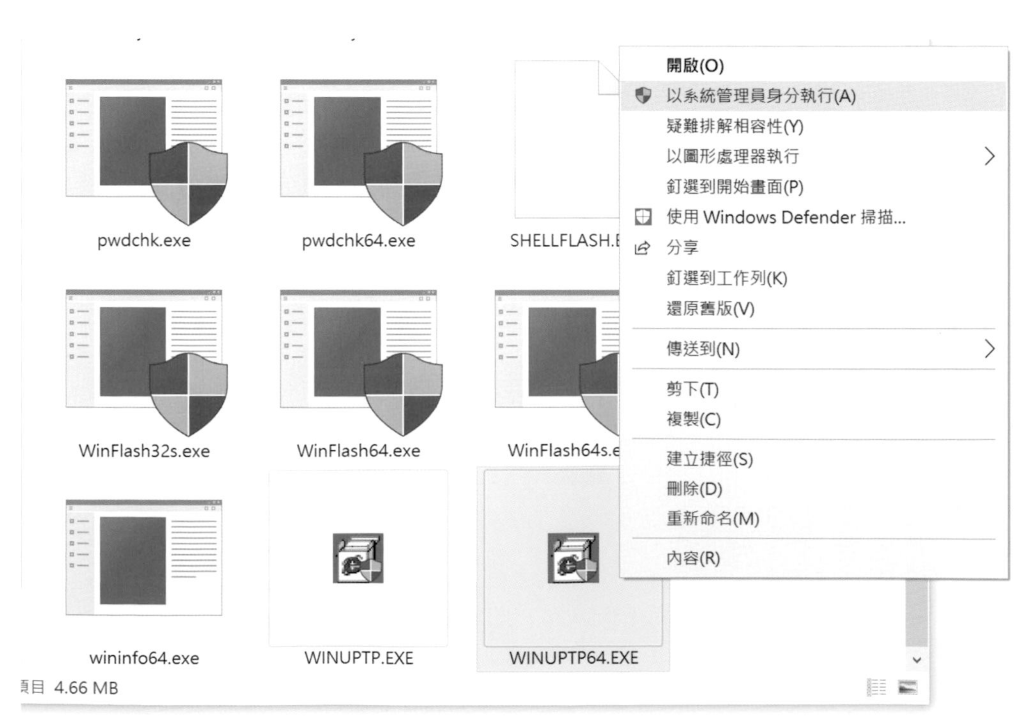

執行「WINUPTP64.EXE」之後，會出現BIOS更新程式，請點選「Update ThinkPad BIOS」，然後按「Next」。

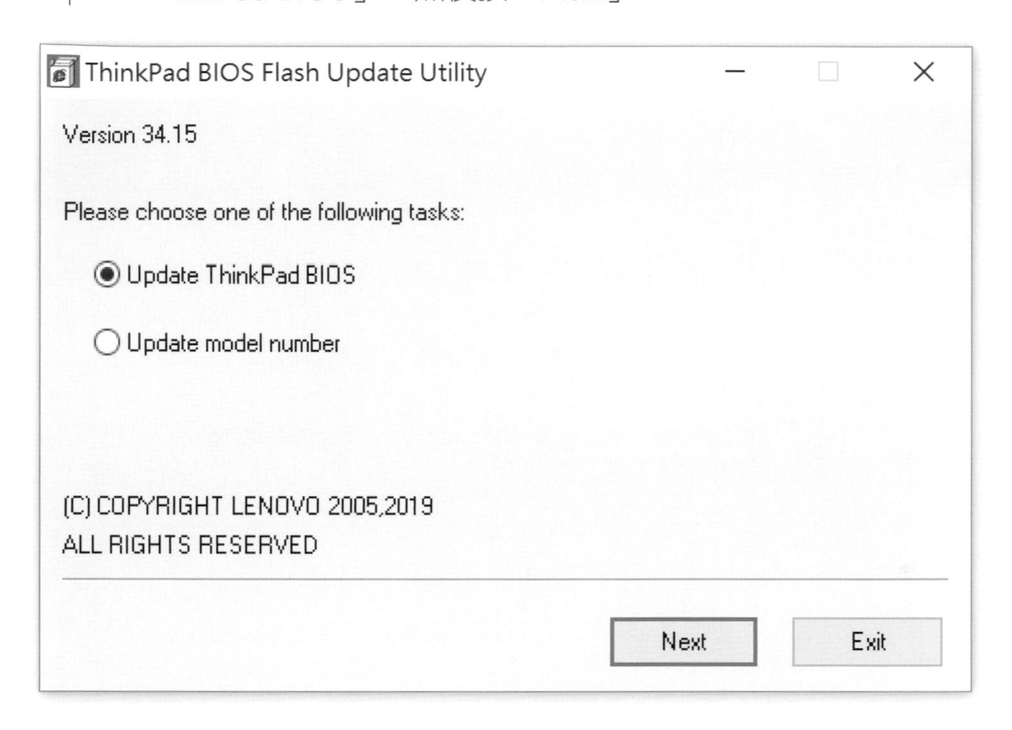

如果自備圖檔的規格正確，系統會顯示成功偵測到我們提供的圖檔了！系統詢問是否要更新開機圖檔，此時請點選「是（Y）」。

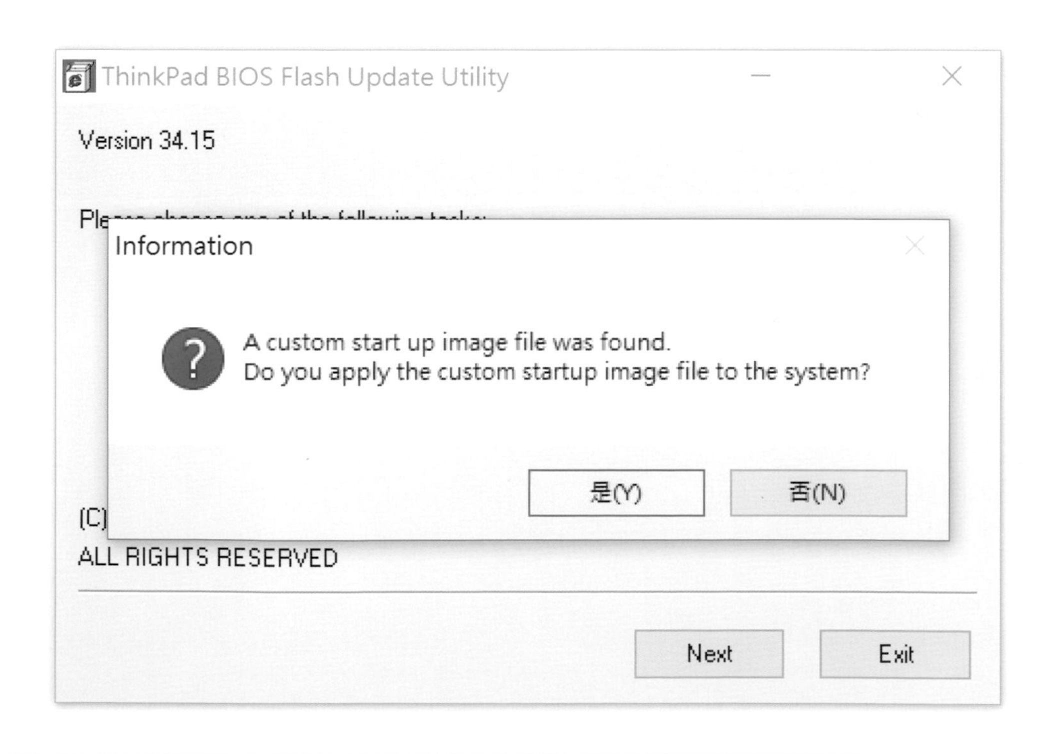

如果從網路下載的BIOS版本與ThinkPad已經安裝的版本相比，是相同版本或是更舊的版本，系統此時會提示是否仍要繼續更新。站長示範時T490已經安裝至最新版BIOS，自然會出現此一提示，因此按「是（Y）」繼續。

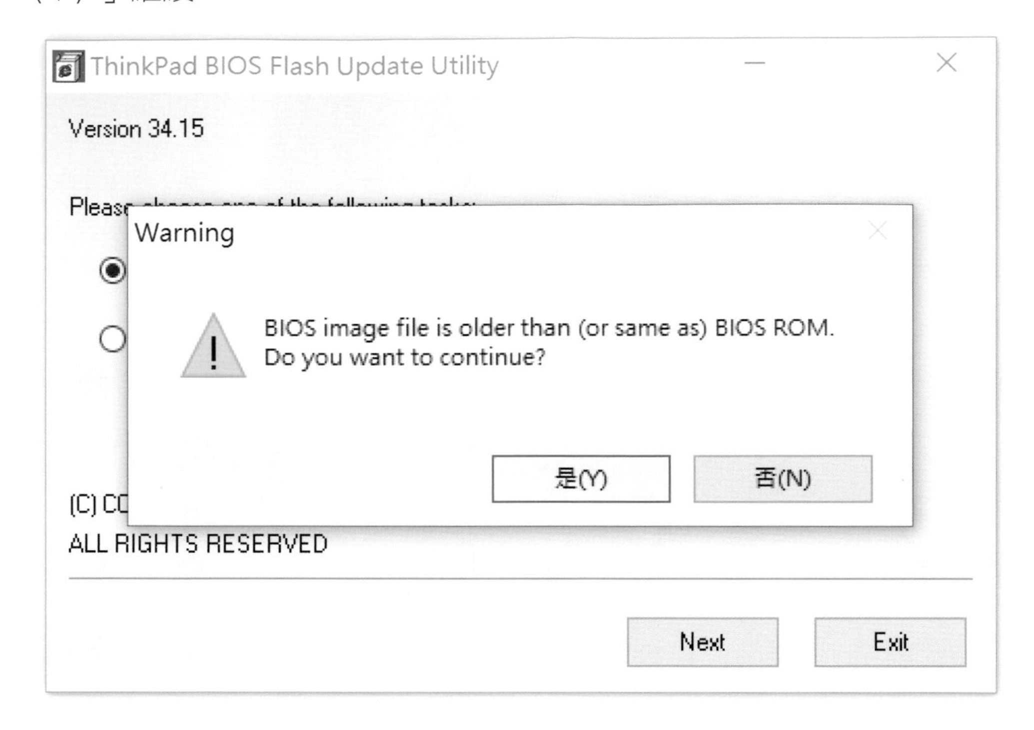

如果升級BIOS或更新開機圖檔時，ThinkPad沒有接上變壓器充電，或者是使用相同版本BIOS進行作業，卻忘了在BIOS關閉Secure RollBack Prevention功能，都會跳出警告畫面。

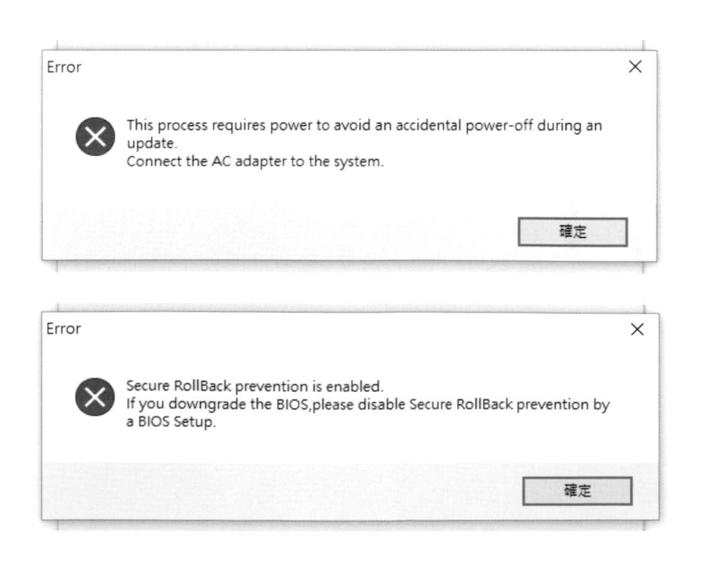

最後系統提示接下來會重新開機，以繼續BIOS（圖檔）更新程序，千萬不要在作業進行中將電腦關機。

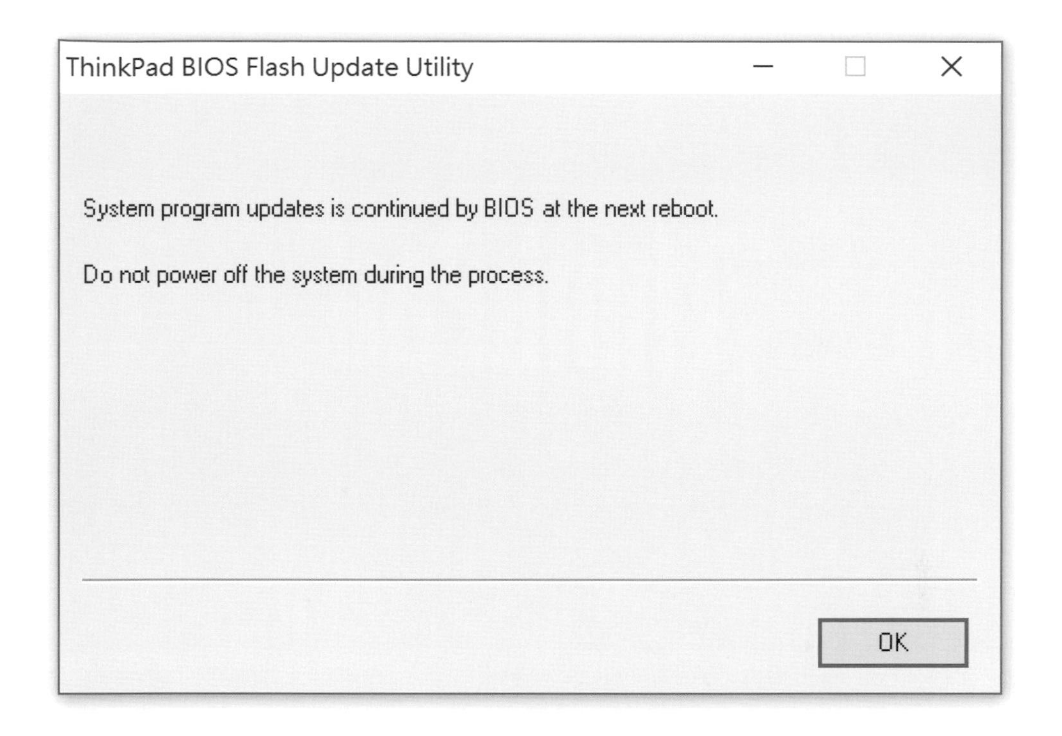

由於站長只更新開機畫面，作業時間會比更新BIOS韌體快上許多，圖檔更新成功後，系統會自動關機或重開機。

```
SCT Flash Utility for Lenovo
 for Shell V1.0.4.9
Copyright (c) 2011-2019 Phoenix Technologies Ltd.
Copyright (c) 2011-2019 Lenovo Group Limited.

Read BIOS image from memory.
SecureFlash BIOS detected.
Initialize Flash module.
Read current BIOS.

Do not turn off the computer during the update!!!

Begin Flashing......
Total blocks of the image = 5632.
|---+----+----+----+----+----+----+----+----+----|
..................................................
Image flashing done.


Flashing finished.

BIOS is updated successfully.

WARNING: System will shutdown or reboot in 5 seconds!
```

如果成功更新圖檔，重新開機時就會看到新的開機畫面了！如果讀者覺得效果不滿意，可以再調整開機圖檔的大小，並使用上述方法重新更新圖檔。

5. Lenovo Vantage簡介

Lenovo Vantage是ThinkPad與Lenovo家用筆電，在出廠時便預載的系統工具程式，但ThinkPad所安裝的Lenovo Vantage在功能面上與Lenovo家用筆電仍有所不同，無論在系統校調項目，或是硬體檢測功能等，都展現了商用筆電王者所獨有的功能性。站長將針對ThinkPad版本的Lenovo Vantage詳細介紹，同時讓讀者對於ThinkPad各項軟硬體設定有更進一步的認識。

如何啟動Lenovo Vantage

進入Windows 10之後，有三個地方可以啟動Lenovo Vantage，分別是：

（1）開始功能表中，L字母種類的「Lenovo Vantage」項目

（2）工作列上的「Lenovo Vantage」圖示

（3）動態磚上的「Lenovo Vantage」圖示

站長以ThinkPad T490s出廠預載的Lenovo Vantage作為範例向讀者介紹各項功能，此版本為「4.27.32.0」版，雖然原廠在Microsoft Store上已開始提供全新介面的Lenovo Vantage（版本資訊為10.1909.24），但此新版本由於設定功能並不齊全，就連原廠都建議如果使用者需要原本舊版的設定功能，建議降版。如果讀者的ThinkPad已經自動更新為新介面的Lenovo Vantage，仍希望使用舊版時，站長將在後續的內容詳細說明降版程序。

第一次執行Lenovo Vantage時，會先出現提示畫面，預設啟用「Lenovo Vantage工具列」（工具列左邊會出現電池圖示，除顯示電量外，可快速存取裝置設定）。

另一個選項則是詢問使用者是否願意讓Lenovo Vantage匿名收集使用方式的統計資料，以協助原廠改善應用程式品質。如果同意才需要打勾。

完成選項勾選後，請按「下一步」。

接下來提供三種使用情境供使用者選擇，不同的使用情境會對應不同的軟體畫面及功能選項。本書選擇以「員工使用」情境進行說明。雖然比起「個人使用」與「家庭和辦公室使用」，少了「應用程式&優惠」與「安全顧問」這兩項功能，但其實這兩項功能比較類似提供試用版給客戶使用，不影響ThinkPad功能設定，而且「員工使用」情境同樣提供關鍵的三項功能選項。使用者之後仍可以在Lenovo Vantage裡面任意切換不同的使用情景。

啟動前的最後一個步驟，詢問使用者是否要輸入Lenovo ID。如果使用者此時尚未申請，可先點選「跳過」，以進入Lenovo Vantage。

下圖為「員工使用」情境的Lenovo Vantage畫面。

下圖為「個人使用」情境的Lenovo Vantage畫面。

下圖為「家庭和辦公室使用」情境的Lenovo Vantage畫面。

Lenovo Vantage功能簡介

站長已將Lenovo Vantage的主畫面各項功能標示出來。啟動Lenovo Vantage時主畫面上方會顯現主機的保固狀態，下方則是主機的相關資訊，包含機型、序號、BIOS版本，讓使用者能夠馬上掌握主機狀況。主畫面右邊則是三大功能選項。

站長將針對主畫面左上方的「喜好設定」，與右側的三大功能選項向讀者介紹。

（1）喜好設定

在喜好設定中，先呈現Lenovo Vantage的版本資訊。其次便是「使用者設定檔」，使用者可以在這裡變更使用情境，包含「個人使用」、「家庭和辦公室使用」與「員工使用」，選定後須關閉Lenovo Vantage，重新啟動後才會生效。

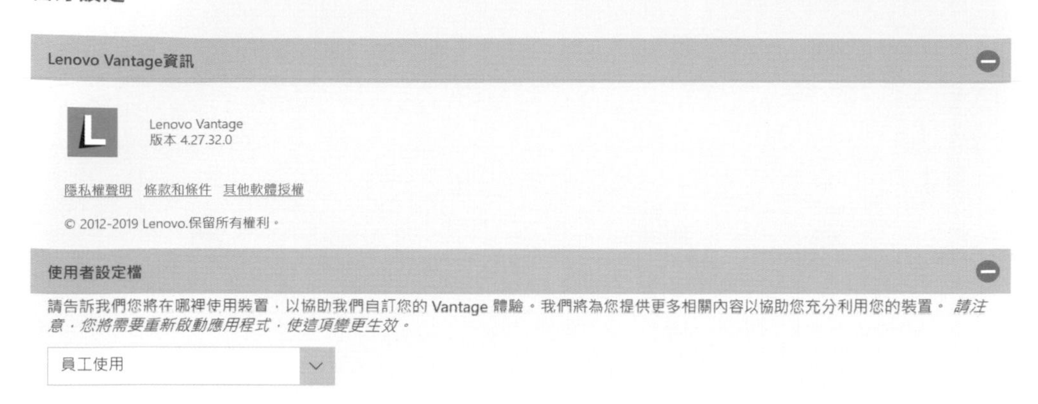

接著可設定Lenovo Vantage所收到的訊息類別。不過如果選擇「員工使用」的情境設定，其實「行銷」類的內容就不會出現。

最後一項則是「使用情形統計資料」，預設為關閉，但使用者如果願意傳送匿名使用方式的統計資料給原廠，協助改善應用程式品質，便可以開啟此項功能。

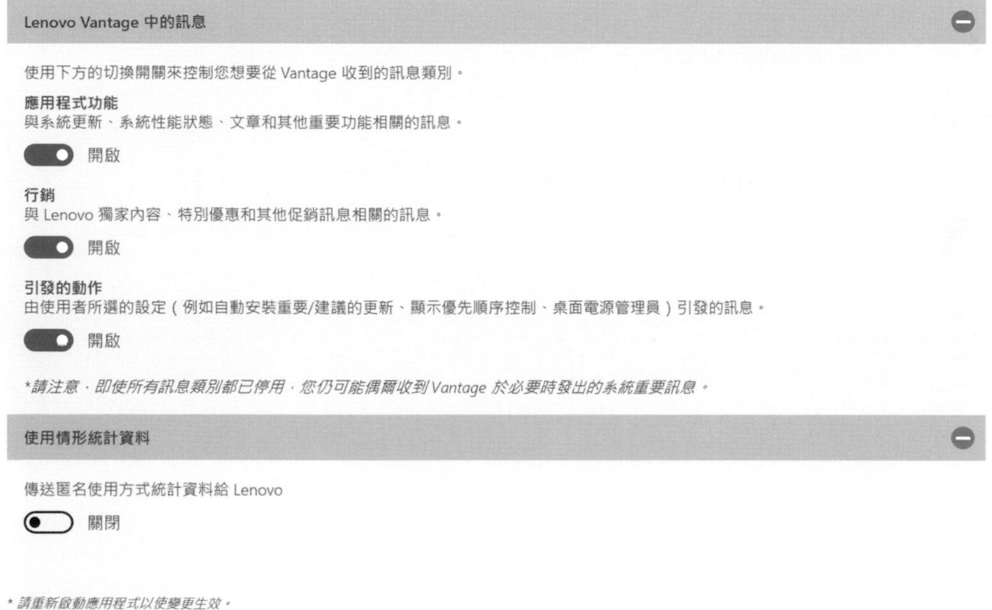

（2）系統更新

Lenovo Vantage已經整合了ThinkPad的驅動程式更新功能，以往必須單獨安裝一套「System Update」，現在無論是預載作業系統要更新驅動程式，或是使用者自行安裝作業系統後，需要重新安裝驅動程式，只需要透過Lenovo Vantage「系統更新」裡面的「檢查更新」，系統便會搜尋系統所需要的驅動程式，並自動下載。

在「系統更新」主畫面的右邊的「其他資源」區有兩個連結：

- Lenovo支援網站：連結到Lenovo支援網站，同時會將主機的機型、序號資訊直接帶入網站內，相當方便。有助於使用者查詢主機保固等詳細資訊。
- Windows設定：直接開啟Windows Update畫面。

Lenovo Vantage在畫面右上方，也提供了「系統更新」在內的三大功能選項的圖示，滑鼠移過去時會出現功能表單，方便使用者快速找到所需功能。

（3）硬體設定

ThinkPad主要的硬體功能調整都集中在Lenovo Vantage的「硬體設定」選項裡。原廠提供了五大分類項目：

- 電源：電池狀態和省電相關
- 音訊／視訊：亮度、杜比音效與攝影機
- 智慧型設定：與感應器相關
- 輸入：鍵盤、小紅點
- Lenovo WiFi安全性：無線網路保固

接下來站長以ThinkPad T490s為範本，逐一介紹各分類的功能設定。

電源

在「電源」設定項目中，提供了八個細部設定。在畫面最右邊也提供了快速選單，方便使用者直接點選所需的設定項目。

（1）電源狀態

在「電源狀態」中，使用者可以觀看目前電池的電量狀態與健康程度，以及是否有接上變壓器（包含變壓器的輸入瓦數都會呈現），相當方便。

此外，點選「顯示詳細資訊」則會提供電池詳細資訊，有助於了解電池各項參數。

（2）機艙電源模式

身為商用筆電，ThinkPad也考慮到在飛機上面的應用，所以增加了「機艙電源模式」。通常要商務艙以上等級才會提供AC電源插座。如果不是經常乘坐商務艙以上等級，本項目勾選「啟用自動偵測」即可。

機艙電源模式

藉由控制您系統的耗電量，保護飛機上的 AC 電源插座。
當機艙電源模式啟用時，電腦會限制電池充電率和系統效能，藉此降低耗電量。

如果啟用自動偵測，當電腦偵測到機上環境時，將自動開啟機艙電源模式。

啟用機艙電源模式

關閉

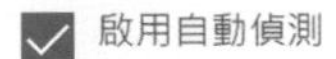

啟用自動偵測

（3）一律開啟USB

本項目其實就是「Always-On USB」設定，只是比BIOS裡面更簡化。

點選「睡眠充電」：無論ThinkPad是否有插電，仍可以在睡眠模式下幫USB裝置充電。

點選「關機充電」：無論ThinkPad是否有插電，都可以在睡眠、休眠、關機狀態下，幫USB裝置充電。

一律開啟 USB

當電腦處於睡眠、休眠或關閉模式時，透過電腦上的一律開啟 USB 接頭為 USB 裝置充電。

智慧型手機或平板電腦可以使用黃色編碼或印有此圖示的 USB 接頭快速充電：

（4）輕鬆回復

如果使用者常頻繁開闔筆電螢幕，為加速ThinkPad恢復作業的時間，啟用本項功能之後，在筆電螢幕闔上的十五分鐘之內又打開螢幕時，ThinkPad可立即恢復正常作業。

如果使用者的作業系統有設定登入密碼，在「自動螢幕鎖定」的項目內，可以設定打開螢幕時，是否會被要求輸入密碼。

選擇「永不」就無需輸入密碼；選擇「立即生效」在打開螢幕時，就會被要求輸入密碼。

輕鬆回復

如果您需要頻繁地打開、闔上電腦機蓋，此功能將改善電腦恢復作業的時間。

啟用時，您的電腦將在您闔上其機蓋時進入省電模式，但是如果您在闔上機蓋後的 15 分鐘內打開機蓋，電腦將立即恢復正常作業。此功能也可讓您的筆記型電腦嘗試完成擱置中的活動（例如傳送電子郵件或下載檔案），然後再使系統暫停。

啟用輕鬆回復

（5）電池的充電臨界值

如果使用者的ThinkPad長年插著變壓器使用，鮮少靠電池供電時，原廠建議使用「充電臨界值」功能，將最高充電值設定為低於100%以延長電池壽命。

電池的充電臨界值

如果您使用電腦時大多都會接上 AC 整流器，而且很少使用電池電力，可以將最高充電值設定為低於 100% 來延長電池的壽命。

這方式非常有用，因為不常使用的電池若能維持在非完全充飽的狀態，可延長其壽命。

自訂電池的充電臨界值

 關閉 

第一次啟動「充電臨界值」功能時，如果電池的電量高於「停止充電」的臨界值（%），系統會要求拔除變壓器，先放電到低於或等於停止充電臨界值。

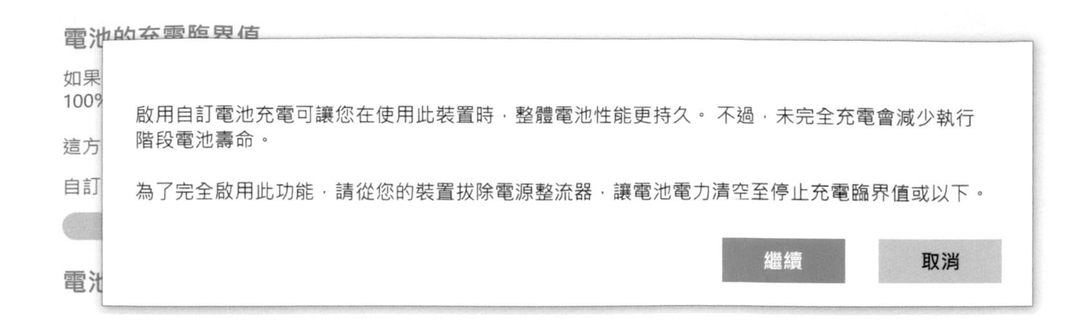

「充電臨界值」有兩個數值，分別是「開始充電」的百分比，以及「停止充電」的百分比。至於數值究竟該如何設定？如果真的很少使用ThinkPad電池，幾乎都靠變壓器供電，可以考慮將臨界值設為：

A. 電量低於55%開始充電

B. 電量達到65%停止充電

這是因為鋰電池如長期存放不使用時，電池的電量會建議保持在50%~70%之間，以保護電池。

如果使用者上班時間常常攜帶ThinkPad參加會議，而不是長時間外出並依賴電池的使用情境時，可以考慮將臨界值設為：

A. 電量低於60%開始充電

B. 電量達到80%停止充電

另一方面，如果會經常長時間使用電池，請留意儘量不要讓電池的電量耗盡至10%以下，並且有機會就隨時充電，不用擔心所謂的「記憶效應」，實際上鋰電池還比較怕一直插電，而且電量長期維持在100%的狀態。

即使沒有設定「充電臨界值」，ThinkPad預設的充電原則是如果剩餘電量還有95%，即使插著電源也不會進行充電，以避免頻繁地充電至100%，並延長電池的壽命。

電池的充電臨界值

如果您使用電腦時大多都會接上 AC 整流器，而且很少使用電池電力，可以將最高充電值設定為低於 100% 來延長電池的壽命。

這方式非常有用，因為不常使用的電池若能維持在非完全充飽的狀態，可延長其壽命。

自訂電池的充電臨界值

開啟

1

低於下列百分比時開始充電：

65%

達到下列百分比時停止充電：

80%

自動將開始充電臨界值設定為停止充電臨界值減 5%。

（6）電池計量器重設

如果使用者覺得電池用了一陣子後，明明電量顯示還有一些，卻會突然減少，此時可使用「電池計量器重設」功能，讓ThinkPad重新校正電量。電池計量器重設時，會先將電池充飽，然後完全放電，最後再重新充飽電。由於整個程序會耗費數小時，而且作業期間請勿使用電腦。

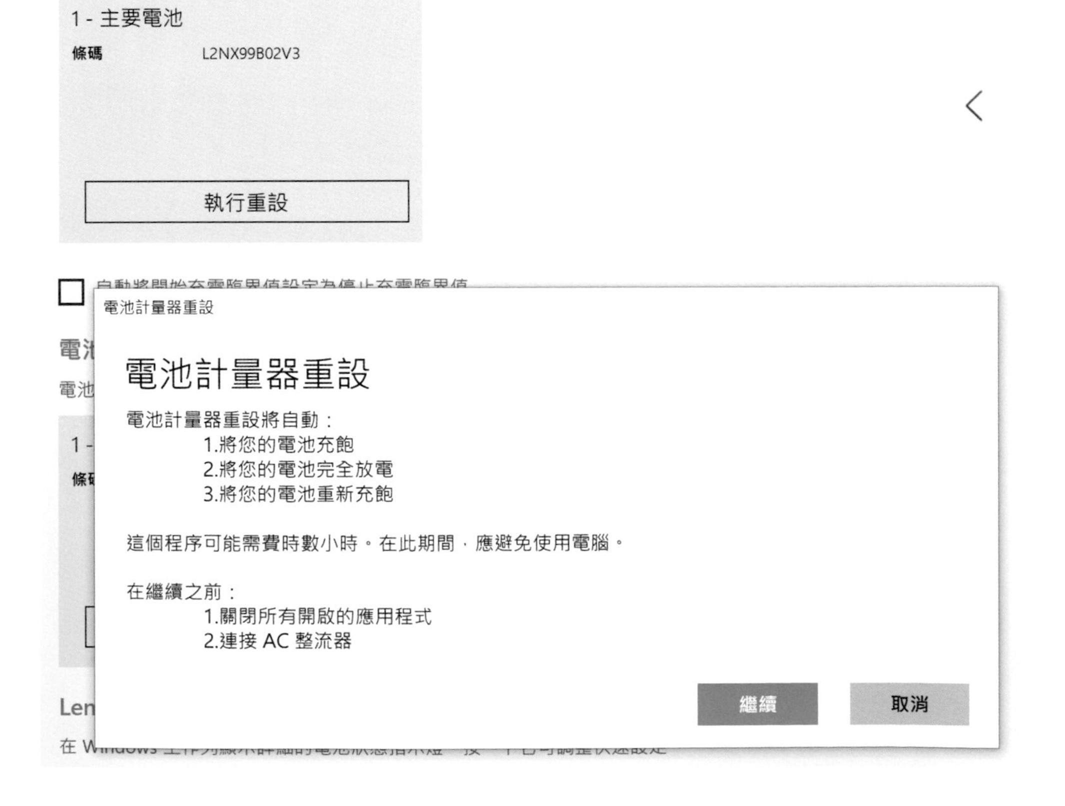

（7）Lenovo Vantage 工具列

ThinkPad在Windows 10的工作列上，可啟動「Lenovo Vatage工作列」。

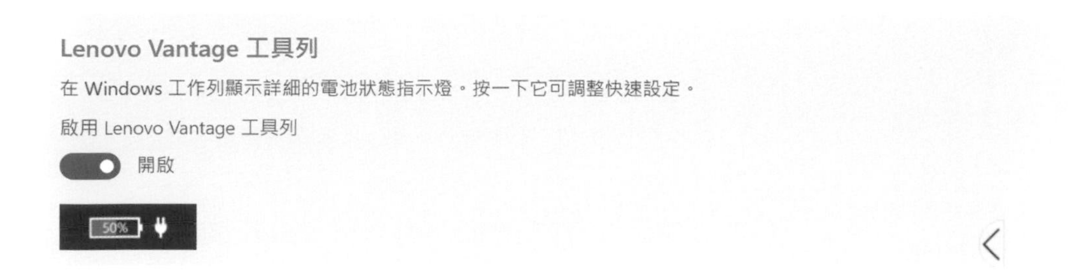

啟動之後，就會在工作列右邊看到一個綠色電量的圖示，在圖示上按一下滑鼠左鍵，還會出現快速選單。

在Lenovo Vatage工作列中，也可快速開啟Windows 10的「電源選項」。

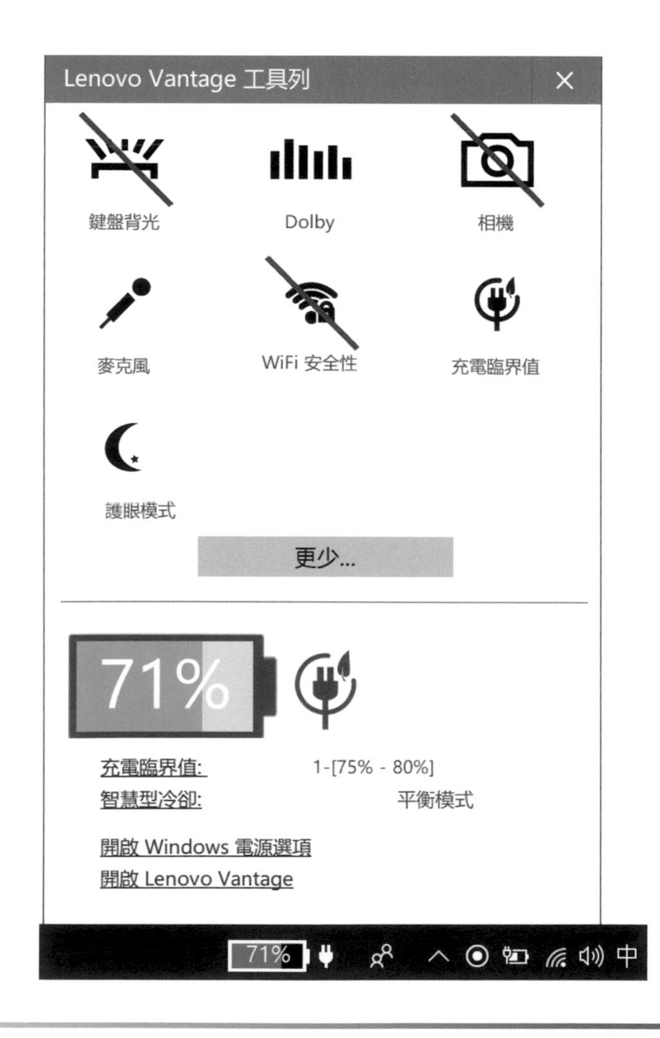

（8）更多

本項目最主要的功能就是提供Windows 10「電源選項」的直接連結，同時宣示ThinkPad有獲得能源之星的認證。

更多

按一下這裡以存取「控制台」中的「電源選項」

ENERGY STAR 認證產品

音訊／視訊

在「音訊／視訊」設定項目中，提供了七個細部設定。在畫面最右邊也提供了快速選單，方便使用者直接點選所需的設定項目。

（1）護眼模式

啟動「護眼模式」功能後，會將顯示器的色溫調為4500K，此時畫面會明顯偏黃。使用者也可以關閉「護眼模式」，直接手動調整顯示器色溫，最低可至1200K。

本頁另一項功能是「自動護眼模式」，勾選後會從每天日落時間到隔日日出時間，都自動將色溫改為4500K。

護眼模式

護眼模式會調整顯示器的色溫以濾除藍光。

護眼模式

關閉

色溫：

6500 K

自動護眼模式

關閉

如果開啟此選項，每天的日落到日出時間，色溫會自動變更為 4500 K。(下午 05:18-上午 05:58)

重設

護眼模式
顯示優先順序控制
相機
相機隱私模式
Dolby 設定
麥克風設定
其他資訊

（2）顯示優先順序控制

當ThinkPad主機後方USB-C接頭與HDMI接頭共用同一個DisplayPort輸出通道時，就會出現本選項，因為這兩個接頭只能擇一輸出畫面，如果刻意同時接兩台螢幕時，系統預設會從USB-C接頭顯示畫面。使用者可在本選項設定預設從HDMI接頭輸出畫面。

（3）相機

本項目可設定ThinkPad內建的攝影機畫面，另一方面也可以測試攝影機是否有成功拍攝。

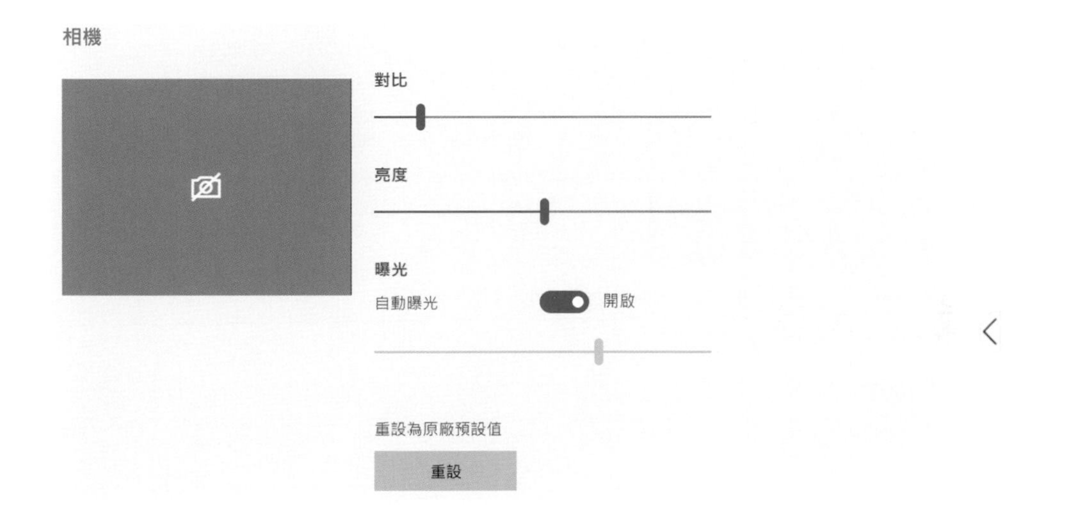

（4）相機隱私模式

雖然ThinkPad有提供物理性遮擋的「ThinkShutter」攝影機滑蓋功能，但並非標準配備。因此Lenovo Vantage特別提供了相機隱私模式，當啟用時，可停止所有應用程式透過攝影機拍攝。例如站長啟動本項功能之後，前一個項目中的攝影機預覽功能便無效。

相機隱私模式

啟用此功能將阻止所有應用程式使用您的攝影機錄影或擷取影像。此功能也可以從 Vantage 工具列進行調整。

開啟隱私

開啟

（5）Dolby設定

2019年推出的ThinkPad除了X1系列之外，都支援Dolby Audio Premium功能。至於X1 Carbon/Yoga/Extreme則支援更高階的Dolby ATMOS via headphones功能。

如果系統已設定為「以應用程式為基礎動態控制Dolby模式」，本項目就會無法設定。但除非使用者有特定需求，不然本項目維持預設狀態即可。

Dolby 音訊將您的 PC 轉變成娛樂中心，透過智慧型最佳化使音效獲得大幅提升。

動態

Dolby 音訊會識別內容並執行自動調整，以提供最佳音效。

（6）麥克風設定

本項目可針對麥克風進行細部設定。不僅可選擇是否開啟麥克風，還可調整麥克風音量、使用情境等。本項目另提供三個選項，使用者可自行決定是否要消除鍵盤打字時的噪音、消除回音與音訊自動最佳化。

（7）其他資訊

本項目是用來開啟攝影機的設定畫面。使用者可以視需求進行修改。

其他資訊

攝影機內容

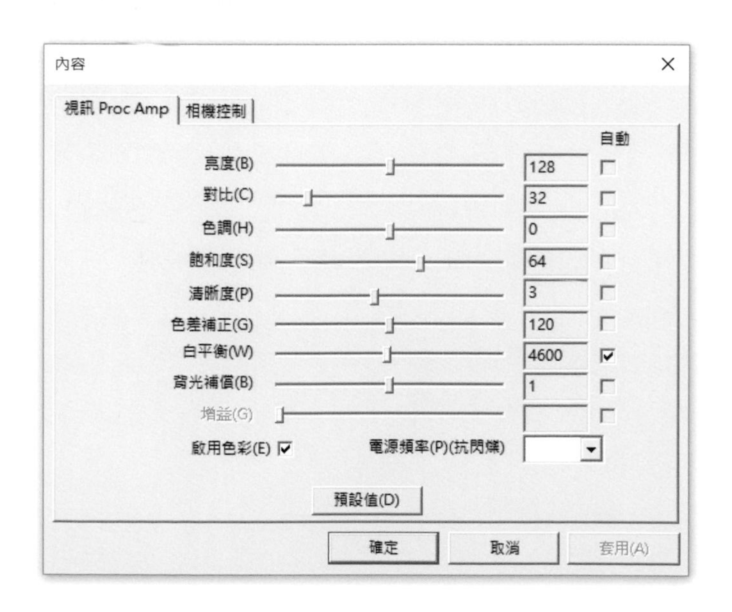

智慧型設定

在「智慧型設定」設定項目中，提供了兩個細部設定。

（1）以應用程式為基礎的設定

本項目主要針對音訊功能提供了智慧型自動調整機制。例如當啟動了Dolby智慧型設定，系統會根據不同的應用程式調整Dolby音訊的表現。

另一項則是進行VoIP相關軟體時，會自動將其他應用程式設為靜音。這些都是非常貼心的設計。

硬體設定
智慧型設定

以應用程式為基礎的設定

根據您在使用的不同應用程式，自動調整音訊和顯示設定。

針對您在使用的不同應用程式，將 Dolby 音訊設定配置為適當的模式。

 開啟 

在透過 Skype 或 Lync 等軟體進行 VoIP 通話時，自動將其他應用程式設為靜音。

 開啟

（2）智慧型冷卻

隨著現在筆電的厚度越來越薄，而CPU的核心數量卻不斷提高，如何在效能、風扇音量與機體溫度中取捨，便成為當今筆電設計的一大課題。Yamato Lab在ThinkPad導入了智慧型冷卻機制，提供了三種模式讓使用者根據使用狀況而自行調整。三種模式說明如下：

A. 安靜模式

本模式藉由降低風扇轉速及效能，讓機體表面溫度降低（約45度以內）、風扇噪音降低（約22dB以下），進而延長電池續航力。如果使用者很在意風扇音量時，可選擇本模式。

B. 平衡模式

此為預設的工作模式，提供更好一些的運算效能，同時機體表面溫度仍可維持在45度以內，風扇噪音則維持在28dB以下。本模式試著在風扇噪音與效能之間取得一個平衡。

C. 效能模式

此模式可發揮最大的效能，因此提高風扇轉速，所產生的噪音控制在38dB以下，如果將筆電放置在大腿上操作時，機器的表面溫度維持在48度以內，如果是放置在桌面上，則溫度最高可達53度。

上述噪音與機體表面溫度各款ThinkPad不同，僅供參考用。

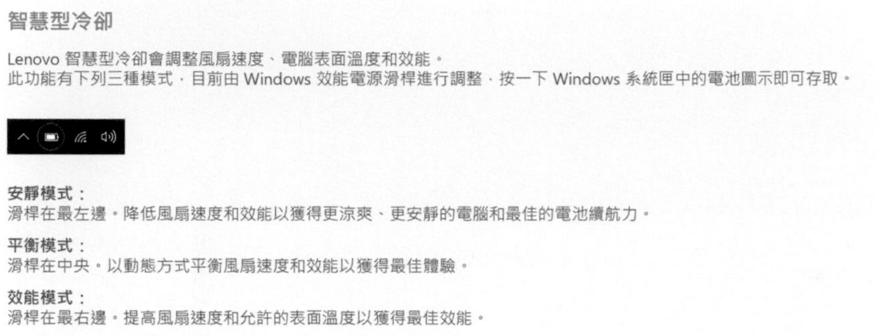

智慧型冷卻

Lenovo 智慧型冷卻會調整風扇速度、電腦表面溫度和效能。
此功能有下列三種模式，目前由 Windows 效能電源滑桿進行調整，按一下 Windows 系統匣中的電池圖示即可存取。

安靜模式：
滑桿在最左邊。降低風扇速度和效能以獲得更涼爽、更安靜的電腦和最佳的電池續航力。

平衡模式：
滑桿在中央。以動態方式平衡風扇速度和效能以獲得最佳體驗。

效能模式：
滑桿在最右邊。提高風扇速度和允許的表面溫度以獲得最佳效能。

切換三種模式的方法相當容易，只需要在Windows 10的工作列右方的「通知區域」找到電池圖示，然後在上面點擊一下滑鼠左鍵，便會出現調整電源模式的滑桿。請留意這裡指的電池圖示，並非Lenovo Vatage工作列的電池圖示。

如果系統有接上變壓器，此時提供三種電源模式，分別是：

A. 更好的電池，對應「安靜模式」

B. 效能更好，對應平衡模式

C.最佳效能，對應效能模式

如果ThinkPad沒有接上變壓器，僅靠電池供電時，除了上述三種模式之外，還多了第四種「省電模式」。

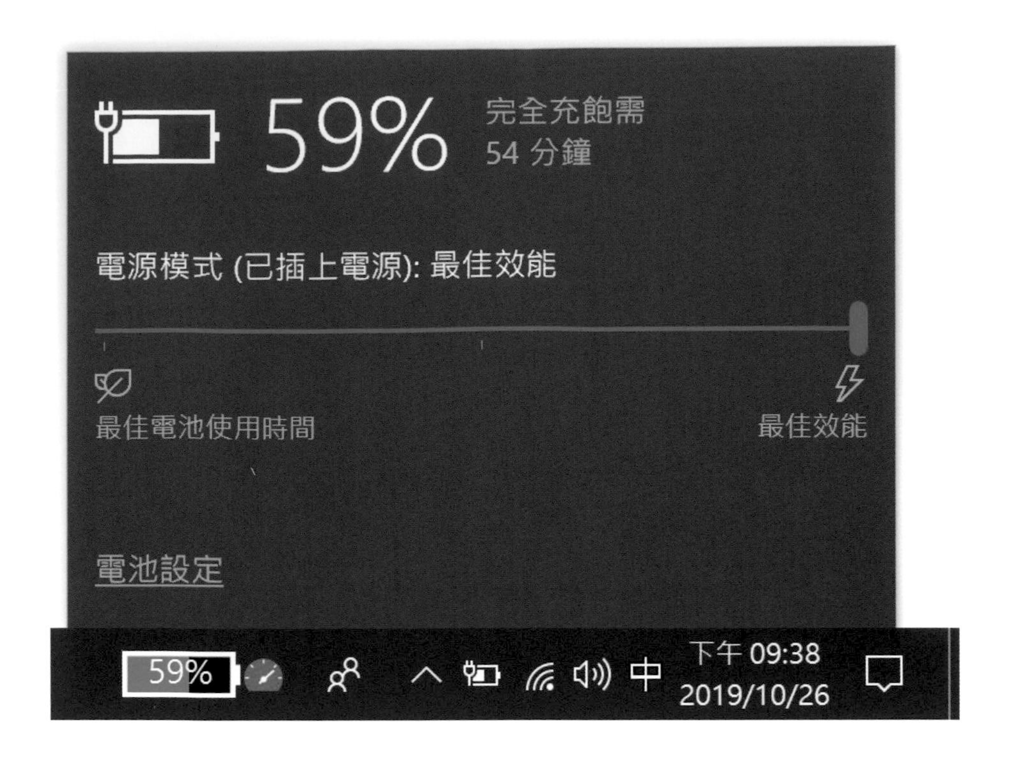

輸入

ThinkPad向來重視鍵盤與指向裝置的功能設定，因此在「輸入」設定項目中，提供了八個細部設定。在畫面最右邊也提供了快速選單，方便使用者直接點選所需的設定項目。

（1）鍵盤：Fn鍵隱藏功能

自從ThinkPad改用六列鍵盤之後，原本在七列鍵盤上擁有獨立按鍵的功能，現在只能透過Fn功能鍵來操作。比較特殊的是Yamato Lab特別將睡眠功能的複合鍵設定為「Fn＋4」；以及「Fn＋空白鍵」是開啟鍵盤背光（需主機鍵盤有支援背光功能）。

（2）鍵盤：使用者定義鍵

ThinkPad的F12鍵可以由使用者自行定義用途，目前Lenovo Vantage提供了四種功能讓使用者選擇：

A. 開啟應用程式或檔案

B. 開啟網站

C. 叫出按鍵順序（例如Windows鍵＋ e 鍵＝檔案總管）

D. 輸入文字

此外，還提供了Ctrl、Alt與Shift搭配F12的使用者自定功能。

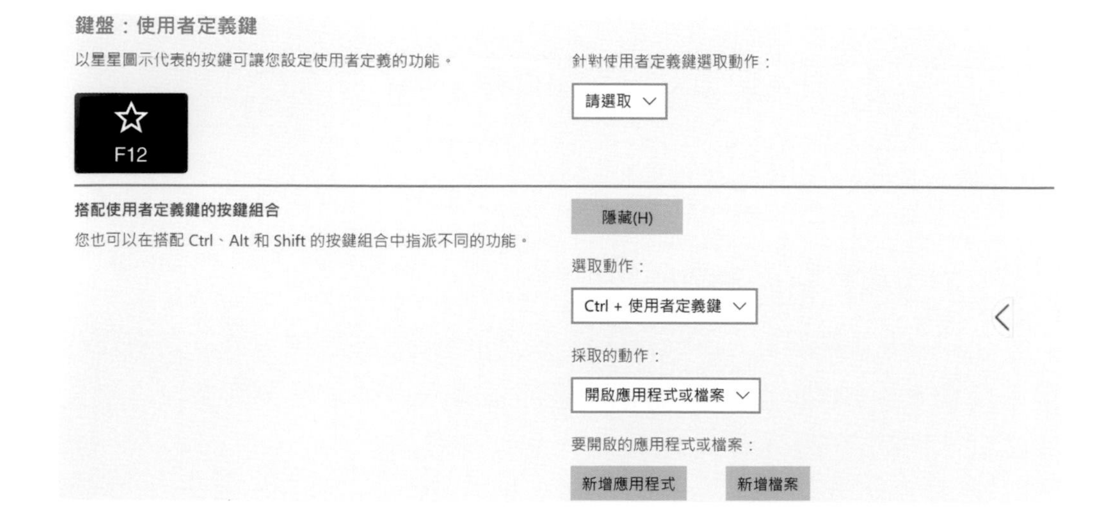

（3）TrackPoint設定

在本項目中可以設定是否要啟用TrackPoint，調整游標移動速度與設定中鍵功能等。

（4）進階指向設定

如果使用者慣用左手，可以開本項功能，讓小紅點與觸控板的左右鍵功能互換。

（5）鍵盤背光

如果ThinkPad有安裝背光鍵盤，便可在此設定是否要啟用背光功能，ThinkPad提供兩種亮度供使用者選擇。除了透過Lenovo Vantage設定之外，也可以直接按「Fn鍵+空白鍵」，功能與本項目是相同的。

（6）鍵盤：最上面一排

ThinkPad鍵盤最上方的一排，提供了F1至F12功能鍵，原本是對應作業系統或應用軟體所定義的用途，但隨著導入六列鍵盤，許多原本獨立的按鍵（例如音量控制）都必須整合進F1至F12鍵。

本項目就是用來設定F1至F12鍵的「預設功能」為何。使用者如果選擇「F1-F12功能」，預設功能就是由Windows 10或應用程式所定義（例如在瀏覽器按F5鍵，網頁會重新載入）。如果選擇「特殊功能」，便會對應ThinkPad定義的特殊功能（例如按F4鍵，麥克風就會靜音）。

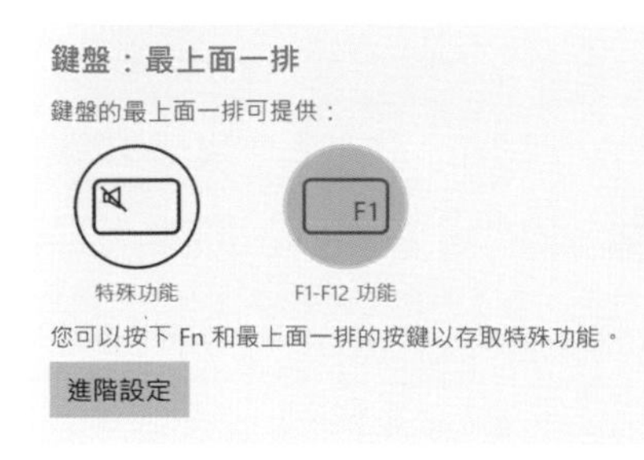

在本項目的「進階設定」中，除了選擇「預設功能」為何之外，還可同時設定如何使用Fn組合鍵，來啟動非預設功能：

A. 當F1鍵到F12鍵預設功能為Windows 10或應用程式所定義（例如在瀏覽器按F5鍵，網頁會重新載入）。

- 一般方法：

同時按Fn鍵與所需要的F1至F12鍵以啟動非預設功能。或者按「Fn鍵＋Esc鍵」以啟用「Fn Lock」功能，此時便可直接按F1至F12鍵以啟動非預設功能。

- Fn相黏鍵方法：

按一下Fn鍵：此時「Esc鍵」上的「FnLock」燈號會亮起，然後按F1鍵到F12鍵，會執行ThinkPad所定義的特殊功能，例如按F5鍵，就會是調低面板亮度。但此時效果只有一次，因為按了F1鍵到F12鍵之後，「Esc鍵」上的「FnLock」燈號會熄滅，代表F1鍵到F12鍵恢復為作業系統或應用程式所定義的功能。

按兩下Fn鍵：此時「Esc鍵」上的「FnLock」燈號會恆亮，F1鍵到F12鍵無論按幾次，都會是ThinkPad所定義的特殊功能，例如可多按幾次F6鍵以調高螢幕亮度。如果要解除「FnLock」恆亮，只需要再按一下Fn鍵，F1鍵到F12鍵就會恢復為作業系統或應用程式所定義的功能。

B. 當F1-F12預設功能為ThinkPad所定義（例如F1為靜音）。

- 一般方法：

同時按Fn鍵與所需要的F1至F12鍵以啟動非預設功能。或者按「Fn鍵＋Esc鍵」以啟用「Fn Lock」功能，此時便可直接按F1至F12鍵以啟動非預設功能。

- Fn相黏鍵方法：

按一下Fn鍵：此時「Esc鍵」上的「FnLock」燈號會亮起，然後按F1鍵到F12鍵，會執行Windows 10或應用程式所定義，例如在瀏覽器按F5鍵，網頁會重新載入。但此時效果只有一次，因為按了F1鍵到F12鍵之後，「Esc鍵」上的「FnLock」燈號會熄滅，代表F1鍵到F12鍵恢復為ThinkPad所定義的特殊功能。

按兩下Fn鍵：此時「Esc鍵」上的「FnLock」燈號會恆亮，F1鍵到F12鍵無論按幾次，都會是作業系統或應用程式所定義的功能。如果要解除「FnLock」恆亮，只需要再按一下Fn鍵，F1鍵到F12鍵就會恢復為ThinkPad所定義的特殊功能。

關閉進階設定

F1-F12 鍵的預設功能

F1-F12 鍵的預設狀態與系統重新啟動之後提供的功能有關。您可以使用 Fn 鍵或 FnLock (Fn+ESC) 以暫時切換成替代功能。

○ 直接按 F1-F12 以啟動系統或特定應用程式所定義的 F1-F12 功能。

◉ 直接按 F1-F12 以啟動特殊功能。

使用 Fn 組合鍵啟動非預設功能。

如何使用 Fn 組合鍵

◉ 一般方法

同時按 Fn 和所需要的功能鍵 (F1-F12) 以啟動非預設功能。或者，您可以按 Fn + Esc 以啟用或停用 Fn Lock 功能。當 Fn Lock 功能啟用時，Fn Lock 指示燈（位於 Fn 鍵或 Esc 鍵）會亮起，您可以直接按 F1-F12（功能鍵）以啟動非預設功能。

○ Fn 相黏鍵方法

按 Fn（暫時鎖定 Fn 鍵）然後按所需要的功能鍵 (F1-F12) 以啟動非預設功能。如果您按兩下 Fn，Fn 鍵就會永久鎖定，直到您再次按下它為止。每當 Fn 鍵鎖定時，Fn Lock 指示燈都會亮起，此時您可以直接按下所需要的功能鍵以啟動非預設功能。

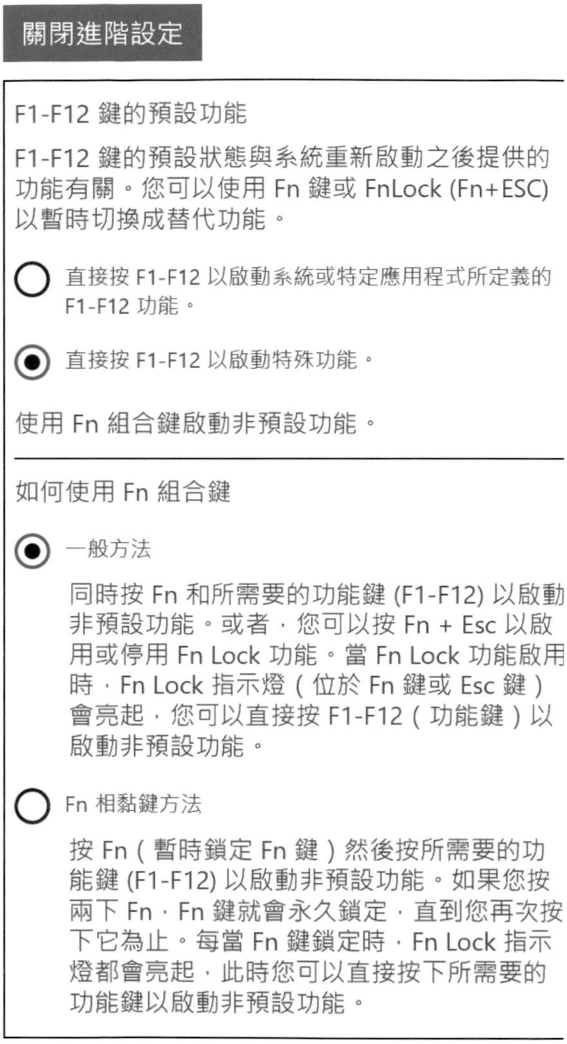

（7）Fn和Ctrl鍵

此項功能主要提供給其他廠牌的筆電使用者。因為ThinkPad的Fn鍵都位於鍵盤左下角，但其他廠牌筆電的鍵盤左下角通常是Ctrl鍵，導致許多從其他廠牌筆電轉換來的新使用者非常不適應。因此ThinkPad特別提供了Fn與Ctrl鍵互換的功能。啟用本項功能之後，ThinkPad鍵盤左下角的按鍵就會是Ctrl鍵（雖然鍵帽上仍印著Fn字樣），而右邊的按鍵則是Fn鍵。

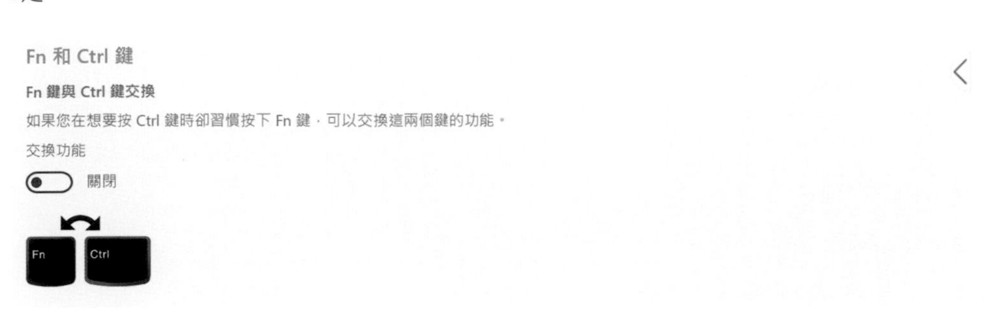

（8）其他資訊

本項目提供三個連結，可分別設定觸控板、滑鼠與小紅點。

其他資訊

按一下這裡可存取系統設定中的觸控板控制

按一下這裡可存取系統設定中的滑鼠控制

TrackPoint 設定控制面板

Lenovo WiFi安全性

現在公眾場所提供Wi-Fi服務越來越普遍，但隨之也衍生出資安的問題，如果有心分子故意偽裝免費上網熱點，凡透過此類不安全的熱點上網，很有可能封包被攔截，進而通訊及上網內容都被對方所掌握。

Lenovo Vantage內建「Lenovo WiFi安全性」功能，採用了CORONET公司的技術，當使用者連上Wi-Fi熱點時，便開始偵測網路是否安全，並比對資料庫中已知的網路和安全性漏洞，故啟動Lenovo WiFi安全性功能，可降低ThinkPad遭受入侵與重要敏感資訊遭人盜取的風險。

開啟 ?

這是什麼？

Lenovo WiFi 安全性是一項先進的雲端式軟體服務，可協助您的裝置區分安全與潛在惡意的無線網路。它的運作方式是分析其偵測到的每個網路，然後將它們與包含已知網路和安全性漏洞的資料庫進行比較。啟用此功能可降低讓您的電腦和資料遭受攻擊的風險。 顯示較少內容 [-]

安心保障

Lenovo WiFi 安全性將在偵測到您已連接潛在惡意網路時向您傳送警示，好讓您中斷連線並選擇其他更安全的網路。 在要訣與技巧中進一步瞭解 Lenovo WiFi 安全性的相關資訊。

為了充分運用 Lenovo WiFi 安全性，建議您啟用 Lenovo Vantage 工具列。Lenovo Vantage 工具列中的 Lenovo WiFi 安全性圖示，可以讓您對目前的網路狀態和所連接網路的安全性一目了然。

威脅定位器

威脅定位器會顯示您所在區域周圍的 Wi-Fi 安全威脅。此類威脅包括：無線網路釣魚、蜂蜜罐、雙面惡魔、VPN 間隔、ARP 破壞（如 Ettercap）、遭破解的路由器、攻擊設備、流量重新路由、MITM 攻擊等。啟動時，Lenovo Wi-Fi 安全性可保護您不受威脅定位器上顯示的威脅。

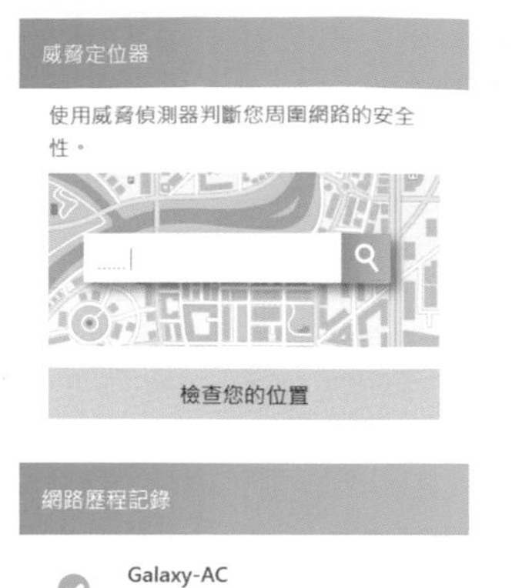

網路歷程記錄

Galaxy-AC
上次連線日期為 2019/10/27 上午 08:...

（4）性能狀態 & 支援

Lenovo Vantage的第三個功能選項「性能狀態&支援」提供了四大功能，使用者可以在此進行硬體檢設、查看使用手冊與調閱保固內容等。

執行硬體掃描

在「硬體掃描」項目中，會針對下列六項硬體進行檢測：

A. 處理器

B. 記憶體

C. 主機板

D. PCI Express

E. 儲存裝置

F. 無線

使用者可選擇「快速測試」，或是「自訂測試」。

如果使用者自行加裝記憶體模組，或是更換儲存媒體後，不妨到此進行測試。

性能狀態與支援

硬體掃描

我們提供了硬體掃描功能供您定期執行診斷常式，讓您在一切正常運作時高枕無憂，或是在問題發生前盡早偵測到異常狀況。如果診斷常式偵測到錯誤，將會顯示含有重要資訊的訊息，您可以將該資訊轉送至 Lenovo 的世界級支援團隊，讓他們協助您快速解決問題。

執行快速測試

在所有裝置上執行基本診斷測試

執行自訂測試

在每個裝置上執行所有可用的測試。
支援額外測試的裝置將需要更長的診斷時間。

檢視最新結果

上次掃描：10/26/2019 15:02
結果：已取消

保固和服務

在「保固與服務」項目中，會詳細顯示ThinkPad的保固狀態，以及目前所擁有的保固服務資訊。

性能狀態與支援
保固和服務

此區段提供電腦保固狀態的最新資訊。此外，您也可以快速存取有關保固升級、損壞保護和特級支援服務的資訊。

按下方可取得更多保固資訊或升級您的保固。

檢視保固選項

基本保固

說明

The battery included within this product is entitled to a 1 year CRU/Depot warranty. Please note that this may differ from the warranty of the base product itself.

開始日期	結束日	狀態
2019-10-01	2020-09-30	在保固期內

基本保固 2

說明

This product has a three year limited warranty and is entitled to depot repair service. Customers may call their local service center for more information. Dealers may provide carry-in repair for this product. Batteries have a one year warranty. If pen comes with the product, pen is entitled to one year warranty.

開始日期	結束日	狀態
2019-10-01	2022-09-30	在保固期內

升級保固

使用手冊

在「使用手冊」項目中，使用可以閱讀網頁版或是PDF版的中文操作手冊，裡面詳細地記載了ThinkPad功能與簡易的硬體更換程序，建議網友不妨閱讀一下，可增加對於ThinkPad的了解。

此外，本項目也提供了保固升級的選項，使用者可以參考一下。

性能狀態與支援
使用手冊

使用手冊提供的資訊可協助您充分運用您的電腦。
請按下方的連結以開啟使用手冊或其他手冊（如果有的話），並進一步瞭解您的 Lenovo 電腦。

T490s_&_X390_User_Guide_zh-CHT.pdf

HTML　PDF

保固升級選項

需要延長或升級您目前的保固嗎？按下方可查看可用選項。

檢視保固選項

其他支援資源

檢視使用手冊

要訣與技巧

在「要訣&支援」項目中。原廠提供了許多篇英文的小文章，介紹內容還挺廣泛的，使用者有興趣的話，可自行查閱。

性能狀態 & 支援
要訣 & 技巧

重新整理

瞭解您的裝置、Lenovo 最新的創新，以及管理您的數位生活的實用提示。

SurfEasy: the five-star VPN app for everyone and every device
08-09-2018
Use this overlooked method to keep your sensitive information safe...

Make Your Home a Smart Home
05-17-2018
Have you ever thought about making those everyday tasks at home easier? ...

Keyboard Shortcut Cheat Sheet
05-14-2018
A Quick-Reference Guide to Keyboard Shortcuts ...

Tips to Keep Kids Safe in the Digital Age
05-14-2018
Do you ever wonder what your kids are clicking, tapping and swiping when they're out of sight? Are you looking for an easy way to monitor the website...

How to Locate Your Device's Serial Number + Model When the Label is Missing
03-11-2018
Are you having trouble finding your device's serial...

Lenovo Launches Innovative Vision at MWC 2018
03-11-2018
Who said being different is bad...

如何安裝Lenovo Vantage 2.0

2019年原廠推出了新一代的「Lenovo Vantage 3.0」，整個操作介面煥然一新。使用者可以直接透過Microsoft Store安裝或更新。

但站長並不打算推薦「Lenovo Vantage 3.0」，因為很多功能在Lenovo Vantage 3.0上面都消失了，原廠在官方論壇也承認有這些狀況，並表示「將來會陸續把功能補齊」……。另一方面，原廠則同時釋出了Lenovo Vantage的自動移除執行檔，以及Lenovo Vantage前一版本的下載連結。讓使用者可自行降版。為了區隔新舊版，站長就稱呼使用舊版介面，但功能齊全的為「Lenovo Vantage 2.0」

目前出廠的ThinkPad仍預載Lenovo Vantage 2.0，只是系統之後就會自動升級為Lenovo Vantage 3.0，屆時會讓使用者感到非常困擾，因為許多功能都不見了。

本篇便是向讀者說明如何輕鬆移除Lenovo Vantage 3.0，並下載及安裝Lenovo Vantage 2.0。下圖便是Lenovo Vantage 3.0的首頁截圖，與2.0版本差距很大。

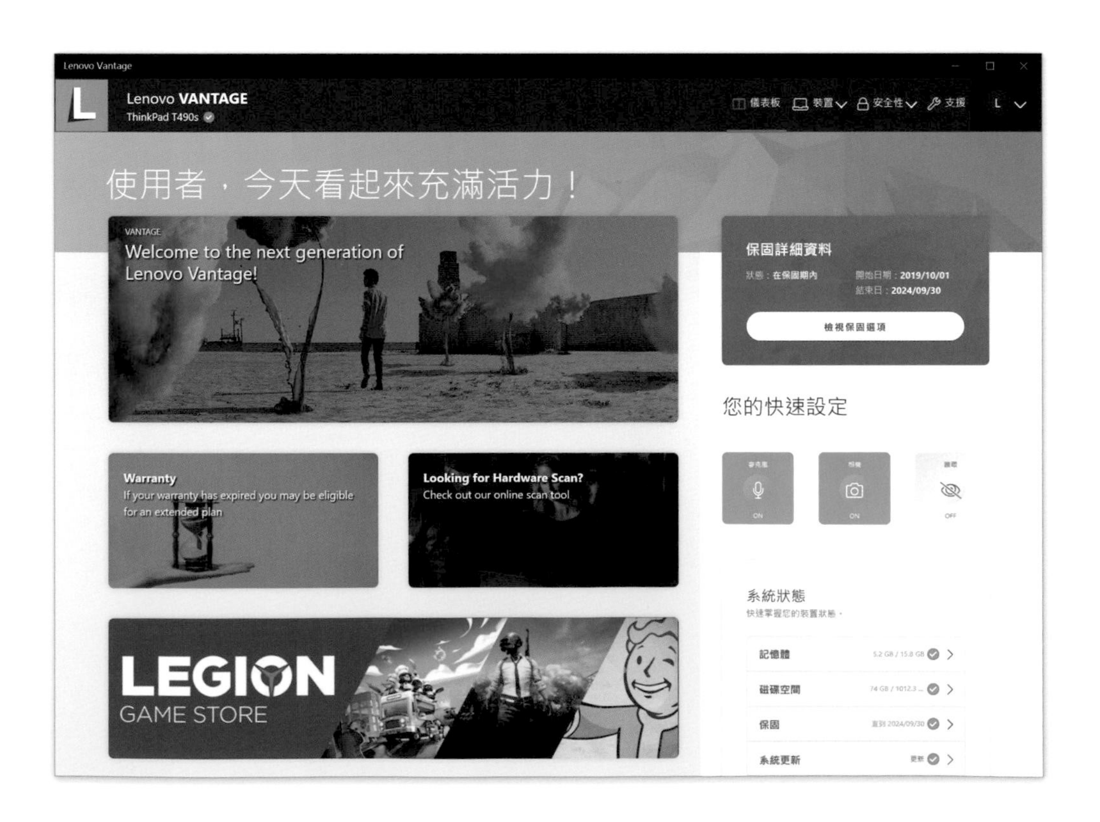

（1）移除Lenovo Vantage 3.0

首先我們需要移除Lenovo Vantage 3.0，原廠已提供自動移除工具，可至原廠官方論壇下載：

連結：https://tinyurl.com/y36s2mdb

下載「uninstall_vantage_lsif.zip」後，請解壓鎖，然後「以系統管理員身分執行」uninstall.bat。執行完畢後，一定要重新開機。反安裝的手續便完成了。

（2）重新安裝Lenovo Vantage 2.0

原廠根據目前出廠所預載的Lenovo Vantage 2.0（版本為：4.27.32.0）為基礎，重新提供了版本為「20.1908.3.0」的Lenovo Vantage 2.0，並於官方論壇提供下載版本，檔案約173MB。

連結：https://tinyurl.com/y3vm98eu

下載「Discovery_20.1908.3.0.zip」後，請解壓鎖，然後執行e55efa216a6d4f268b07c51d566b30d4.appxbundle（檔名非常長……）。

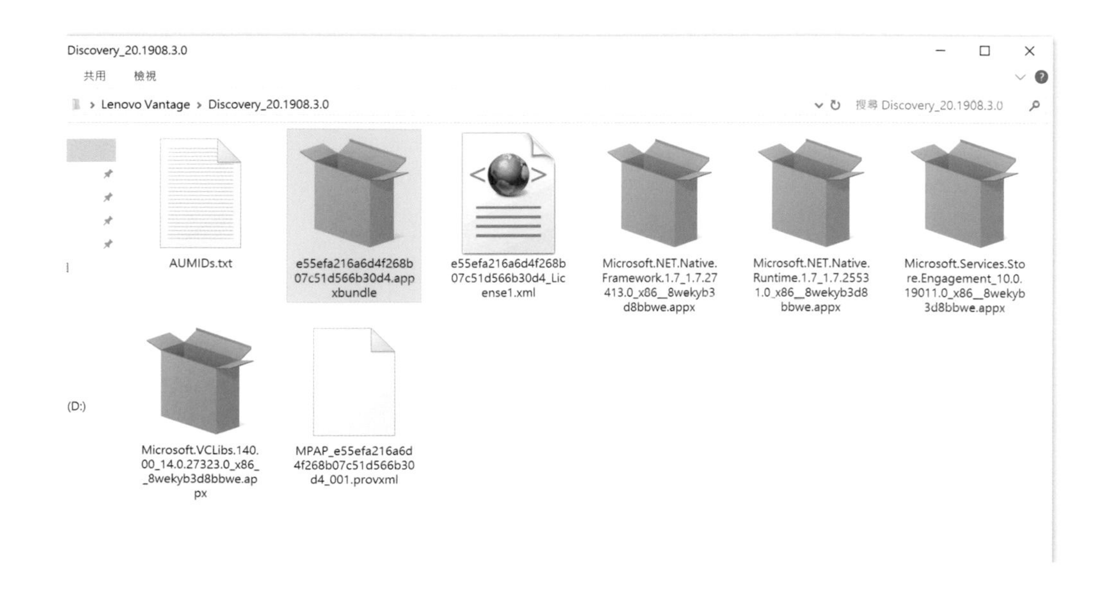

接下來開始進行Lenovo Vantage 2.0的安裝程序，由於手動安裝的版本是20.1908.3.0，而Microsoft Store上面的Lenovo Vantage 3.0的版本僅為10開頭，因此不用擔心Microsoft Store會再用Lenovo Vantage 3.0取代下載版的Lenovo Vantage 2.0。

如果使用者是自行安裝Windows 10，也可以直接下載原廠釋出的Lenovo Vantage 2.0，不需要刻意先安裝Lenovo Vantage 3.0。

在安裝畫面上，請點選「安裝」。

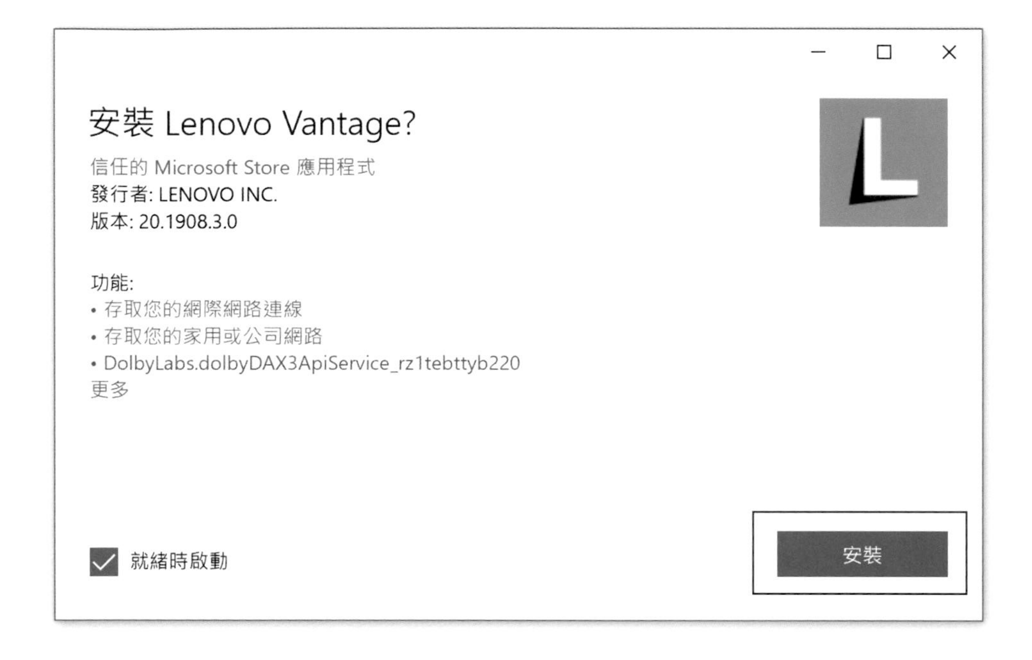

在接下來的畫面中，請點選「安裝更新」。

然後需要透過瀏覽器下載軟體，如果瀏覽器沒有自動下載，請在瀏覽器畫面上點擊「這裡」，並選擇「執行」該程式。

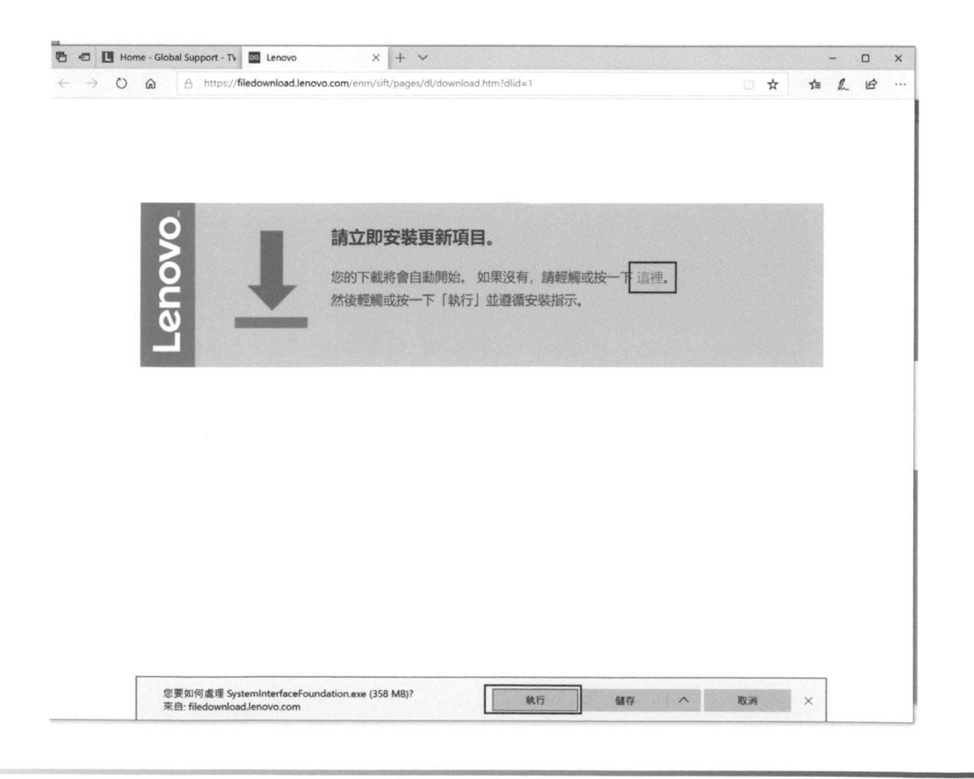

原來下載的程式是「Lenovo System Interface Foundation Driver」，請按「Next」繼續。

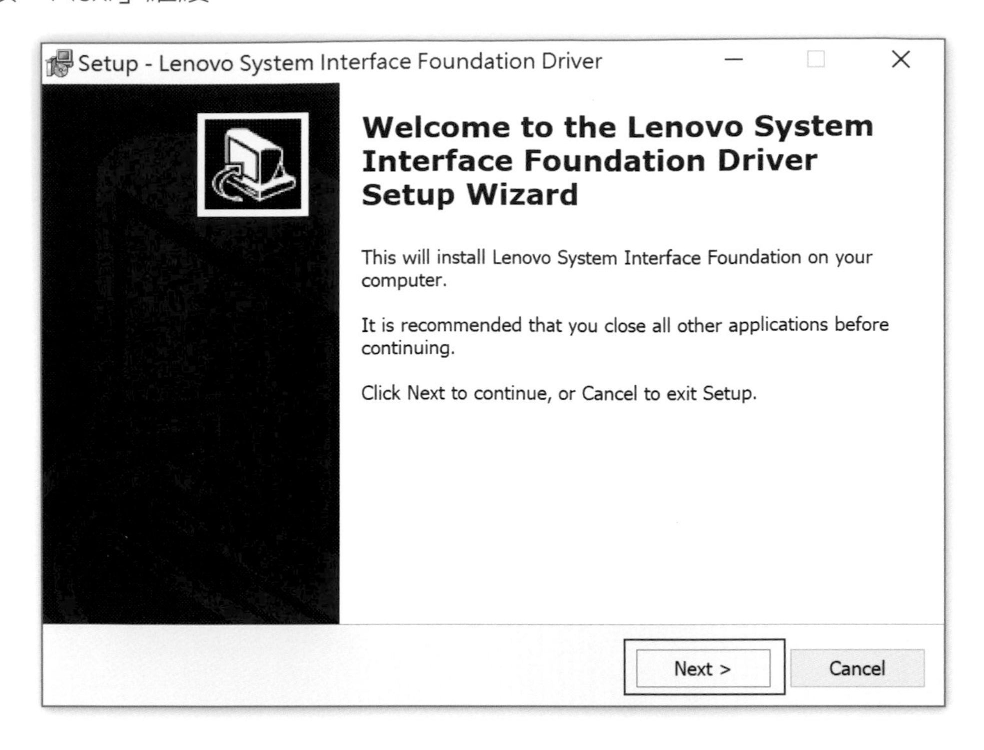

接著出現授權畫面，請按「Next」繼續。

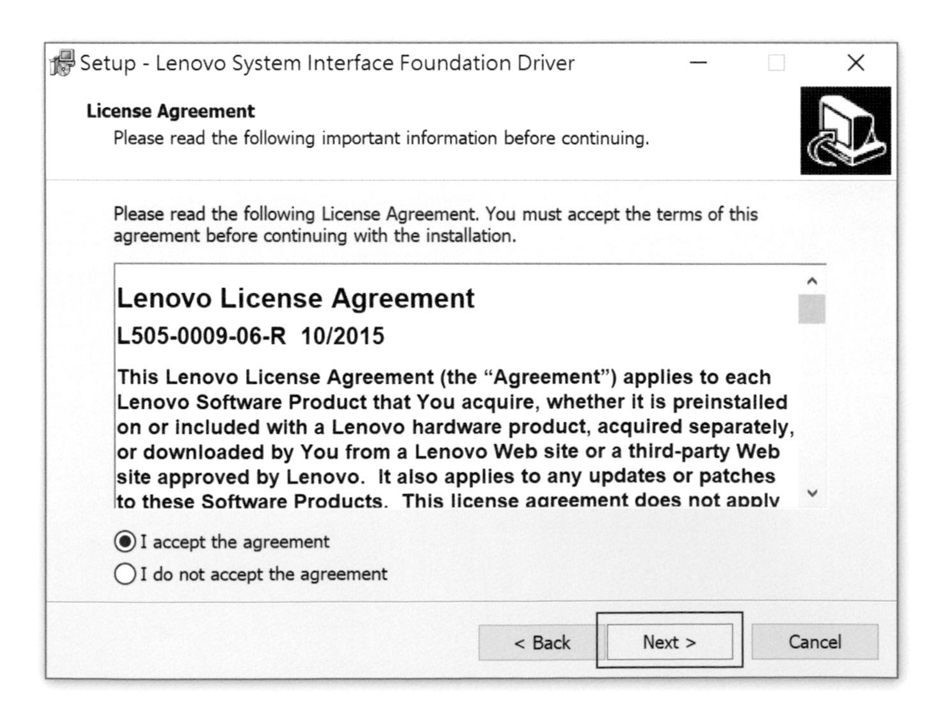

安裝完成後，請點選「Yes, restart the computer now」，並按下「Finish」，讓系統重開機。

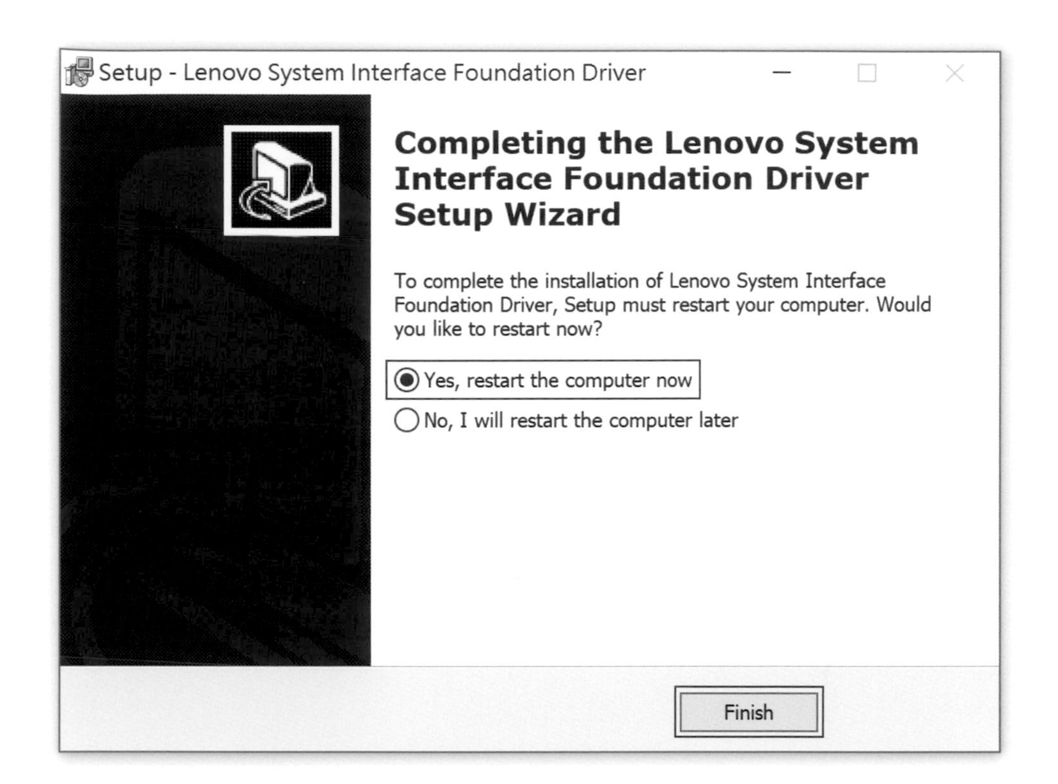

第七章

Windows作業系統安裝與備份說明

ThinkPad如果要安裝Windows 10作業系統有兩種方式，第一種是使用原廠的還原媒體，但此法必須該台ThinkPad出廠時已安裝過Windows 10。第二種方法則是直接使用Microsoft的Windows 10媒體手動安裝，當系統設定妥當後，再進行系統備份。本章就讓站長向讀者說明Windows 10作業系統如何安裝。

1. 恢復出廠預設值（還原隨身碟）

在Windwos 7的年代，當時的還原媒體仍使用光碟片，通常需要三至四片DVD（第一片為開機用途，故可使用CD片）。隨著跨入Windows 10，原廠也從善如流，將還原媒體改成隨身碟形式，不僅大幅縮短還原作業時間，也不用耗費大量的光碟片。

只是申請還原媒體時，必須先登入Lenovo ID，因此站長先示範如何申請Lenovo ID，以及後續如何製作出USB還原隨身碟。

申請Lenovo ID

首先請連上Lenovo的服務支援網站（https://support.lenovo.com/），接著將游標移動到網頁右上方的「我的帳戶」，會出現選單，此時請點選「登記」。

接著我們需要創建帳號，請輸入e-mail之後，按「下一步」。

創建賬號

電子郵件地址

Lenovo

下一步

OR

已經有帳戶了嗎？ 登入

然後輸入姓名與密碼，請留意新設密碼的限制。完成後請按「下一步」。

創建賬號

Lenovo

名字 姓氏

新密碼

密碼必須至少包含8-
20個英文字符，其中包括以下至少三種字符：大寫字母、小寫字母、數字和符號。

確認密碼

» 請拖動滑塊到指定位置

☐ 加入交談；取得最新消息、更新和特別優惠。
點擊"下一步"即表示您同意 Lenovo軟件隱私聲明 和 使用條款

上一步 下一步

帳號設定完畢，請按「下一步」，同時到註冊帳號用的電子郵件信箱去收認證信。

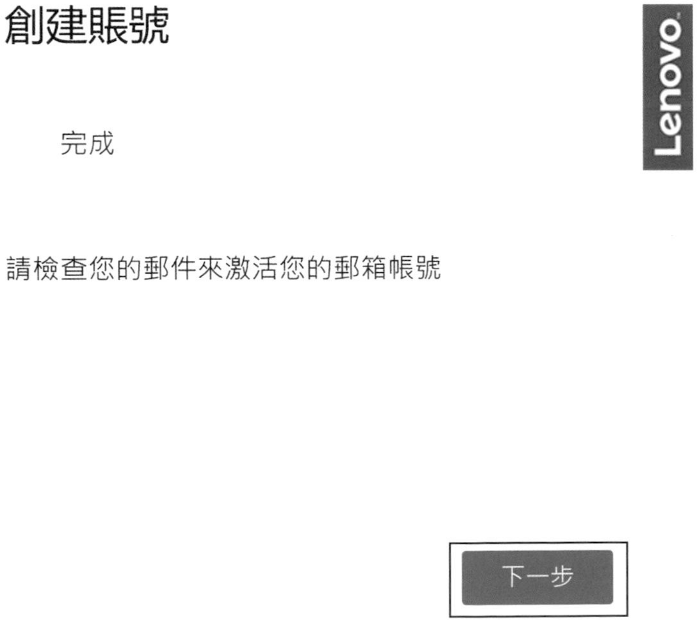

創建賬號

Lenovo

完成

請檢查您的郵件來激活您的郵箱帳號

下一步

最後一個步驟是收到認證信之後，要完成驗證，整個手續才大功告成。

Activate your account

YOUR LENOVO ID CONFIRMATION

Hi,there!

Thank you for signing up with Lenovo ID. You're one step closer to completing the setup. For security purposes, please click here to confirm your account.

Your Lenovo ID is: galaxylee@mail2000.com.tw

接著回到Lenovo的服務支援網站（https://support.lenovo.com/），將游標移動到網頁右上方的「我的帳戶」，並於選單點選「登入」。

輸入剛剛註冊的帳號密碼後，請按「登入」。

申請還原媒體

游標移動到網頁右上方的電子郵件信箱，並於選單點選「我的產品」。

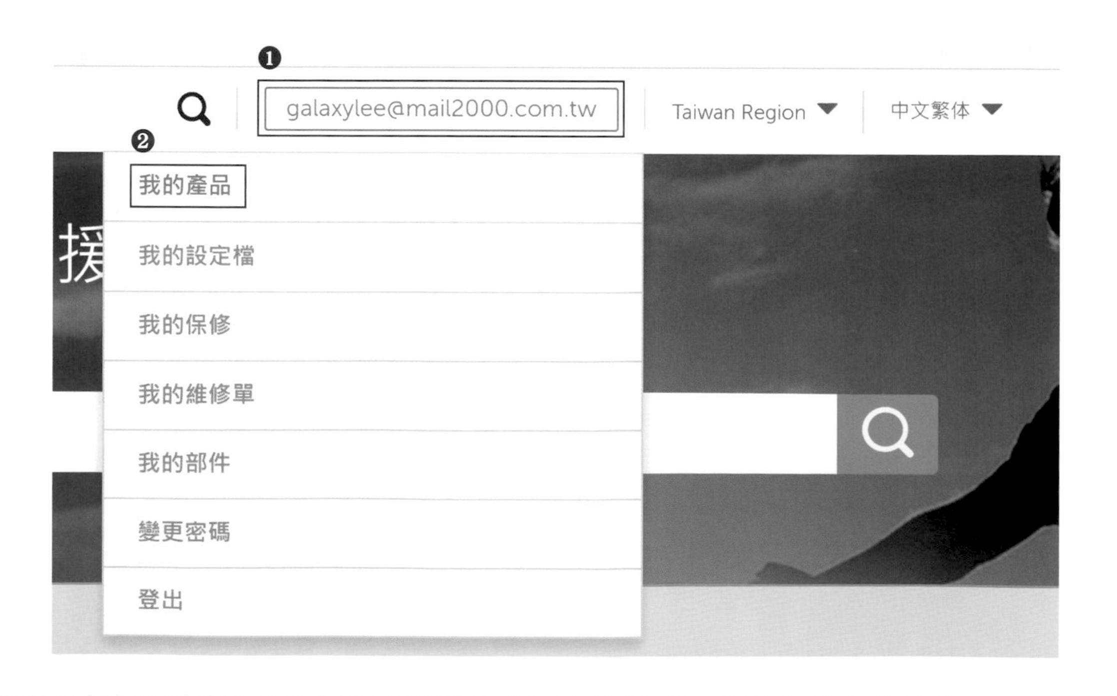

登入服務支援網站後，我們需要將ThinkPad納管，此時請按畫面右邊的「添加產品」。

接下來開始登錄ThinkPad機種。為力求準確，建議此時輸入ThinkPad的主機序號。

序號通過之後，系統會顯示對應的機種，此時請按「是」。

之後系統會出現T490s的相關資訊，畫面下方有「產品通知」，使用者可以勾選想收到的訊息e-mail通知，例如驅動程式或解決方案文件等。

由於我們需要申請還原媒體，此時請在畫面左邊的ThinkPad圖案上按一下。

接下來會顯示登錄機器的相關資源，請先點選左邊的「驅動及應用程式」，然後再點選畫面右邊的「訂單恢復媒體」，接著按「CLICK TO CONTINUE」。

接著進入還原媒體申請流程。請於網頁左下方輸入ThinkPad主機序號。

第二個步驟是選擇還原媒體的作業系統語系，選定後按「下一步」。此時系統也提示可用的還原媒體類型是「電子下載」（自行製作USB還原隨身碟）。

第三個步驟是輸入申請人資訊，填妥後按「送出」。

申請完成時，系統會寄通知信給申請人，而且必須要在72小時內下載還原媒體，逾期的話就只能重新申請還原媒體。

使用者可直接點選畫面右側的「電子下載」，系統會下載USB還原隨身碟製作程式（Lenovo USB Recovery Creator），可選擇直接執行，或先儲存製作程式，但記得要在72小時內完成USB還原隨身碟的製作。

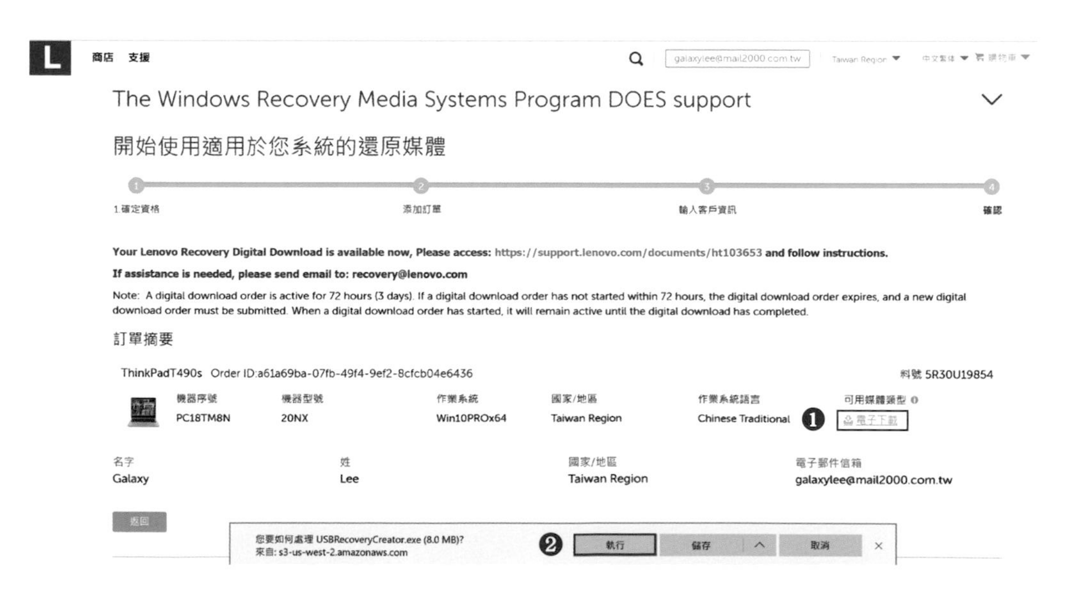

如果忘了儲存USB還原隨身碟製作程式，72小時內可至註冊Lenovo帳號的電子信箱內，確認是否有收到通知信，裡面也有製作程式的連結，請點選後進入說明頁面。

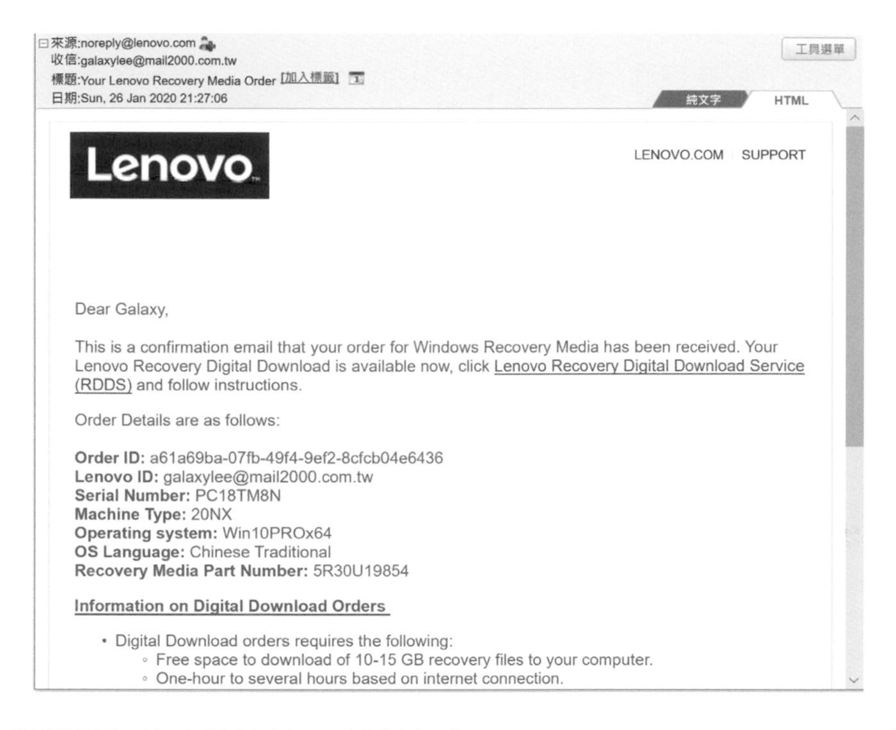
來源:noreply@lenovo.com
收信:galaxylee@mail2000.com.tw
標題:Your Lenovo Recovery Media Order [加入標籤]
日期:Sun, 26 Jan 2020 21:27:06

工具選單

純文字 HTML

Lenovo

LENOVO.COM SUPPORT

Dear Galaxy,

This is a confirmation email that your order for Windows Recovery Media has been received. Your Lenovo Recovery Digital Download is available now, click Lenovo Recovery Digital Download Service (RDDS) and follow instructions.

Order Details are as follows:

Order ID: a61a69ba-07fb-49f4-9ef2-8cfcb04e6436
Lenovo ID: galaxylee@mail2000.com.tw
Serial Number: PC18TM8N
Machine Type: 20NX
Operating system: Win10PROx64
OS Language: Chinese Traditional
Recovery Media Part Number: 5R30U19854

Information on Digital Download Orders

- Digital Download orders requires the following:
  - Free space to download of 10-15 GB recovery files to your computer.
  - One-hour to several hours based on internet connection.

點擊通知信中的連結，會連結到Lenovo USB Recovery Creator下載網頁，請下載還原隨身碟製作程式。

支援

手冊及使用指南

Lenovo Digital Download Recovery Service（DDRS）：下載創建Lenovo USB Recovery密鑰所需的文件

這份文件為翻譯程式自動翻譯結果,請點選以下連結流覽英文版文件內容。

使用Lenovo USB Recovery工具創建USB Recovery Key，可用於在計算機上重新安裝Windows

如何創建和使用USB恢復密鑰

1.提交數字下載恢復訂單

單擊以下鏈接以展開步驟。

接著執行Lenovo USB Recovery Creator，請選擇第一個選項，下載還原媒體並製作還原隨身碟。

雖然還原媒體透過Lenovo USB Recovery Creator只能下載一次，但只要還原媒體下載後沒有刪除，後續還是可以重複製作還原隨身碟的。此時就用得上第二個選項「建立Recovery USB隨身碟」。

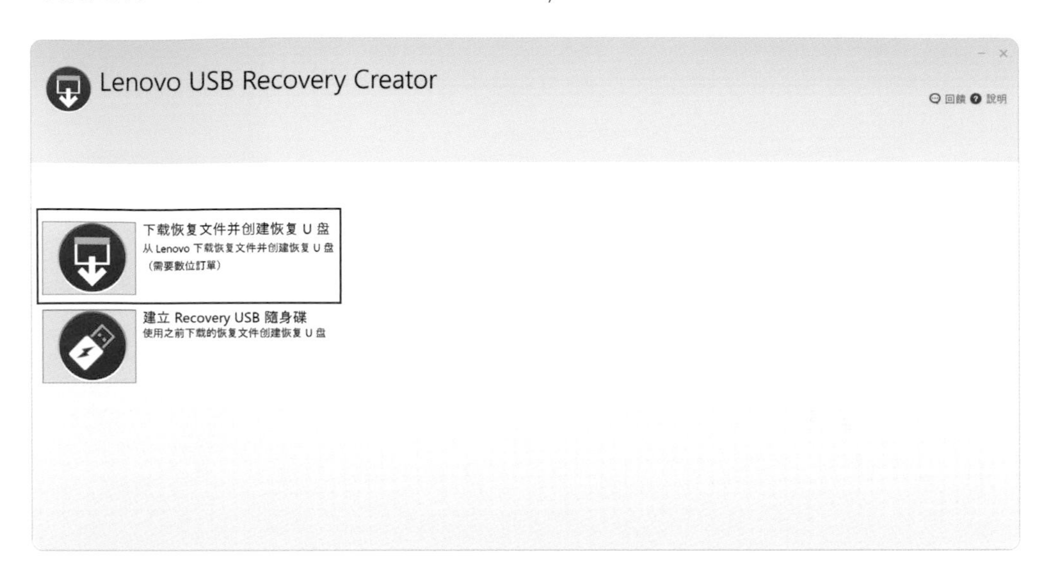

接下來輸入Lenovo ID的帳號跟密碼，然後按「登入」。

如果有順利申請到還原媒體，就可以在畫面中看到還原媒體的資訊，請按「下一步」。

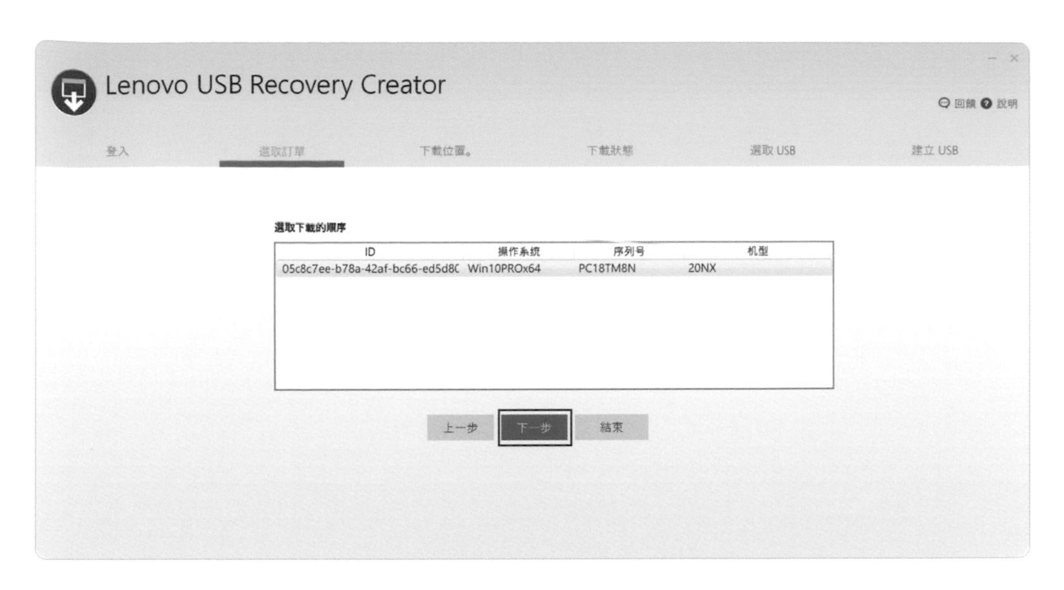

接著選擇還原媒體的下載路徑，決定後請按「下載」。

Lenovo USB Recovery Creator
回饋 說明
登入
選取訂單
下載位置。
下載狀態
選取 USB
建立 USB
選取下載位置
C:\Downloads
瀏覽
上一步
下載
結束

下載完成後請按「下一步」。

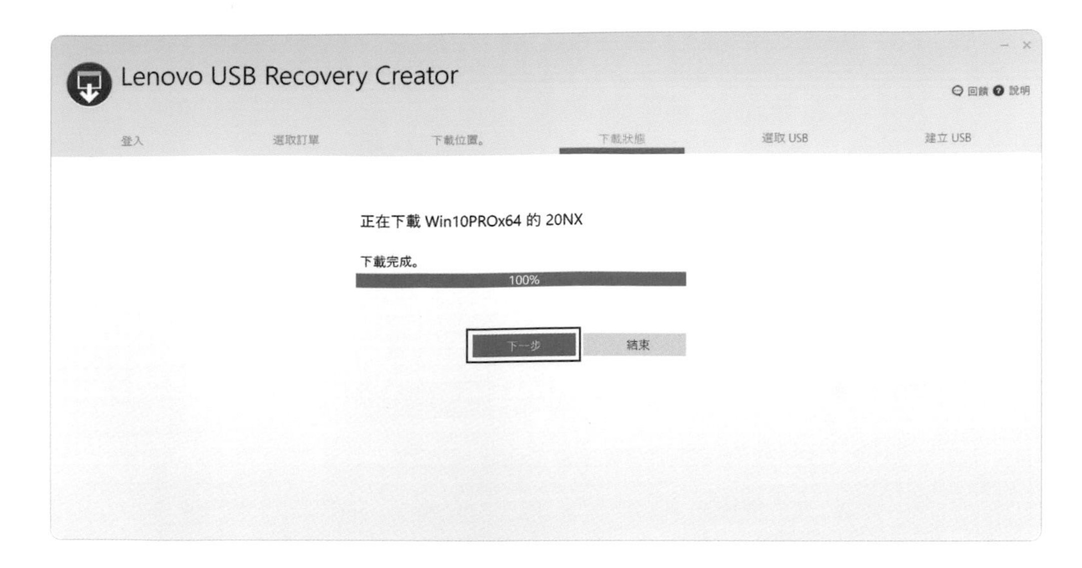

接著進行還原隨身碟的製作流程。還原媒體大約需要12GB，所以至少需要準備一支16GB的USB隨身碟。但請不要使用64GB（含）以上容量的隨身碟，因為格式化之後最大只能分割出32GB，如果使用64GB隨身碟，格式化後只有32GB，等於浪費了一半的空間。

當還原程式偵測到USB隨身碟之後，請按「下一步」。

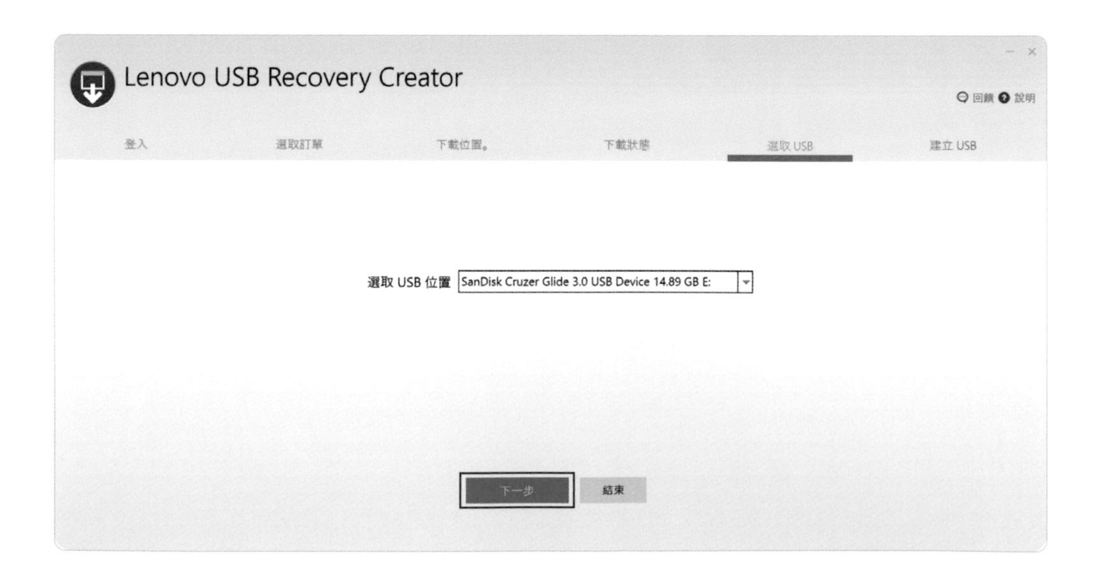

接下來的步驟會將隨身碟重新格式化，裡面資料會被清空，請按「是」。

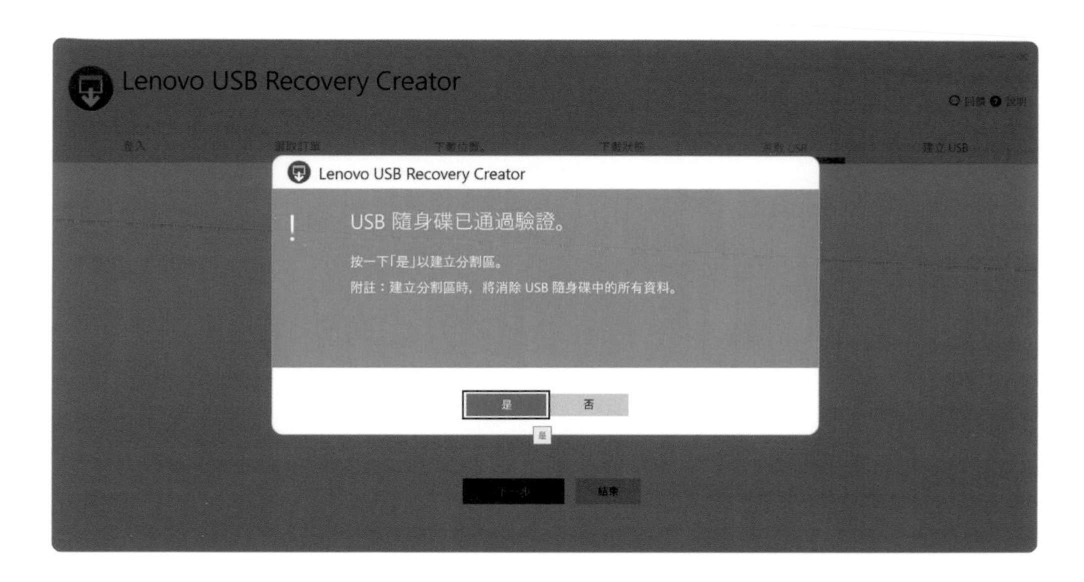

還原程式需要花點時間驗證隨身碟，請稍待一會。

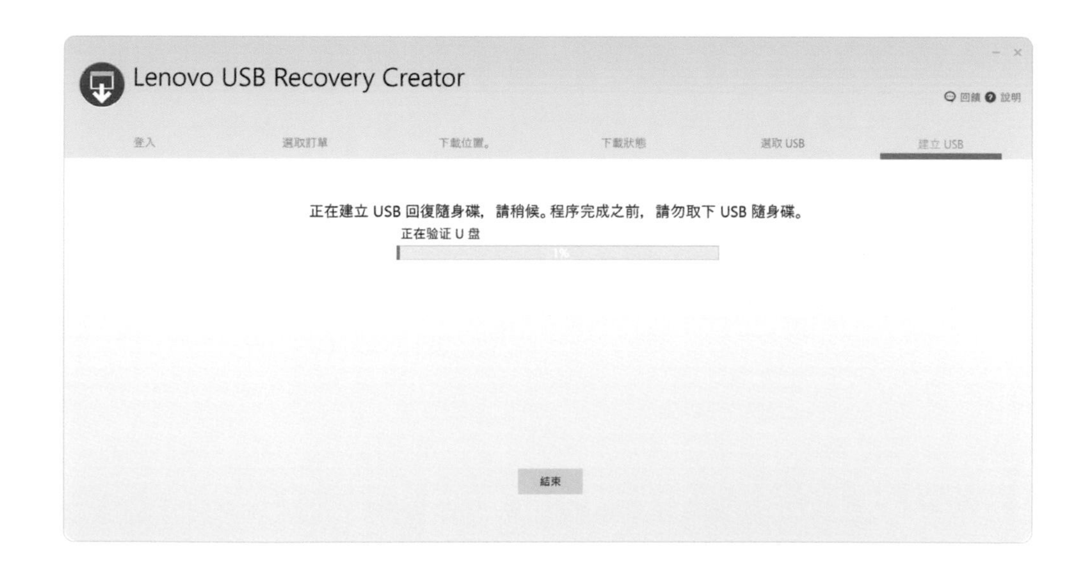

還原隨身碟製作完畢後，軟體會詢問是否要從電腦刪除備份媒體，如果使用者將來打算重新製作還原隨身碟時，請務必選「不，結束」。

還原作業系統

當使用者完成還原隨身碟之後，請透過這支隨身碟開機。最快的方法是重開機時按F12鍵，並於Boot Menu內，點選還原隨身碟。

此時會透過USB隨身碟開機，接下來進入還原程式，請先在語系選擇「TC[繁體中文]」，然後按「下一步」。

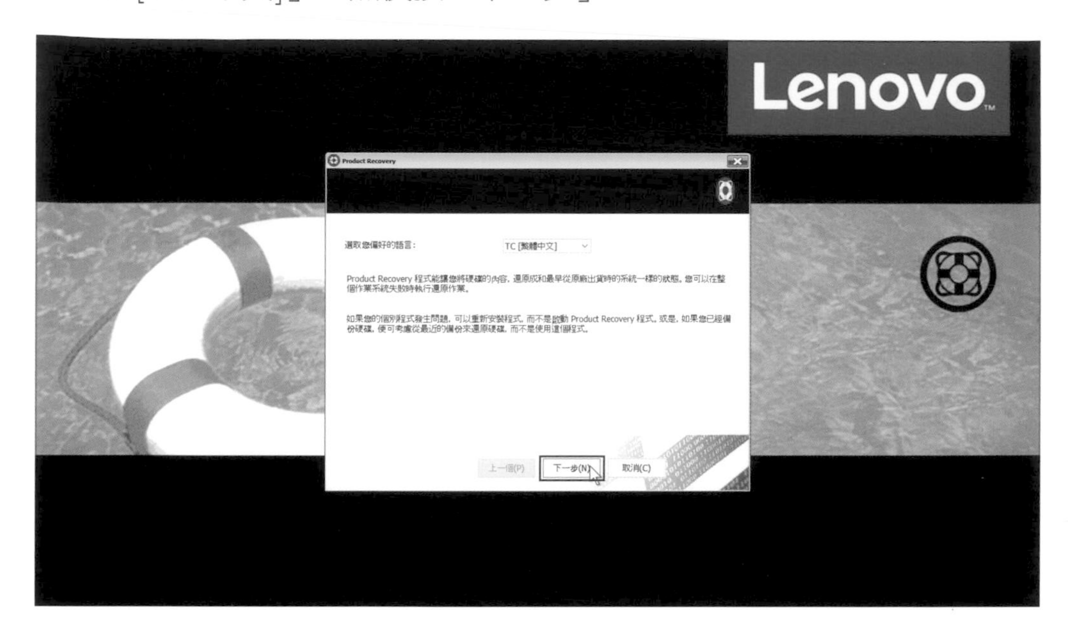

然後出現版權條款，請點選「我同意這些條款（A）」。

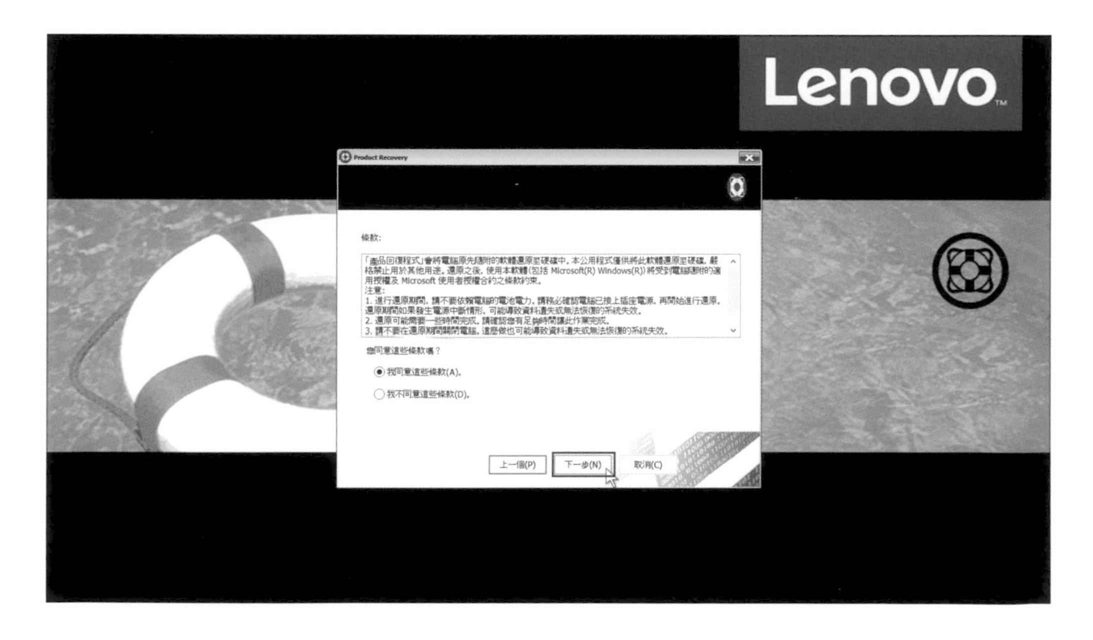

接著提示會清掉儲存媒體內的內容，故如果忘記備份，還來得及中斷還原作業。如果確認可以清掉全部檔案內容，請按「是（Y）」。

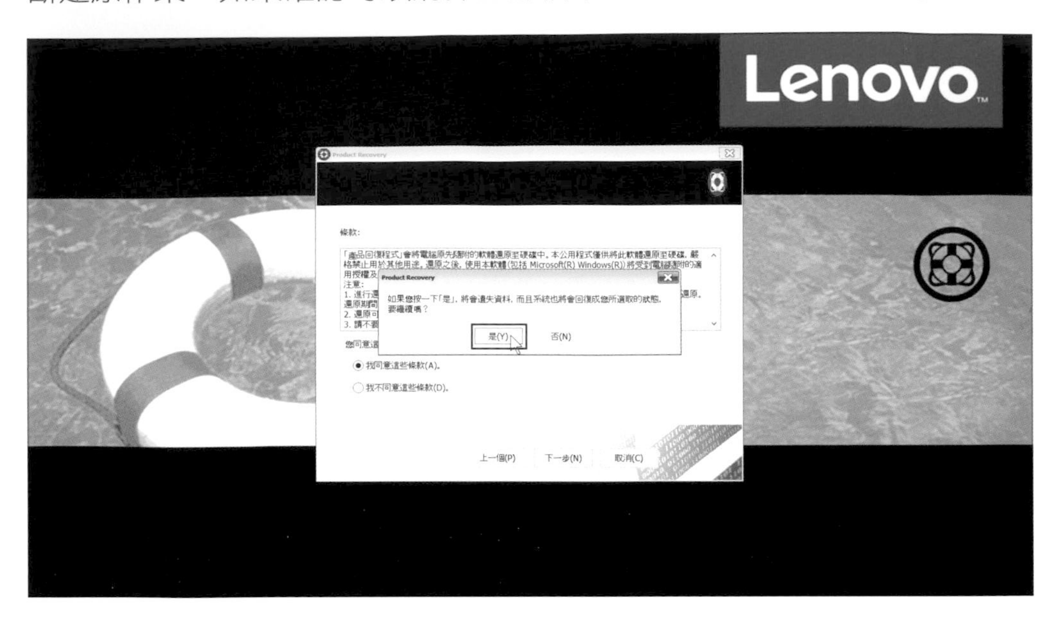

經過一陣子的還原作業，當完成還原作業時，系統便會出現提示，此時請拔出USB還原隨身碟，並按「是」以重新開機。

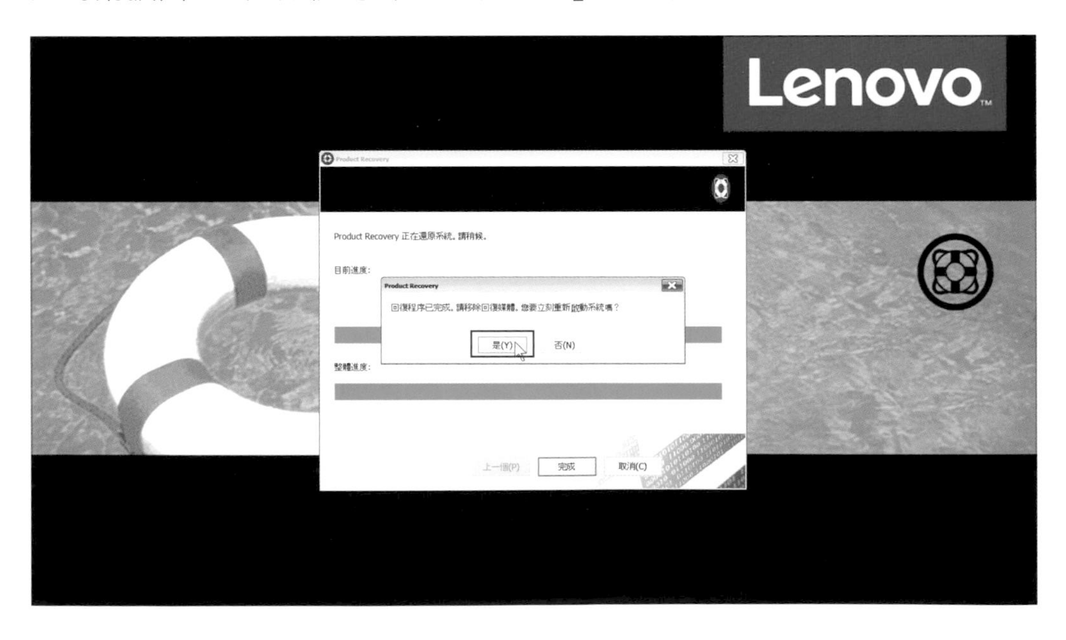

接下來會開始進行Windows 10的作業系統安裝作業。請稍待一會。

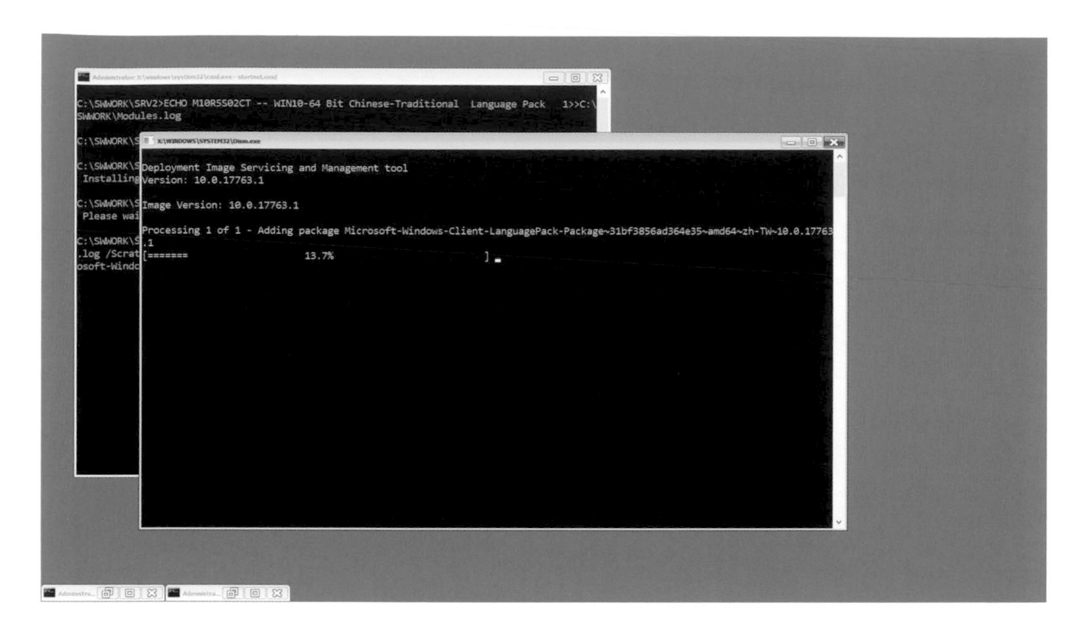

還原作業完成並重開機之後，就會回到第一次開箱設定時的狀態。

2. 全新安裝Windows 10

如果使用者需要以「Clean Install」方式自行安裝Windows 10，需要先準備的工具仍是一支8GB（含）以上容量的USB隨身碟，透過Microsoft官網上提供的工具，可直接製作出Windows 10安裝隨身碟。

製作安裝隨身碟

首先請至Microsoft的Windows 10官方下載網頁（https://www.microsoft.com/zh-tw/software-download/windows10），點選「立即下載工具」。下載完成後，請直接執行此下載工具。微軟官網提供當時最新版Windows 10，因此站長下載的是2019年11月更新版（即1909版）。但如果使用者準備安裝的是Windows 10企業版，請至「大量授權服務中心」（https://www.microsoft.com/licensing/servicecenter/default.aspx）手動下載。

完成下載後，請直接執行「下載工具」。此時會出現注意事項與授權條款，請按「接受（A）」。

Windows 10安裝程式除了可製作安裝隨身碟之外，也可以讓電腦本身直接升級。由於我們準備重灌Windows 10，所以請點選「建立另一部電腦的安裝媒體」，然後按「下一步」。

接下來需要選擇Windows 10的語系與版本，如果使用者發現預設的選項不適合，可將「為此電腦使用建議的選項」取消勾選，本頁中的三個選項就能調整。設定完成後，請按「下一步（N）」。

下一個步驟則是選擇要使用的安裝媒體。安裝程式提供兩種方式，第一種是直接安裝在USB隨身碟上面，另一種方式則是生成ISO映像檔，之後再自行燒錄在光碟片或是安裝在隨身碟上面。

站長先選擇第一種方法，也就是點選「USB快閃磁碟機」，然後按「下一步（N）」。

如果讀者希望保存Windows 10的安裝檔案，可以選擇第二種方法，日後可搭配「Rufus」（https://rufus.ie/）工具程式，自行製作安裝隨身碟。

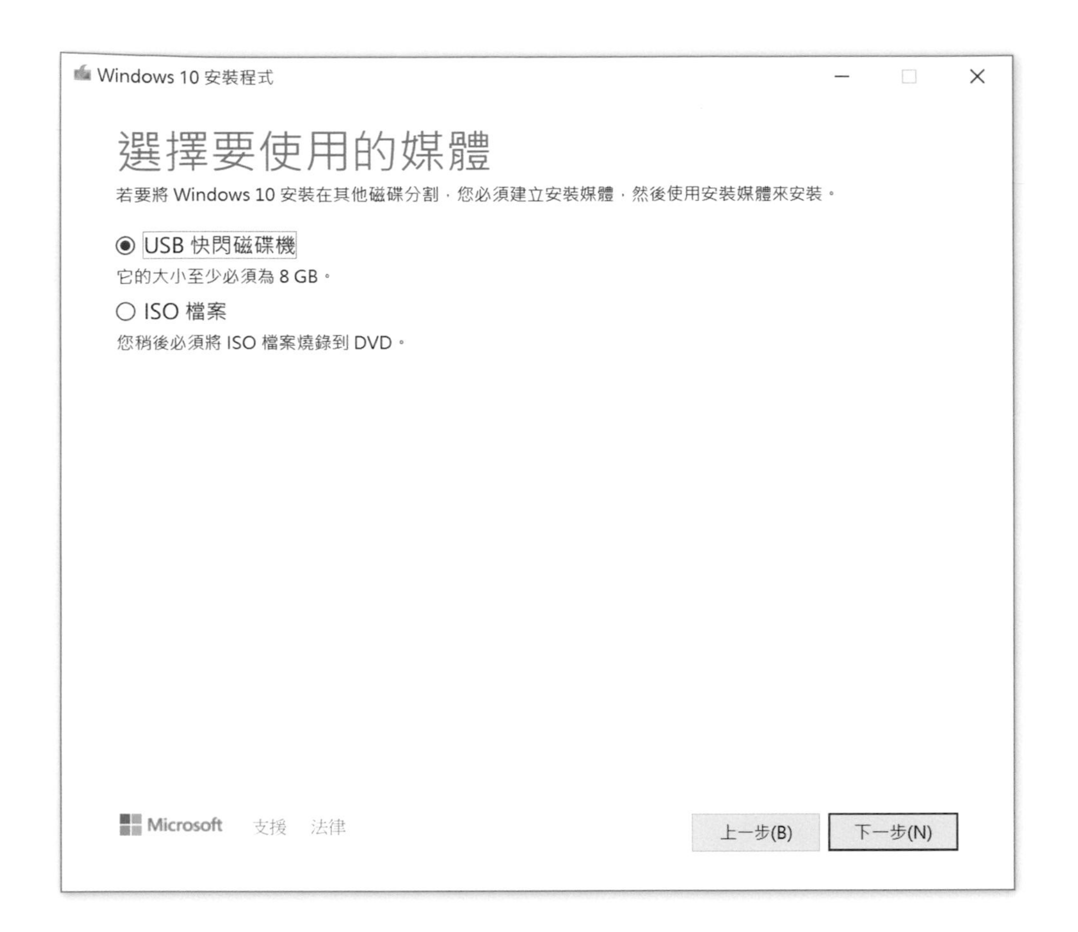

接著選取要安裝的USB隨身碟，由於會將隨身碟重新格式化，如果裡面有重要資料，請務必先備份到其他位置。點選要安裝的USB隨身碟之後，請按「下一步（N）」。

Windows 10安裝程式大約需要4GB多，所以至少需要準備一支8GB的USB隨身碟。但請不要使用64GB（含）以上容量的隨身碟，因為格式化之後最大只能分割出32GB，如果使用64GB隨身碟，等於浪費了一半的空間。

後續便是耐心等候安裝程式下載Windwos 10檔案，並安裝到USB隨身碟。

安裝隨身碟順利製作完成後，請按「完成」。最後安裝程式會自行進行檔案清除並關閉。使用者也可以將安裝隨身碟從電腦上拔出，準備安插在需要全新安裝Windows 10的ThinkPad上面。

安裝作業系統

接下來進行Windows 10手動安裝流程，首先須設定從安裝隨身碟開機，ThinkPad重開機時請按「F12」鍵，並在Boot Menu中，選擇從「USB HDD」（即USB隨身碟）開機。

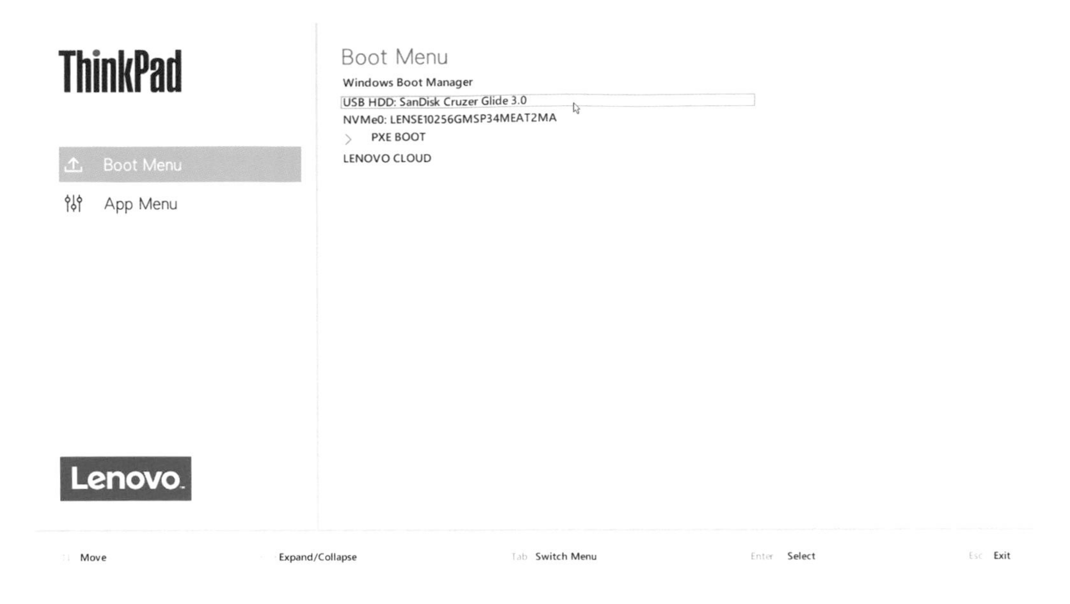

順利從安裝隨身碟開機後，會進入Windows安裝程式，接下來選定需要安裝的語系與輸入法後，請按「下一步」。

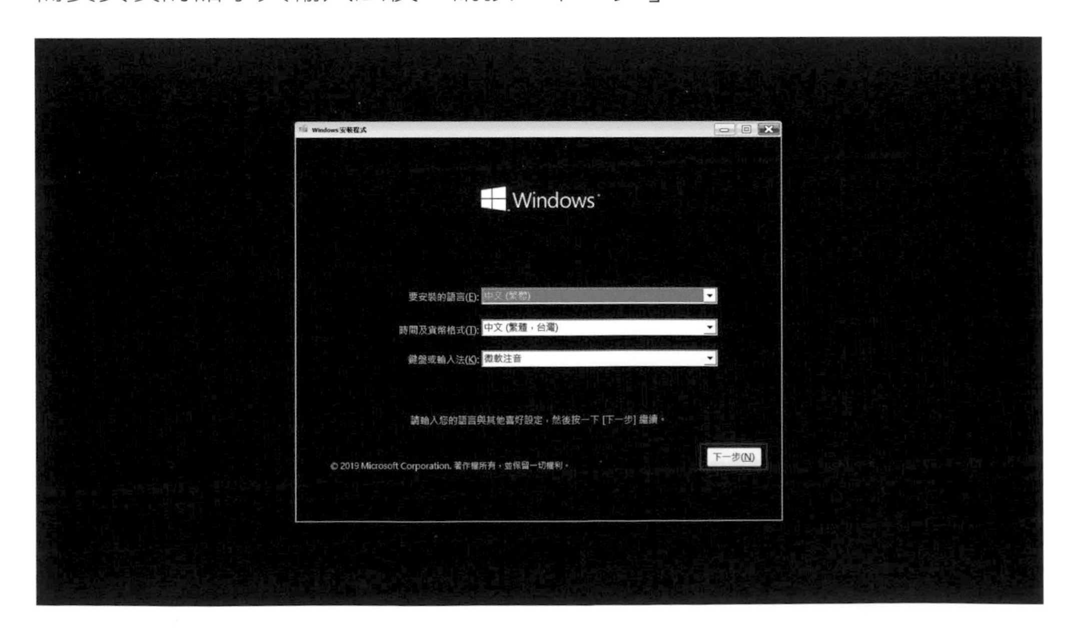

由於本次流程是安裝作業系統，所以請直接按下畫面中央的「立即安裝」，接著會啟動安裝程式。如果需要修復或還原系統，才需要點選左下方的「修復您的電腦（R）」。

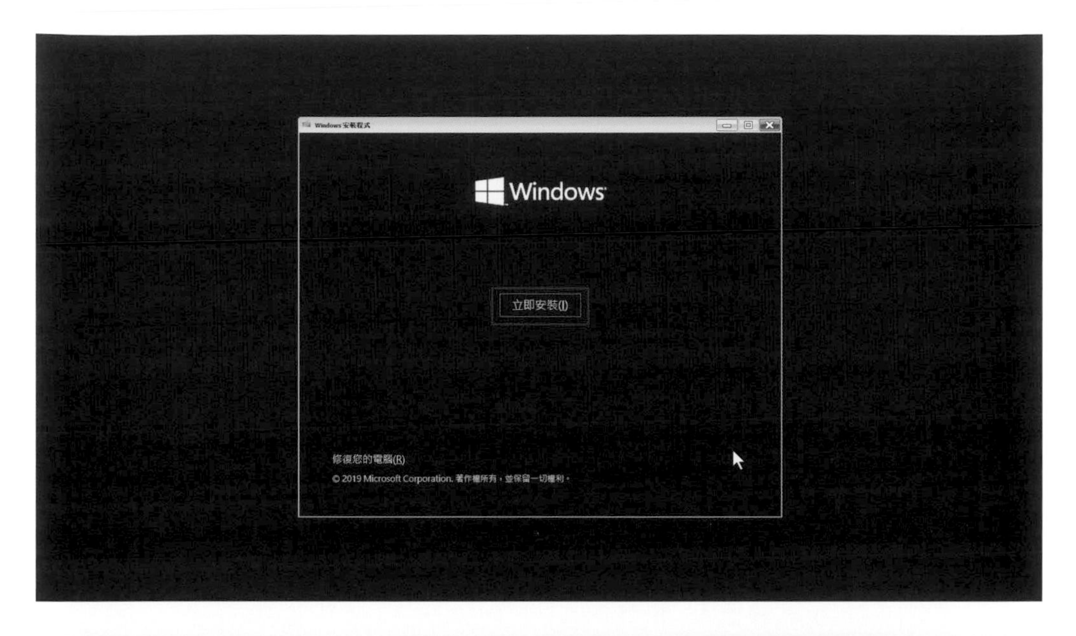

接著是授權條款畫面，請先點選「我接受授權條款（A）」，然後再按「下一步」。

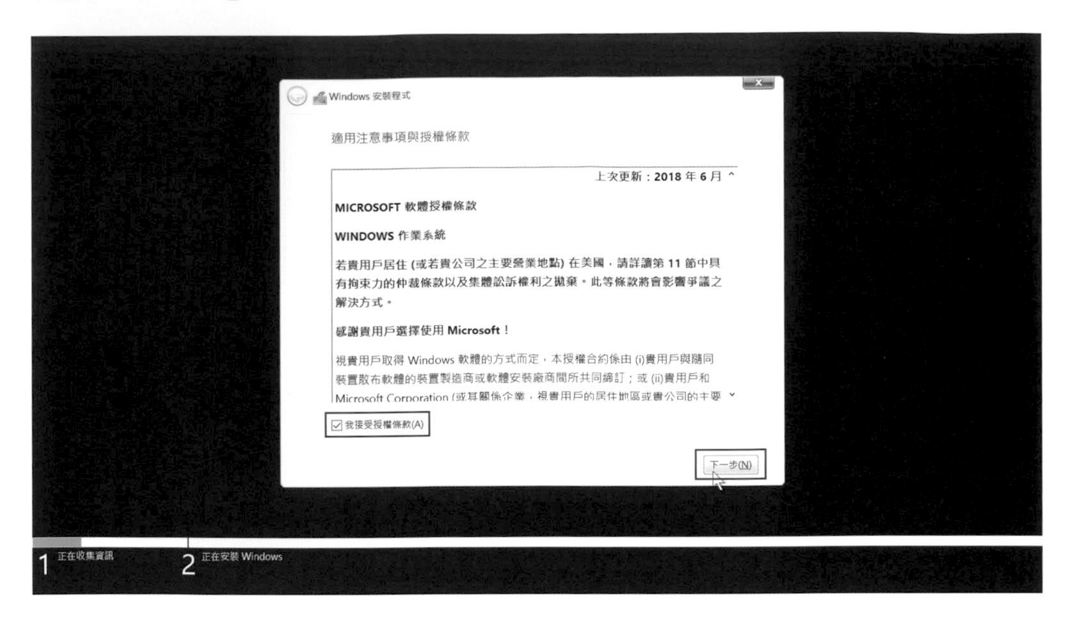

安裝程式再來會詢問要選擇哪一種安裝類型，由於本次是全新安裝，故請點選畫面中的第二選項：「自訂：只安裝Windows（進階）（C）」。

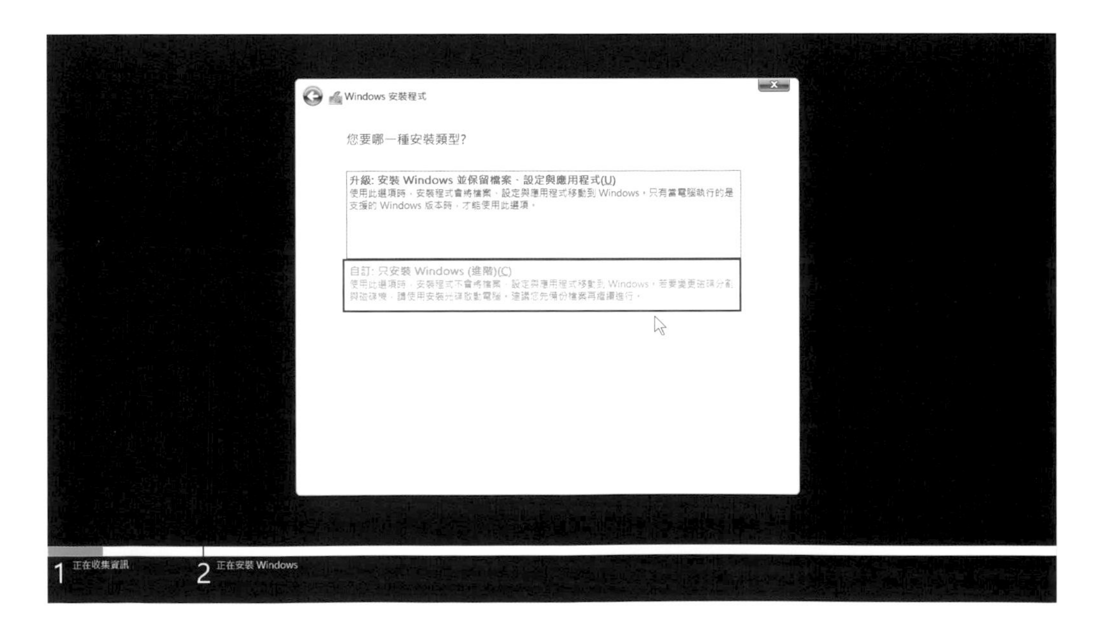

接下來的程序非常重要。因為要決定作業系統安裝位置。如果使用者準備的是全新的SSD或硬碟，此時會如圖例所示，磁碟機空間都是「未配置」的，使用者只需要按下「新增」圖示，然後系統會詢問使用者準備分配多大空間來安裝Windows 10，也就是大家熟悉的「C槽」大小。如果不打算分割磁區，也就是整個SSD/HDD都是C槽時，安裝程式顯示的數字就不用去修改，直接按「套用」即可。

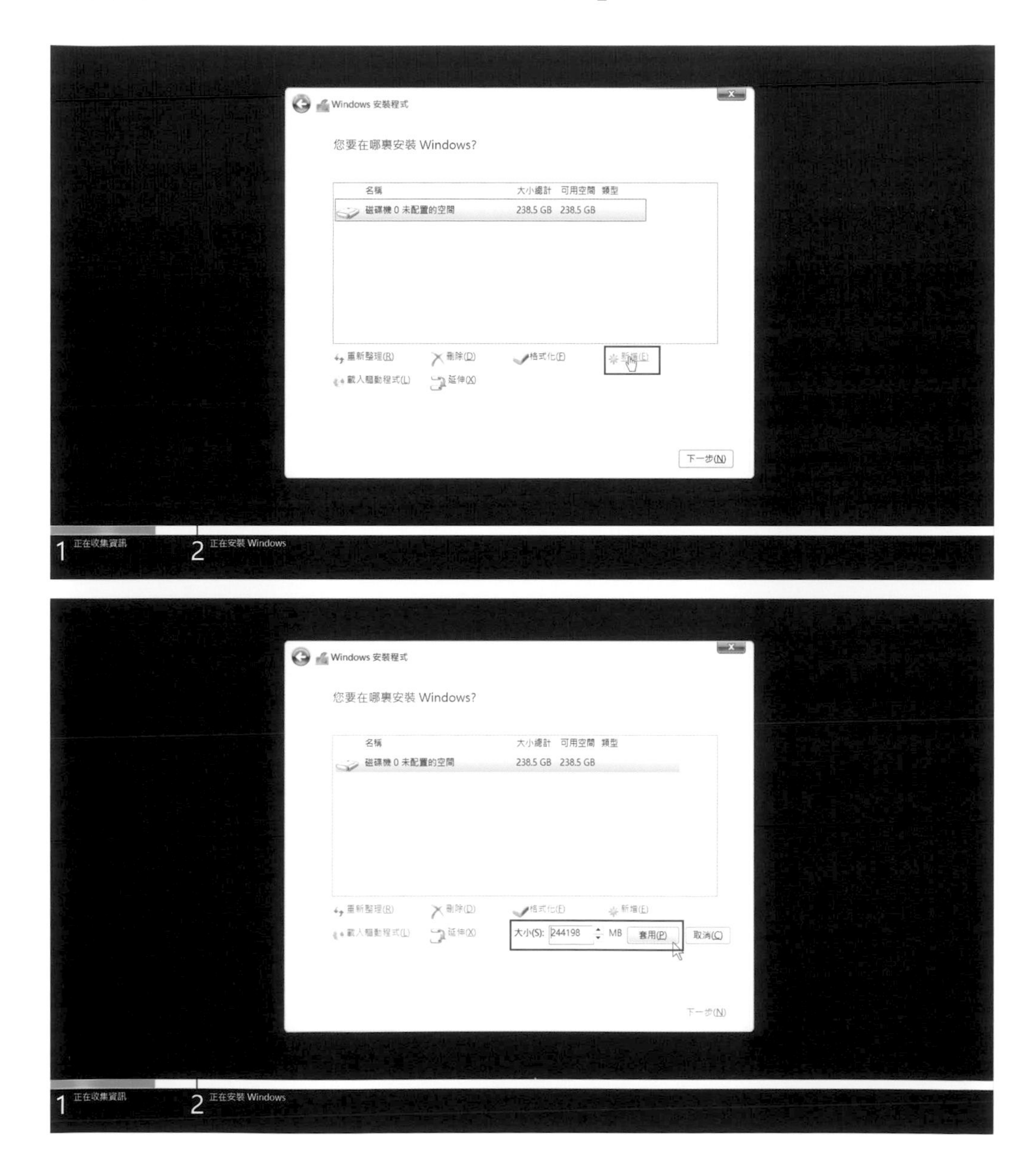

如果SSD/硬碟已經安裝過作業系統，或是有分割磁區，站長建議將所有磁區全部刪除掉，恢復成整個SSD/硬碟都是「未配置」的狀態，然後再來新增全新的磁區。

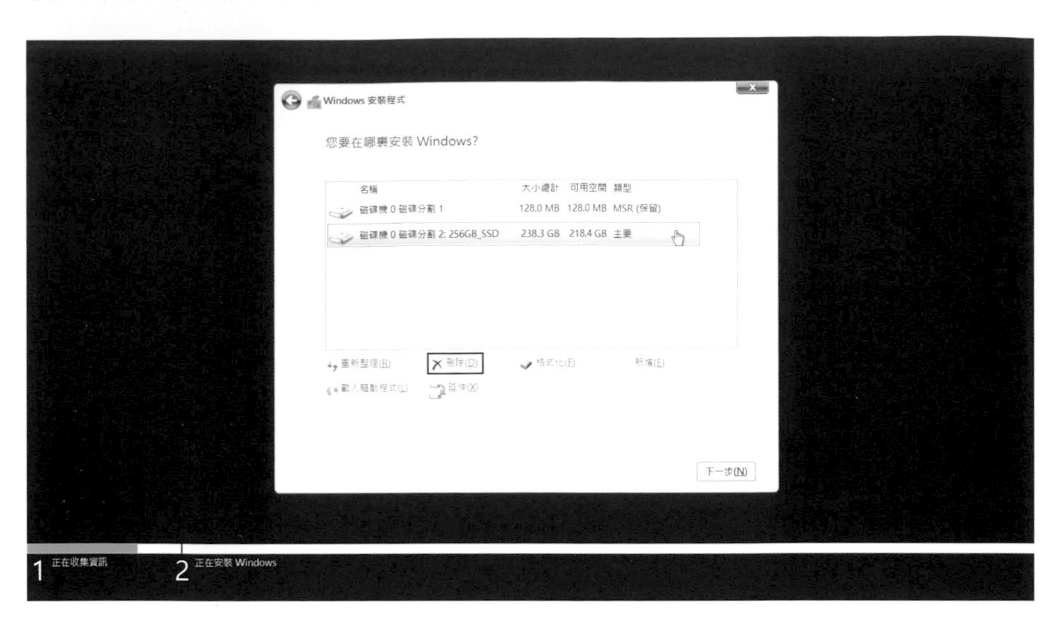

決定好C槽容量大小之後，安裝程式會提醒使用者，接下來會為系統檔案建立其他的磁碟分割，此時請按「確定」。

安裝程式分割好系統所需的各種磁區後，會詢問使用者，Windows 10要安裝在哪個磁區，雖然畫面中有一堆不明用途的磁區，但通常預設的就是準備安裝的「C槽」。保險起見，使用者可以檢查磁碟分割「類型」是否為「主要」，如果無誤，就可以放心按「下一步」。

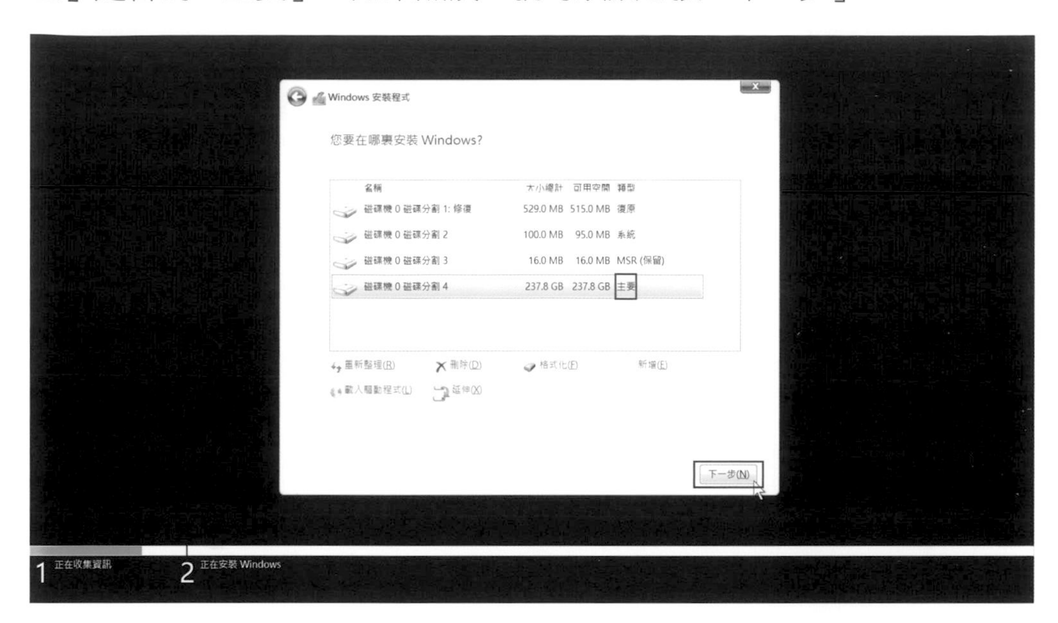

然後請耐心等候，安裝完成後，請記得將還原隨身碟拔出。

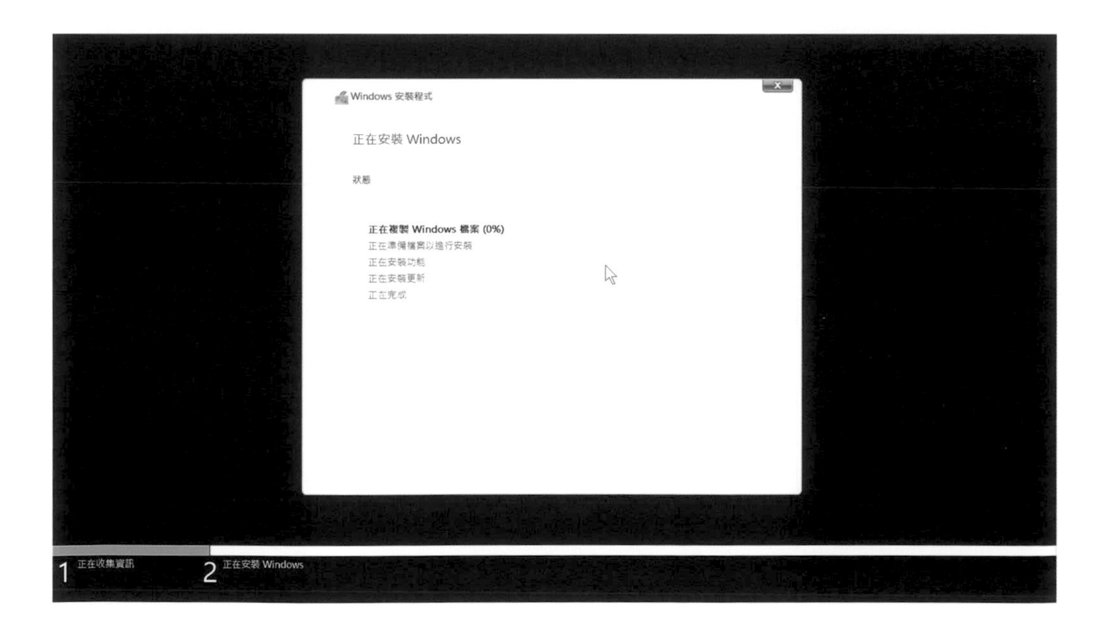

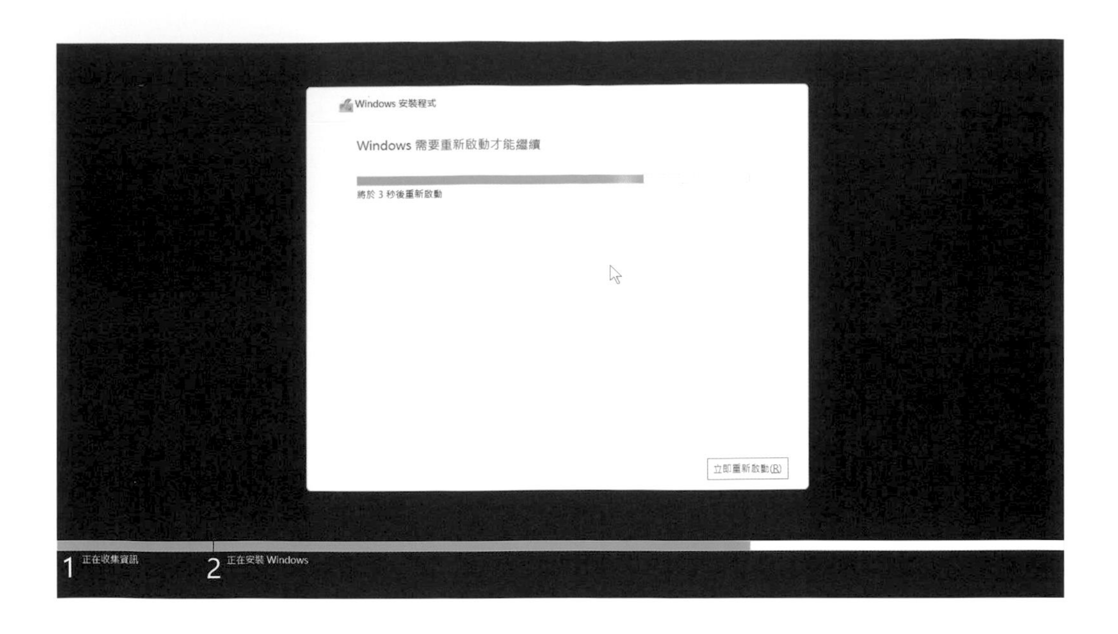

接下來會進入Windows設定畫面，首先選擇區域。

然後選擇鍵盤配置（輸入法）。

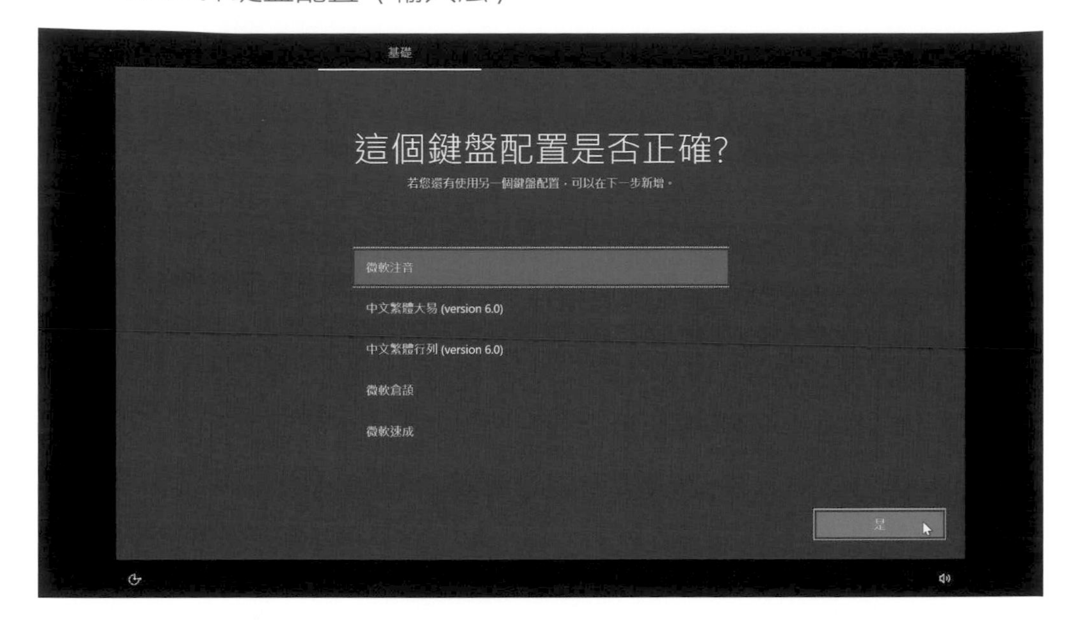

如果不需要增加第二種鍵盤配置（輸入法），請按「跳過」。

雖然接下來請使用者連上網路，但為了縮短設定時間，站長建議此時不要連網，故請點選畫面左下角的「我沒有網際網路」。

安裝程式仍不死心（苦笑），列舉了使用Microsoft帳號登入的好處，但由於我們仍暫不上網，所以點選畫面左下方的「繼續進行有限的安裝」。

接著輸入Windows 10的登入帳號，完成後請按「下一步」。

緊接著系統請使用者輸入Windows 10登入密碼，如果暫時不想設定密碼，可以先維持空白，然後按「下一步」。

隨著Windows 10導入活動歷程記錄，安裝程式會詢問使用者，是否願意啟動該項功能，同時將客戶的使用行為傳送給Microsoft，使用者可自行決定。

最後一個步驟是裝置的隱私設定，使用者可在此自行決定哪些項目可以傳送資料給Microsoft，設定完成後請按右下角的「接受」。

步驟完成後，系統需要一點時間設定，此時請勿關閉電腦。設定完成後便會自動進入Windows 10桌面環境。

由於站長所使用的ThinkPad出廠時均已預載Windows 10，因此即使換一支SSD並手動安裝Windows 10，在上述的安裝過程中都不需要輸入Windows 10的安裝序號。等到新安裝妥的Windows 10可連網時，便會自動啟用。

安裝妥Windows 10之後，站長的習慣是執行Windows Update，讓Windows 10的Patch修正檔都更新到最新，最後才安裝Lenovo Vantage，然後透過系統更新功能，安裝ThinkPad驅動程式。

實務上會發生手動安裝Windows 10後，無線或有線網卡都缺乏驅動程式，而無法上網執行Windows Update，此時就只好先用其他台電腦，到原廠支援網站下載網卡的驅動程式了。

3. 系統備份

坊間針對Windows 10的系統備份軟體種類不少，例如站長自己會購買Acronis公司推出的Trua Image，或是EaseUS公司推出的Todo Backup在網路上也滿知名的。無論使用免費試用版，或是付費完整版，站長都建議使用者在ThinkPad購入開箱後，務必進行一次系統備份，避免將來遭遇不測時，可以迅速還原系統，而不用完全重灌曠日廢時。

考量使用者不見得手邊都有專門的系統備份軟體，而且Windows 10其實有內建簡易的系統備份工具，因此站長先介紹這套克難的系統備份工具，至少能夠在第一時間先完成備份作業。

建立系統映像檔

首先請點擊桌面左下角的「開始」鈕，然後選擇齒輪圖案的「設定」鈕。或是直接按下鍵盤的「F9鍵」，如果沒反應，請改按「Fn鍵+F9鍵」，以便進入「Windows設定」頁面。

在「Windows」設定頁面中，點選「更新與安全性」

進入「更新與安全性」設定頁面後，點選「備份」，然後在右側畫面點選「移至[備份與還原]（Windows7）」。

進入「備份與還原（Windows7）」設定頁面後，點選畫面左邊的「建立系統映像」。至於下方的「建議系統修復光碟」則是用來製作緊急開機光碟片，可用來讀取現在準備製作的系統映像檔，並還原系統。

接下來要決定將系統映像備份檔存在哪裡。雖然備份工具提供了三種選擇，但站長還是建議存放在外接式儲存媒體上，例如外接式硬碟或是外接式SSD。選妥後，請按「下一步」。

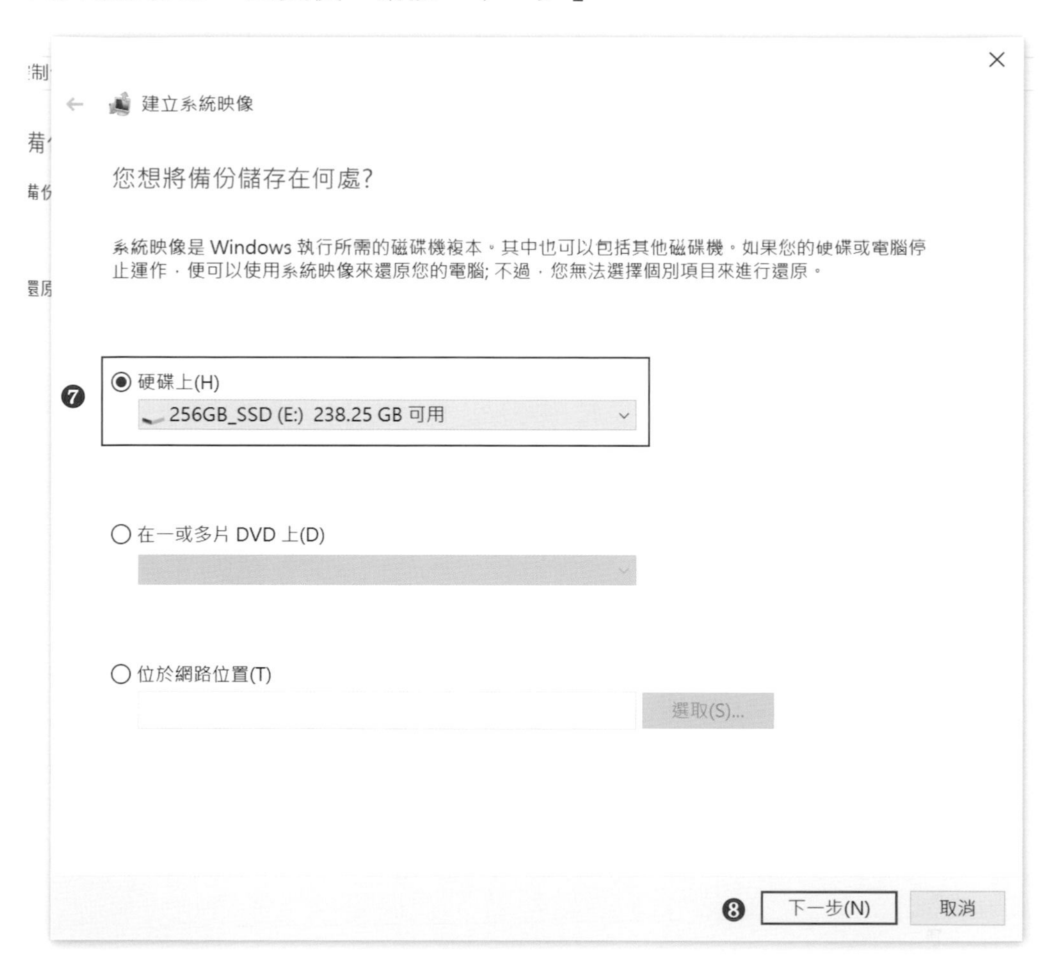

Windows 10內建的這套系統備份程式，主要是將系統碟（C槽）與系統相關的分割區一起備份，但如果使用者的電腦有進行磁碟分割，例如系統裡面有存放資料的D槽，此時可決定是否要連同D槽一起備份。

使用者確認備份設定無誤後，請按「開始備份」。

完成備份作業之前，會詢問使用者是否要製作「系統修復光碟」。考量現在光碟機普及率越來越來，站長反而覺得不需要為了緊急開機功能，而大費周章準備一台外接式USB光碟機，還特別燒一片開機片。其實本書前面介紹過的製作Windows 10「安裝隨身碟」，就有相同的功用，而且使用起來更為便利。

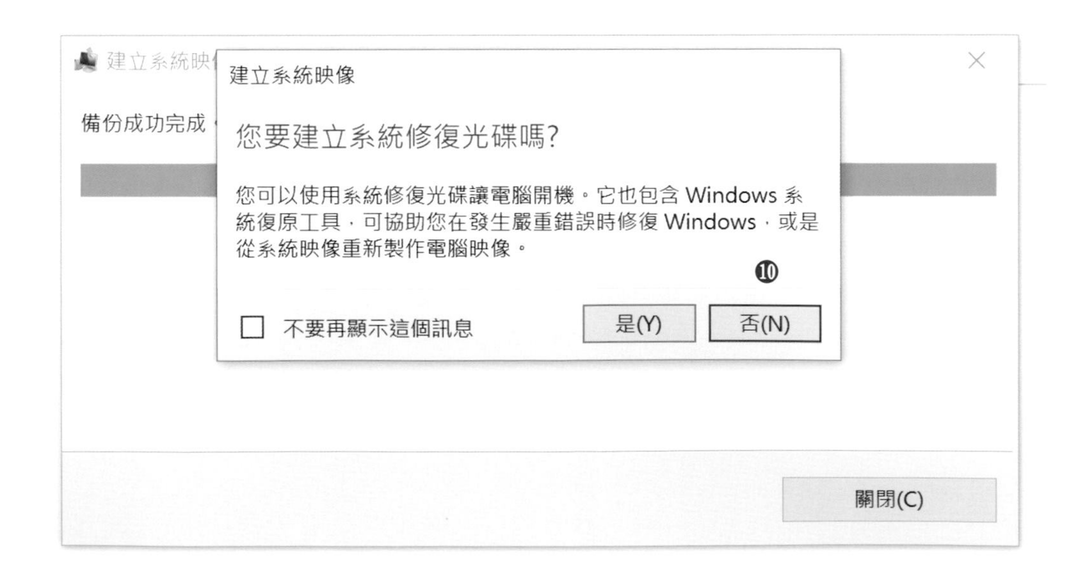

系統映像檔備份成功後，請點選「關閉」。

Windows 10內建的這套系統備份軟體，其實功能面頗為陽春，例如備份的檔案沒有壓縮，需要耗費大量的儲存空間，而且不提供多種版本備份機制，因此使用同一台外接式儲存媒體時，每次執行「建立系統映像」功能，就會覆蓋掉前一次的存檔，也就是只會存最後一次備份的資料。不過看在是系統內建（免錢）的份上，不妨將就點使用，不然就是另使用專業的系統備份軟體。

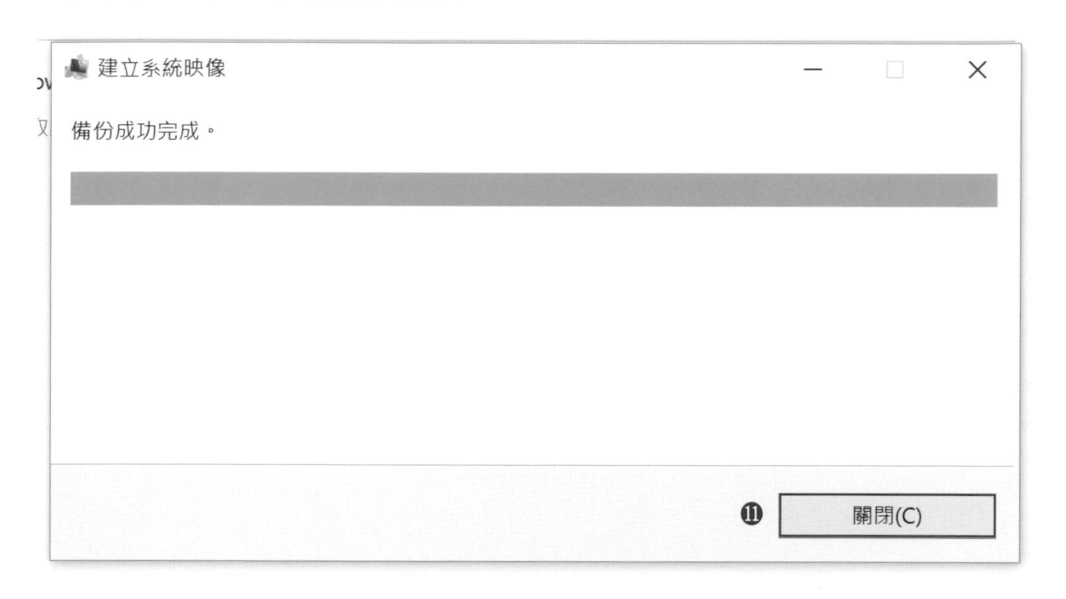

還原系統映像檔

執行系統映像檔還原的程序，需要使用Windows 10的開機媒體。除了緊急開機光碟片之外，站長更建議使用Windows 10的安裝隨身碟。本書前面的章節已提過如何製作。

使用者備妥Windows 10安裝隨身碟之後，讓ThinkPad重開機，同時請按「F12」鍵，並在Boot Menu中，選擇從「USB HDD」（即USB隨身碟）開機。

順利從安裝隨身碟開機後，會進入Windows安裝程式，接下來選定需要安裝的語系與輸入法後，請按「下一步」。

由於本次作業的目的是要還原映像檔，所以請點選畫面左下方的「修復您的電腦」。

在「選擇選項」中，請點選「疑難排除」。

在「進階選項」中，點選「系統映像修復」。

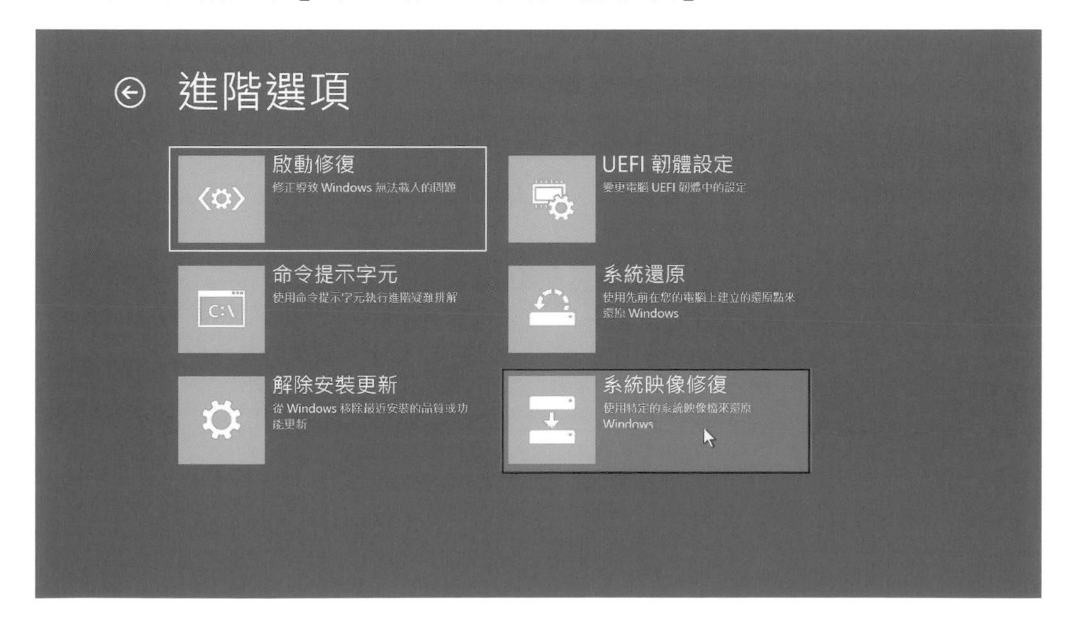

接下來進行系統還原程序，首先是選擇系統映像檔，通常系統會先掃描是否有合適的備份檔，如果沒有可再自行選取。選妥後按「下一步」。

如果使用者用來還原系統的SSD或硬碟是新換上的，或者根本就是原先使用的SSD或硬碟，在「選擇其他還原選項」中就先維持不動，直接按「下一步」。

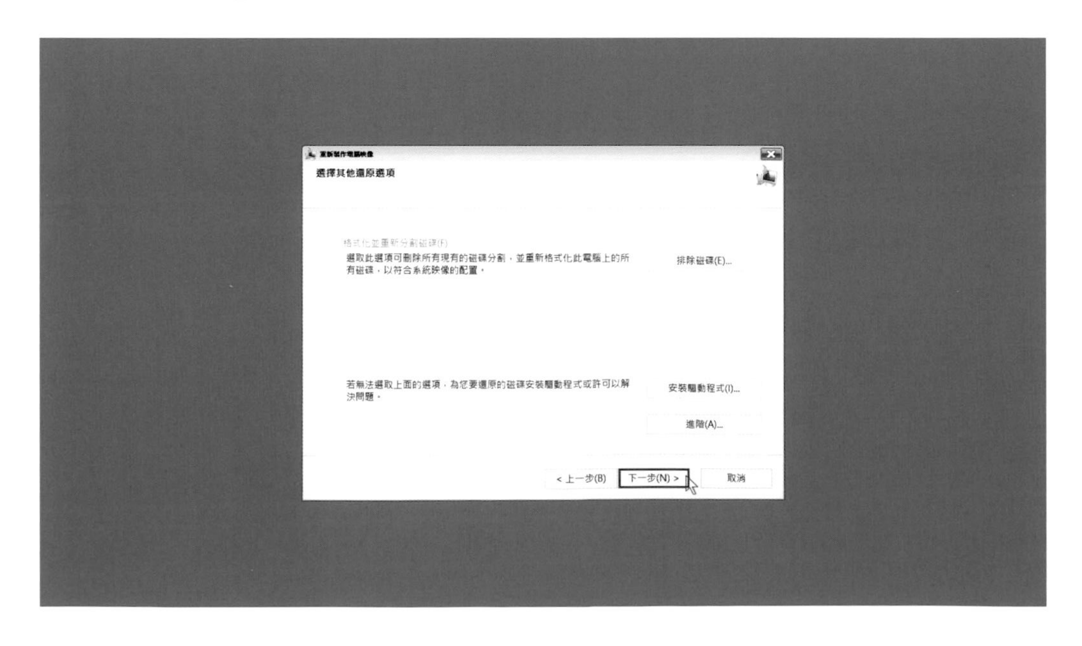

在按下「完成」開始進行系統映像檔還原作業前，系統會跳出警告畫面，提醒SSD或硬碟裡的磁區與資料都會被清除掉，是否確定，此時請按「是」。

接著開始進行還原作業，經過一段時間作業完成後，系統會自動重開機。順利的話，應該就可以進入Windows 10作業系統。

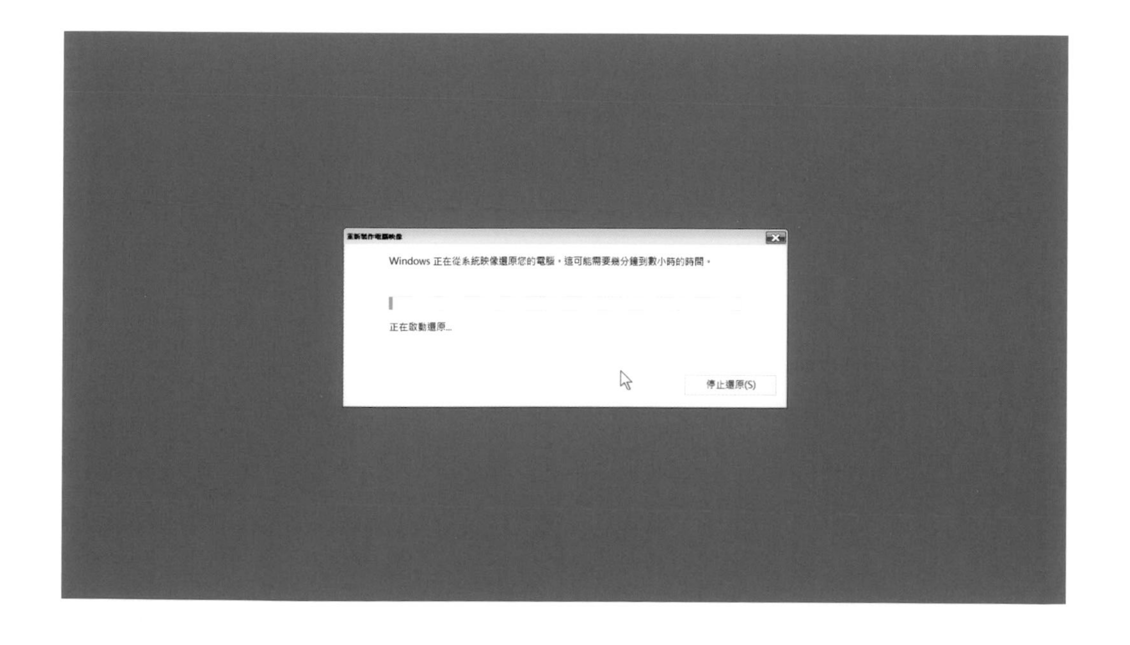

如果還原所使用的的SSD/硬碟，容量比原先備份時所用的更大，會發生C槽空間被限制在備份的大小，導致新SSD或硬碟的空間浪費。因此需要手動將調整磁區大小。

操作手續很簡單，首先在Windows鍵上面按滑鼠「右鍵」，接著會出現功能表單，請點選「磁碟管理」。

由於站長製作系統備份檔所使用的系統碟是Intel的Optane 118GB SSD，而還原時所使用的卻是512GB的SSD，因此系統映像檔完成還原作業之後，C槽只會用到110GB不到，後面還有很大的空間沒有被格式化。

我們進入「磁碟管理」畫面之後，在C槽上面按滑鼠右鍵，選擇「延伸磁碟區」。

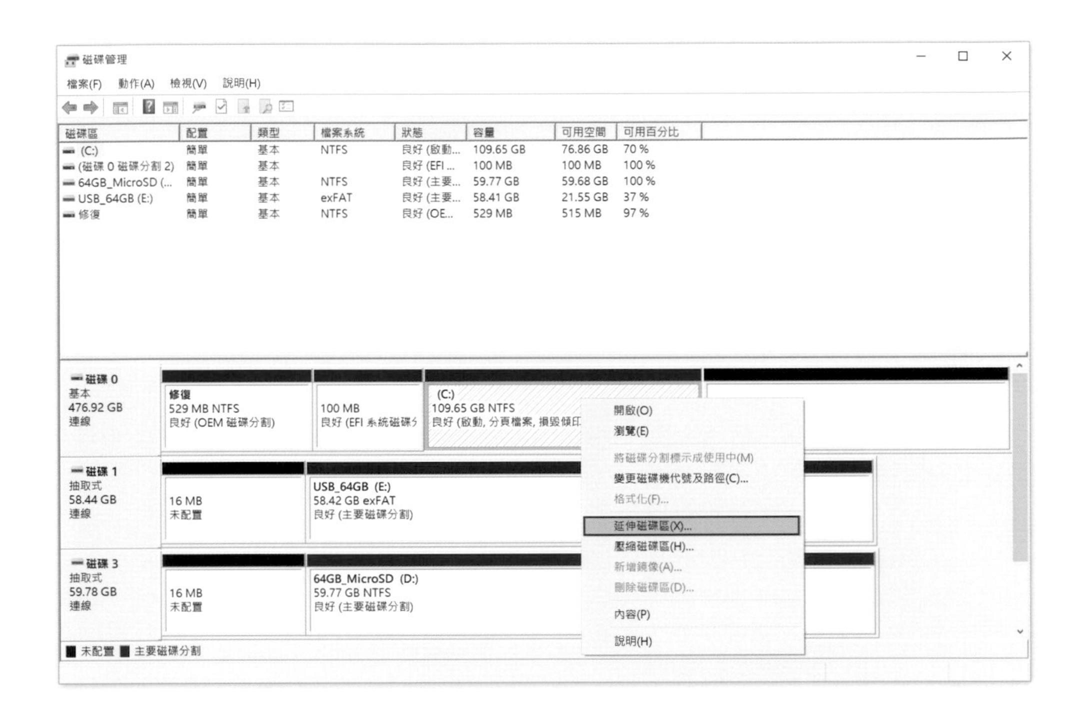

接著會出現「延伸磁碟區精靈」，請按「下一步」。

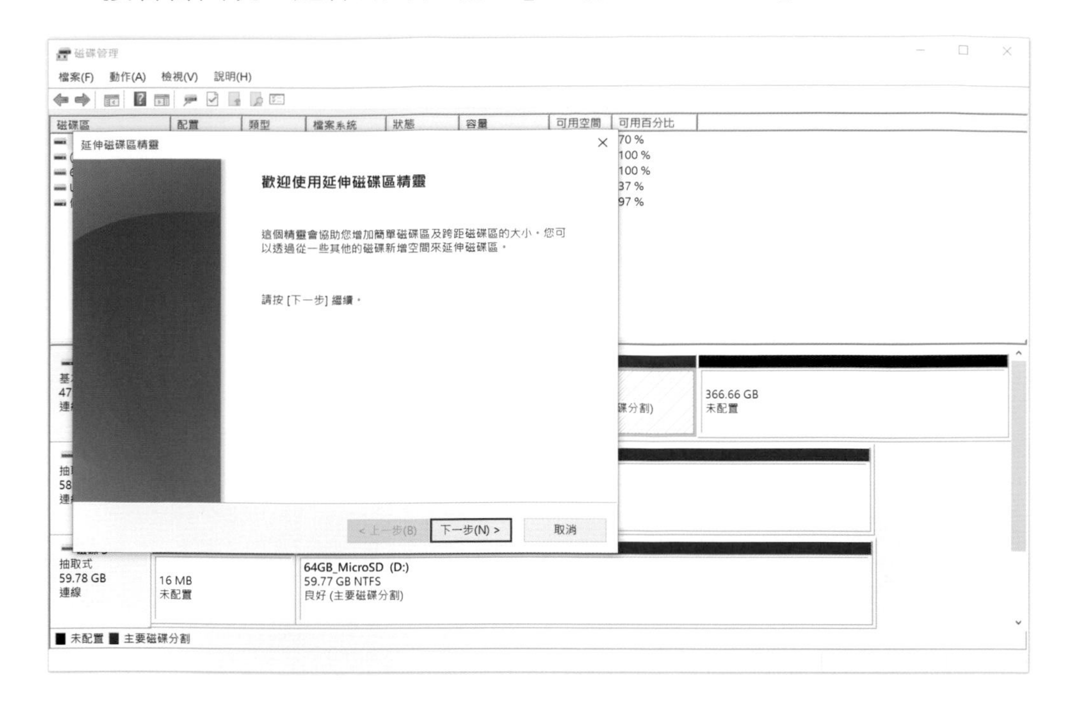

理論上精靈會將SSD/硬碟上還可用的空間都直接顯示在畫面右邊，如果確認無誤，請按「下一步」。

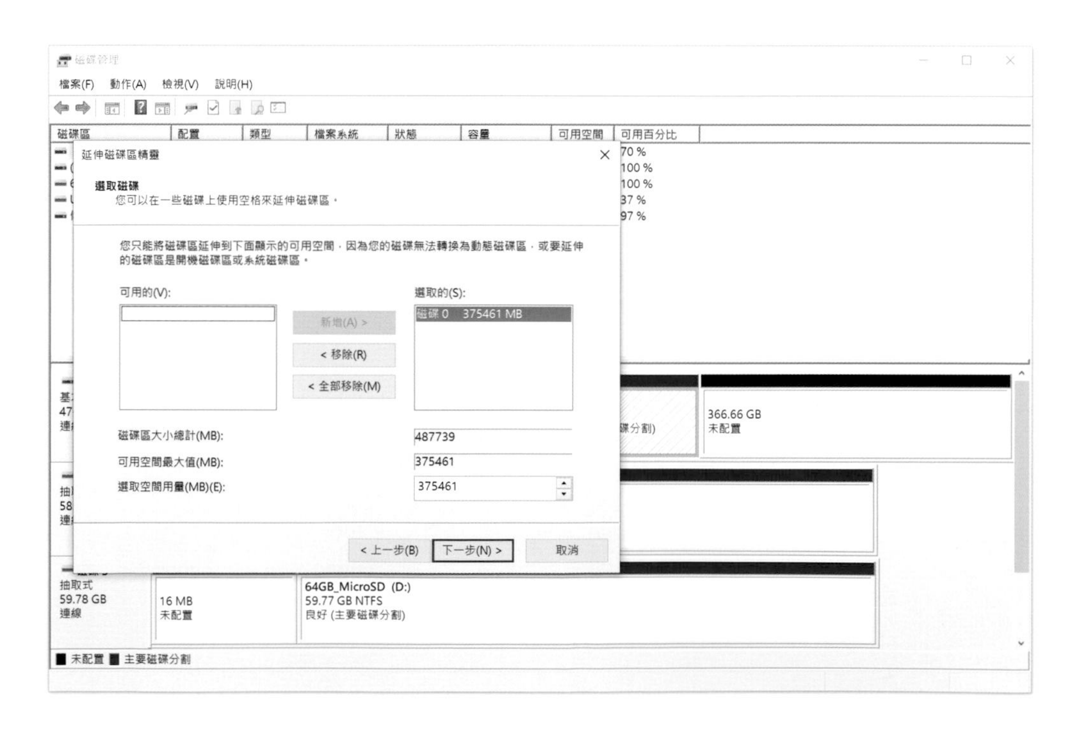

完成「延伸磁碟區精靈」作業後，請按「完成」。之後就會將C槽擴充空間。

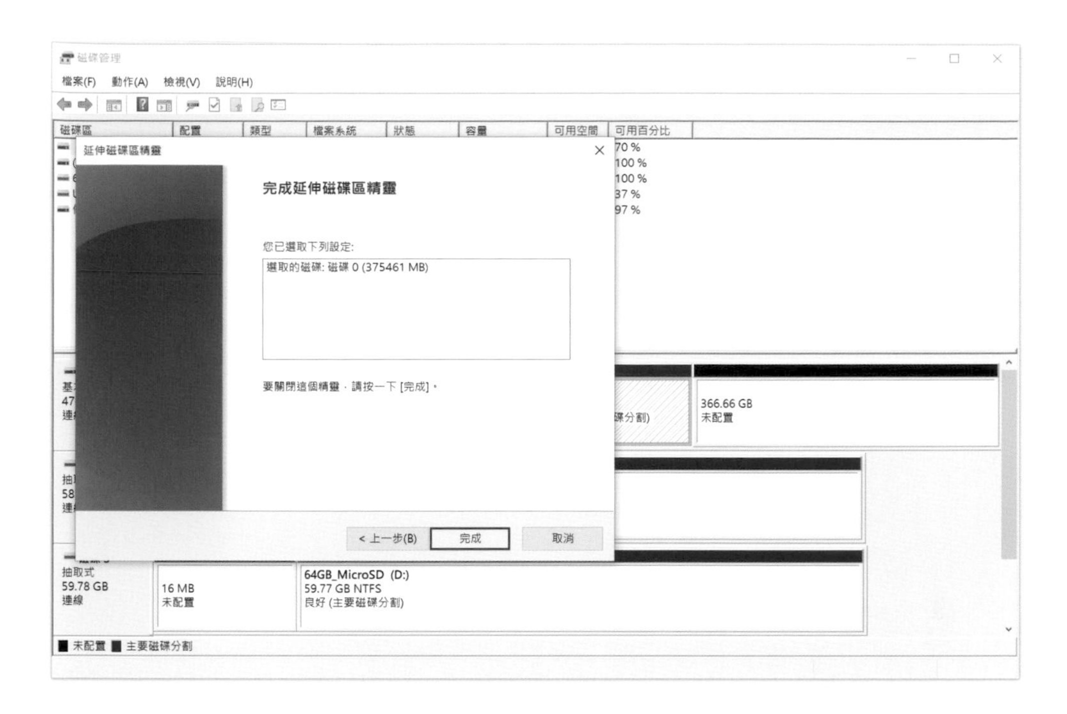

作業完成後，就會發現C槽的空間變大了。

磁碟管理

檔案(F) 動作(A) 檢視(V) 說明(H)

磁碟區	配置	類型	檔案系統	狀態	容量	可用空間	可用百分比
(C:)	簡單	基本	NTFS	良好 (啟動...	476.31 GB	443.50 ...	93 %
(磁碟 0 磁碟分割 2)	簡單	基本		良好 (EFI ...	100 MB	100 MB	100 %
64GB_MicroSD (...	簡單	基本	NTFS	良好 (主要...	59.77 GB	59.68 GB	100 %
USB_64GB (E:)	簡單	基本	exFAT	良好 (主要...	58.41 GB	21.55 GB	37 %
修復	簡單	基本	NTFS	良好 (OE...	529 MB	515 MB	97 %

磁碟 0 基本 476.92 GB 連線 — 修復 529 MB NTFS 良好 (OEM 磁碟分割) ｜ 100 MB 良好 (EFI 系統磁碟分割) ｜ (C:) 476.31 GB NTFS 良好 (啟動, 分頁檔案, 損毀傾印, 主要磁碟分割)

磁碟 1 抽取式 58.44 GB 連線 — 16 MB 未配置 ｜ USB_64GB (E:) 58.42 GB exFAT 良好 (主要磁碟分割)

磁碟 3 抽取式 59.78 GB 連線 — 16 MB 未配置 ｜ 64GB_MicroSD (D:) 59.77 GB NTFS 良好 (主要磁碟分割)

■ 未配置 ■ 主要磁碟分割

從Windows 10內建的系統映像檔備份及還原作業，讀者不難看出功能不僅克難，而且限制頗多。站長個人鼓勵讀者可選擇最適合自己的系統備份方式，無論是Windows 10內建的，或者坊間推出的免費版、付費版系統備份軟體，畢竟多一份防護，多一份保障。

如果使用者有多的SSD或硬碟，也可以試著進行系統備份檔的還原演練，避免製作系統映像檔時發生錯誤卻未能立即發現，導致將來真的需要還原系統時，卻無法順利復原。

第八章

原廠相關網站資源簡介

ThinkPad在網路上除了Lenovo官網介紹主機或促銷活動的頁面之外，還有許多技術或服務相關的網站資源可供讀者運用。本書許多資訊也來自於下面介紹的諸多網站。即使未來ThinkPad新機不斷推陳出新，讀者只要掌握住ThinkPad相關資源網站，也能夠很快自行找到所需的相關資訊或支援。

1. 原廠產品規格參考（PSREF）網站介紹

Lenovo的國際化產品（包含ThinkPad等Think家族產品）規格都可以在「Product Specifications Reference」（產品規格參考，簡稱PSREF）網站中查詢。

網址：http://psref.lenovo.com/

連上PSREF網站後，右上方的News（最新動態）提供最新上架或規格更新的機種清單。

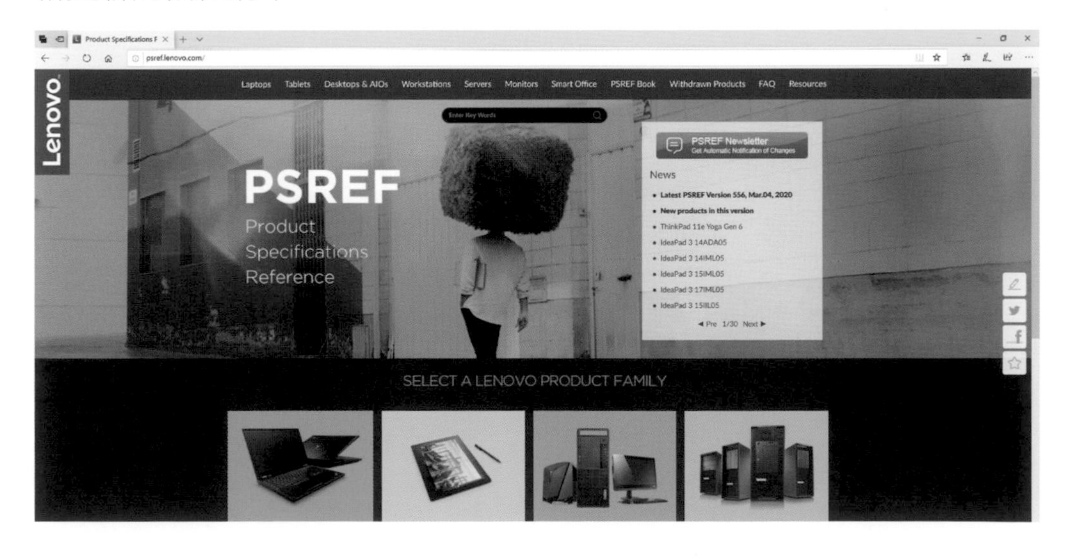

如果想查詢特定型號ThinkPad的規格，可點選畫面左上方的「Laptops」，然後依序選擇ThinkPad品牌名與各機種。以下圖為例，假設我們要查T495的規格，滑鼠移到「ThinkPad T495」時，會再出現「Machine Types」的子選單，如果讀者不確定機型，就不用刻意選。直接點選「ThinkPad T495」此連結即可。

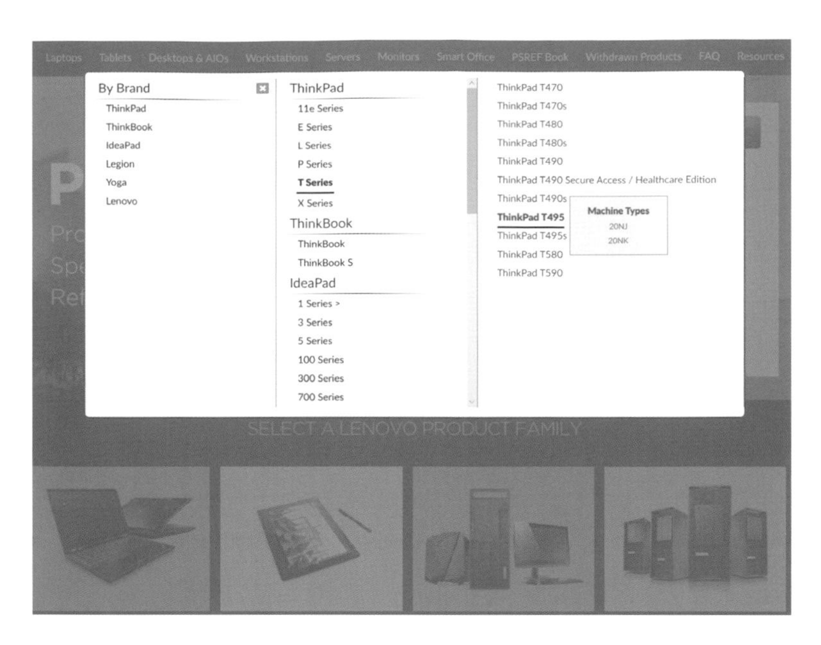

接著便會出現該機種的詳細規格（Specifications）、照片（Potos）、文件（Documentation）等資料可參考。

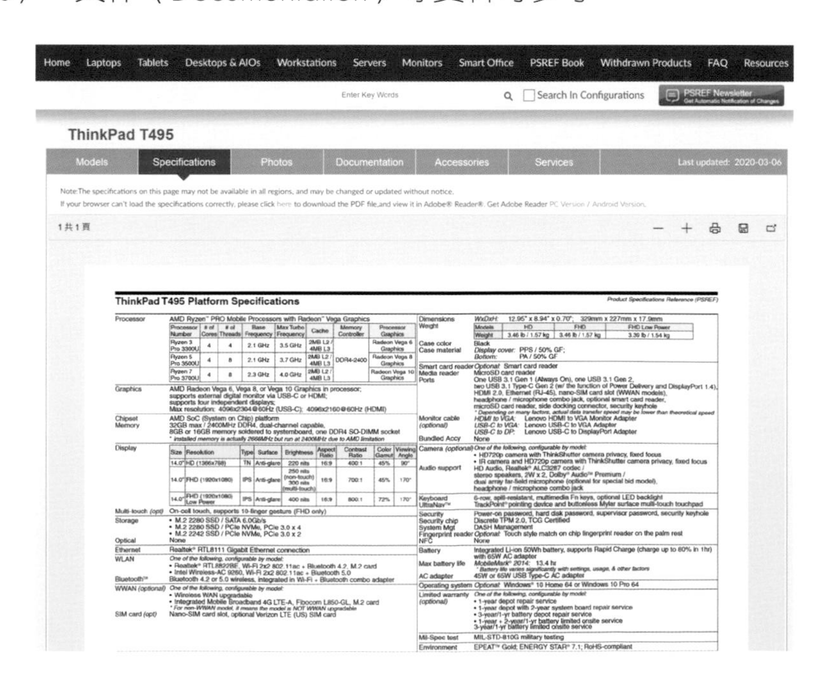

ThinkPad T495 Platform Specifications *Product Specifications Reference (PSREF)*

Processor: AMD Ryzen™ PRO Mobile Processors with Radeon™ Vega Graphics

Processor Number	# of Cores	# of Threads	Base Frequency	Max Turbo Frequency	Cache	Memory Controller	Processor Graphics
Ryzen 3 Pro 3300U	4	4	2.1 GHz	3.5 GHz	2MB L2 / 4MB L3	DDR4-2400	Radeon Vega 6 Graphics
Ryzen 5 Pro 3500U	4	8	2.1 GHz	3.7 GHz	2MB L2 / 4MB L3		Radeon Vega 8 Graphics
Ryzen 7 Pro 3700U	4	8	2.3 GHz	4.0 GHz	2MB L2 / 4MB L3		Radeon Vega 10 Graphics

Graphics: AMD Radeon Vega 6, Vega 8, or Vega 10 Graphics in processor; supports external digital monitor via USB-C or HDMI; supports four independent displays; Max resolution: 4096x2304@60Hz (USB-C); 4096x2160@60Hz (HDMI)

Chipset: AMD SoC (System on Chip) platform

Memory: 32GB max / 2400MHz DDR4, dual-channel capable, 8GB or 16GB memory soldered to systemboard, one DDR4 SO-DIMM socket
* *installed memory is actually 2666MHz but run at 2400MHz due to AMD limitation*

Display:

Size	Resolution	Type	Surface	Brightness	Aspect Ratio	Contrast Ratio	Color Gamut	Viewing Angle
14.0"	HD (1366x768)	TN	Anti-glare	220 nits	16:9	400:1	45%	90°
14.0"	FHD (1920x1080)	IPS	Anti-glare	250 nits (non-touch) 300 nits (multi-touch)	16:9	700:1	45%	170°
14.0"	FHD (1920x1080) Low Power	IPS	Anti-glare	400 nits	16:9	800:1	72%	170°

Multi-touch *(opt)*: On-cell touch, supports 10-finger gesture (FHD only)

Storage:
- M.2 2280 SSD / SATA 6.0Gb/s
- M.2 2280 SSD / PCIe NVMe, PCIe 3.0 x 4
- M.2 2242 SSD / PCIe NVMe, PCIe 3.0 x 2

Optical: None

Ethernet: Realtek® RTL8111 Gigabit Ethernet connection

WLAN: *One of the following, configurable by model:*
- Realtek® RTL8822BE, Wi-Fi 2x2 802.11ac + Bluetooth 4.2, M.2 card
- Intel Wireless-AC 9260, Wi-Fi 2x2 802.11ac + Bluetooth 5.0

Bluetooth™: Bluetooth 4.2 or 5.0 wireless, integrated in Wi-Fi + Bluetooth combo adapter

WWAN *(optional)*: *One of the following, configurable by model:*
- Wireless WAN upgradable
- Integrated Mobile Broadband 4G LTE-A, Fibocom L850-GL, M.2 card

* *For non-WWAN model, it means the model is NOT WWAN upgradable*

SIM card *(opt)*: Nano-SIM card slot, optional Verizon LTE (US) SIM card

Dimensions: *WxDxH:* 12.95" x 8.94" x 0.70"; 329mm x 227mm x 17.9mm

Weight:

Models	HD	FHD	FHD Low Power
Weight	3.46 lb / 1.57 kg	3.46 lb / 1.57 kg	3.39 lb / 1.54 kg

Case color: Black

Case material: *Display cover:* PPS / 50% GF; *Bottom:* PA / 50% GF

Smart card reader: *Optional:* Smart card reader

Media reader: MicroSD card reader

Ports: One USB 3.1 Gen 1 (Always On), one USB 3.1 Gen 2, two USB 3.1 Type-C Gen 2 (w/ the function of Power Delivery and DisplayPort 1.4), HDMI 2.0, Ethernet (RJ-45), nano-SIM card slot (WWAN models), headphone / microphone combo jack, optional smart card reader, microSD card reader, side docking connector, security keyhole
* *Depending on many factors, actual data transfer speed may be lower than theoretical speed*

Monitor cable *(optional)*: *HDMI to VGA:* Lenovo HDMI to VGA Monitor Adapter; *USB-C to VGA:* Lenovo USB-C to VGA Adapter; *USB-C to DP:* Lenovo USB-C to DisplayPort Adapter

Bundled Accy: None

Camera *(optional)*: *One of the following, configurable by model:*
- HD720p camera with ThinkShutter camera privacy, fixed focus
- IR camera and HD720p camera with ThinkShutter camera privacy, fixed focus

Audio support: HD Audio, Realtek® ALC3287 codec / stereo speakers, 2W x 2, Dolby® Audio™ Premium / dual array far-field microphone (optional for special bid model), headphone / microphone combo jack

Keyboard: 6-row, spill-resistant, multimedia Fn keys, optional LED backlight

UltraNav™: TrackPoint® pointing device and buttonless Mylar surface multi-touch touchpad

Security: Power-on password, hard disk password, supervisor password, security keyhole

Security chip: Discrete TPM 2.0, TCG Certified

System Mgt: DASH Management

Fingerprint reader: *Optional:* Touch style match on chip fingerprint reader on the palm rest

NFC: None

Battery: Integrated Li-ion 50Wh battery, supports Rapid Charge (charge up to 80% in 1hr) with 65W AC adapter

Max battery life: *MobileMark® 2014:* 13.4 hr
* *Battery life varies significantly with settings, usage, & other factors*

AC adapter: 45W or 65W USB Type-C AC adapter

Operating system: *Optional:* Windows® 10 Home 64 or Windows 10 Pro 64

Limited warranty *(optional)*: *One of the following, configurable by model:*
- 1-year depot repair service
- 1-year depot with 2-year system board repair service
- 3-year/1-yr battery depot repair service
- 1-year + 2-year/1-yr battery limited onsite service

3-year/1-yr battery limited onsite service

Mil-Spec test: MIL-STD-810G military testing

Environment: EPEAT™ Gold; ENERGY STAR® 7.1; RoHS-compliant

站長覺得最難能可貴的是，PSREF網站通常每個月都會推出一份「PSREF Book」，將Think家族現役產品的規格集結成冊，不但能只下載ThinkPad各機種資訊，也可以下載「大全集」（All Think PSREF in a Single），將所有Think品牌的產品規格一網打盡。但網站上只提供最新的PSREF Book，前期的就無法下載。

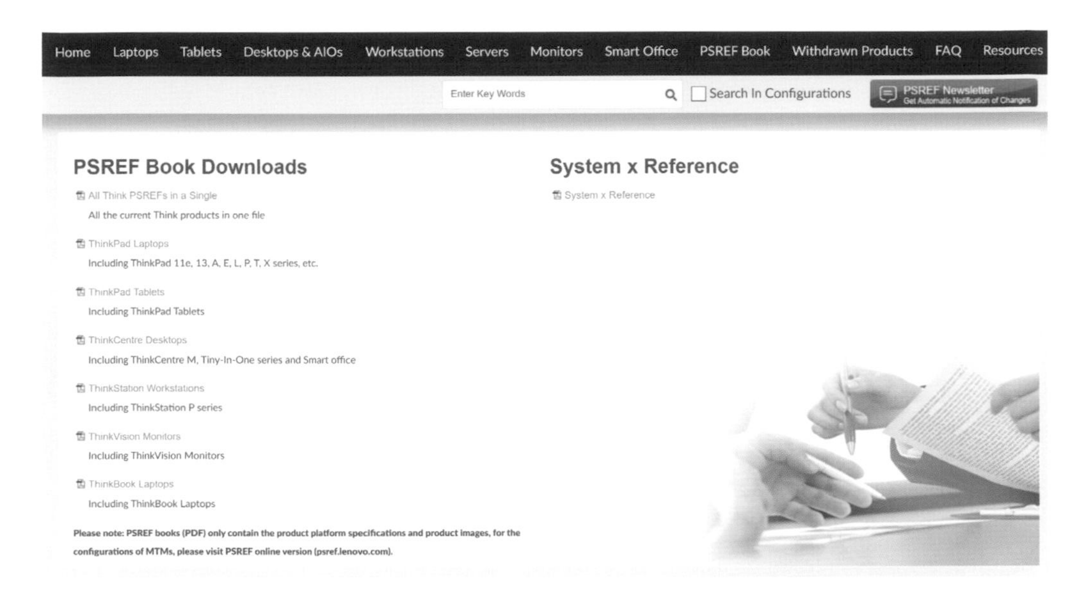

目前PSREF線上提供的ThinkPad機種多在2017年之後發表的。因此更早年份的機種可能無法在上述的選單中找到。此時可以點選網頁上方的「Withdrawn Products」，在此可繼續找到已退役的機種資訊。

Home Laptops Tablets Desktops & AIOs Workstations Servers Monitors Smart Office PSREF Book Withdrawn Products FAQ Resources
Enter Key Words
Search In Configurations
PSREF Newsletter
Withdrawn Products
CHOOSE A PRODUCT FAMILY
Select Product Family
Select Product Line
Select Series
OR Search by product name
Enter Product Name
View the products withdrawn before 2015.
Only the products withdrawn after January 2015 listed here.

2. 原廠服務支援網站介紹

站長曾在本書的〈第七章：Windows作業系統安裝與備份說明〉介紹如何在Lenovo的服務支援網站註冊，並且在〈第六章：ThinkPad BIOS與預載軟體介紹〉示範如何在該網站下載BIOS。

網址：https://support.lenovo.com/

使用者在Lenovo服務支援網站不僅可下載驅動程式、相關軟硬體文件，還可以查詢主機的保固到期日。但其實連主機所使用的零件型號也可在此查詢哦。

站長以實際的案例進行說明。站長有一台ThinkPad X1 Carbon Gen4，雖然主機還沒有過保，但電池已經使用超過三年過保了，而且電池蓄電力只剩下約60%。因此站長打算自行更換主機內建的鋰電池。但購買之前，得先知道鋰電池的型號才行。

在Lenovo服務支援網站中，選定妥需要查詢的機種之後，在畫面左邊的「零件（Parts）」頁面中，輸入機型或序號，便會出現該機種的零件列表。像站長輸入的是主機序號，因此網站就會呈現出該台主機所使用的電池料號。如果沒有主機序號，而僅用機型查詢時，網站會列出所有的相容零件。

如下圖所示，站長的X1 Carbon Gen4電池料號為「01AV438」，同時還有十個替代料件。接下來站長便可以到ThinkPad零件訂購網站找看看是否還有庫貨。等到貨之後，再從Lenovo服務支援網站下載該主機的硬體維修手冊（Hardware Maintenance Manual），參考電池的安裝程序，便大功告成。

因此善加運用服務支援網站上面的資訊，對於活用自己的ThinkPad愛機將提供非常大的便利性。

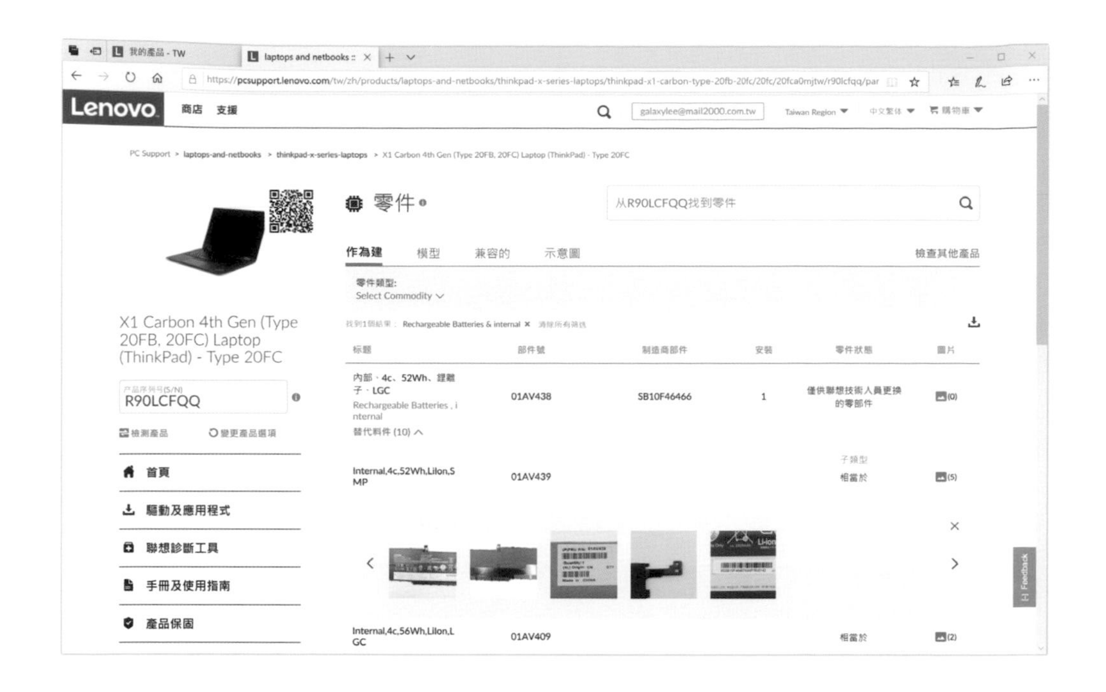

3. ThinkPad零件訂購網站介紹

當ThinkPad還在保固期內，除非是人為損害，不然遇到零件故障時，其實送修即可。但如果主機已經過保，而且也有興趣自行維修時，就需要開始自購零件。雖然Lenovo官方自己沒有直接零售ThinkPad零件，不過卻有合作的電子商務網站（Encompass），使用者可以在此購買ThinkPad的各式零件。但要特別強調，該網站所販售的零件不見得都是新品，有可能是整新品（Refurbished/Re-certified）。儘管在拍賣網站上也可找到ThinkPad零件，但來源不明，且品質良莠不齊，儘管原廠推薦的零件銷售網站，價格不見得便宜，但至少保證是原廠零件。

網址：https://lenovo.encompass.com/

如果已經從服務支援網站查到零件料號，便可接輸入查詢。

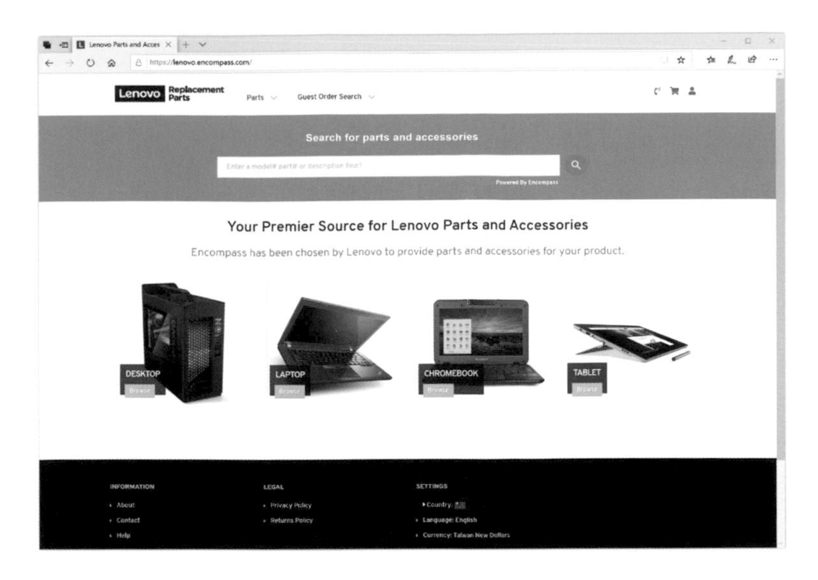

站長先輸入自己X1 Carbon Gen4所使用的電池料號，發現沒貨，於是改用替代料號搜尋，終於找到一顆，而且有現貨。不過該網站針對國際運送客戶有兩項限制：

（1）採購的零件價格必須合計超過200美元，才能夠下單並寄到國外。

（2）網頁上的價格尚未包含國際運費，下單後該網站會在發信告知國際快遞費用，如果使用者同意並回覆後才會開始寄送。

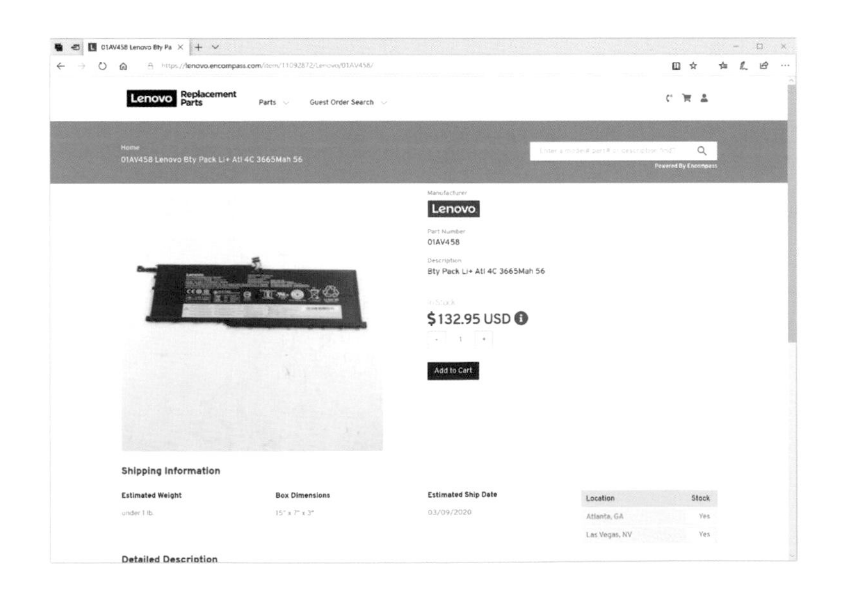

4. 原廠周邊配備網站介紹

ThinkPad擁有相當多樣化的周邊配備，原廠特別成立了一個網站，方便使用者根據機種，或是周邊類別，查詢適合的周邊設備與規格資訊。雖然該網站無法讓使用者直接下單購買，但仍可根據查到的周邊料號，到經銷商或是網路商店訂購。如果將該網站設為繁體中文語系，連帶的網站上的周邊料號也會對應台灣販售的料號，這是因為有的周邊設備並非全球共用單一料號，而是會根據銷售地區而賦予不同的料號。

網址：https://accessorysmartfind.lenovo.com

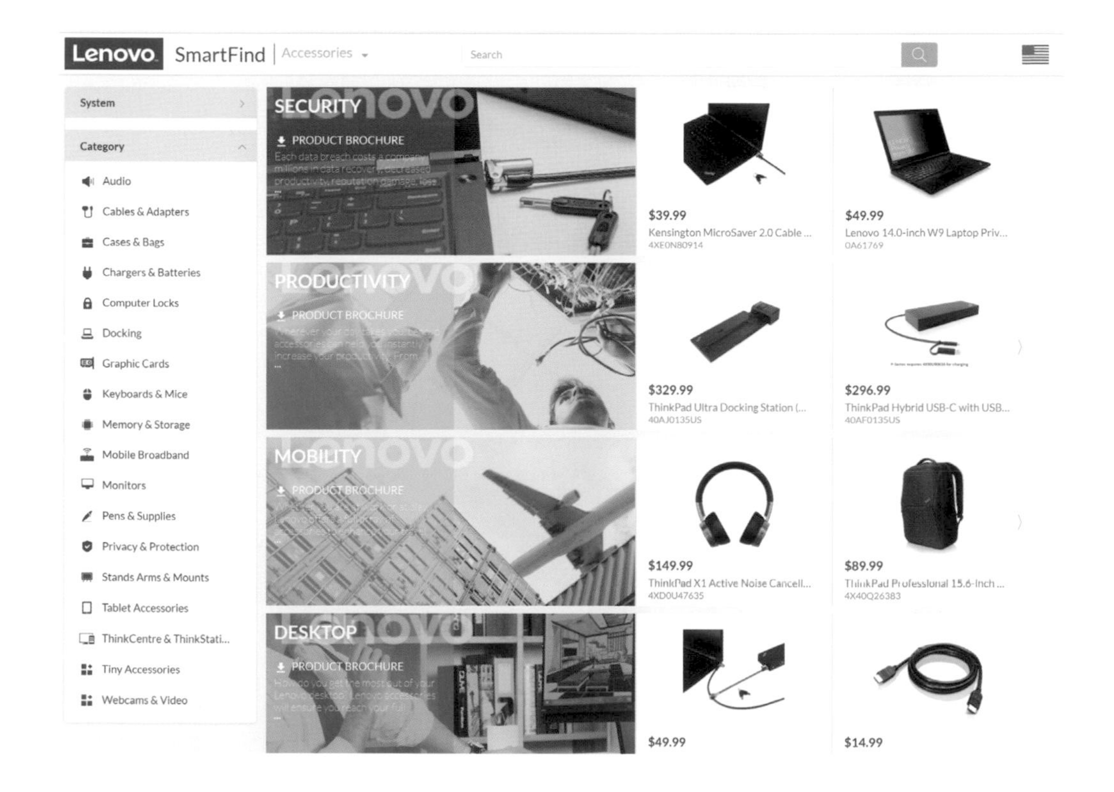

5. ThinkPad Dock鑰匙補購網站介紹

ThinkPad的機械式底座有的出貨時會附送兩把鑰匙，如果不慎遺失，或是希望增購時，可至Lenovo官方指定的協力廠商網站上訂購。

網址：https://www.itxchange.com/docking-station-keys/

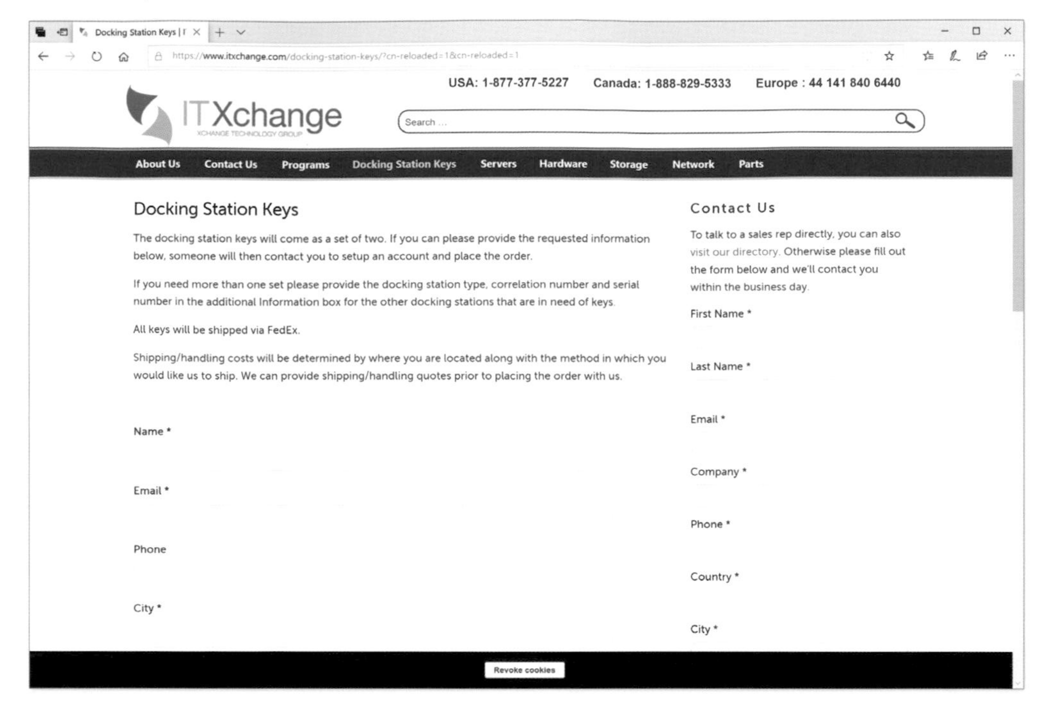

在該網站上提供了歷年販售的各式Dock選項。如果讀者的Dock是2018年之後推出的「ThinkPad Pro Docking Station」，或是「ThinkPad Ultra Docking Station」，記得要選擇「CS18 Dock」這項。

Country *

Other

State/Province

Select

Type 4336 or 4337 or 4338 - ThinkPad Series 3 Port Replicator, Mini Dock, And Mini Dock Plus
Type 40AG or 40AH or 40AJ - CS18 Dock
Type 40A1 or 40A2 - ThinkPad Pro Ultra Dock
Type 2877 - Thinkpad Dock II/Mini Dock
Type 2503 or 2504 - Thinkpad Advanced Dock / Advanced Mini Dock
Part number 92P3429 or 41U3120 or 40Y8116 - Thinkpad X4/X6 and X4/X6 Ultra base Docking Station
Part number 02K8660 - Thinkpad Dock I

help you? *

Where is the correlation number?

Key Number

I'm not a robot

reCAPTCHA
Privacy - Terms

Serial Number *

Submit

Where is the serial number?

在必填欄位中，有一項「Correlation Label Number」，此時就必須將Dock底部翻過來查看，在角落會貼一張小貼紙，上面有簡短的英文跟數字組合而成的關聯標籤號碼，請將標籤內容填入「Correlation Label Number」欄位內。

送出訂單後，IT Xchange公司會派人發信至我們所提供的電子郵件信箱，內容主要是提供專案報價，並請買方確認鑰匙對應的Dock規格是否無誤。站長實際採購的經驗是，加購一組（兩支鑰匙）CS18 Ultra Docking Station的報價是74美金，並且會用FedEx寄送。

當對方寄來報價信時，請確認一下鑰匙規格，因為站長加購鑰匙的那次，就發現對方誤以為站長買的是CS18 Pro Docking Station所用鑰匙，經回信說明後，對方確認站長要買的是CS18 Ultra Docking Station鑰匙。

確認鑰匙規格與費用後，由於IT Xchange公司並未提供線上刷卡機制，而台灣的使用者也不方便用電匯方式付款，建議直接告知對方，會透用信用卡付款，對方就會將信用卡刷卡單寄給申請人。填妥信用卡以及寄送資料之後回覆給對方。待IT Xchange公司確認刷卡通過後，對方就會回信說將處理後續寄送事宜。大約等10天左右，兩支鑰匙就會從國外寄來，而且是直接放在FedEx的紙信封內，並沒有包在塑膠袋內。

6. 申請線上註冊及中國大陸地區保固說明

如果使用者是從實體店面等零售通路購入ThinkPad，有可能距離出廠已經過了一段時間，此時不妨先至官網查看主機的保固到期日，至下列網址輸入主機序號便可查詢。

網址：https://pcsupport.lenovo.com/tw/zh/warrantylookup/

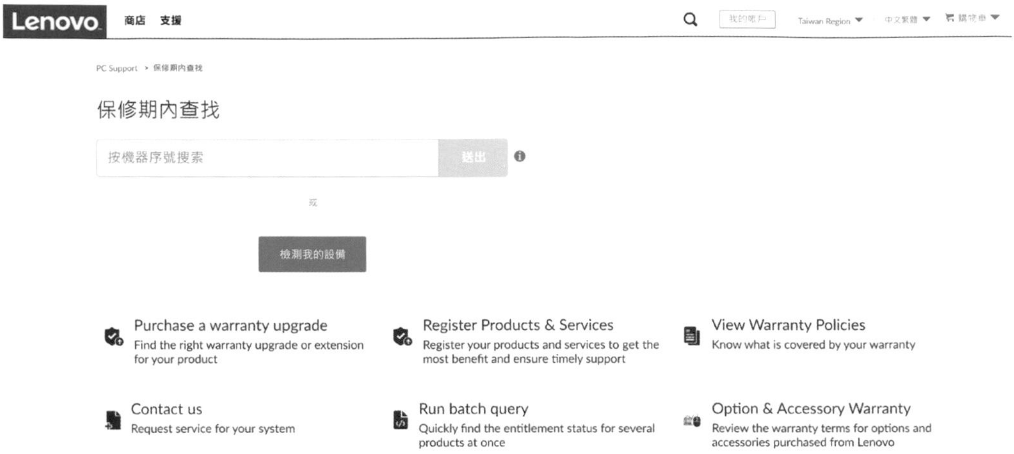

Lenovo 商店 支援

保修期內查找

按機器序號搜索 送出

或

檢測我的設備

Purchase a warranty upgrade
Find the right warranty upgrade or extension for your product

Register Products & Services
Register your products and services to get the most benefit and ensure timely support

View Warranty Policies
Know what is covered by your warranty

Contact us
Request service for your system

Run batch query
Quickly find the entitlement status for several products at once

Option & Accessory Warranty
Review the warranty terms for options and accessories purchased from Lenovo

如果發現系統上的主機保固起算日，跟購買主機的發票日期相隔太遠，導致保固時間縮水太多，這時可向原廠申請主機線上註冊，並附上發票的圖檔為證。如果通過審查，大概再過2個禮拜，官網上的保固日期便會更新。

網址：https://pcsupport.lenovo.com/tw/zh/regemail

如果使用者需要在中國大陸地區長時間經商或求學，從台灣購買的ThinkPad主機如果在大陸發生故障，此時需申請「中國大陸地區全球聯保服務」，以便後續至各省的服務中心送修。但要留意的是，大陸地區的保固服務「不需要事先」申請，是主機故障了才需要申辦即時註冊。

申辦時，請務必備妥下列三項資料的圖檔：

（1）購買憑證（例如發票）

（2）臺胞證（照片頁+購機後進入中國大陸地區的蓋章頁）

（3）主機序號的照片（主機底部的型號及序號標籤）

上述資料建議在台灣就預先拍攝好或掃描好，以免臨時要申辦時反而拿不出來。

如果有不清楚的地方，可以致電聯想Think產品中國大陸地區全球聯保註冊中心：400-100-6000或86-10-52828230諮詢（工作時間是週一至週日8：30～18：00）。

網址：https://lpos.lenovo.com/home/iws/regindex.do

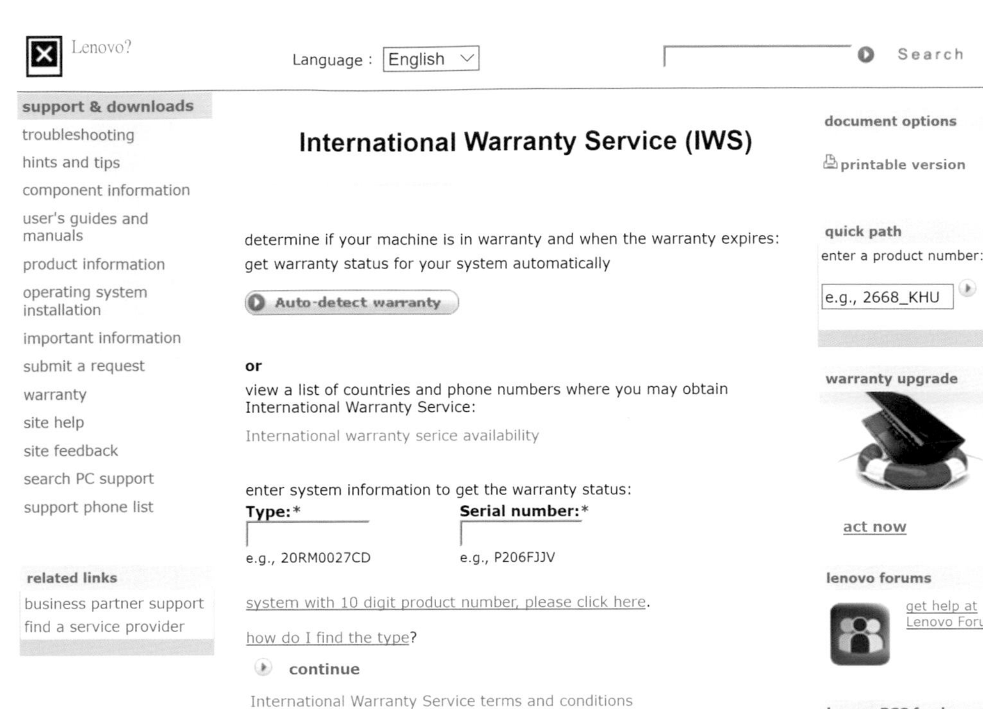

中國大陸地區全球聯保註冊完成後，便可至大陸聯想官網查詢各地服務中心並送修。

網址：http://think.lenovo.com.cn/stations/TSStation.aspx

第九章

ThinkPad大和研究所測試設施介紹

ThinkPad的日本研發中心名稱為「大和（Yamato）」，係因1985年成立時，即位於日本神奈川縣的大和市（當時漢字名稱為大和事業所），後來2011年搬遷至神奈川縣的橫濱市，當時也曾討論過是否跟著改名為「Yokohama Lab」，最後考量「Yamato Lab」已廣為業界甚至客戶所知，且「大和」一詞為日本的古國名，因此「大和=日本」的印象也深入人心，最終日方仍選擇了繼續使用「Yamato Lab」名稱。雖然Yamato Laboratory直譯為大和實驗室，但站長仍採用日方的正式漢字名稱：「大和研究所」（文後簡稱Yamato Lab）。

Yamato Lab坐落於橫濱市的「未來港中央大樓（Minato Mirai Center Building）」，這是一棟21樓高的新建大樓，Lenovo-JP辦公區與Yamato Lab的研發區位於18、20與21樓，此外2樓則是Yamato Lab的測試設施區。在未來港中央大樓的地下一樓甚至還有地鐵站（Minato Mirai站）可連接東急東橫線，直達澀谷站。

TPUSER非官方情報站從IBM時代，便開始舉辦Yamato Lab的參訪行程，邀集台灣的ThinkPad愛用者組團前往日本。即使歷經了ThinkPad被納入Lenovo旗下，這項優良傳統仍持續下去。經過了16年，至2019年已經舉辦了八次的Yamato Lab參訪活動。站長非常感謝歷屆參訪成員的熱情支持，以及當年的IBM-tw與現在的Lenovo-tw，以及Yamato Lab的鼎力協助，讓台灣的TPUSER們能前往ThinkPad設計聖殿Yamato Lab，聆聽開發工程師的精采簡報，以及與開發團隊進行深度的互動交流。

TPUSER的Yamato Lab參訪團每次都會安排參觀ThinkPad內部測試設施，因為ThinkPad堅固的祕密在於開發階段，即不斷進行各種試驗，以確保ThinkPad能夠在各種嚴峻的環境下仍可正常運作。承蒙Yamato Lab的大力協助，站長特別於2019年參訪時，拍攝了主要測試設施，並趁此機會向網友詳細說明。其實ThinkPad量產前會進行200多項嚴格測試，本篇文章所揭露的只不過是其中一小部分，卻也能讓網友了解原來ThinkPad需經過這些磨練，最終才能通過驗證並量產。

ThinkPad的測試設施位於未來港中央大樓的二樓，並區分為四個測試實驗室：

- 耐久設計實驗室（Durability Design Lab）
- 堅固性與耐久性設計實驗室（Robustness and Durability Design Lab）
- 電波與可靠性設計實驗室（EMC and Reliability Design Lab）
- 無線與音響設計實驗室（Wireless and Acoustic Design Lab）

2019年的參訪活動在Yamato Lab的規劃下，四個測試實驗室都全部參觀到，真的頗為難得。因為曾有幾次測試實驗室剛好正在進行新機型測試，故不方便開放參觀。站長接下來會針對每個測試實驗室的內容，向讀者介紹。

站長的參訪行程中，第一間是「耐久設計實驗室（Durability Design Lab）」，此處包含了兩大測試區域：「EMC試驗區」與「耐久試驗區」。在「EMC試驗區」中，主要進行靜電放電（ESD, ElectroStatic Discharge）測試。由於日常使用中很難避免靜電放電現象，但為了確保ThinkPad不會因為靜電放電而導致各種故障情況發生，因此使用可能引起嚴重損害的超高電壓對ThinkPad進行放電測試。而在「耐久試驗區」中，主要針對LCD螢幕進行反覆開闔測試，由此驗證長期使用後，Hinge（絞鍊）、各式纜線（Cables）以及面板、甚至主機板都不會發生問題。

下圖為測試的工程師實地示範，透過電子槍，將ThinkPad進行一萬伏特以上超高電壓的測試。雖然ThinkPad有完善的ESD防範機種，但讀者將來有需要拆開ThinkPad底殼，更換M.2 SSD等零件時，仍要非常留意ESD可能對主機零件帶來的傷害。實際操作程序為在打開底殼前，請先將所有的連接線、USB外接裝置從ThinkPad主機上拔除，然後可去找有接地的金屬導體，例如水龍頭，然後用手握住水龍頭，以釋放體內的靜電後，再來進行零件更換作業。

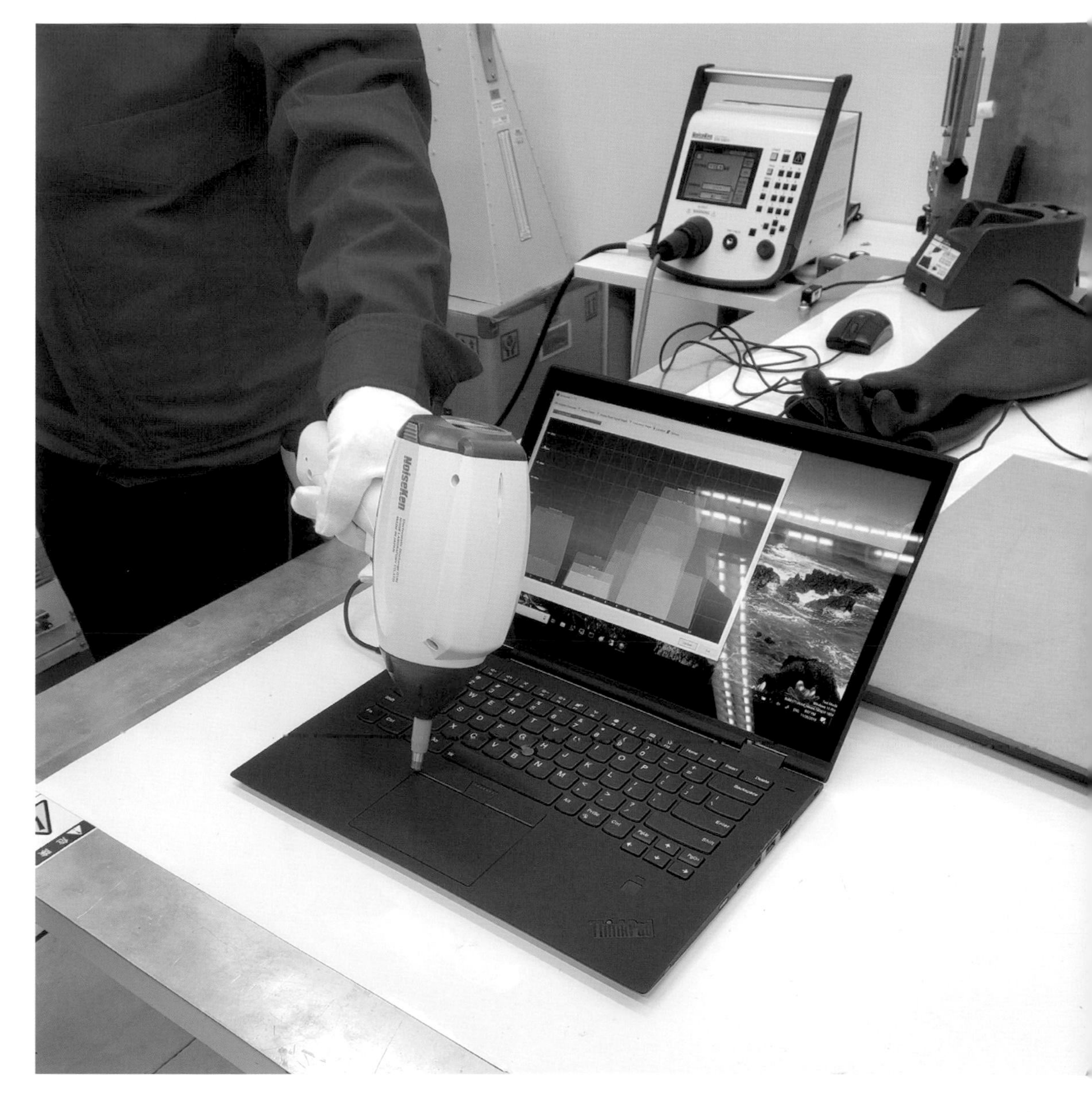

當使用者插入USB滑鼠等外接裝置時，有可能瞬間為ThinkPad帶來極大的靜電，因此其中一項檢測項目，便是使用電子槍將USB外接裝置施加電壓，然後實際進行ThinkPad的USB裝置插拔測試。其實不只USB連接埠，ThinkPad其他的連接埠也會進行同樣的測試，以確保使用者在插拔各式外接裝置、纜線時，不會因靜電問題而傷害到ThinkPad。

隨著行動裝置以及無線網路的盛行，我們日常生活當中其實被各種看不到的電波所環繞著。因此ThinkPad研發過程中，便特別重視電波干擾的問題。下圖是工程師利用一台早期的工程樣機向我們展示，模擬手機電波對於ThinkPad的影響。如果筆電沒有做好抗電波干擾，將運作中的手機靠近筆電時，就會出現一些靈異現象，例如手機電波干擾了小紅點或是鍵盤，導致游標亂飄、視窗畫面不斷閃退等。現在大家在使用的ThinkPad均通過電波干擾測試，不用擔心接聽電話時，ThinkPad會出現靈異現象（笑）。

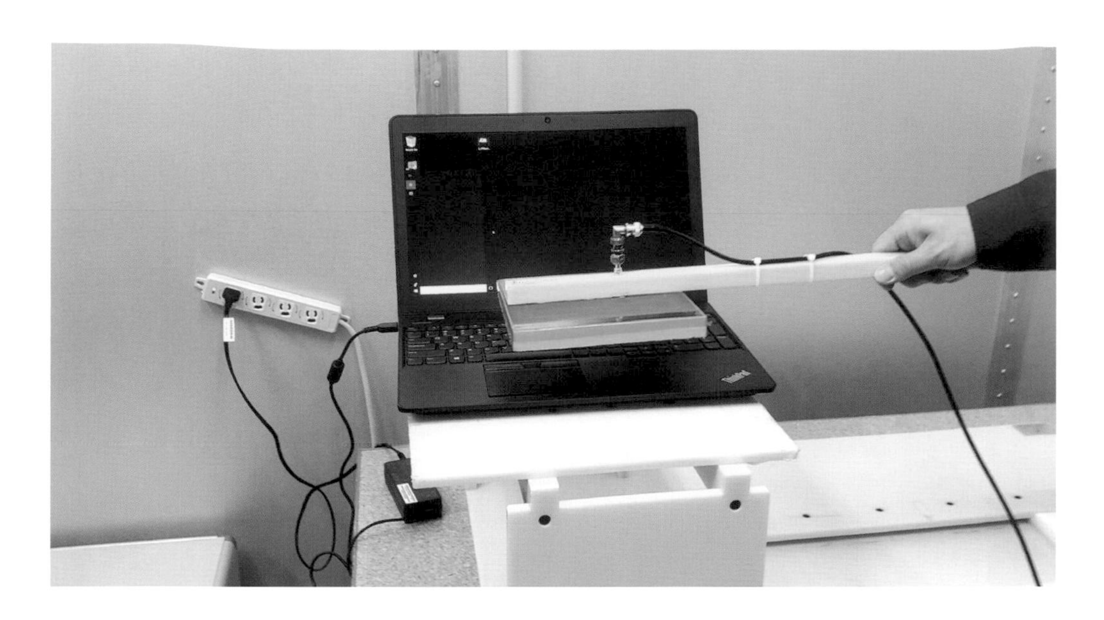

接下來是「耐久試驗區」的多項測試，首先是LCD開闔測試，如下圖所示，此項測試是模擬使用者無論用左手或是右手開啟螢幕的動作，透過重複開闔測試，驗證ThinkPad的絞鍊、纜線、面板等零件的耐用度。如果是Yoga型態的主機，Yamato Lab還備有專門的測試儀器，可進行360度螢幕開闔測試。雖然官方並沒有公布ThinkPad螢幕絞鍊的開闔耐用度，但根據外電的報導，ThinkPad的螢幕絞鍊需能承受三萬次的開闔。

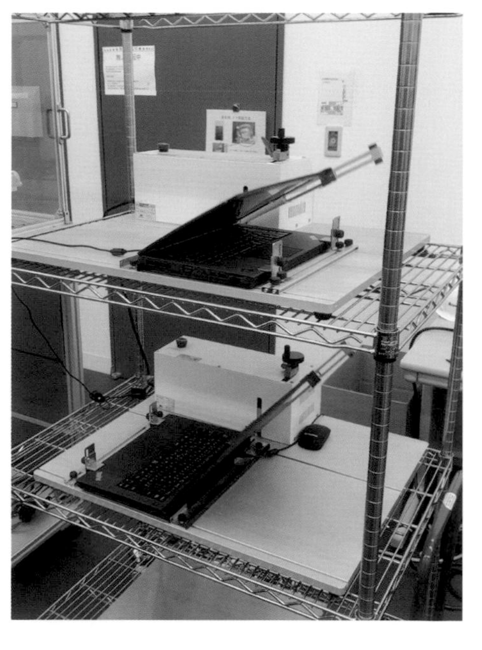

接下來是「LCD加壓測試」，如下圖所示，此項測試是模擬使用者對螢幕背蓋的某一點集中施力，當然LCD螢幕不能破裂或故障才算通過測試。現在最輕薄的ThinkPad例如X1 Carbon或是T14s系列都採用CFRP碳纖維材質，因此能夠實現以更薄的材質，卻可提供更堅固的抗衝擊性能。其餘機種無論是使用PC/ABS或是PPS（聚苯硫醚）+GFRP（玻璃纖維），雖然也可提供相同的防護，但代價就是機殼厚度與重量都會隨之增加。因此ThinkPad並不會為了機身的輕薄化，而犧牲了堅固性，相反地，機身越薄的ThinkPad所使用的材質其實成本越高。

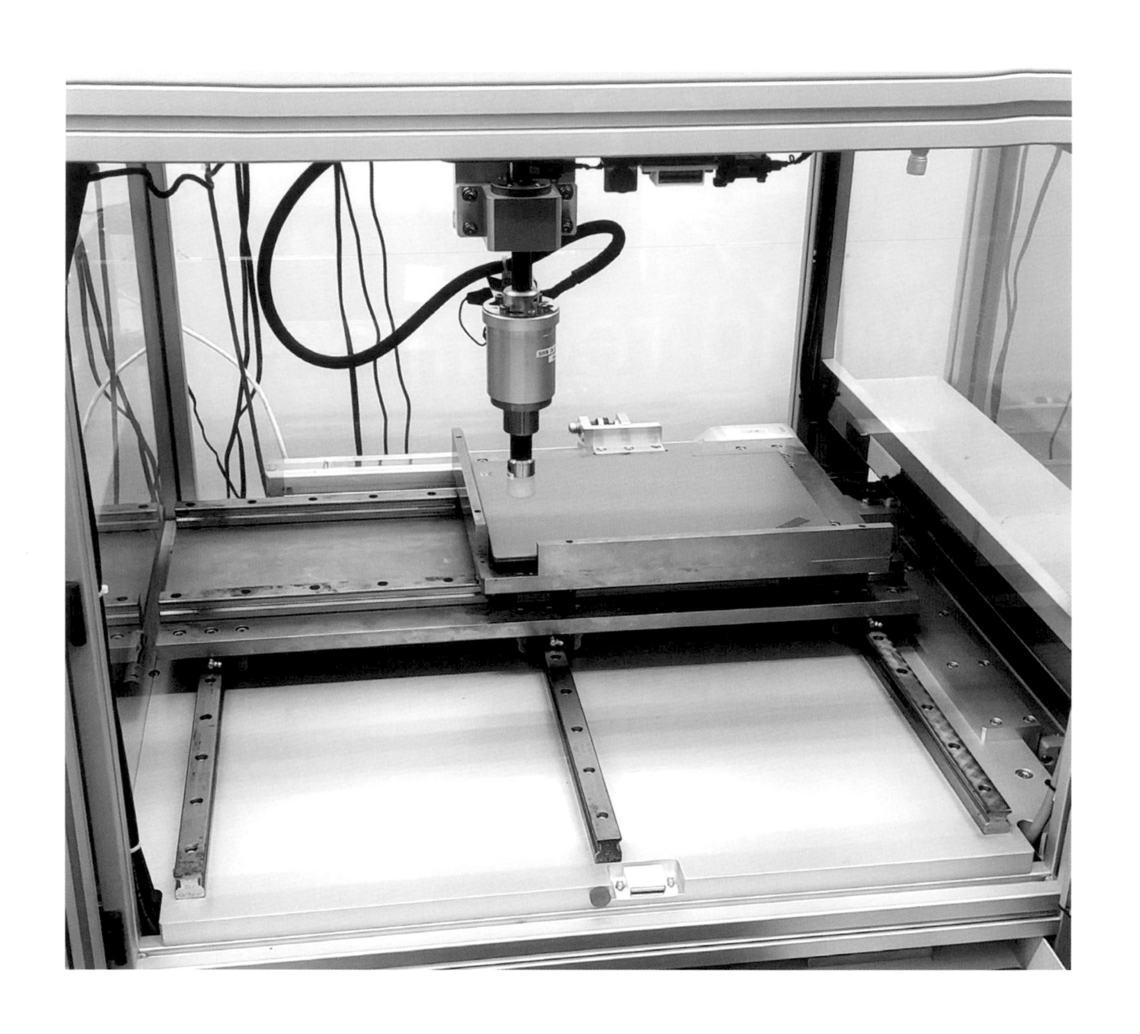

接著是「LCD重複加壓測試」，這項測試的模擬情境是身處擁擠的通勤電車內，ThinkPad可能會受到旁邊旅客的重複擠壓，因此是較大面積的重複施壓。測試機器的機械臂會直接在螢幕背蓋上不斷施力，完成一處測試後，再移動至下一處測試，和前面一項「LCD加壓測試」相同，整個螢幕背蓋都會進行測試，確保ThinkPad無論厚薄都能通過驗證項目。

LCD重复加压测试

模拟移动过程中LCD cover可能承受的重复压力情况，对LCD屏的耐久性进行验证。

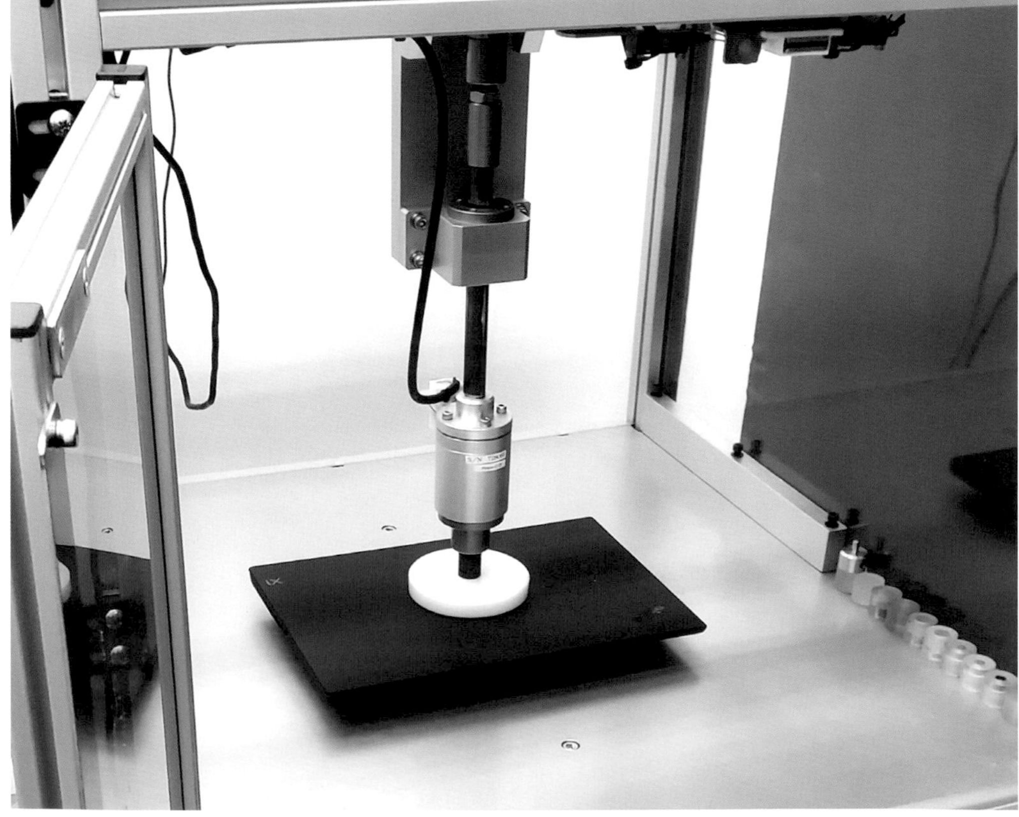

至於「LCD重複加壓測試」所施加壓力究竟有多大呢？Yamato Lab表示無法透露數值，但卻可以讓我們「感受」一下。測試儀器旁邊就擺著一台ThinkPad，上面押著兩個金屬圓盤，以及一個啞鈴，工程師說這三項重物的重量，相當於「LCD重複加壓測試」會施加於螢幕背蓋上的力量。站長有試著舉起最上方的啞鈴，發現要拿起來非常困難，因為真的很重。

其實在「耐久設計實驗室（Durability Design Lab）」內還有更多測試項目，例如前幾年的參訪行程中，站長就曾觀看過硬碟耐用測試，用機械手臂模擬使用者將ThinkPad一側舉起，然後突然放手讓機器直接撞到桌面，此時為開機狀態，而且硬碟有在測試運轉中。以此評量硬碟是否會有壞軌等故障情形。後來隨著SSD成為主流，該項目就沒有特別安排給參訪來賓觀看。

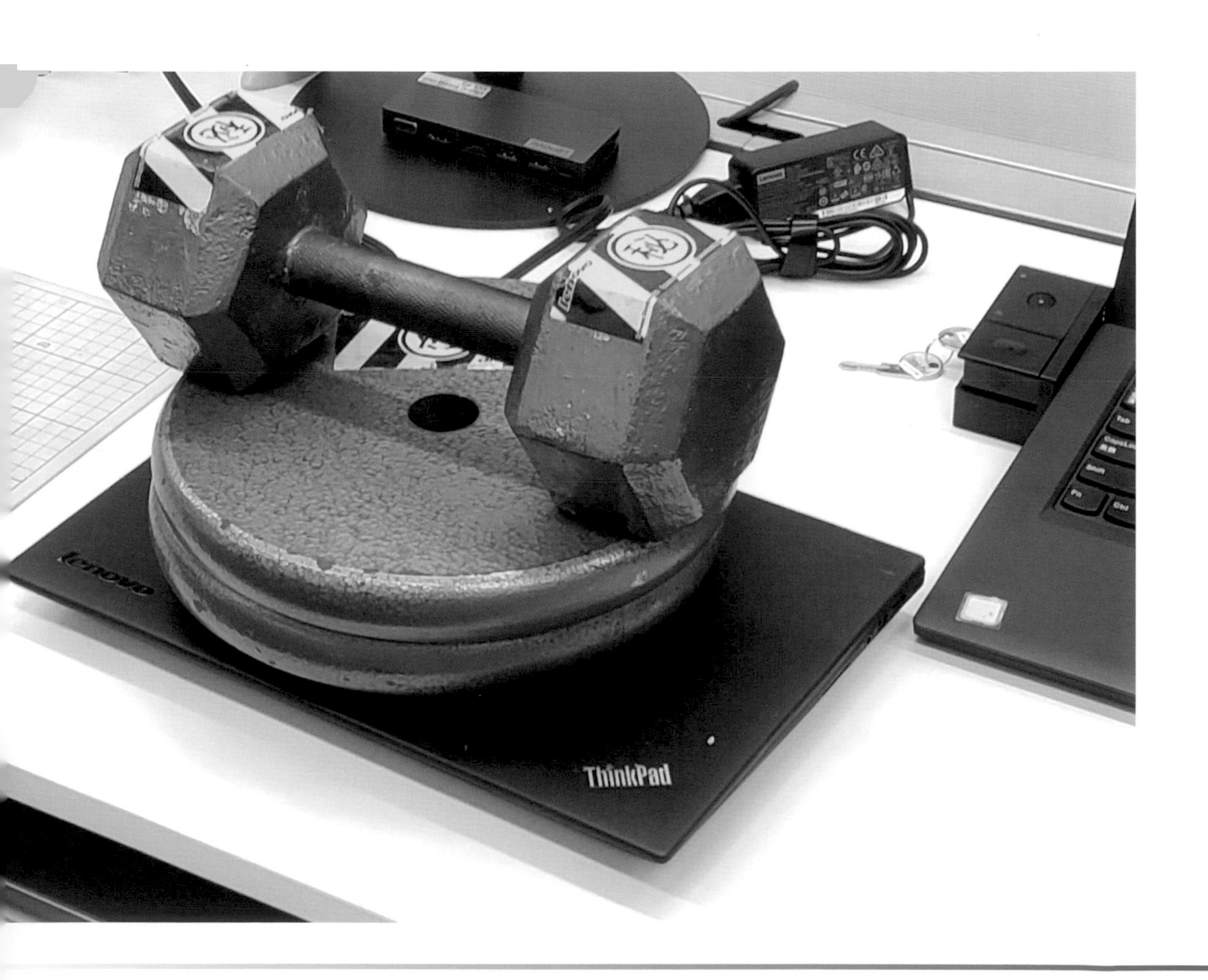

接下來我們進入第二個測試設施「堅固性與耐久性設計實驗室（Robustness and Durability Design Lab）」。這裡區分為兩大測試區域，分別是「衝擊震動試驗區」及「耐久試驗區」。首先進入「衝擊震動試驗區」，映入眼簾的是「6方向衝擊測試」，本項測試英文名稱為「Bump Test」，這次Yamato Lab放上的中文標示版翻譯得更讓人容易了解。為了模擬使用者在攜帶筆電移動期間，有可能突然發生手提包落下，導致筆電也跟著撞擊地面的問題，因此透過「6方向衝擊測試」讓ThinkPad承受來自前後、四邊的連續衝擊，進而驗證電路板是否有何異狀。

第二個是「加壓震動測試」（英文名稱為Weighted Vibration Test），這項測試的誕生起自ThinkPad開發史上非常有名的「美國校園故障事件簿」。整件事要從當年美國的大學或高中的ThinkPad學生機故障率偏高開始說起。在美國的某些學校有配發ThinkPad供學生使用，因為主機的費用已經含在學費裡面，所以學生幾乎是免費拿到機器，而非自己付錢買的，使用時並不會太憐香惜玉。

根據當時的統計數據，ThinkPad T40或R40的硬碟、主機板、鍵盤維修率明顯高於一般企業。Yamato Lab為了探究故障原因所在，在2004年特地派遣多組人員，實地美國校園以了解學生的使用方式。結果發現ThinkPad是在非常「艱困」的情境中運作，例如學生通常都「不關機」直接把螢幕闔上之後，往背包一扔然後接上耳機，邊騎腳踏車邊聽音樂，把ThinkPad當隨身聽使用；再者隨著南北橋以及顯示晶片的BGA封裝腳位越來越多，T40系列常發生的「晶片錫裂」自然也出現在將機器隨意摔的學生機身上，主機板維修率自然也居高不下。如下圖所示，學生會將ThinkPad裝在背包裡，但主機實際上會被書籍或是變壓器等東西包夾住，然後無論是邊背邊走，或是到定點後隨手把背包一扔，ThinkPad都會收到因重物而帶來的不規則壓力衝擊。

後續會有「Roll Cage」防滾架、APS硬碟防震系統等功能的推出，就是為了因應校園環境，同時Yamato Lab的測試項目中也增加了「加壓震動測試」。從站長拍攝的照片可能感受不到此類測試的嚴峻度，但親臨現場看到ThinkPad進行各種震動測試，震撼感是難以形容的。

ThinkPad
Robustness and Durability Design Lab
坚固性与耐久性设计试验室
Lenovo
加压震动测试
模仿移动过程中可能发生的因重物等带来的
不规则的压力冲击而进行的耐久性测试。
Lenovo
大和研究所　测试设备参观之旅

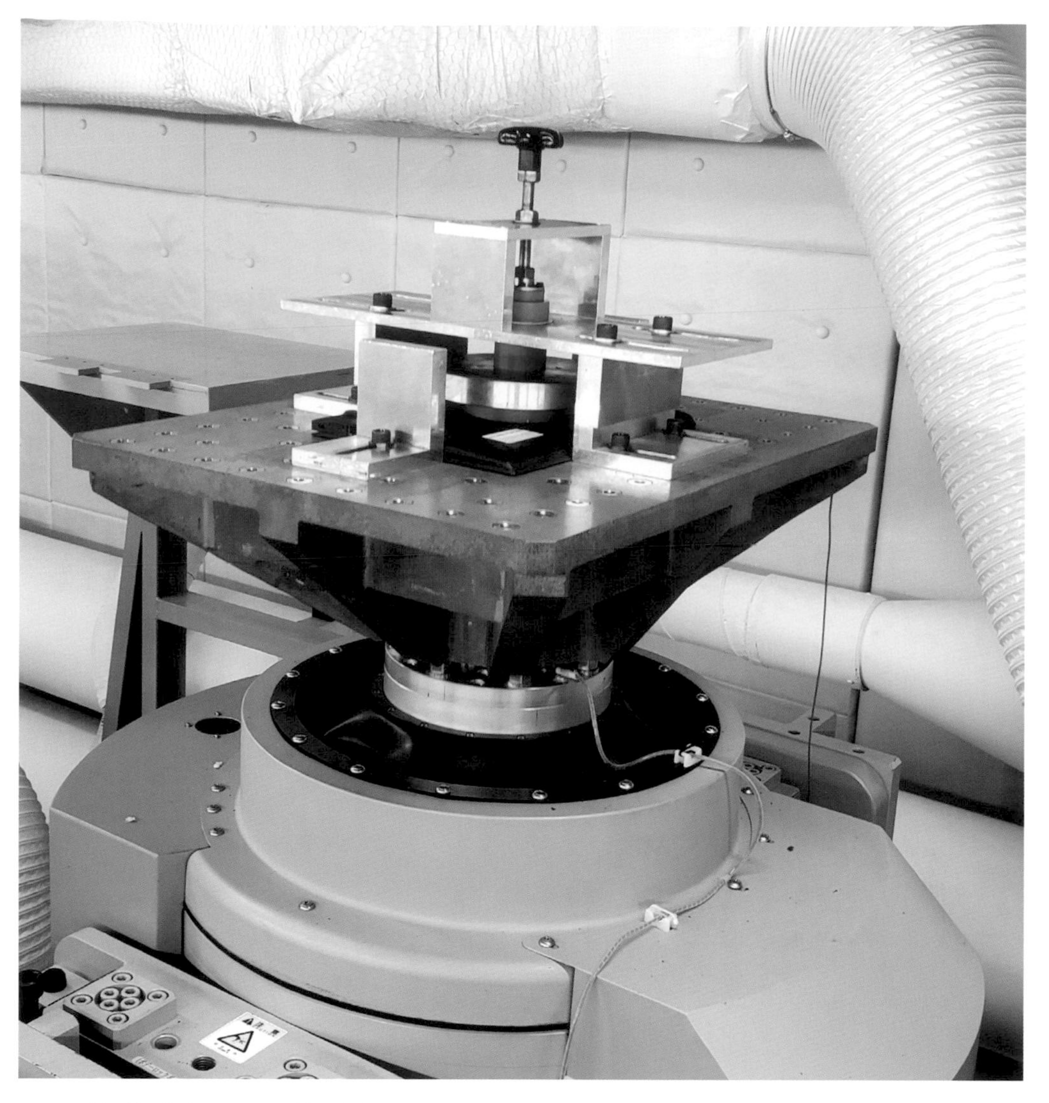

　　接著我們進入「耐久試驗區」。首先看到一台專門的X照光機，所有在「衝擊震動試驗區」測試過的主機，接著都會在此拍攝X光片，讓資深工程師檢視內部零件以及布線的狀態。

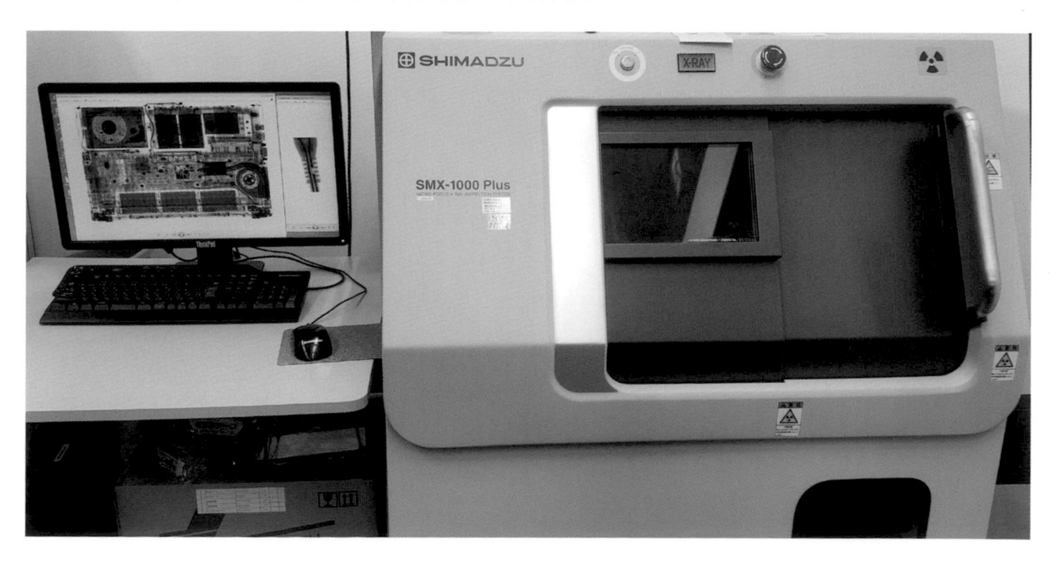

Yamato Lab工程師接著介紹「LCD Bending Test」（LCD彎曲測試），用來模擬使用者單手開啟螢幕時，會造成螢幕角落彎曲。或是如工程師所示範的，有的使用者習慣單手抓著ThinkPad一角，這都會導致螢幕角落承受了很大的壓力。透過此項測試，機械臂不斷按壓螢幕角落，進而驗證ThinkPad的堅固性。

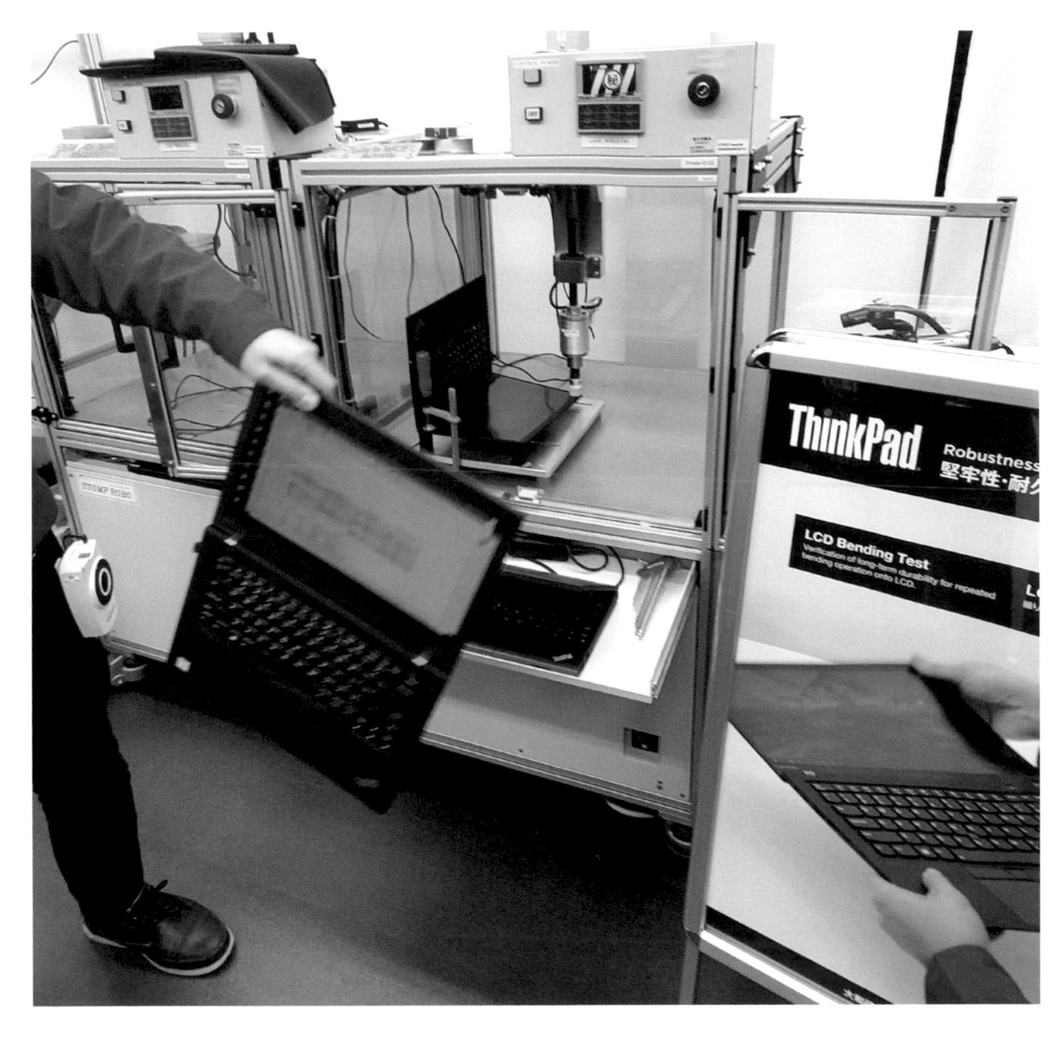

接下來要介紹的測試項目，跟美國軍規標準有關。Yamato Lab用來檢測ThinkPad的各式驗證項目多達200餘種，但這畢竟是內部測試，不方便全數公開，而且也較難取信於客戶。既然如此，是否有一種經第三方認證，且客戶會認同的標準呢？有的，那就是在最殘酷的戰場上也能倖存下來的「軍規認證」！於是乎，從2007年開始，ThinkPad開始採用美國國防部所使用的軍規標準「MIL-STD-810」進行主機相關測試。

MIL-STD-810（環境工程考量與實驗室測試，Environmental Engineering Considerations and Laboratory Tests）是美國軍規標準（Military Standard）中「Defense Standard」類型的檢測項目，最早的版本是1962年發布，ThinkPad所使用的版本為2012年修正後的MIL-STD-810G，檢測產品能否在生命週期內，抵抗外在環境的影響及衝擊。2019年推出的ThinkPad均通過了12項測試項目（Method）其中的22項程序（Procedure）。

ThinkPad所透過的軍規測試項目中，包含一項「510.5 Sand and Dust（沙塵及粉塵）」，測試情境為「以6小時為一個循環，持續吹送沙塵或粉塵，主機須能在多個循環測試下正常運作」。下圖便是工程師手持測試專用的沙塵樣本，然後Yamato Lab擁有兩座防塵測試裝置，下圖這台負責進行沙塵測試，右邊還有另一台負責粉塵測試。

「耐久試驗區」的很多項目都被稱為拷問測試（Torture Test），例如下面所示範的便是很著名的「Drop Test」掉落測試，模擬ThinkPad在手持高度不慎摔落時的堅固性，雖然Yamato Lab無法告知詳細測試高度，只能現場親自實測給大家看，看到一台ThinkPad被提高到至少一位成年人的胸腔位置，然後機械臂鬆開，讓ThinkPad自由落體墜下，撞擊到地面時轟然一聲，真的是怵目驚心。本項測試緣起於早年美國的電腦專業雜誌有針對坊間的筆電，進行螢幕背蓋與底殼朝下的自由落體掉落測試，雖然在一般使用狀況下比較不會發生這種機體水平落下的狀況，但此項測試仍被保留下來，所有冠上ThinkPad名稱的機種都必須通過這項拷問測試。

另一項拷問測試則是「Corner Drop Test」（八個角落落下測試），係針對ThinkPad的八個角落（側邊）進行掉落測試。這項測試雖然視覺效果沒有上述的落下測試那麼嚇人，但卻是非常實用的測試項目，因為日常生活中如果ThinkPad真的不慎掉下，通常會先撞擊到主機的側邊。兩項拷問測試通過的條件都是外殼不能有任何破裂（塗裝如有剝落是可接受的）。

接下來進入第三間實驗室：「電波與可靠性設計實驗室（EMC and Reliability Design Lab）」，此處包含了兩個測試區域，分別是「可靠性試驗區」與「電磁波試驗區」。前者模擬ThinkPad出貨後可能處於的嚴酷溫濕度環境；後者針對ThinkPad本身發出的電磁波進行量測。

下圖中這台機器便是用於低氣壓測試，模擬現實世界中的飛機貨艙內，或高山上的低氣壓環境。同時也驗證能否通過MIL-STD-810G軍規測試項目中的「500.5 Low Pressure（Altitude）低氣壓（高海拔）」課目，通過條件為機器須能在15000英呎（4572公尺）的高度維持運作。

為了進一步測試ThinkPad在高溫、低溫、高濕度等環境下的生存能力，「可靠性試驗區」有一個大型的測試間，裡面空間很大，可容納兩個測試架（站長僅拍出左邊測試架），每個測試架上擺滿了受測的ThinkPad。Yamato Lab為了方便讓TPUSER參訪團進入參觀，將溫度調為攝氏40度，不然這個測試間可用於下列幾項MIL-STD-810G軍規測試項目：

- 501.5 High Temperature（高溫）：機器須能在攝氏30度至60度的高溫下，持續運轉超過七天（每天24小時）。
- 502.5 Low Temperature（低溫）：機器須能在攝氏零下20度的低溫下，連續運轉超過72小時。
- 507.5 Humidity（濕度）：機器須能在攝氏20度至60度，相對濕度91%至98%的環境下正常運作。

站長也留意到不僅ThinkPad主機須能通過高低溫測試，連變壓器也連同受測。

Test Mode
ERECTA

針對ThinkPad在空運、海運過程中所處的激烈溫度變化，Yamato Lab也有進行檢測，而且是跟著包裝紙箱一起測試。下圖中左邊大台的儀器可模擬飛機貨艙中的低溫，以及貨輪貨櫃中的高溫，或是模擬激烈的溫度變化。這部分也跟MIL-STD-810G軍規測試項目有關，屬503.5 Temperature Shock（溫度急速變化），通過條件為機器在兩小時之內，會經歷三次溫度從攝氏零下20度到攝氏60度之間的劇烈變化，機器須能正常運作。

為了模擬ThinkPad風扇的實際使用狀況，例如筆電在移動時風扇仍持續運轉，Yamato Lab使用了風扇耐用度的專用量測設備，讓風扇像擺在「搖籃」中上下擺盪，同時風扇不間斷運轉，而且測試設備還可以調整風扇所處的環境溫度，透過這些設定，來驗證風扇的耐用度。

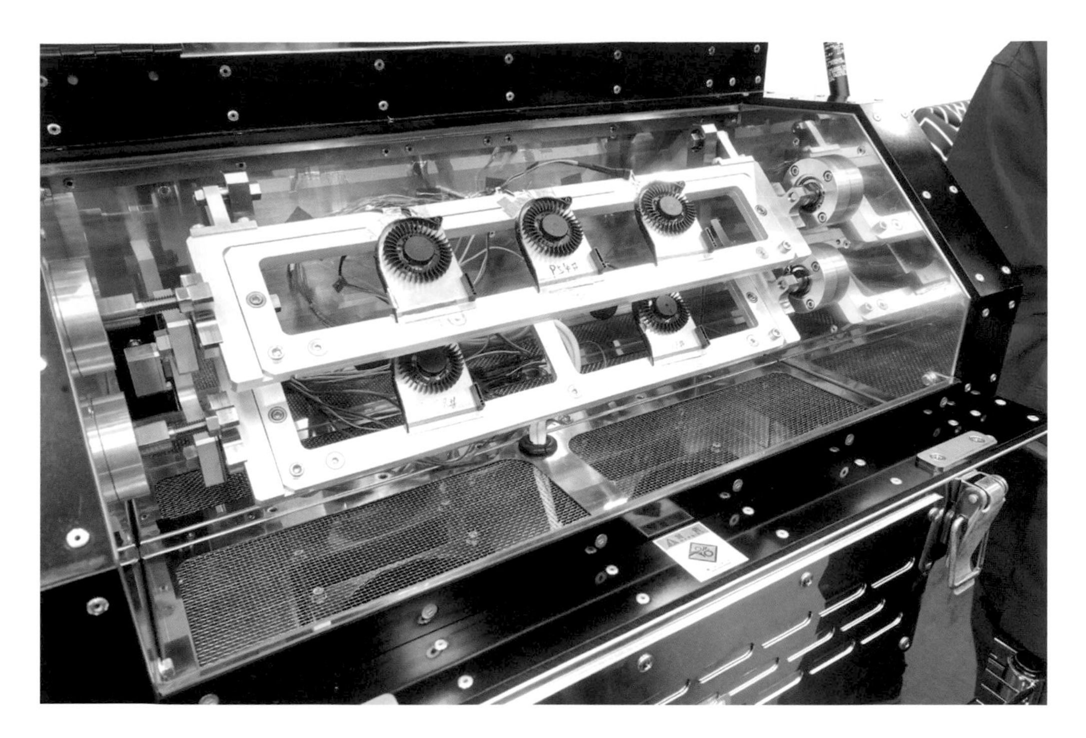

接著來到「電磁波試驗區」，此處用於確認ThinkPad發出的電磁波是否符合世界各國的各種安規標準，以及ThinkPad本身裝配的無線網路天線等是否會影響其他功能。本試驗區有一個可360度旋轉的底盤，讓上面的受測主機可被另一側的天線接收電波。

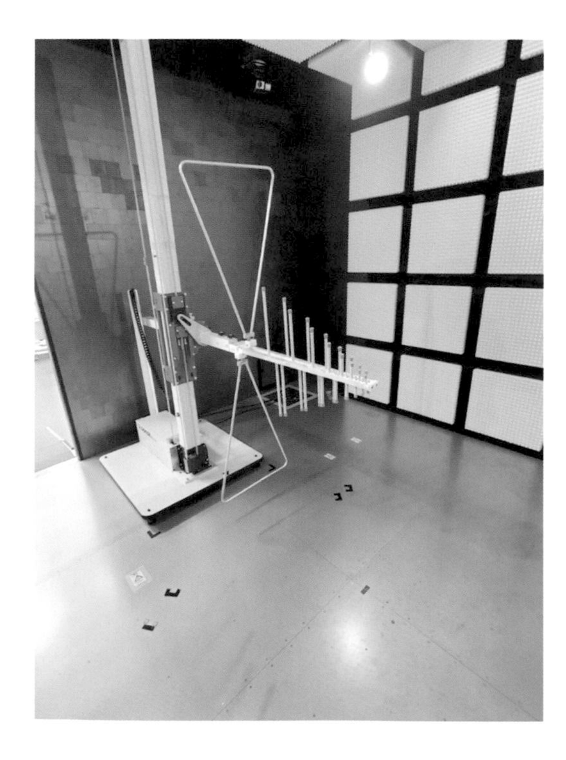

最後則是來到第四個實驗室：「無線與音響設計實驗室（Wireless and Acoustic Design Lab）」，首先參觀「無線性能測試區」，此處的牆壁均貼上角錐型的海綿，用途是吸收電波反射訊號，受測的ThinkPad在此可360度旋轉，負責接受來自另一側無線網路天線的訊號，並驗證收訊的效果。

接著是「半無音響室」，在此架設了多支麥克風，負責收集ThinkPad與週邊（例如變壓器）運作時的音量。此處的牆壁均由吸音材質所構成，而且牆壁厚達60公分。由於背景雜訊被減至10dB以下，當身處其中時，會覺得自己講出口的聲音「消失了」。現場有展示舊款的變壓器，由於實驗室非常安靜，所以很容易聽到運作時的電流吱吱聲。目前原廠的變壓器都不至於有電流聲了。反倒是站長在2019年去日本有個親身體驗，站長臨時在日本買了一個90W的USB-C多孔變壓器，結果發現接上T490s時，主機會發出電流吱吱聲，反而不是變壓器本身。但換成別款變壓器時，T490s就不再發生電流噪音。因此變壓器也會影響筆電是否會產生若干噪音。

參觀完四個測試實驗室後，參訪行程還有一個亮點，就是拜訪「Think Space」，此處成列了歷年具代表性的機種，堪稱「ThinkPad名機堂」。例如下圖最下方的就是ThinkPad初號機「700C」，而且讓人驚喜的是，700C旁邊擺著封面寫著「Think」的黃色小記事本，那就是「ThinkPad」名稱的緣由。

在台灣知名度很高的「蝴蝶機」ThinkPad 701C不但有展示，而且鍵盤摺疊機構還可運作，著實讓很多拜訪的網友一睹實機真面目。站長看到旁邊也一併展示701C的可變型模型機時，倍覺溫馨。因為17年前，日本友站（ThinkPad CLUB）的OZAKI's站長特別從日本寄了一盒給站長，至今仍安放於家中。

既然是「ThinkPad名機堂」，怎麼能錯過25周年紀念機呢，Think Space一隅桌上也展示了ThinkPad 25，另一個讓人驚喜的安排，是桌上擺放了一本「All about ThinkPad」，這本由日本ThinkPad愛用者聯合撰寫，並採訪當年Yamato Lab開發團隊所集結而成的ThinkPad寶典，下圖中攤開頁面所介紹的正是罕見的ThinkPad 800系列，搭載了IBM PowerPC處理器。站長有幸多年前特別從日本購回一本收藏。其實下圖這張桌子的陳設有許多故事，例如透過一個「松花堂」便當的模型，向來賓介紹ThinkPad黑色方正外型的概念出處。然後桌上另一台則是刻意用透明材質外殼的T60，用意是展現螢幕以及主機本體所採用的Roll Cage防滾架結構。

-2017-
ThinkPad 25

另一側則展示著台灣使用者較為陌生的ThinkPad 200系列，例如ThinkPad 220竟然可以靠乾電池就能驅動。原本200系列屬日本地區專賣機，一直到ThinkPad 240才成為國際販售機種，最後一代為ThinkPad 240Z，之後要到S30系列，才重新恢復小尺寸螢幕機種，初期也是僅日本當地有販售，台灣則是引進S31。Think Space也有展示鋼琴鏡面背蓋的S30。

在Think Space的牆上陳列著ThinkPad History（歷年機種），同時上方也記載著各年度的科技大事記，讀起來格外讓人有時光飛逝之感。

2019年的Yamato Lab Tour測試設施參觀行程告一段落後，最後有神祕嘉賓出現！就是已於2018年退休的「ThinkPad之父」內藤在正先生（目前擔任顧問）特別出席與TPUSER網友進行互動討論。而且站長也將前一場向ThinkPad開發團隊（由塚本泰通先生領軍）報告的簡報，也特別向內藤桑報告了一遍。在Yamato Lab的展示牆上，特別保留了一張以馬賽克拼貼技巧合成的相片：「The father of ThinkPad」，謹獻給內藤桑，並感謝他對ThinkPad多年來的貢獻。

由於並非每次去Yamato Lab都有機會參訪全部的測試實驗室或Think Space，2019年真的是非常難得，擁有最完整的參訪行程。站長也趁此機會，將Yamato Lab內部的測試實驗室向TPUSER網友介紹，並期待將來有機會再次拜訪Yamato Lab！

Special Thanks to:
Yukako Maeda（Yamato Lab）
Takayuki Akai（Yamato Lab）
Shirley Cheng（Lenovo Taiwan）
Fangji Chang（Photographer）

The father of
ThinkPad
To Mr. Arimasa Naitoh April 25, 2018

後記

很多朋友聽到站長要撰寫ThinkPad專書時，會以為這是一本類似傳記的書籍。但與其講述過去的輝煌，還不如多教大家熟悉一下自己手邊的ThinkPad才更實際吧（笑）。站長看過太多新朋友雖然在使用ThinkPad，卻沒人說明過那顆位於鍵盤上的小紅點有何作用？或是不曉得如何便利地使用ThinkPad各項周邊與軟體，如果只將ThinkPad當作一台黑色筆電來用，就真的太可惜了。

雖然現在筆記型電腦的趨勢不斷朝「輕薄化」發展，但就商務筆電而言，站長覺得過度追求「紙片化」的結果，只會犧牲鍵盤手感、散熱空間餘裕以及零件擴充性，最終只換來「看起來很薄」的視覺舒適度，但實際上卻犧牲慘重。

相較於過度纖薄的外觀，站長認為商用筆電更應該追求的是「輕量化」，於此同時兼具「擴充性」以及「堅固性」，這才是真正符合行動工作者的任務需求。ThinkPad其實從誕生的那天起，就擁有這些特質的設計DNA。

因此ThinkPad應該更有自信才對，不再只是追逐著「輕薄化」，而是能在合理的機身厚度內，提供最大的操作舒適度、散熱表現乃至鍵盤敲擊觸感等，並向商業客戶闡明，這才是商用筆電的「王道」。

本書撰寫歷時三年餘，在這過程中，真的受到太多朋友的協助，以及家人的支持。僅靠站長一人的力量，是無法完成本書的，在此感謝成書過程中幫助站長的朋友、長輩與家人們。

如果讀者在閱讀本書後能對自己的愛機有更深一層的認識或收穫，則站長幸甚。站長成立的「TPUSER非官方情報站」（www.tpuser.idv.tw）也持續不斷提供年度新機資訊以及站長個人的實測心得。這本書的內容雖然暫時收錄到2020上半年的機種，但不用擔心，之後還會有更多全新機種即將問世，歡迎喜愛ThinkPad、想了解ThinkPad的朋友們抽空到TPUSER主站或是Facebook專區（https://www.facebook.com/TPuser）觀看最新資訊，感謝大家～！

Galaxy Lee
TPUSER非官方情報站 站長
2020.08.09

國家圖書館出版品預行編目資料

ThinkPad使用大全：商用筆電王者完全解析／Galaxy Lee著. --初版.--新北市：李河漢，2020.10
面； 公分
ISBN 978-957-43-7937-8（平裝）
1.筆記型電腦
312.1162 109012142

ThinkPad使用大全：商用筆電王者完全解析

作　　者　Galaxy Lee
校　　對　Galaxy Lee
出版發行　李河漢
　　　　　E-mail：galaxylee@gmail.com
設計編印　白象文化事業有限公司
　　　　　專案主編：黃麗穎　經紀人：徐錦淳
經銷代理　白象文化事業有限公司
　　　　　412台中市大里區科技路1號8樓之2（台中軟體園區）
　　　　　出版專線：（04）2496-5995　傳真：（04）2496-9901
　　　　　401台中市東區和平街228巷44號（經銷部）
　　　　　購書專線：（04）2220-8589　傳真：（04）2220-8505
印　　刷　基盛印刷工場
初版一刷　2020年10月
定　　價　800元